AF509590

ANALYSE INFINITÉSIMALE

ENCYCLOPÉDIE INDUSTRIELLE
Fondée par M.-C. Lechalas, Inspecteur général des Ponts et Chaussées en retraite

ANALYSE INFINITÉSIMALE

A L'USAGE DES INGÉNIEURS

PAR

Eugène ROUCHÉ

MEMBRE DE L'INSTITUT, PROFESSEUR AU CONSERVATOIRE DES ARTS ET MÉTIERS
EXAMINATEUR DE SORTIE A L'ÉCOLE POLYTECHNIQUE

ET

Lucien LÉVY

RÉPÉTITEUR D'ANALYSE ET EXAMINATEUR D'ADMISSION A L'ÉCOLE POLYTECHNIQUE

TOME PREMIER

CALCUL DIFFÉRENTIEL

DÉRIVÉES ET DIFFÉRENTIELLES. — CHANGEMENTS DE VARIABLES
SÉRIES. — FORMULE DE TAYLOR
COURBES PLANES ET GAUCHES. — SURFACES
CONGRUENCES. — COMPLEXES
LIGNES TRACÉES SUR LES SURFACES

PARIS

GAUTHIER-VILLARS ET FILS, IMPRIMEURS-LIBRAIRES

DE L'ÉCOLE POLYTECHNIQUE, DU BUREAU DES LONGITUDES, ETC.

Quai des Grands-Augustins, 55

—

1900

PRÉFACE

Cet ouvrage comprendra deux volumes, le premier relatif au *Calcul différentiel*, l'autre concernant le *Calcul intégral*. Toutefois, suivant l'exemple de Cournot, nous n'avons pas hésité à donner, dès le début, la notion de l'intégrale et à l'utiliser lorsque cet emploi nous a paru rendre les démonstrations plus claires et plus concises. Nous avons au contraire rejeté dans la seconde partie l'étude de certains développements en séries ou en produits infinis pour les rapprocher des théories où l'on en fait usage.

Le fait d'appartenir à l'*Encyclopédie Industrielle* indique dans quel esprit ce Traité a été conçu. Nous n'avons jamais oublié que nous nous adressions surtout aux Ingénieurs, pour lesquels l'analyse infinitésimale est un instrument indispensable, et en général aux personnes qui étudient les mathématiques en vue de leurs applications ; c'est pour ces lecteurs que nous avons cru devoir reprendre brièvement certaines théories élémentaires, telles que les notions fondamentales sur les dérivées, la recherche des tangentes et celle des asymptotes, qui figurent aujourd'hui dans tous les cours de mathématiques spéciales. Nous. pensons d'ailleurs n'avoir rien omis de ce qui est nécessaire aux jeunes Ingénieurs, soit pour leurs recherches techniques, soit pour l'obtention des grades universitaires.

Nous ne sommes pas des partisans exclusifs des méthodes analytiques ou de solutions géométriques. L'analyse et la géométrie sont deux instruments qui doivent se porter un mutuel secours, et entre lesquels le choix doit varier suivant les circonstances. Tel résultat que la géométrie rend intuitif exigerait de longs développements analytiques, tandis que certains problèmes dont la solution ne demande que deux lignes de calcul seraient fort difficiles à résoudre géométriquement. D'autres fois, et c'est ce qui arrivera assez fréquemment dans cet ouvrage, une proposition sera jugée assez importante pour mériter une démonstration de chaque sorte.

Enfin, pour quelques théorèmes un peu trop ardus et purement spéculatifs, nous nous sommes bornés à les énoncer en renvoyant pour la démonstration aux savants ouvrages de MM. Hermite, Jordan, Picard, Darboux... Mais nous n'avons pas abusé des renvois de ce genre, car le lecteur français ne se complaît guère aux assertions dont il doit chercher ailleurs la preuve.

ERRATUM

Page 14, ligne 2, *au lieu de* : $f(x)$, *lire* : $f(c)$.

19.   6, *au lieu de* : « égale » *lire* : « inférieure ».

35,   11, *au lieu de* : $\varphi(x)$, *lire* : $\varphi'(x)$.

37,   9, *au lieu de* : $\psi'(x)$, *lire* : $\varphi'(x)$.

39,   15, *au lieu de* : $f(c)$, *lire* : $f'(c)$.

46,   1, en remontant, *au lieu de* : $\dfrac{x}{2}$, *lire* : $\dfrac{x}{3}$.

49,   10, en remontant, *lire* : « lorsque u est positif, le rapport $\dfrac{u'}{u}$ est égal ... »

83,   8, en remontant, *au lieu de* : $\dfrac{\partial x_u}{\partial x^{\alpha}\partial y^{\beta} \dots \partial t^{\theta}}$, *lire* : $\dfrac{\partial u_u}{\partial x^{\alpha}\partial y^{\beta} \dots \partial t^{\theta}}$.

92,   1, du n°, *au lieu de* : u^n, *lire* : u_n.

93. Dans le déterminant intervertir l'ordre des deux lignes horizontales.

94, ligne 7, en remontant, *au lieu de* : $3\,\dfrac{\partial x \partial u^2}{\partial x \partial u^2}\,u^2$, *lire* : $3\,\dfrac{\partial^3 f}{\partial x \partial u^2}\,u^2$.

95,   7, *au lieu de* : J, *lire* : K.

97,   4, *au lieu de* : J, *lire* : K.

100. Première ligne du déterminant J, *au lieu de* : $\dfrac{\partial f_n}{\partial x_n}$, *lire* : $\dfrac{\partial f_1}{\partial x_n}$.

103. Dans l'équation (21), *au lieu de* : $\dfrac{\partial x_2}{\partial x_3}$, *lire* : $\dfrac{\partial x_2}{\partial x_1}$,

104. ligne 6, *au lieu de* : $\dfrac{\partial f_3}{\partial x_3}$, *lire* : $\dfrac{\partial f_3}{\partial x_3}$

    . . . . . .

    et *au lieu de* : $\dfrac{\partial x^3}{\partial x_2}$, *lire* : $\dfrac{\partial x_3}{\partial x_2}$.

104. ligne 11, *au lieu de* : « x_2 par », *lire* : « x_3 par ».

105,   7, en remontant, devant le dernier 2, *au lieu de* : $+$, *lire* : $-$.

119. Dans la première équation (43), *au lieu de* « $a\,dy$ » *lire* : $a\,dy$.

123, ligne 6, en remontant, *au lieu de* : « T », *lire* : « P ».

127,   11, en remontant, *au lieu de* : $\dfrac{\partial u}{\partial v}$, *lire* : $\dfrac{\partial v}{\partial u}$.

133,   7, *au lieu de* : « ε », *lire* : « ε_1 ».

134,   10, en remontant, *au lieu de* : « ces », *lire* : « ses ».

137,   8, *au lieu de* : « d'Alembert », *lire* : « Dalembert ».

141,   3, en remontant, *au lieu de* : u_{p-1}, *lire* : u_{p+1}.

233,   16, *au lieu de* : $(y - y_3)^3$, *lire* : $(y - y_3)^2$.

273,   3, *au lieu de* : $\dfrac{y}{1 \cdot 2}$, *lire* : $\dfrac{u^2}{1 \cdot 2}$.

290,   1, après quelconque, effacer la virgule.

338,   12, en remontant, effacer le n° 5.

ERRATUM

390. Dans la dernière ligne du texte, *au lieu de :* d'une forme, *lire :* conforme d'une.

431. ligne 5, *au lieu de :* β^2, *lire :* $\beta\eta$.

498. 9, en remontant, *au lieu de :* « disons, que », *lire :* « dirons que ».

498. 8, en remontant, *au lieu de :* voulons, *lire :* voudrons.

546. 14, *au lieu de :* λ étant en fonction de u et de v, *lire :* (λ étant fonction de u et de v).

CHAPITRE PREMIER

OBJET DE L'ANALYSE INFINITÉSIMALE

Définition et Rôle des infiniment petits

1. On nomme *infiniment petit* toute quantité variable ayant pour limite zéro.

L'*Analyse infinitésimale*, créée vers la fin du xvii⁰ siècle par Leibnitz et Newton, a pour objet l'emploi des infiniment petits pour l'évaluation des quantités finies.

Les infiniment petits peuvent intervenir de deux manières : la grandeur à évaluer peut, en effet, se présenter soit comme la limite du rapport de deux infiniment petits, soit comme la limite d'une somme d'infiniment petits dont le nombre croît indéfiniment. De là, la division de l'analyse infinitésimale en deux branches : le *calcul différentiel* et le *calcul intégral*.

Problème des tangentes ; origine du calcul différentiel

2. C'est le *problème des tangentes* qui a donné naissance au calcul différentiel.

Considérons une courbe plane (*fig.* 1) dont l'équation en coordonnées rectilignes est $y = f(x)$. Prenons sur cette courbe deux points M et M′ correspondant respectivement aux abscisses x et $x + h$. La tangente au point M est, par définition, la limite des positions que prend la sécante MM′S lorsque, M restant fixe, M′ vient, en restant sur la courbe, se con-

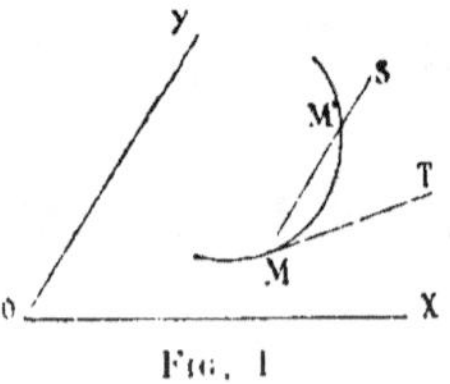

Fig. 1

fondre avec le point M. Or, d'après la théorie analytique de la ligne droite, le coefficient angulaire de la sécante MM′ s'obtient en divisant la différence $f(x + h) - f(x)$ des ordonnées des points M′ et M par la différence h de leurs abscisses. Par suite, le coefficient angulaire de la tangente MT est égal à la limite du rapport :

$$\frac{f(x + h) - f(x)}{h} \qquad (1)$$

lorsque h tend vers zéro.

Ainsi, dans ce problème, le nombre cherché se présente comme la limite du rapport de deux différences infiniment petites.

On appelle *dérivée* d'une fonction $f(x)$ la limite du rapport (1), c'est-à-dire du rapport de l'accroissement de la fonction à l'accroissement correspondant de la variable x, lorsque ce dernier accroissement (positif ou négatif) tend vers zéro. De là cette proposition : *le coefficient angulaire de la tangente à une courbe plane est égal à la dérivée de l'ordonnée considérée comme fonction de l'abscisse.*

Problème des quadratures ; Origine du calcul intégral

3. C'est le *problème des quadratures* qui a donné naissance au calcul intégral.

Proposons-nous d'évaluer l'aire du trapèze mixtiligne $\alpha AM\mu$ compris entre un arc AM de courbe plane rapportée à des axes rectangulaires, les deux ordonnées extrêmes αA, μM et l'axe des X. Nous supposerons, d'ailleurs, pour plus de simplicité, que l'ordonnée de la courbe PQ reste positive et croissante depuis αA jusqu'à μM.

Décomposons la base $\alpha\mu$ en parties $\alpha\beta, \beta\gamma, \ldots \eta\mu$, égales ou inégales ; désignons par x_0, x_1, $x_2, \ldots x_\mu$ les abscisses des points α, β, $\gamma, \ldots \mu$, et par y_0, y_1, $y_2, \ldots y_\mu$ les ordonnées correspondantes.

En menant par l'extrémité de chaque ordonnée une parallèle à OX jusqu'à sa rencontre avec l'ordonnée précédente et

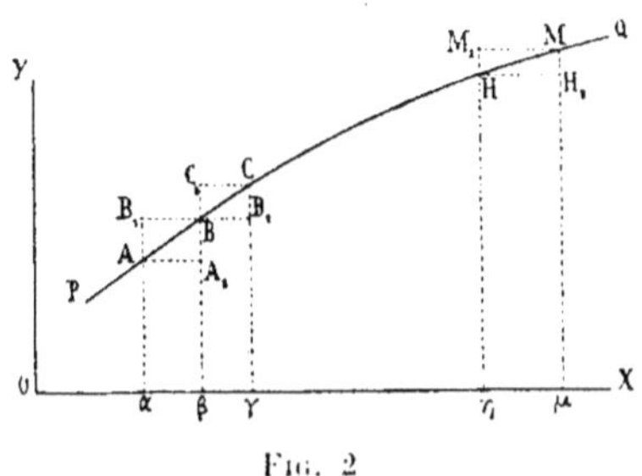

Fig. 2

avec l'ordonnée suivante, on forme une suite de rectangles inscrits $\alpha AA_1\beta$, $\beta BB_2\gamma, \ldots \eta HH_2\mu$ dont les aires ont une somme

$$s = (x_1 - x_0)\, y_0 + (x_2 - x_1)\, y_1 + \ldots + (x_\mu - x_{\mu-1})\, y_{\mu-1}$$

inférieure à l'aire T du trapèze curviligne considéré, et une suite de rectangles circonscrits $\alpha B_1 B\beta$, $\beta C_1 C\gamma, \ldots \eta M_1 M\mu$ dont les aires ont une somme

$$S = (x_1 - x_0)\, y_1 + (x_2 - x_1)\, y_2 + \ldots + (x_\mu - x_{\mu-1})\, y_\mu$$

supérieure à T. On a donc

$$s < T < s + (S - s).$$

Mais si l'on désigne par δ le plus grand des intervalles

$x_1 - x_0$, $x_2 - x_1$..... $x_\mu - x_{\mu-1}$, on voit que la différence $S - s$ tend vers zéro avec δ, puisqu'elle est moindre que

$$\delta (y_1 - y_0 + y_2 - y_1 + \dots + y_\mu - y_{\mu-1}),$$

c'est-à-dire que

$$\delta (y_\mu - y_0.$$

Par suite l'aire T est la limite vers laquelle tend la somme s, lorsque chacun des intervalles $x_1 - x_0$, $x_2 - x_1$.... $x_\mu - x_{\mu-1}$ tend vers zéro.

Ainsi, dans le problème des aires, la grandeur à évaluer se présente comme la limite d'une somme d'infiniment petits dont le nombre croît indéfiniment.

Telle est, traduite dans le langage mathématique actuel, la méthode suivie par les géomètres de l'antiquité pour la résolution du problème des quadratures, en sorte qu'on peut dire avec Leibnitz (lettre à Wallis, 29 décembre 1698) que le calcul intégral remonte jusqu'à Archimède.

Corrélation entre le calcul différentiel et le calcul intégral ; objet de chacun d'eux

4. Les géomètres du XVIIe siècle se sont placés, pour résoudre le même problème, à un point de vue tout différent. Au lieu de calculer directement la somme s et d'en

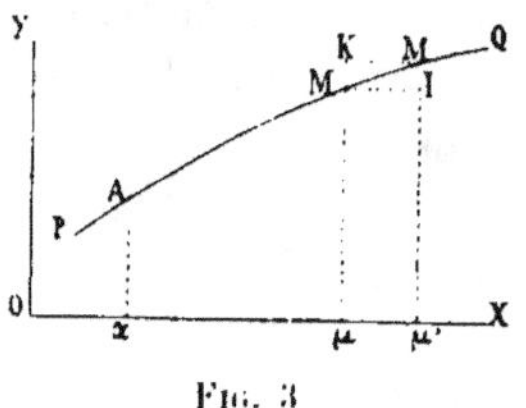

Fig. 3

déduire sa limite, ils ont ramené la recherche de l'aire à celle d'une fonction ayant une dérivée donnée. Voici comment :

Soit z l'aire du trapèze mixtiligne $zAM\mu$ compris entre un arc AM de courbe plane, l'axe des x, une ordonnée fixe zA et l'ordonnée $M\mu = f(x)$ qui correspond à une abscisse variable $O\mu = x$.

z est une fonction de x; et, dès qu'on a possédé la notion de la dérivée, on a été naturellement conduit à chercher la dérivée de cette fonction z.

Or, quand x varie de $\mu\mu'$, z varie d'une quantité égale à l'aire du trapèze mixtiligne $\mu MM'\mu'$, lequel, si $\mu\mu'$ est assez petit, se trouve compris entre les rectangles $\mu MI\mu'$, $\mu KM'\mu'$ obtenus en menant MI et M'K parallèles à OX. Mais ces deux rectangles ont respectivement pour mesure les produits

$$M\mu . \mu\mu', \qquad M'\mu' . \mu\mu'.$$

Le rapport

$$\frac{\mu MM'\mu'}{\mu\mu'}$$

est donc compris entre $M\mu$ et $M'\mu'$ et, par suite, sa limite est $M\mu$ lorsque $\mu\mu'$ tend vers zéro.

Donc *l'aire du trapèze mixtiligne* $zAM\mu$ *a pour dérivée l'ordonnée* $M\mu = f(x)$ *qui correspond à l'abscisse variable* $O\mu = x$.

La question des quadratures se trouve ramenée de la sorte à la recherche d'une fonction ayant pour dérivée $f(x)$, c'est-à-dire au problème analytique inverse de celui auquel conduit le problème des tangentes.

5. Le passage d'une fonction à sa dérivée et le retour de la dérivée à la fonction primitive ont constitué, dès le début, l'unique objet du calcul différentiel et du calcul intégral. Mais bientôt des généralisations se sont offertes. D'abord, la dérivée d'une fonction étant une fonction de la même variable, on peut calculer la dérivée de cette dérivée, ou *dérivée du second ordre*, puis prendre la dérivée de celle-ci qu'on nomme *dérivée du troisième ordre* et ainsi de suite. D'autre part, si l'on considère une fonction de plusieurs variables x, y, z, on peut chercher la dérivée de cette fonction en ne faisant varier que x et traitant y et z comme des constantes ; on obtient ainsi ce qu'on appelle la *dérivée partielle* par rapport à *x*, et il existe de même une dérivée par rapport à chacune des autres variables *y* et *z*. Enfin ces dérivées partielles, étant à leur tour des fonctions de *x*, *y*, *z*, donneront chacune des *dérivées partielles du second ordre* et ainsi de suite.

Grâce à ces considérations, nous pouvons maintenant préciser l'objet du calcul différentiel et celui du calcul intégral.

Le calcul différentiel comprend l'ensemble des règles relatives au calcul des dérivées des divers ordres des fonctions explicites ou implicites d'une ou de plusieurs variables indépendantes.

Le calcul intégral comprend l'ensemble des méthodes propres à déterminer des fonctions d'après des équations où ces fonctions sont engagées avec leurs dérivées des divers ordres et les variables indépendantes.

Ajoutons que le calcul intégral a donné naissance à un grand nombre de fonctions nouvelles, dont l'étude a étendu singulièrement le domaine de l'analyse. Sous ce rapport, le calcul infinitésimal est la continuation de l'algèbre, et on pourrait, non sans raison, aujourd'hui mieux qu'à l'époque de Lagrange, lui attribuer la dénomination de *théorie des fonctions*.

Nous compléterons cette introduction en exposant les propriétés fondamentales des infiniment petits.

Infiniment petits des divers ordres

6. Lorsque plusieurs infiniment petits figurent dans une même question, on choisit l'un d'eux α pour terme de comparaison, et on lui donne le nom d'*infiniment petit principal*; alors, si un autre infiniment petit β est tel que son rapport à la n^{me} puissance de α ait une limite k déterminée (¹) et diffé-

---

(¹) Observons ici, une fois pour toutes, que l'*infini* n'est pas une quantité déterminée, sans quoi on pourrait l'augmenter, ce qui serait contradictoire. Quand on dit qu'une grandeur devient infinie, on entend par là qu'elle prend successivement des valeurs de plus en plus grandes, de manière à surpasser toute quantité donnée si grande qu'elle soit.

rente de zéro, on dit que β est du n^{me} ordre et que sa *valeur principale* est kx^n ; on peut écrire d'après cela

$$\frac{\beta}{\alpha^n} = k\,(1 + \varepsilon)$$

d'où

$$\beta = kx^n\,(1 + \varepsilon). \qquad (2)$$

ε étant infiniment petit.

Voici quelques exemples :

1° On sait, par la Trigonométrie, que les rapports

$$\frac{\sin x}{x}, \qquad \frac{\operatorname{tg} x}{x}$$

ont l'unité pour limite ; et il résulte de la formule

$$\frac{1 - \cos x}{x^2} = \frac{2\sin^2\dfrac{x}{2}}{x^2} = \frac{1}{2}\left(\frac{\sin\dfrac{x}{2}}{\dfrac{x}{2}}\right)^2$$

que

$$\frac{1 - \cos x}{x^2}$$

a pour limite $\dfrac{1}{2}$.

Donc, si x est pris pour infiniment petit principal, $\sin x$ et $\operatorname{tg} x$ sont des infiniment petits du premier ordre ayant l'un et l'autre x pour valeur principale, tandis que $1 - \cos x$ est du second ordre et a pour valeur principale $\dfrac{1}{2}\,x^2$.

2° La relation bien connue, $l' = l\cos\omega$ entre la longueur l d'un segment rectiligne et la longueur l' de sa projection sur une droite faisant un angle ω avec ce segment, donne :

$$l - l' = l\,(1 - \cos\omega).$$

La différence $l - l'$ est donc un infiniment petit du second ordre, lorsque l'angle ω est un infiniment petit du premier ordre, l étant fini. Elle s'abaisse au troisième ordre si l est, comme ω, infiniment petit du premier ordre;

3° Si l'on désigne par $f'(x)$ la dérivée d'une fonction $f(x)$, on peut écrire, d'après la définition même de la dérivée,

$$\frac{f(x+h) - f(x)}{h} = f'(x) + \varepsilon$$

ou

$$f(x+h) - f(x) = h\,[f'(x) + \varepsilon], \qquad (3)$$

ε tendant vers zéro avec h. Si donc on prend h pour infiniment petit principal et si, pour la valeur considérée de x, $f'(x)$ est déterminée et différente de zéro, l'accroissement $f(x+h) - f(x)$ de la fonction sera un infiniment petit de premier ordre ayant $h\,f'(x)$ pour valeur principale. Ainsi, l'accroissement d'une fonction est, en général, un infiniment petit du même ordre que l'accroissement de la variable : il y a exception pour les valeurs de x qui rendent la dérivée nulle ou infinie.

7. Remarquons qu'il existe des infiniment petits n'ayant pas d'ordre déterminé. Par exemple, l'expression

$$y = x \sin \frac{1}{x}$$

tend vers zéro en même temps que x, puisque le facteur $\sin \frac{1}{x}$ reste compris entre -1 et $+1$; mais c'est un infiniment petit dont l'ordre ne peut être assigné, puisque le rapport $\frac{y}{x} = \sin \frac{1}{x}$ ne tend pas vers une limite déterminée, lorsque x tend vers zéro.

8. Le produit de deux infiniment petits

$$\beta = k x^n (1 + \varepsilon), \qquad \beta' = k' x^{n'} (1 + \varepsilon')$$

dont l'un est d'ordre n, l'autre d'ordre n', peut s'écrire

$$\beta\beta' = kk'\alpha^{n+n'}(1+\eta),$$

η désignant un infiniment petit. Ce produit est donc un infiniment petit d'ordre $n+n'$, et sa valeur principale est égale au produit des valeurs principales des facteurs.

9. Si deux infiniment petits

$$\beta = k\alpha^n (1+\varepsilon), \qquad \beta' = k'\alpha^n (1+\varepsilon')$$

sont du même ordre, leur rapport

$$\frac{\beta'}{\beta} = \frac{k'(1+\varepsilon')}{k(1+\varepsilon)}$$

a une limite $\dfrac{k'}{k}$ déterminée et différente de zéro.

Réciproquement, si le rapport de deux infiniment petits β et β' a une limite k_1 déterminée et différente de zéro, les infiniment petits sont du même ordre ; car les relations

$$\beta = k\alpha^n (1+\varepsilon) \qquad \frac{\beta'}{\beta} = k_1 (1+\varepsilon_1),$$

dans lesquelles ε et ε_1 sont des infiniment petits, donnent

$$\beta' = kk_1\alpha^n (1+\varepsilon)(1+\varepsilon_1),$$

qui est de la forme $k'\alpha^n(1+\varepsilon')$, ε' désignant un infiniment petit et k' une quantité kk_1 déterminée et différente de zéro.

En particulier, si deux infiniment petits ont la même valeur principale, leur rapport a pour limite l'unité et réciproquement. Il suffit de faire dans la proportion directe qui précède $k = k'$, et, dans la réciproque, $k_1 = 1$.

Quand deux infiniment petits ont la même valeur principale, on dit, pour abréger le langage, qu'ils sont *équivalents*.

Principes relatifs à la substitution des infiniment petits

10. *On n'altère pas la limite du rapport de deux infiniment petits en substituant à chacun d'eux un infiniment petit équivalent.*

En d'autres termes, si les infiniment petits α et α', β et β' satisfont aux conditions

$$\lim \frac{\alpha'}{\alpha} = 1, \qquad \lim \frac{\beta'}{\beta} = 1, \qquad (4)$$

on aura

$$\lim \frac{\alpha'}{\beta'} = \lim \frac{\alpha}{\beta}. \qquad (5)$$

En effet, les conditions (4) peuvent être mises sous la forme

$$\alpha' = \alpha\,(1 + \varepsilon) \qquad \beta' = \beta\,(1 + \eta),$$

ε et η désignant des infiniment petits. On en déduit la relation

$$\frac{\alpha'}{\beta'} = \frac{\alpha}{\beta} \cdot \frac{1 + \varepsilon}{1 + \eta},$$

qui, à la limite, se réduit à (5).

11. *On n'altère pas la limite d'une somme de quantités positives infiniment petites dont le nombre croît indéfiniment, quand on remplace chacune d'elles par un infiniment petit équivalent.*

En d'autres termes, soient α_1, α_2,... α_m des infiniment petits positifs dont la somme a une limite finie s lorsque leur nombre croît indéfiniment. Si β_1, β_2,... β_m désignent d'autres infiniment petits satisfaisant aux conditions

$$\lim \frac{\beta_1}{\alpha_1} = 1, \qquad \lim \frac{\beta_2}{\alpha_2} = 1,... \qquad \lim \frac{\beta_m}{\alpha_m} = 1, \qquad (6)$$

on aura

$$\lim (\beta_1 + \beta_2 + \ldots \beta_m) = s, \qquad (7)$$

En effet, on peut donner aux conditions (6) la forme

$$\beta_1 = \alpha_1 (1 + \varepsilon_1), \quad \beta_2 = \alpha_2 (1 + \varepsilon_2), \ldots \quad \beta_m = \alpha_m (1 + \varepsilon_m),$$

$\varepsilon_1, \varepsilon_2 \ldots \varepsilon_m$ désignant des infiniment petits. On en déduit

$$\beta_1 + \beta_2 + \ldots + \beta_m = (\alpha_1 + \alpha_2 + \ldots + \alpha_m) + (\alpha_1 \varepsilon_1 + \alpha_2 \varepsilon_2 + \ldots + \alpha_m \varepsilon_m).$$

La première parenthèse du second membre ayant pour limite s, il suffit de prouver que la seconde parenthèse a pour limite zéro. Or, si l'on désigne par ε la plus grande des valeurs absolues de $\varepsilon_1, \varepsilon_2, \ldots \varepsilon_m$, on voit que la somme

$$\alpha_1 \varepsilon_1 + \alpha_2 \varepsilon_2 + \ldots + \alpha_m \varepsilon_m$$

est inférieure au produit

$$(\alpha_1 + \alpha_2 + \ldots + \alpha_m) \varepsilon,$$

dont les deux facteurs ont l'un pour limite s, l'autre pour limite zéro. Cette somme est donc nulle à la limite.

12. Les deux théorèmes qui précèdent peuvent être énoncés de la manière suivante .

Quand on cherche la limite du rapport de deux infiniment petits ou la limite d'une somme d'infiniment petits positifs dont le nombre croît indéfiniment, on peut, dans chaque terme du rapport ou de la somme, ne conserver que les parties infiniment petites de l'ordre le moins élevé.

Par exemple, si l'on propose de trouver la limite du rapport

$$\frac{\sin x + 5 \sin^3 x + 7 \sin^5 x}{2x + x^2 + 9x^3}$$

lorsque x tend vers zéro, on peut remplacer ce rapport

par

$$\frac{\sin x}{2x},$$

ce qui montre immédiatement que la limite cherchée est $\frac{1}{2}$.

Ces propositions sont d'un usage très fréquent, vu (n°1) la manière dont les infiniment petits interviennent dans l'évaluation de grandeurs déterminées. L'avantage considérable qu'elles offrent tient à ce qu'elles permettent de supprimer dans les infiniment petits considérés la partie qui rendrait leur comparaison ou leur sommation difficiles.

CHAPITRE II

LES FONCTIONS CONTINUES

Définition de la continuité

13. Une fonction $y = f(x)$ n'est bien définie dans un intervalle donné (a, b) que si à chaque valeur de x comprise entre a et b correspond une valeur *déterminée* de y et une seule.

Lorsque la relation qui unit y à x laisse à y la faculté de prendre plusieurs valeurs pour chaque valeur de x appartenant à un intervalle donné, la définition de la fonction, dans cet intervalle, doit être complétée par l'adjonction d'autres conditions propres à lever toute ambiguïté. Nous reviendrons sur ce sujet. Mais il doit être entendu d'ores et déjà que, lorsque nous parlerons d'une fonction, il s'agira toujours d'une fonction bien définie dans un intervalle indiqué.

Observons, en outre, que jusqu'à nouvel ordre il ne sera question que de fonctions réelles de variables réelles.

On dit qu'une fonction $f(x)$ est *continue* pour $x = c$ lorsque $f(c + h)$ a pour limite $f(c)$ de quelque manière que h tende vers zéro ; ou, en termes plus précis, on dit qu'une fonction $f(x)$ est continue pour $x = c$, si, à tout nombre positif ε aussi petit qu'on veut, correspond un nombre positif η tel que l'inégalité

$$| h | < \eta$$

entraîne

$$| f(c + h) - f(c) | < \varepsilon \qquad\qquad (^1)$$

Une fonction est dite continue dans un intervalle quand elle est continue pour toute valeur de x comprise dans cet intervalle.

Toute fonction non continue est dite *discontinue*.

14. La relation fondamentale

$$f(x + h) - f(r) = h\,[f'(x) + \varepsilon],$$

qui résulte immédiatement (n° 6, 3°) de la définition de la dérivée, montre *qu'une fonction $f(x)$ est continue pour toute valeur de la variable x pour laquelle la dérivée $f'(x)$ est déterminée.*

Propriété fondamentale des fonctions continues

15. *Si une fonction $f(x)$ est continue dans un intervalle (a, b) et si $f(a)$ et $f(b)$ ont des signes contraires, il existe, entre a et b, au moins une valeur c de x qui annule la fonction $f(x)$.*

En effet, posons $\frac{1}{2}(a + b) = \omega$. Si $f(\omega)$ est nul, le théorème est démontré. Si $f(\omega)$ est différent de zéro, nous désignerons par $(a_1\ b_1)$ celui des deux intervalles égaux (a, ω) (ω, b) pour lequel $f(a_1)$ et $f_1(b_1)$ ont des signes opposés.

En raisonnant sur (a_1, b_1) comme on vient de le faire sur (a, b), puis continuant de la sorte, on formera, si on ne rencontre aucun nombre annulant $f(x)$, une suite d'inter-

---

(¹) Conformément à un usage généralement adopté de nos jours, nous emploierons la notation $| a |$ pour désigner la valeur absolue d'une quantité quelconque a. Cette valeur absolue reçoit souvent le nom de *module*.

valles

$$(a,\ b),\ (a_1,\ b_1),\ \ldots,\ (a_n,\ b_n),\ \ldots,$$

tels que chacun soit la moitié du précédent et que la fonction $f(x)$ prenne à ses extrémités des valeurs de signes contraires.

Les quantités a, $a_1\ldots a_n,\ldots$ étant inférieures à b et formant une suite croissante, tendront vers une limite c comprise entre a et b. Les quantités b, $b_1,\ldots b_n$ étant supérieures à a et formant une suite décroissante, tendront à leur tour vers une limite ; et cette limite ne sera autre que c, puisque la différence

$$b_n - a_n = \frac{1}{2^n}(a - b)$$

tend vers zéro quand n croît indéfiniment.

Or, puisque $f(x)$ est continue dans l'intervalle (a, b), la différence

$$f(b_n) - f(a_n)$$

doit avoir pour limite zéro, pour $n = \infty$; et, comme cette différence a ses deux termes de signes contraires, on aura à la limite

$$2f(c) = o \qquad \text{ou} \qquad f(c) = o,$$

ce qui démontre la proposition énoncée.

On peut ajouter que, *si la fonction $f(x)$ est constamment croissante ou constamment décroissante depuis $x = a$ jusqu'à $x = b$, il n'existe entre ces limites qu'une seule valeur de x propre à vérifier l'équation $f(x) = o$.* Car, si $f(x)$ croît sans cesse, par exemple, dans l'intervalle (a, b) et s'annule pour une valeur c comprise dans cet intervalle, $f(x)$ sera négatif tant que x n'aura pas atteint la valeur c, puis il deviendra et restera positif dès que x aura franchi cette valeur.

16. D'après le n° 15 une fonction continue ne peut changer de signe sans s'annuler. Mais (il importe de l'observer) une fonction continue peut s'annuler sans changer de signe : témoin la fonction continue x^2, qui s'annule pour $x = o$ en restant toujours positive.

17. Voici enfin une conséquence immédiate de la proposition qui fait l'objet du n° 15.

Si une fonction $\varphi(x)$ est continue dans un intervalle (a, b), il existe dans cet intervalle au moins une valeur c de x pour laquelle $\varphi(x)$ acquiert une valeur donnée quelconque k comprise entre $\varphi(a)$ et $\varphi(b)$.

En effet la fonction $f(x) = \varphi(x) - k$ est continue dans l'intervalle (a, b), et les deux nombres $f(a)$ et $f(b)$ sont de signes contraires; donc il existe entre a et b au moins une valeur c telle que $f(c) = o$ ou que $\varphi(c) = k$.

D'ailleurs, à toute valeur k de $\varphi(x)$ comprise entre $\varphi(a)$ et $\varphi(b)$ répondra une valeur unique de x, si $\varphi(x)$ est constamment croissante ou constamment décroissante dans l'intervalle (a, b).

Fonctions inverses

18. Soit $y = \varphi(x)$ une fonction bien définie et continue dans un intervalle (a, b); désignons $\varphi(a)$ par α et $\varphi(b)$ par β. Nous savons, d'après le n° 17, qu'à chaque valeur de y comprise entre α et β correspond au moins une valeur de x comprise entre a et b, et qu'il n'en correspond qu'une si la variation de y ne change pas de sens lorsque x croît de a à b. C'est à cette condition que x pourra être considérée comme une fonction bien définie de y dans l'intervalle considéré.

On donne à la fonction $x = \psi(y)$ ainsi définie le nom de *fonction inverse* de $y = \varphi(x)$.

19. Cette fonction inverse est continue lorsque y varie entre α et β. En effet, soient x_0 et $x_0 + h$ deux valeurs prises dans l'intervalle (a, b), h étant aussi petit qu'on le voudra en valeur absolue. Désignons par y_0 et $y_0 + k$ les valeurs correspondantes de y. A toute valeur de y comprise entre y_0 et $y_0 + k$ répondra (n° 18) une valeur de x unique et comprise entre x_0 et $x_0 + h$, c'est-à-dire une valeur aussi voisine de x_0 que l'on voudra; ce qui démontre la continuité de $x = \psi(y)$.

Revision sommaire des fonctions élémentaires

20. Les premières fonctions que l'on étudie dans les éléments d'algèbre sont les *fonctions entières* et les *fractions* rationnelles. Le type des premières est

$$y = Ax^m + Bx^{m-1} + \dots + Hx + K,$$

où A, B, ... K sont des constantes et m un nombre entier et positif; le type des deuxièmes est

$$y = \frac{f(x)}{\varphi(x)}.$$

$f(x)$ et $\varphi(x)$ étant des fonctions entières.

On démontre en algèbre élémentaire que la somme algébrique et le produit de plusieurs fonctions continues sont eux-mêmes continus, tandis que le rapport de deux fonctions continues cesse d'être continu pour les valeurs de x qui annulent le diviseur. Il suit de là que *les fonctions entières sont continues pour toute valeur de x et que les fractions rationnelles sont continues pour toutes les valeurs de x qui n'annulent pas le dénominateur.*

21. Après les fonctions entières et les fractions rationnelles, on rencontre la *fonction exponentielle* a^x et son inverse la *fonction logarithmique.*

On démontre que si a est un nombre positif, a^x est bien définie et continue pour toute valeur de x positive ou négative.

Supposons $a > 1$; alors l'exponentielle $y = a^x$ croît de o à $+\infty$ lorsque x croît de $-\infty$ à $+\infty$, en prenant la valeur 1 lorsque la variable x passe par zéro. Cette fonction étant continue et croissante, la fonction inverse est bien définie et continue (n°s 18 et 19) pour toutes les valeurs positives de y; on lui donne le nom de *logarithme* de y dans le système dont la base est a et l'on écrit :

$$x = \log y.$$

Dès que la base est choisie (parmi les nombres supérieurs à 1), le logarithme x de tout nombre positif y est fixé; il est positif ou négatif suivant que y est supérieur ou inférieur à 1. D'ailleurs, dans tout système, le logarithme de la base est égal à l'unité et le logarithme de l'unité est égal à zéro ; on a, en effet, $a^1 = a$ et $a^0 = 1$.

Nous n'avons pas à revenir ici sur les propriétés des exponentielles et des logarithmes que nous supposons bien connues du lecteur. Nous rappellerons seulement que, pour passer d'un système de logarithmes à un autre, il faut diviser les logarithmes primitifs par le logarithme primitif de la nouvelle base.

22. Dans les calculs numériques, on emploie les logarithmes dont la base est le nombre 10, base de notre système de numération ; on y trouve l'avantage de pouvoir, à simple vue, écrire la partie entière ou *caractéristique* du logarithme d'un nombre décimal donné quelconque (voir l'Algèbre). Ces logarithmes sont dits *logarithmes vulgaires*.

En analyse, on emploie au contraire presque exclusivement le système considéré d'abord par Neper, l'inventeur des logarithmes; la base du *système népérien* est la limite vers laquelle tend l'expression

$$e_m = 1 + \frac{1}{1} + \frac{1}{1.2} + \frac{1}{1.2.3} + \cdots + \frac{1}{1.2.3\ldots m} \qquad (8)$$

lorsque le nombre entier et positif m croît indéfiniment.

Il est fort aisé d'ailleurs de prouver l'existence de cette limite.

Désignons par μ un nombre entier et positif moindre que m; on aura

$$o < e_m - e_\mu < \frac{1}{1.2\ldots\mu}\left[\frac{1}{\mu+1} + \frac{1}{(\mu+1)(\mu+2)} + \ldots\right].$$

Et comme la somme entre parenthèses est égale à $\frac{1}{\mu}$, on peut écrire

$$e_\mu < e_m < e_\mu + \frac{1}{1.2\ldots\mu}\cdot\frac{1}{\mu}.$$

Il suit de là que, si, laissant μ fixe, on fait croître m indéfiniment, e_m croît sans cesse en restant inférieur à une quantité fixe; il a donc une limite déterminée ([1]).

En désignant, suivant un usage adopté depuis Euler, cette limite par la lettre e, on a les inégalités

$$e_\mu < e < e_\mu + \frac{1}{1.2\ldots\mu}\cdot\frac{1}{\mu}, \tag{9}$$

qui, ayant lieu pour toute valeur entière et positive de μ, permettent de calculer e avec telle approximation qu'on voudra.

Par exemple en faisant $\mu = 1$, on voit que e est compris entre 2 et 3.

Voici la valeur de e avec 13 décimales exactes :

$$e = 2,7182818284590\ldots$$

([1]) Nous invoquons ici, comme au n° 15, un axiome dont on fait un fréquent usage en Analyse.

Lorsqu'une grandeur croît sans cesse (ou du moins ne décroît jamais) et reste inférieure à une quantité fixe, elle a une limite égale ou inférieure à cette quantité.

De même, lorsqu'une grandeur décroît sans cesse (ou du moins ne croît jamais) et reste supérieure à cette quantité fixe, elle a une limite égale ou supérieure à cette quantité.

Si l'on se bornait à calculer les 9 premiers chiffres décimaux, le retour fortuit des quatre chiffres 1, 8, 2, 8 dans le même ordre pourrait faire croire que e s'exprime par une fraction périodique. Ce serait là une fausse induction ; *le nombre e est incommensurable*. En effet, s'il était égal à une fraction $\dfrac{p}{q}$ à termes entiers, on aurait, en vertu des inégalités (9) :

$$ e_q < \frac{p}{q} < e_q + \frac{1}{1.2 \ldots q} \cdot \frac{1}{q}, $$

d'où, en multipliant par 1, 2, 3..., q,

$$ e_q\,(1.2.3 \ldots q) < p\;1.2.3 \ldots \overline{q-1} < e_q\,(1.2.3 \ldots q + \frac{1}{q}, $$

ce qui est absurde, puisqu'un nombre entier ne saurait être compris entre deux nombres dont l'un est entier et dont la différence est moindre que l'unité.

C'est Lambert qui, en 1761, a établi le premier l'incommensurabilité du nombre e ; en 1874, M. Hermite, dans son beau *Mémoire sur la fonction exponentielle*, a fait voir que e était *un nombre transcendant*, c'est-à-dire non susceptible d'être racine d'une équation algébrique à coefficients rationnels.

Dorénavant, pour éviter toute confusion, nous désignerons les logarithmes népériens par le symbole *log* et les logarithmes vulgaires par le symbole L*og* ; on aura donc, d'après la règle citée ci-dessus (n° 21)

$$ \frac{\text{Log } y}{\log y} = \text{Log}\,e = \frac{1}{\log 10} = 0{,}43429448\ldots $$

23. Lorsque m est commensurable, d'ailleurs positif ou négatif, on sait, d'après l'algèbre, que x^m a une valeur *positive* unique pour chaque valeur *positive* de x.

On a donc alors, en vertu des propriétés des logarithmes

$$ \log x^m = m \log x $$

et par suite

$$x^{m} = e^{m \log x}. \tag{10}$$

Cette égalité, démontrée ainsi pour m commensurable, est prise pour définition lorsque m est incommensurable ; elle montre que si m est positif, x^{m} est croissante et continue dans tout intervalle limité par deux nombres positifs. En effet, en premier lieu, quand x croît dans l'intervalle considéré, $\log x$ croît ; par suite, il en est de même de $m \log x$ puisque m est positif, et enfin de l'exponentielle $e^{m \log x}$, c'est-à-dire de x^{m}. En second lieu, lorsque x varie d'une manière continue dans l'intervalle susdit, il en est de même de $\log x$ (n° 21) et, par suite, aussi de l'exponentielle $e^{m \log x}$, c'est-à-dire de x^{m}.

24. Il nous reste à parler des fonctions élémentaires fournies par la trigonométrie.

Soit A un point fixe pris sur une circonférence de rayon 1, M un point quelconque de cette courbe et P la projection de M sur le diamètre OA : $PM = \sin x$ et $OP = \cos x$ sont des fonctions bien définies de l'arc $AM = x$ [1]. Elles sont d'ailleurs continues ; car, lorsque l'arc AM varie d'une quantité MM' aussi petite qu'on veut, les variations correspondantes IM', MI du sinus et du cosinus sont moindres

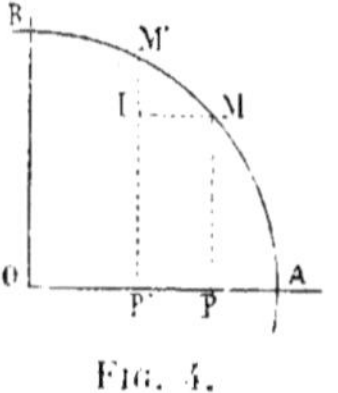

Fig. 4.

en valeur absolue que la corde MM', laquelle tend vers zéro en même temps que l'arc MM'.

Les formules fondamentales :

$$\operatorname{tg} x = \frac{\sin x}{\cos x} \qquad \operatorname{séc} x = \frac{1}{\cos x},$$

$$\operatorname{cotg} x = \frac{\cos x}{\sin x} \qquad \operatorname{coséc} x = \frac{1}{\sin x},$$

---

[1] La longueur d'un arc de courbe a été définie en géométrie : c'est la limite vers laquelle tend le périmètre d'une ligne brisée inscrite dans cet arc, lorsque les côtés de cette ligne brisée tendent vers zéro ; on a démontré, d'ailleurs, que cette limite existe et ne dépend pas de la loi suivant laquelle les côtés de la ligne brisée tendent vers zéro. Enfin, on a déduit de là que le rapport d'un arc à sa corde a pour limite l'unité lorsque cet arc tend vers zéro. (Voir le *Traité de Géométrie* de MM. Rouché et De Comberousse).

montrent que tg x et séc x sont continues, sauf pour les valeurs de x qui annulent cos x, et que cotg x et coséc x sont continues excepté pour les valeurs qui annulent sin y.

Les six fonctions sin x, cos x, tg x, cotg x, séc x, coséc x, portent le nom de *fonctions circulaires directes*. L'étude de leurs propriétés constitue l'objet principal de la trigonométrie que nous supposons connue des lecteurs.

Nous devons cependant ajouter quelques mots sur les *fonctions circulaires inverses*.

La fonction $x = \sin y$ étant continue et croissante lorsque la variable indépendante y croît de $-\frac{\pi}{2}$ à $\frac{\pi}{2}$, l'inversion est permise (n° 18); et si l'on désigne par y_1 l'arc compris entre $-\frac{\pi}{2}$ et $\frac{\pi}{2}$ dont le sinus est égal à x, y_1 est une fonction bien définie et continue de x lorsque cette variable reste comprise entre -1 et $+1$. Cette fonction y_1 ne représente qu'une branche de la fonction ambiguë y qui serait astreinte uniquement à satisfaire à la relation $x = \sin y$ et que l'on désigne habituellement par *arc* sin x; on a, en effet, par la trigonométrie.

$$\text{arc} \sin x = k\pi + (-1)^k y_1,$$

k étant un nombre entier quelconque positif ou négatif. A chacune des valeurs en nombre infini de l'entier k répond une détermination spéciale de arc sin x, laquelle reste bien définie et continue en même temps que y_1 lorsque x varie de -1 à $+1$.

Des raisonnements analogues conduisent aux conclusions suivantes :

L'arc compris entre o et π dont le cosinus est égal à x est une fonction bien définie et continue de x, lorsque cette variable reste comprise entre $+1$ et -1; en désignant cette fonction par y_1, on a

$$\text{arc} \cos x = 2k\pi \pm y_1,$$

et, à chaque valeur entière positive ou négative de k

répondent deux déterminations de arc cos x qui sont bien définies et continues, en même temps que y_1, c'est-à-dire lorsque x est compris entre -1 et $+1$.

L'arc compris entre $-\frac{\pi}{2}$ et $\frac{\pi}{2}$ dont la tangente est égale à x est une fonction bien définie et continue pour toute valeur déterminée de x. En désignant cette fonction par y_1, on a

$$\text{arc tg } x = k\pi + y_1,$$

et à chaque valeur positive ou négative de l'entier k répond une détermination de arc tg x qui est bien définie et continue en même temps que y_1, c'est-à-dire pour toutes les valeurs déterminées de x.

Pour éviter des redites fastidieuses, nous laisserons au lecteur le soin de fixer lui-même d'une manière analogue le sens des fonctions inverses.

$$\text{arc séc } x, \qquad \text{arc coséc } x, \qquad \text{arc cotg } x,$$

qui sont d'ailleurs peu usitées.

Fonction de Fonctions

25. Lorsque plusieurs variables y, z, u, x sont telles que chacune d'elles soit une fonction bien définie de la suivante, la première y est évidemment une fonction bien déterminée de la dernière x ; on lui donne le nom de *fonction de fonctions*.

Telle est, par exemple, la fonction

$$y = \sin (x^3),$$

qui est définie par les relations

$$y = \sin u, \qquad u = x^3$$

Il est aisé de voir que *si les fonctions*

$$y = f(z), \qquad z = \varphi(u), \qquad u = \psi(x) \qquad (11)$$

sont continues, y est une fonction continue de x.

En effet, désignons par x_0 une valeur déterminée parmi celles que peut prendre la variable indépendante x, et par u_0, z_0, y_0, les valeurs de z, de u et de y qui lui correspondent en vertu des relations (11). Lorsque x tend vers x_0, u tend vers u_0 puisque $\psi(x)$ est continue; par suite z tend vers z_0 puisque $\varphi(u)$ est aussi continue, et enfin y tend vers y_0, en vertu de la continuité de $f(z)$.

26. Il résulte de là que si u désigne une fonction continue de x, les fonctions $\sin u$, $\cos u$, arc $\sin u$, arc $\cos u$ sont des fonctions continues de la variable x; il en est de même pour a^u si a est positif, et aussi pour $\log u$ et $u^v = e^{v \log u}$ si u et v sont des fonctions continues de x et si de plus u est positive; la fonction u^v contient d'ailleurs comme cas particulier u^m, m étant une constante quelconque.

Fonction de plusieurs variables

27. Soient $x, y, \ldots$ plusieurs variables indépendantes qui peuvent prendre, la première toutes les valeurs comprises dans un intervalle (a, a'), la seconde toutes les valeurs appartenant à un intervalle (b, b'),... L'ensemble de ces intervalles constitue ce qu'on nomme le *champ* dans lequel se meuvent les variables $x, y, \ldots$

Une fonction $u = f(x, y, \ldots)$ de plusieurs variables indépendantes est bien définie dans un certain champ, si, à chaque système de valeurs de $x, y, \ldots$ comprises dans ce champ, répond une valeur déterminée de u et une seule.

Une telle fonction est dite continue pour $x = x_0$, $y = y_0, \ldots$ si $f(x, y, \ldots)$ a pour limite $f(x_0, y_0 \ldots)$ de quelque manière que $x, y, \ldots$ tendent vers $x_0, y_0 \ldots$ ou, en termes plus précis, lorsque à tout nombre positif donné ε aussi petit qu'il soit répondent des nombres positifs α, β, ... tels que les inégalités

$$| x - x_0 | < \alpha \qquad | y - y_0 | < \beta, \ldots$$

entraînent

$$| f(x,y,\ldots) - f(x_0,y_0,\ldots) | < \varepsilon,$$

Les propositions énoncées dans le dernier alinéa du n° 20 subsistent quel que soit le nombre des variables indépendantes. Ainsi, les fonctions de plusieurs variables qu'on obtient en exécutant sur ces variables et sur des constantes des additions, soustractions, multiplications ou divisions, sont continues pour tout système de valeurs des variables qui n'annule pas le dénominateur.

Fonction composée

28. Considérons une fonction bien définie

$$\omega = f(u,v,w)$$

de plusieurs variables u, v, w, et supposons que les quantités u, v, w soient elles mêmes des fonctions bien définies d'une variable indépendante x. La fonction ω est dite alors une *fonction composée* de x par l'intermédiaire des fonctions u, v, w de cette variable.

Désignons par x_0 une valeur déterminée quelconque parmi celles que la variable indépendante x peut prendre ; soient u_0, v_0, w_0 les valeurs correspondantes de u, v, w, et $\omega_0 = f(u_0, v_0, w_0)$ la valeur que prend alors ω. Il est clair que si x tend vers zéro, u, v, w tendent vers u_0, v_0, w_0, puisque u, v, w sont des fonctions continues de x ; par suite ω tend alors vers ω_0 puisque f est par hypothèse une fonction continue de u, v, w. Donc : *Une fonction composée* $\omega = f(u, v, w)$ *est une fonc-*

*tion continue de la variable indépendante x, si f est une fonc-
tion continue des fonctions intermédiaires u, v, w, et si ces
fonctions intermédiaires sont à leur tour des fonctions continues de x.*

Nous avons déjà rencontré plusieurs cas particuliers de ce
théorème, et notamment le cas des fonctions uv, u^v.

Remarquons que si les fonctions intermédiaires u, v, w se
réduisent à une seule u, la fonction composée ω devient simplement une *fonction de fonction*.

Enfin, au lieu de supposer que les fonctions intermédiaires
u, v, w ne dépendent que d'une seule variable x, on peut
concevoir que u, v, w soient des fonctions de plusieurs
variables indépendantes x, y, ... On aura alors une *fonction
composée de plusieurs variables indépendantes*, qui sera d'ailleurs une fonction continue de ces variables si u, v, w sont
des fonctions continues de x, y ..., et si f est à son tour une
fonction continue de v, u, w.

29. Lorsque l'équation qui lie une fonction y à une ou à
plusieurs variables indépendantes est résolue par rapport à y,
on dit que y est une *fonction explicite*. Sinon, on dit qu'elle
est *implicite*; il ne sera question jusqu'au chapitre vii que
de fonctions explicites.

Digression sur le nombre e

30. Le nombre e jouit d'une propriété qu'il est indispensable de connaître : c'est la limite vers laquelle tend l'expression

$$\left(1 + \frac{1}{m}\right)^{m} \tag{12}$$

lorsque m croît indéfiniment.

Supposons d'abord m entier et positif.

La formule du binôme donne :

$$\left(1 + \frac{1}{m}\right)^{m} = 1 + \frac{1}{1} + \frac{u_2}{1.2} + \frac{u_3}{1.2.3} + \cdots + \frac{u_m}{1.2.3 \ldots m}$$

en posant, pour simplifier l'écriture

$$u_n = \frac{m\,(m-1\ldots(m-n+1)}{m^n} = \frac{m-1}{m}, \frac{m-2}{m}, \ldots \frac{m-n+1}{m}$$

ou

$$u_n = \left(1 - \frac{1}{m}\right)\left(1 - \frac{2}{m}\right)\cdots\left(1 - \frac{n-1}{m}\right);$$

u_n est donc de la forme

$$(1 - \alpha)\,(1 - \beta)\ldots(1 - \lambda)$$

$\alpha, \beta, \ldots \lambda$ étant des nombres positifs inférieurs à 1.

Or, on sait, par l'algèbre élémentaire [1], que la valeur d'un tel produit est comprise entre 1 et

$$1 - (\alpha + \beta + \ldots + \lambda)$$

Comme on a ici

$$\alpha + \beta + \ldots + \lambda = \frac{1 + 2 + \ldots + \overline{n-1}}{m} = \frac{(n-1)\,n}{2m},$$

il vient

$$1 > u_n > 1 - \frac{(n-1)\,n}{2m}$$

et, en divisant par $1.\,2.\,\ldots\,n$,

$$\frac{1}{1.2\ldots n} > \frac{u_n}{1.2\ldots n} > \frac{1}{1.2\ldots n} - \frac{1}{2m}\cdot\frac{1}{1.2\ldots(n-2)}$$

Dès lors, en faisant successivement $n = 2, 3, \ldots m$, ajou-

____

(1) La preuve est d'ailleurs fort aisée :
on a d'abord

$$(1 - \alpha)\,(1 - \beta) = 1 - (\alpha + \beta) + \alpha\beta > 1 - (\alpha + \beta),$$

puis, en multipliant par $1 - \gamma$

$$(1 - \alpha)\,(1 - \beta)(1 - \gamma) > 1 - (\alpha + \beta) - \gamma + \gamma\,(\alpha + \beta) > 1 - (\alpha + \beta + \gamma)$$

et ainsi de suite.

tant et augmentant de 2 chacun des résultats, on a

$$e_m > \left(1 + \frac{1}{m}\right)^m > e_m - \frac{e_{m-2}}{2m}.$$

On voit par là que la valeur de l'expression (12) est comprise entre deux quantités qui tendent l'une et l'autre vers e quand m croît indéfiniment, d'où l'on conclut que cette expression a pour limite e.

Le théorème subsiste lorsque m, tout en restant positif, n'est plus astreint à ne prendre que des valeurs entières.

En effet, attribuons à m une valeur positive quelconque, et soit $\mu + 1$ l'entier immédiatement supérieur à cette valeur. L'expression (12) sera moindre que

$$\left(1 + \frac{1}{\mu}\right)^{\mu+1} \quad \text{ou} \quad \left(1 + \frac{1}{\mu}\right)^{\mu} \cdot \left(1 + \frac{1}{\mu}\right) \qquad (13)$$

et plus grande que

$$\left(1 + \frac{1}{\mu + 1}\right)^{\mu} \quad \text{ou} \quad \left(1 + \frac{1}{\mu+1}\right)^{\mu+1} : \left(1 + \frac{1}{\mu+1}\right). \quad (14)$$

Or, quand m croît indéfiniment, il en est de même de l'entier μ; chacune des expressions (13) et (14) étant alors le produit d'un nombre qui tend vers e par un facteur qui tend vers 1, aura pour limite e; et, par suite, il en sera de même pour l'expression (12) dont la valeur reste toujours comprise entre celles de (13) et de (14).

L'expression (12) tend aussi vers e, lorsque m est négatif et qu'il grandit indéfiniment en valeur absolue.

En effet, soit

$$m = - (\mu + 1)$$

μ désignant un nombre positif, on aura

$$\left(1 + \frac{1}{m}\right)^m = \left(1 - \frac{1}{\mu + 1}\right)^{-(\mu+1)} = \left(\frac{\mu + 1}{\mu}\right)^{\mu+1}$$

ou

$$\left(1 + \frac{1}{m}\right)^m = \left(1 + \frac{1}{\mu}\right)^\mu \left(1 + \frac{1}{\mu}\right).$$

Or, lorsque la valeur absolue de m croît indéfiniment, μ devient infini, et l'expression précédente, produit de deux facteurs, dont l'un tend vers e et l'autre vers 1, a pour limite e.

31. Si l'on pose $\dfrac{1}{m} = z$, z tendra vers zéro lorsque m croîtra indéfiniment, et le théorème qui précède prendra ce nouvel énoncé :

L'expression $(1 + z)^{\frac{1}{z}}$ tend vers e, lorsque z tend vers zéro.

Plus généralement, *l'expression* $(1 + z)^\beta$ *a pour limite* e, *si, lorsque* z *tend vers zéro, le produit* $z\beta$ *a pour limite* p.

Cela résulte du théorème précédent et de l'identité

$$(1 + z)^\beta = \left[(1 + z)^{\frac{1}{z}} \right]^{z\beta}.$$

Par exemple, l'expression $(1 + \sin x)^{\cotg x}$ a pour limite e, lorsque x tend vers zéro ; car, $\sin x$ tend alors vers zéro et le produit $\sin x . \cotg x$, qui est égal à $\cos x$, a pour limite l'unité.

CHAPITRE III

PROPRIÉTÉS DES DÉRIVÉES

Premiers exemples de dérivées

32. La dérivée d'une fonction $f(x)$, c'est-à-dire (n° 2) la limite du rapport

$$\frac{f(x+h) - f(x)}{h}, \tag{1}$$

lorsque h tend vers zéro, est en général une quantité déterminée, indépendante de la manière dont h tend vers zéro. Elle dépend de la valeur attribuée à x; c'est une fonction de cette variable, que l'on désigne par la notation

$$f'(x), \tag{2}$$

c'est-à-dire en plaçant un accent sur le symbole f qui désigne la fonction.

La dérivée a été introduite dans la science par Newton, sous la dénomination aujourd'hui abandonnée de *fluxion*; c'est à Lagrange que l'on doit le nom de *dérivée*, ainsi que la notation (2).

33. Voici quelques exemples simples :

1° Soit proposé de calculer la dérivée de x^m, l'exposant m étant supposé entier et positif.

La formule du binôme

$$(x + h)^m = x^m + \frac{m}{1} hx^{m-1} + \frac{m(m-1)}{1,2} h^2 x^{m-2} + \ldots + h^m,$$

donne :

$$\frac{(x + h)^m - x^m}{h} = mx^{m-1} + \frac{m(m-1)}{1.2} hx^{m-2} + \ldots + h^{m-1}.$$

La dérivée de x^m est donc égale à la limite du second membre, lorsque h tend vers zéro, c'est-à-dire à

$$mx^{m-1}. \qquad\qquad (3)$$

2° Cherchons la dérivée d'une somme. Soit la somme

$$F(x) = F_1(x) + F_2(x) + \ldots + F_n(x) = \Sigma F_k(x).$$

On a ici

$$\frac{F(x + h) - F(x)}{h} = \sum \frac{F_k(x + h) - F_k(x)}{h},$$

et à la limite, lorsque h tend vers zéro,

$$F'(x) = \Sigma F'_k(x) = F'_1(x) + F'_2(x) + \ldots + F'_n(x).$$

Donc *la dérivée d'une somme est égale à la somme des dérivées*.

La démonstration suppose que chacune des fonctions $F_1(x)$, $F_2(x)$…, $F_n(x)$ qui composent la somme $F(x)$ ait une dérivée déterminée pour la valeur de x que l'on considère. Mais le théorème le suppose aussi ; son énoncé serait vide de sens dans le cas contraire ; il est donc inutile de l'alourdir en y introduisant cette restriction.

3° *La dérivée d'une constante C est nulle*, puisque le numérateur du rapport (1) est alors égal à zéro quel que soit h.

Il suit de là que la dérivée de $C + \varphi(x)$ est $\varphi'(x)$; en d'autres termes, *les constantes additives disparaissent dans la dérivation.*

Au contraire, *les facteurs constants subsistent;* en d'autres termes, la dérivée de $C\varphi(x)$ est $C\varphi'(x)$; car ici la constante C se trouve facteur commun dans les deux termes $f(x + h)$ et $f(x)$ du numérateur du rapport (1);

4° Enfin il résulte de ces observations et de la règle relative à la dérivée d'une somme, que la *dérivée d'un polynôme entier*

$$A x^m + B x^{m-1} + C x^{m-2} + \dots \quad + H x + K$$

est

$$m A x^{m-1} + (m - 1) B x^{m-2} + (m - 2) C x^{m-3} + \dots \quad + H$$

On voit qu'on l'obtient *en multipliant chaque terme par l'exposant de x et diminuant cet exposant d'une unité.*

Cas d'exception

34. Le rapport (1), lorsque h tend vers zéro, peut, pour certaines valeurs de x, devenir infini, ou ne tendre vers aucune limite, ou enfin admettre des limites différentes suivant que h tend vers zéro par des valeurs positives ou par des valeurs négatives. On dit alors que la fonction $f(x)$ n'a pas de dérivée déterminée pour ces valeurs exceptionnelles de x. Voici des exemples de ces divers cas :

1° Soit proposé de trouver la dérivée de $f(x) = \sqrt[3]{x - 2}$ pour $x = 2$, $\sqrt[3]{\ }$ désignant ici la racine cubique arithmétique. On a alors

$$f(2 + h) = \sqrt[3]{h} \qquad\qquad f(2) = 0,$$

et le rapport (1) a pour expression :

$$\frac{\sqrt[3]{h}}{h} \qquad \text{ou} \qquad \frac{1}{\sqrt[3]{h^2}}$$

Ce rapport croît donc indéfiniment lorsque h tend vers zéro.

2° Soit à trouver la dérivée de

$$F(x) = x \sin \frac{1}{x},$$

pour $x = o$.

On a ici

$$F(h) = h \sin \frac{1}{h}, \qquad F(o) = o.$$

et le rapport (1) a pour expression

$$\sin \frac{1}{h},$$

qui, lorsque h tend vers zéro, oscille entre -1 et $+1$ sans tendre vers aucune limite.

3° Soit, enfin, proposé de trouver la dérivée de

$$F(x) = \frac{x - 2}{1 + e^{\frac{1}{x-2}}}$$

pour $x = 2$.

On a

$$F(2 + h) = \frac{h}{1 + e^{\frac{1}{h}}}, \qquad F(2) = o,$$

et le rapport (1) a pour expression

$$\frac{1}{1 + e^{\frac{1}{h}}}.$$

Or, ce rapport a pour limite zéro lorsque h tend vers zéro par des valeurs positives, et il a pour limite 1 lorsque h tend vers zéro par des valeurs négatives. La fonction proposée n'a donc pas de dérivée déterminée pour $x = 2$.

35. On a signalé, dans ces derniers temps, des fonctions continues dont la dérivée n'est déterminée pour aucune des valeurs de la variable comprises dans un intervalle fini. Mais ce sont là des fonctions anormales qui ne jouent aucun rôle dans les applications et dont il ne saurait être question dans cet ouvrage. Nous ne considérerons que des fonctions ayant une dérivée déterminée, sauf pour certaines valeurs isolées de la variable.

Mais avant d'étudier les règles de la dérivation, nous devons faire connaître quelques propriétés des dérivées qui offrent un grand intérêt.

Principe de Rolle

36. *Si* $F(x)$ *s'annule pour* $x = a$ *et pour* $x = b$, *et si sa dérivée* $F'(x)$ *est déterminée pour toute valeur de x comprise dans l'intervalle* (a, b), *il existe, dans cet intervalle, au moins une valeur de x pour laquelle la dérivée* $F'(x)$ *est égale à zéro.*

En effet, $F'(x)$ admet certainement dans l'intervalle (a, b) des valeurs différentes de zéro ; car, si elle était constamment nulle dans cet intervalle, il en serait de même de sa dérivée, et le théorème serait démontré.

Supposons, par exemple, que $F(x)$ admette des valeurs positives dans l'intervalle (a, b), et considérons la plus grande $F(c)$ de ces valeurs positives ; la quantité c, qui, d'après sa définition, appartient à l'intervalle (a, b), ne saurait être ni a ni b, car $F(c)$ est positif, tandis que $F(a)$ et $F(b)$ sont nuls. Donc, si l'on désigne par h un nombre positif tel que $c - h$ et $c + h$ appartiennent à l'intervalle (a, b), les différences $F(c - h) - F(c)$, $F(c + h) - F(c)$ seront négatives et par suite les rapports

$$\frac{F(c - h) - F(c)}{- h} \qquad \frac{F(c + h) - F(c)}{h},$$

seront, le premier positif, l'autre négatif. Mais, puisque la fonction $F(x)$ admet pour $x = c$ une dérivée déterminée, les deux rapports en question doivent tendre vers une limite commune lorsque h tend vers zéro. D'ailleurs, le premier, qui est positif, ne peut tendre que vers une limite positive ou nulle, et le second, qui est négatif, ne peut avoir qu'une limite négative ou nulle ; donc cette limite commune est nulle et l'on a $F'(c) = 0$.

Cette proposition attribuée à Rolle est d'une grande utilité en analyse, notamment dans la théorie des équations.

Théorème des accroissements finis

37. *Si $F(x)$ et $\varphi(x)$ ont des dérivées déterminées dans l'intervalle (a, b), et si $\varphi'(x)$ ne s'annule pas dans cet intervalle, on aura*

$$\frac{F(b) - F(a)}{\varphi(b) - \varphi(a)} = \frac{F'(c)}{\varphi'(c)}, \tag{4}$$

c étant un nombre convenablement choisi entre a et b.

En effet, la fonction

$$\psi(x) = F(x) - F(a) - \frac{F(b) - F(a)}{\varphi(b) - \varphi(a)} \, [\varphi(x) - \varphi(a)],$$

s'annule évidemment pour $x = a$ et pour $x = b$. D'ailleurs, pour toute valeur de x située dans l'intervalle (a, b), elle a une dérivée déterminée, car on a

$$\psi'(x) = F'(x) - \frac{F(b) - F(a)}{\varphi(b) - \varphi(a)} \varphi'(x).$$

Donc, d'après le théorème de Rolle, cette dérivée s'annule pour une certaine valeur c de x comprise entre a et b ; de là résulte la relation

$$F'(c) - \frac{F(b) - F(a)}{\varphi(b) - \varphi(a)} \varphi'(c) = 0,$$

et par suite la relation (4), que l'on déduit de la précédente en divisant par la quantité $\varphi'(c)$ qui, par hypothèse, n'est pas nulle.

38. On écrit souvent cette formule d'autre façon. On peut toujours poser :

$$a = x, \qquad b = x + h \qquad \text{et} \qquad c = x + \theta h;$$

h étant ici un nombre fini d'ailleurs positif ou négatif, et θ un certain nombre, inconnu, mais compris entre 0 et 1 ; la formule (4) devient ainsi

$$\frac{F(x + h) - F(x)}{\varphi(x + h) - \varphi(x)} = \frac{F'(x + \theta h)}{\varphi'(x + \theta h)}. \qquad (5)$$

Dans le cas particulier où $\varphi(x) = x$, on a

$$F(x + h) - F(x) = hF'(x + \theta h), \qquad (6)$$

relation fondamentale à laquelle on donne le nom de *formule des accroissements finis* ; on voit qu'elle suppose $F(x)$ continue, mais non $F'(x)$, qui n'est astreinte qu'à avoir des valeurs déterminées entre x et $x + h$.

Conséquence relative à deux fonctions ayant la même dérivée

39. On a vu que si une fonction est constante dans un certain intervalle, sa dérivée est nulle dans le même intervalle.

La réciproque est vraie et résulte immédiatement de la formule (6).

En effet, soient x et $x + h$ deux valeurs quelconques comprises entre a et b, et supposons $F'(x)$ constamment nulle dans l'intervalle (a, b) ; le second membre de la relation (6) sera nul, et par suite on aura :

$$F(x + h) - F(x) = 0,$$

ce qui prouve que la fonction $F(x)$ a la même valeur pour deux valeurs quelconques de x choisies à volonté dans l'intervalle (a, b). Ainsi, *lorsque la dérivée $F'(x)$ d'une fonction est constamment nulle dans un interralle (a, b), la fonction est constante dans le même interralle.*

40. Il suit de là que si *deux fonctions $f(x)$ et $\varphi(x)$ ont des dérivées respectivement égales pour toutes les valeurs de x comprises dans un interralle (a, b), leur différence reste constante dans cet interralle.*

En effet, en posant $\psi(x) = f(x) - \varphi(x)$, on a

$$\psi'(x) = f'(x) - \varphi'(x);$$

or, par hypothèse, $\psi'(x)$ est nulle pour toutes les valeurs de x comprises entre a et b; donc $\psi(x)$ est constante dans l'intervalle (a, b).

On énonce plus rapidement ce théorème en disant que *deux fonctions, qui ont la même dérivée, ne peuvent différer que par une constante.*

41. On entend par *fonction primitive* ($n^o 5$) d'une fonction $f(x)$ une fonction assujettie seulement à admettre $f(x)$ pour dérivée.

Soit $F(x)$ une fonction primitive de $f(x)$. L'expression

$$F(x) + C, \tag{7}$$

où C désigne une constante quelconque, sera encore (n° 33, 3°) une fonction primitive de $f(x)$. Réciproquement, toute fonction primitive de $f(x)$, ne pouvant différer de $F(x)$ que par une constante (n° 40), résultera de (7) par un choix convenable de la constante C.

Veut-on, par exemple, la fonction primitive qui prend la valeur A pour $x = a$? on choisira C de telle sorte qu'on ait

$$F(a) + C = A,$$

ce qui donne

$$C = A - F(a),$$

et par suite

$$A + F(x) - F(a)$$

pour la fonction primitive demandée.

En particulier.

$$F(x) = F(a) \qquad (8)$$

sera celle des fonctions primitives qui s'annule pour $x = a$.

42. Ainsi, en revenant au problème des quadratures et désignant par a l'abscisse Oz de l'ordonnée fixe zA (n° 4), comme l'aire du trapèze mixtiligne $zAM\mu$ s'annule pour $x = a$, on obtiendra l'expression de l'aire de ce trapèze en cherchant une fonction primitive $F(x)$ (n'importe laquelle) de la fonction $f(x)$ qui exprime l'ordonnée courante μM de la courbe PQ, puis retranchant de $F(x)$ sa valeur $F(a)$ pour $x = a$.

Fonction croissante ou décroissante

43. On dit qu'une fonction $f(x)$ est *croissante dans un intervalle donné* (x_0, X) si, pour tout système de deux valeurs a et b prises dans cet intervalle, l'inégalité

$$b > a \qquad (9)$$

entraine

$$f(b) > f(a). \qquad (10)$$

Si, au contraire, l'inégalité (9) entraine

$$f(b) < f(a)$$

la fonction est dite *décroissante* dans l'intervalle considéré.

Pour qu'une fonction continue $f(x)$ soit croissante dans un intervalle (x_0, X) il faut et il suffit que sa dérivée soit constamment positive dans cet intervalle, sauf pour une ou plusieurs valeurs isolées de x qui annulent cette dérivée.

La condition est nécessaire : En effet, puisque la fonction

est croissante dans l'intervalle (x_0, X), le rapport

$$\frac{f(b) - f(a)}{b - a}$$

est positif. Donc, sa limite lorsque, a restant fixe, b tend vers a, c'est-à-dire $f'(a)$, est positive ou nulle. Ainsi pour toute valeur a comprise entre x_0 et X, la dérivée $f'(x)$ est positive ou nulle. D'ailleurs, elle ne saurait être nulle pour un intervalle fini, compris entre x_0 et X, si petit qu'il soit, vu que la fonction serait constante dans cet intervalle, tandis qu'on la suppose croissante.

Pour prouver que la condition est suffisante, nous distinguerons deux cas :

1° Supposons $f'(x)$ constamment positive dans l'intervalle (x_0, X). Pour tout système de valeurs a et b comprises entre x_0 et X, on aura, par le théorème des accroissements finis,

$$f(b) - f(a) = (b - a) f'(c),$$

c étant une valeur comprise entre a et b; mais $f'(c)$ est positif; donc l'inégalité (9) entraîne l'inégalité (10) et par suite $f(x)$ est croissante dans l'intervalle (x_0, X) ;

2° Supposons que $f'(x)$ soit positif dans l'intervalle (x_0, X) sauf pour un nombre fini de valeurs qui annulent cette dérivée. Considérons un intervalle (a, b) compris entre x_0 et X et soient

$$x_1, x_2, x_3 \ldots x_k$$

les valeurs de x comprises entre a et b qui annulent $f'(x)$, ces valeurs étant supposées rangées par ordre de grandeur croissante. On aura par le théorème des accroissements finis

$$f(x_1) - f(a) = (x_1 - a) f'(c),$$

c étant un nombre compris entre a et x_1, mais qui n'est ni a, ni x_1; $f'(c)$ ne sera pas nul puisque, entre a et x_1, il n'y a aucune valeur de x qui annule $f'(x)$; donc $f'(c)$ sera positif et comme $x_1 - a$ l'est aussi, on aura

$$f(x_1) - f(a) > 0:$$

on démontrerait de même les inégalités

$$f(x_2) - f(x_1) > 0;$$
$$f(x_3) - f(x_2) > 0;$$
$$\cdots \cdots \cdots \cdots$$
$$f(b) - f(x_k) > 0,$$

d'où l'on tire par addition

$$f(b) - f(a) > 0;$$

ce qui prouve que $f(x)$ est croissante dans l'intervalle (x_0, X), puisque a et b sont choisies à volonté dans cet intervalle.

On démontrerait d'une manière analogue la proposition suivante :

Pour qu'une fonction continue $f(x)$ soit décroissante dans un intervalle (x_0, X), il faut et il suffit que sa dérivée soit constamment négative dans cet intervalle, sauf pour une ou plusieurs valeurs isolées de x qui annulent cette dérivée.

11. Voici des exemples simples :

1° Soit $F(x) = ax + b$; on a $F'(x) = a$.

Si donc a est positif, $F(x)$ est toujours croissante, et si a est négatif, $F(x)$ est toujours décroissante ;

2° Soit

$$F(x) = ax^2 + bx + c;$$

on a

$$F'(x) = 2ax + b.$$

Cette dérivée s'annule donc pour $x = -\dfrac{b}{2a}$.

Si a est positif, $F'(x)$ est négative pour les valeurs de x moindres que $-\dfrac{b}{2a}$ et positive pour les valeurs de x qui surpassent cette valeur ; donc le trinôme $ax^2 + bx + c$ décroît dans l'intervalle $\left(-\infty, -\dfrac{b}{2a}\right)$ et croît dans l'intervalle $\left(-\dfrac{b}{2a}, +\infty\right)$, en sorte qu'il est minimum pour $x = -\dfrac{b}{2a}$.

Lorsque a est négatif, c'est l'inverse qui a lieu ; $F'(x)$ est positive pour $x < -\dfrac{b}{2a}$, et négative pour $x > -\dfrac{b}{2a}$; le trinôme croît dans l'intervalle $\left(-\infty, -\dfrac{b}{2a}\right)$ et décroît dans l'intervalle $\left(-\dfrac{b}{2a}, +\infty\right)$; il est maximum pour $x = -\dfrac{b}{2a}$.

3° Soit
$$F(x) = ax^3 + bx^2 + cx + d ;$$
on a
$$F'(x) \quad 3ax^2 + 2bx + c.$$

Si $b^2 - 3ac$ est *négatif*, le trinôme du second degré $F'(x)$ est, d'après un théorème connu, toujours de même signe que son premier terme ; $F(x)$ est donc toujours croissante, si a est positif, ou toujours décroissante si a est négatif.

Si $b^2 - 3ac$ est *positif*, le trinôme $F'(x)$ s'annule pour deux valeurs réelles de x ; désignons ces deux valeurs par α et β, et soit $\alpha < \beta$, $F'(x)$ est alors de même signe que son premier terme, sauf pour les valeurs de x comprises entre α et β. Donc, en considérant les intervalles,

$$(-\infty, \alpha), \qquad (\alpha, \beta), \qquad (\beta, +\infty),$$

on voit que, si a est positif, $F(x)$ croît dans les intervalles extrêmes et décroît dans l'intervalle moyen, tandis que, si a est négatif, $F(x)$ croît dans l'intervalle moyen et décroît dans les intervalles extrêmes. Dans le premier cas, α répond à un maximum et β à un minimum ; dans le second cas, α répond à un minimum et β à un maximum.

CHAPITRE IV

LES RÈGLES DE DÉRIVATION

Dérivées des fonctions simples

45. Nous donnons le nom de fonctions simples aux trois fonctions : x^m (m étant entier et positif), $\log x$ (x étant positif) et $\sin x$.

Quand on connaîtra les dérivées de ces trois fonctions, les règles de dérivation des fonctions de fonction, des fonctions inverses et des fonctions composées permettront de calculer les dérivées de toutes les fonctions susceptibles d'être exprimées explicitement par les signes usités en Algèbre et en Trigonométrie.

La dérivée x^m, m étant entier et positif, est déjà connue (n° 33); elle est égale à $m\,x^{m-1}$.

Il ne reste donc qu'à chercher la dérivée de $\log x$ et celle de $\sin x$.

46. La dérivée de $\log x$ est la limite du rapport

$$\frac{\log (x + h) - \log x}{h}$$

lorsque h tend vers zéro. Or, en posant $h = \alpha x$, on peut mettre le rapport sous la forme

$$\frac{1}{\alpha x} \log (1 + \alpha) = \frac{1}{x} \log (1 + \alpha)^{\frac{1}{\alpha}}; \tag{1}$$

et, comme le second facteur du secondmembre tend vers $\log e$, c'est-à-dire vers l'unité, lorsqu'on fait tendre h et par suite z vers zéro, on voit que la dérivée de $\log x$ est

$$\frac{1}{x}.$$

Cette dérivée serait

$$\frac{\text{Log } e}{x}$$

si le logarithme considéré n'était pas népérien; car alors le second facteur du deuxième membre de la relation (1) aurait pour limite $\log e$.

47. La dérivée de $\sin x$ est la limite du rapport

$$\frac{\sin (x + h) - \sin x}{h}$$

lorsque h tend vers zéro.

Or, la formule

$$\sin (x + h) - \sin x = 2 \sin \frac{h}{2} \cos \left(x + \frac{h}{2} \right). \qquad (2)$$

permet de donner au rapport précédent la forme

$$\frac{\sin \frac{h}{2}}{\frac{h}{2}} \cos \left(x + \frac{h}{2} \right).$$

Mais, lorsque h tend vers zéro, le premier facteur tend vers l'unité et le second vers $\cos x$; la dérivée de $\sin x$ est donc $\cos x$.

Dérivées des fonctions de fonctions

48. Suivant un usage généralement adopté, nous indiquerons désormais l'accroissement (positif ou négatif) d'une quantité en plaçant la lettre Δ devant le symbole qui représente cette quantité. Ainsi l'accroissement de la variable x, que nous avons jusqu'ici désigné par h, sera désigné par Δx, et l'accroissement correspondant

$$f(x + \Delta x) - f(x)$$

de la fonction $y = f(x)$ sera représenté par

$$\Delta f(x) \qquad \text{ou} \qquad \Delta y.$$

Cette notation très expressive permet d'éviter la confusion, surtout dans le cas où l'on a à considérer les accroissements de plusieurs quantités.

49. Cela posé, considérons une fonction de fonction définie par les relations

$$y = f(u), \qquad u = \varphi(x). \tag{3}$$

Attribuons à la variable indépendante x un accroissement Δx ; u prendra dès lors un accroissement Δu, auquel répondra à son tour un accroissement Δy de la fonction y. D'ailleurs, quand Δx tend vers zéro, Δu tend lui-même vers zéro et par suite aussi Δy. Si donc, dans l'identité

$$\frac{\Delta y}{\Delta x} = \frac{\Delta y}{\Delta u} \cdot \frac{\Delta u}{\Delta x},$$

on passe à la limite pour $\Delta x = 0$, et si, comme nous le supposons, les fonctions $f(u)$ et $\varphi(x)$ ont des dérivées déterminées, le second membre deviendra

$$f'(u) \cdot \varphi'(x),$$

et par suite la fonction y aura une dérivée déterminée et donnée par la formule

$$y' = f'(u) \cdot \varphi'(x). \qquad (4)$$

Donc : *la dérivée d'une fonction de fonction est égale au produit des dérivées des fonctions dont elle est formée.*

EXEMPLES : Si u désigne une fonction de x, on a

$$(u^m)' = m u^{m-1} \cdot u' \qquad (m \text{ étant entier et positif})$$
$$(\sin u)' = \cos u \cdot u'$$
$$(\log u)' = \frac{1}{u} \cdot u' \qquad (u \text{ étant positif}).$$

50. La démonstration précédente suppose que Δu ne soit pas nul pour toutes les valeurs de x comprises entre 0 et un nombre ε aussi petit qu'on veut. Mais, dans ce cas, Δy est nul dans le même intervalle et l'on a simultanément

$$y' = 0, \qquad \varphi'(x) = 0,$$

de sorte que la relation (4) est encore vérifiée et que le théorème subsiste.

51. Nous n'avons considéré que le cas d'une fonction intermédiaire u; s'il y en avait plusieurs u, v, w, en d'autres termes si la fonction y était définie par les relations

$$y = F(u), \quad u = f(v), \quad v = \varphi(w), \quad w = \psi(x),$$

on partirait de l'identité

$$\frac{\Delta y}{\Delta x} = \frac{\Delta y}{\Delta u} \cdot \frac{\Delta u}{\Delta v} \cdot \frac{\Delta v}{\Delta w} \cdot \frac{\Delta w}{\Delta x},$$

d'où, à la limite pour $\Delta x = 0$, résulterait la relation

$$y' = F'(u). f'(v). \varphi'(w). \psi'(x)$$

qui s'énonce, en langage ordinaire, comme au n° 50.

Exemple : Soit proposé de trouver la dérivée de

$$y = \log\left(\sin^2 \frac{x}{3}\right) \qquad (5)$$

on a ici

$$y = \log u; \quad u = v^2, \quad v = \sin w, \quad w = \frac{x}{3}. \qquad (6)$$

Donc

$$y' = \frac{1}{u}. 2v. \cos w. \frac{1}{3}; \qquad (7)$$

ou

$$y' = \frac{1}{\sin^2 \frac{x}{3}}. 2 \sin \frac{x}{3}. \cos \frac{x}{3} \frac{1}{3}; \qquad (8)$$

et enfin

$$y' = \frac{2}{3} \cotg \frac{x}{3}. \qquad (9)$$

Dans la pratique, on se dispense d'introduire u, v, w, c'est-à-dire d'écrire les expressions (6) et (7). On obtient immédiatement la relation (8) en disant :

La dérivée de y est égale à la dérivée de $\log\left(\sin^2 \frac{x}{3}\right)$ qui est $\dfrac{1}{\sin^2 \frac{x}{3}}$ multipliée par la dérivée de $\sin^2 \frac{x}{3}$, qui est

$2 \sin \frac{x}{3}$ multipliée par la dérivée de $\sin \frac{x}{3}$, qui est $\cos \frac{x}{3}$

multipliée par la dérivée de $\frac{x}{3}$ qui est $\frac{1}{3}$.

Dérivée d'une fonction inverse

52. Soit $y = f(x)$ une fonction et $x = \varphi(y)$ la fonction inverse. Δx et Δy étant des accroissements correspondants, qui tendent simultanément vers zéro, on a indentiquement

$$\frac{\Delta x}{\Delta y} = \frac{1}{\dfrac{\Delta y}{\Delta x}}.$$

Si donc la fonction directe $y = f(x)$ a une dérivée déterminée $f'(x)$ et différente de zéro, le rapport $\dfrac{\Delta x}{\Delta y}$ aura pour limite $\dfrac{1}{f'(x)}$; en d'autres termes, la fonction inverse $x = \varphi(y)$ aura une dérivée déterminée

$$\varphi'(y) = \frac{1}{f'(x)}. \tag{10}$$

Ainsi : *la dérivée d'une fonction inverse est égale à la valeur réciproque de la dérivée de la fonction directe.*

53. Exemple :

1° Soit $y = \operatorname{arc\,sin} x$ la fonction inverse de $x = \sin y$.

Quelle que soit celle des déterminations de y que l'on considère (n° 24), on aura ,d'après la règle précédente,

$$y' = \frac{1}{\cos y} = \frac{1}{\sqrt{1 - \sin^2 y}} = \frac{1}{\sqrt{1 - x^2}},$$

le radical devant être pris avec le signe de $\cos y$; par exemple, il aura le signe $+$, s'il s'agit de l'arc y_1 compris entre $-\dfrac{\pi}{2}$ et $\dfrac{\pi}{2}$ dont le sinus est x. Pour toute autre détermination $y = k\pi + (-1)^k y_1$, on aura $y' = (-1)^k y'_1$;

2° Soit $y = a^x$ dont la fonction inverse est $x = \dfrac{\log y}{\log a}$.

On aura

$$y' = \frac{1}{\dfrac{1}{y \log a}} = y \log a = a^x \log a$$

Il importe d'ailleurs de savoir trouver cette dérivée directement. C'est la limite du rapport

$$\frac{a^{x+\Delta x} - a^x}{\Delta x} = a^x \frac{a^{\Delta x} - 1}{\Delta x}$$

lorsque Δx tend vers zéro. Or, si l'on pose

$$a^{\Delta x} = 1 + \alpha,$$

le second facteur devient

$$\frac{\alpha \log a}{\log (1 + \alpha)} = \frac{\log a}{\log (1 + \alpha^{\frac{1}{\alpha}})};$$

il a donc pour limite $\log a$, lorsque Δx et par suite α tendent vers zéro, vu que son dénominateur a pour limite l'unité.

En particulier e^x a pour dérivée e^x.

Le produit Ae^x de e^x par un facteur constant A est d'ailleurs *la seule fonction de* x *qui se reproduise par la dérivation*. En effet, soit y une fonction de x telle qu'on ait

$$y' = y \qquad \text{ou} \qquad \frac{y'}{y} = 1.$$

Les deux membres de cette dernière égalité sont respectivement les dérivées de $\log y$ et de x; et, comme deux fonctions qui ont la même dérivée ne peuvent différer que par une constante c, on aura

$$\log y = x + c$$

d'où

$$y = e^{x+c} = e^c . e^x = Ae^x$$

Dérivée d'un produit

54. Soit le produit

$$y = uv$$

de deux fonctions de la variable x.

On a successivement

$$\Delta y = (u + \Delta u)(v + \Delta v) - uv = u\Delta v + v\Delta u + \Delta u\, \Delta v$$
$$\frac{\Delta y}{\Delta x} = u\frac{\Delta v}{\Delta x} + v\frac{\Delta u}{\Delta x} + \frac{\Delta u}{\Delta x}\frac{\Delta v}{\Delta x}\Delta x$$

d'où, en passant à la limite pour $\Delta x = 0$,

$$y' = uv' + vu'. \tag{11}$$

Donc : *la dérivée d'un produit de deux facteurs s'obtient en multipliant chaque facteur par la dérivée de l'autre et ajoutant.*

La formule précédente peut s'écrire

$$\frac{y'}{y} = \frac{u'}{u} + \frac{v'}{v}\cdot \tag{12}$$

Lorsque $\frac{u'}{u}$ est positif, ce rapport est égal à la dérivée de $\log u$; on convient d'après cela de nommer, dans tous les cas, *dérivée logarithmique d'une fonction* u le rapport de la dérivée de la fonction à cette fonction elle-même.

La formule (12) s'énonce alors : *La dérivée logarithmique d'un produit est égale à la somme des dérivées logarithmiques des facteurs.*

Outre sa simplicité, cet énoncé offre l'avantage de s'appliquer sans modification au cas d'un nombre quelconque de facteurs. En effet, soit

$$y = uvwt.$$

On a successivement

$$\frac{y'}{y} = \frac{u'}{u} + \frac{(vwt)'}{(vwt)} = \frac{u'}{u} + \frac{v'}{v} + \frac{(wt)'}{(wt)} = \frac{u'}{u} + \frac{v'}{v} + \frac{w'}{w} + \frac{t'}{t}.$$

Dérivée d'une puissance

55. Le cas précédent contient celui d'une puissance $y = u^m$ dont l'exposant est entier et positif. On a alors

$$\frac{y'}{y} = m\,\frac{u'}{u},$$

d'où

$$y' = mu^{m-1}u',$$

formule déjà trouvée (n° 49).

Cette formule s'étend au cas où l'exposant m est quelconque, u étant alors supposé positif. On a, en effet, dans cette hypothèse (n° 25),

$$y = e^{m \log u},$$

d'où l'on déduit, par le théorème des fonctions de fonctions (n° 49),

$$y' = e^{m \log u}.\,\frac{mu'}{u} = u^m.\,\frac{mu'}{u} = mu^{m-1}u'$$

Par exemple, pour $m = \frac{1}{2}$, on a

$$y = u^{\frac{1}{2}} = \sqrt{u}, \qquad y' = \frac{1}{2}u^{-\frac{1}{2}}u' = \frac{u'}{2\sqrt{u}}$$

Donc : *la dérivée d'un radical du second degré s'obtient en divisant la dérivée de la quantité sous le radical par le double du radical.*

Dérivée d'un quotient

56. Soit le quotient

$$y = \frac{u}{v}.$$

On suppose que v soit différent de zéro pour la valeur considérée de la variable x dont u et v dépendent.

On peut alors chasser le dénominateur et écrire

$$u = vy;$$

d'où (n° 54)

$$\frac{u'}{u} = \frac{v'}{v} + \frac{y'}{y}$$

et enfin

$$\frac{y'}{y} = \frac{u'}{u} - \frac{v'}{v}.$$

Ainsi : *la dérivée logarithmique d'un quotient est égale à la dérivée logarithmique du dividende moins la dérivée logarithmique du diviseur.*

On peut dire encore, en écrivant la formule précédente sous la forme

$$y' = \frac{vu' - uv'}{v^2}.$$

La dérivée d'une fraction s'obtient en divisant par le carré du dénominateur le produit du dénominateur par la dérivée du numérateur moins le produit du numérateur par la dérivée du dénominateur.

Signalons enfin le cas où $u = 1$; on a alors

$$y = \frac{1}{v}$$

et

$$y' = -\frac{v'}{v^2}.$$

En particulier, la dérivée de $\dfrac{1}{x}$ est $-\dfrac{1}{x^2}.$

Dérivée d'un déterminant [1]

57. Soit le déterminant

$$\mathrm{F}(x) = \begin{vmatrix} u, & v \\ w, & z \end{vmatrix}$$

dont les éléments u, v, w, z sont des fonctions d'une même variable x. Le déterminant considéré ici est du second ordre, mais le raisonnement et la conclusion s'appliquent à un déterminant d'ordre quelconque.

On a

$$\mathrm{F}(x + \Delta x) = \begin{vmatrix} u + \Delta u, & v + \Delta v \\ w + \Delta w, & z + \Delta z \end{vmatrix}$$

ou, en vertu d'une propriété élémentaire des déterminants,

$$\mathrm{F}(x + \Delta x) = \begin{vmatrix} u, & v \\ w, & z \end{vmatrix} + \begin{vmatrix} \Delta u, & v \\ \Delta w, & z \end{vmatrix} + \begin{vmatrix} u, & \Delta v \\ w, & \Delta z \end{vmatrix} + \begin{vmatrix} \Delta u, & \Delta v \\ \Delta w, & \Delta z \end{vmatrix}$$

et par suite

$$\frac{\mathrm{F}(x + \Delta x) - \mathrm{F}(x)}{\Delta x} = \begin{vmatrix} \dfrac{\Delta u}{\Delta x}, & v \\ \dfrac{\Delta w}{\Delta x}, & z \end{vmatrix} + \begin{vmatrix} u, & \dfrac{\Delta v}{\Delta x} \\ w, & \dfrac{\Delta z}{\Delta x} \end{vmatrix} + \begin{vmatrix} \dfrac{\Delta u}{\Delta x}, & \dfrac{\Delta v}{\Delta x} \\ \dfrac{\Delta w}{\Delta x}, & \dfrac{\Delta z}{\Delta x} \end{vmatrix} \Delta x$$

Lorsque Δx tend vers zéro, les deux premiers termes du second membre tendent respectivement vers

$$\begin{vmatrix} u', & v \\ w', & z \end{vmatrix}, \quad \begin{vmatrix} u, & v' \\ w, & z' \end{vmatrix},$$

tandis que le troisième terme tend vers zéro, puisqu'il est le produit de deux facteurs dont l'un a une limite finie $\begin{vmatrix} u', & v' \\ w', & z' \end{vmatrix}$ et dont l'autre tend vers zéro.

---

[1] Nous supposons connue du lecteur la théorie élémentaire des déterminants qui se trouve aujourd'hui dans tous les Traités d'algèbre.

On a donc finalement :

$$F'(x) = \begin{vmatrix} u', & v \\ w', & z \end{vmatrix} + \begin{vmatrix} u, & v' \\ w, & z' \end{vmatrix}$$

d'où cette règle :

La dérivée d'un déterminant est égale à la somme des déterminants que l'on obtient en remplaçant successivement chaque ligne verticale (ou horizontale) par une autre formée avec les dérivées des termes de cette même ligne.

Dérivées des fonctions circulaires

58. Nous savons déjà que la dérivée de $\sin x$ est $\cos x$.

La dérivée de $\cos x$ s'obtiendrait par un calcul analogue. Mais le théorème des fonctions de fonction la donne immédiatement. On a, en effet :

$$\cos x = \sin\left(\frac{\pi}{2} - x\right).$$

Sa dérivée est donc égale à $\cos\left(\frac{\pi}{2} - x\right)$ multiplié par la dérivée de $\frac{\pi}{2} - x$ qui est -1.

On a donc

$$(\cos x)' = -\sin x.$$

Les dérivées de

$$\mathrm{tg}\, x = \frac{\sin x}{\cos x}, \qquad \mathrm{séc}\, x = \frac{1}{\cos x}$$

s'obtiennent par la règle de dérivation d'un quotient.

On a ainsi :

$$(\mathrm{tg}\, x)' = \frac{\cos x.\cos x - \sin x\,(-\sin x)}{\cos^2 x} = \frac{\sin^2 x + \cos^2 x}{\cos^2 x} = \frac{1}{\cos^2 x}$$

$$(\mathrm{séc}\, x)' = -\frac{(-\sin x)}{\cos^2 x} = \frac{\sin x}{\cos^2 x}.$$

On en déduit, à l'aide du théorème des fonctions de fonction,

$$(\operatorname{cotg} x)' = \left[\operatorname{tg} \left(\frac{\pi}{2} - x \right) \right]' = \frac{-1}{\cos^2 \left(\frac{\pi}{2} - x \right)} = - \frac{1}{\sin^2 x},$$

$$(\operatorname{coséc} x)' = \left[\operatorname{séc} \left(\frac{\pi}{2} - x \right) \right]' = - \frac{\sin \left(\frac{\pi}{2} - x \right)}{\cos^2 \left(\frac{\pi}{2} - x \right)} = - \frac{\cos x}{\sin^2 x}.$$

59. Quant aux dérivées des fonctions circulaires inverses, on les obtient par la règle de différentiation des fonctions inverses. C'est ainsi que nous avons trouvé (n° 65) pour la dérivée de $y = \operatorname{arc\,sin} x$.

$$y' = \frac{1}{\sqrt{1 - x^2}},$$

le radical devant avoir le signe de $\cos y$.

Soit $y = \operatorname{arc\,cos} x$, on a d'abord $x = \cos y$, puis en différentiant par rapport à x et ayant égard au théorème des fonctions de fonction

$$1 = - \sin y, y'.$$

d'où

$$y' = - \frac{1}{\sin y} = \frac{-1}{\sqrt{1 - x^2}},$$

le radical devant être pris avec le signe de $\sin y$.

Soit encore $y = \operatorname{arc\,tg} x$; on aura successivement

$$x = \operatorname{tg} y, \qquad 1 = \frac{1}{\cos^2 y} y',$$

d'où

$$y' = \cos^2 y = \frac{1}{1 + x^2}.$$

On trouve de même : pour $y = \operatorname{arc\,cotg} x$.

$$y' = - \frac{1}{1 + x^2},$$

et pour $y = \text{arc séc } x$,

$$y' = \frac{1}{x\sqrt{x^2 - 1}},$$

le radical devant être pris avec le signe de tg y.

Enfin pour $y = \text{arc coséc } x$, on a

$$y' = \frac{-1}{x\sqrt{x^2 - 1}},$$

le radical devant être pris avec le signe de cotg y.

Il est à remarquer que, *comme log x, les fonctions circulaires inverses ont des dérivées algébriques.*

Expression de l'accroissement d'une fonction de plusieurs variables

60. Le théorème des fonctions de fonction, les règles relatives à la dérivation d'une somme, d'un produit, d'un quotient, d'une puissance, ne sont que des cas particuliers de la règle de dérivation des fonctions composées. Mais, avant d'exposer cette règle, il convient d'étendre à une fonction de plusieurs variables la formule fondamentale (3) du n° 6.

A cet effet, une définition nouvelle est nécessaire.

Soit $u = f(x, y, z)$ une fonction de plusieurs variables x, y, z. On peut prendre la dérivée de u en considérant x comme seule variable et traitant y et z comme des constantes. On donne alors à l'expression ainsi obtenue le nom de dérivée partielle de u par rapport à x et on la désigne par

$$f'_x(x, y, z).$$

Il y a de même une dérivée partielle par rapport à y, et une dérivée partielle par rapport à z ; on les désigne respectivement par $f'_y(x, y, z)$ et $f'_z(x, y, z)$.

Par exemple, soit

$$f = \mathrm{A}x^2 + \mathrm{B}y^2 + \mathrm{C}z^2 + 2\mathrm{D}xy + \mathrm{H}$$

On a

$$f'_x = 2\mathrm{A}x + 2\mathrm{D}y, \qquad f'_y = 2\mathrm{B}y + 2\mathrm{D}x, \qquad f'_z = 2\mathrm{C}z.$$

Désormais, quand nous parlerons d'une fonction de plusieurs variables, il sera toujours sous-entendu que cette fonction est bien définie et continue, et qu'elle admet des dérivées partielles continues au moins dans un certain champ. Nos raisonnements ne s'étendront qu'à un champ assez restreint pour que ces conditions soient remplies.

61. Cela posé, voici la formule que nous avons en vue :
Si l'on désigne respectivement par Δx, Δy, Δz, *les accroissements donnés à plusieurs variables* x, y, z, *et par* Δu *l'accroissement correspondant d'un fonction* $u = f(x, y, z,)$ *de ces variables, on a :*

$$\Delta u = f'_x(x, y, z)\,\Delta x + f'_y(x, y, z)\,\Delta y + f'_z(x, y, z)\,\Delta z \\ + \alpha\Delta x + \beta\Delta y + \gamma\Delta z, \tag{12}$$

où α, β, γ, *désignent des quantités qui tendent vers zéro en même temps que* Δx, Δy, Δz.

En effet, on a

$$\Delta u = f(x + \Delta x, y + \Delta y, z + \Delta z) - f(x, y, z)$$

ou

$$\Delta u = [f(x + \Delta x, y + \Delta y, z + \Delta z) - f(x, y + \Delta y, z + \Delta z)] \\ + [f(x, y + \Delta y, z + \Delta z) - f(x, y, z + \Delta z)] \\ + [f(x, y, z + \Delta z) - f(x, y, z)],$$

et, en appliquant à chaque crochet le théorème des accroissements finis (n° 36),

$$\Delta u = \Delta x\, f'_x(x + \theta\Delta x, y + \Delta y, z + \Delta z) \\ + \Delta y\, f'_y(x, y + \lambda\Delta y, z + \Delta z) \\ + \Delta z\, f'_z(x, y, z + \mu\Delta z),$$

où θ, λ, μ désignent des nombres compris entre 0 et 1.

Posons actuellement

$$f'_x (x + \theta\Delta x, y + \Delta y, z + \Delta z) - f'_x (x, y, z) = \alpha$$
$$f'_y (x, y + \lambda\Delta y, z + \Delta z) - f'_y (x, y, z) = \beta,$$
$$f'_z (x, y, z + \mu\Delta z) - f'_z (x, y, z) = \gamma \, ;$$

α, β, γ tendront vers zéro en même temps que Δx, Δy, Δz. Il suffit dès lors d'ajouter ces égalités, après les avoir respectivement multipliées par Δx, Δy, Δz, pour obtenir la formule (12).

Dérivée d'une fonction composée

62. Il est aisé maintenant de trouver la dérivée d'une fonction composée

$$\omega = f (u, v, w),$$

c'est-à-dire d'une fonction de plusieurs variables u, v, w, qui sont à leur tour des fonctions d'une même variable indépendante x.

Lorsque x prend l'accroissement Δx, les fonctions composantes u, v, w prennent respectivement les accroissements Δu, Δv, Δw, et l'accroissement correspondant $\Delta\omega$ de la fonction composée est, d'après le numéro précédent, donné par la formule

$$\Delta\omega = f'_u (u, v, w) \Delta u + f'_v (u, v, w) \Delta v + f'_w (u, v, w) \Delta w$$
$$+ \alpha\Delta u + \beta\Delta v + \gamma\Delta w,$$

où α, β, γ, désignent des quantités qui tendent vers zéro lorsqu'on fait tendre vers zéro Δx et, par suite, Δu, Δv, Δw. Nous supposons d'ailleurs, il est presque superflu de le répéter, que la fonction ω admette des dérivées partielles continues et que u, v, w admettent des dérivées ordinaires u', v', w' déterminées. Alors, si on divise les deux membres de la relation précédente par Δx. on a

$$\frac{\Delta \omega}{\Delta x} = f'_u \cdot \frac{\Delta u}{\Delta x} + f'_v \cdot \frac{\Delta v}{\Delta x} + f'_w \cdot \frac{\Delta w}{\Delta x}$$
$$+ \alpha \frac{\Delta u}{\Delta x} + \beta \frac{\Delta v}{\Delta x} + \gamma \frac{\Delta w}{\Delta x}$$

d'où, à la limite, lorsque Δx tend vers zéro,

$$\omega' = f'_u \cdot u' + f'_v \cdot v' + f'_w \cdot w' \qquad (13)$$

Donc : *la dérivée d'une fonction composée est égale à la somme des produits obtenus en multipliant ses dérivées partielles par rapport aux fonctions composantes par les dérivées de ces composantes.* Tel est le théorème des fonctions composées.

63. Examinons quelques cas particuliers :

1° Soit $\omega = Au + Bv + Cw$, A, B, C étant des constantes. Les dérivées partielles de ω par rapport à u, v, w sont respectivement A, B, C ; on a donc

$$\omega' = Au' + Bv' + Cw' ;$$

c'est le théorème sur la dérivée d'une somme.

2° Soit

$$\omega = uvw ;$$

les dérivées partielles de ω par rapport à u, v, w sont respectivement vw, uw, uv ; on a donc

$$\omega' = vw u' + uw \cdot v' + uvw' ,$$

ou

$$\frac{\omega'}{\omega} = \frac{u'}{u} + \frac{v'}{v} + \frac{w'}{w} ;$$

c'est le théorème relatif à la dérivée d'un produit

3° Soit $\omega = \dfrac{u}{v} = uv^{-1}$; les dérivées partielles de ω par rapport à u et à v sont respectivement $\dfrac{1}{v}$ et $- uv^{-2}$; on a donc

$$\omega' = \frac{u'}{v} - uv'v^{-2} = \frac{vu' - uv'}{v^2};$$

c'est le théorème relatif à la dérivée d'un quotient ;

4° Dans le cas où il n'y a qu'*une* fonction composante, c'est-à-dire lorsqu'on a

$$\omega = f(u),$$

u étant une fonction de x, la formule (13) se réduit à

$$\omega' = f'(u).u' :$$

c'est le théorème des fonctions de fonction.

Usage du théorème des fonctions composées

64. Le théorème des fonctions composées permet de ramener le calcul de la dérivée de toute fonction explicite d'une seule variable indépendante au calcul des dérivées des fonctions simples. Voici comment :

Toute fonction explicite ω de la variable indépendante x résulte d'un nombre limité d'opérations effectuées successivement sur cette variable. S'il n'y a qu'une opération, on est en présence d'une fonction élémentaire ; on peut donc trouver sa dérivée. S'il y a plusieurs opérations, la dernière devra être effectuée sur une ou plusieurs fonctions u, v, w... déjà formées, et l'on aura :

$$\omega = f(u, v, w, \ldots)$$

Le théorème des fonctions composées ramènera alors la dérivation de ω à celle des fonctions u, v, w,... et à celle des fonctions qui résultent de $f(u, v, w,\ldots)$ quand on y regarde tour à tour toutes les fonctions composantes sauf une comme des constantes. Si les fonctions $u, v, w,\ldots$ ne résultent pas d'une seule opération effectuée su la variable x, on traitera chacune d'elles comme nous venons de l'indiquer pour ω, et ainsi de suite jusqu'à ce qu'on tombe sur des fonctions élémentaires.

65. Quelques exercices sont indispensables pour apprendre à calculer les dérivées avec rapidité et sans hésitation. Aussi croyons-nous devoir traiter un certain nombre d'exemples :

1° Soit $y = u^v$, u et v étant deux fonctions de x dont la première est supposée positive : on a

$$\log y = v \log u,$$

d'où

$$\frac{y'}{y} = v' \log u + v \frac{u'}{u},$$

et enfin

$$y' = u^{v-1} (vu' + uv' \log u).$$

L'application du théorème des fonctions composées conduirait au même résultat. En effet, les dérivées partielles de u^v par rapport à u et à v étant respectivement vu^{v-1} et $u^v \log u$, on a

$$y' = vu^{v-1}u' + u^v \log u.v'.$$

Dans le cas particulier où $u = v = x$, on a :

$$(x^x)' = x^x (1 + \log x).$$

2° Soit

$$y = \log \left[\frac{b}{2} + x + \sqrt{a + bx + x^2} \right].$$

On a

$$y' = \frac{\left[\frac{b}{2} + x + \sqrt{a + bx + x^2} \right]'}{\frac{b}{2} + x + \sqrt{a + bx + x^2}} = \frac{1 + \dfrac{b + 2x}{2\sqrt{a + bx + x^2}}}{\frac{b}{2} + x + \sqrt{a + bx + x^2}},$$

d'où

$$y' = \frac{1}{\sqrt{a + bx + x^2}}.$$

3° Soit

$$y = \operatorname{arc\,tg}\left[\sqrt{\frac{a-b}{a+b}}\,\operatorname{tg}\frac{x}{2}\right].$$

On a

$$y' = \frac{\sqrt{\dfrac{a-b}{a+b}}\left(\operatorname{tg}\dfrac{x}{2}\right)'}{1 + \dfrac{a-b}{a+b}\operatorname{tg}^2\dfrac{x}{2}} = \frac{\sqrt{\dfrac{a-b}{a+b}}\,\dfrac{1}{2\cos^2\dfrac{x}{2}}}{1 + \dfrac{a-b}{a+b}\operatorname{tg}^2\dfrac{x}{2}},$$

ou, réductions faites,

$$y' = \frac{1}{2}\,\frac{\sqrt{a^2-b^2}}{a+b\cos x}.$$

CHAPITRE V

LA DIFFÉRENTIELLE

Définition

66. A la notion de la dérivée se rattache immédiatement celle de la différentielle, dont la conception est due à Leibnitz.

Reprenons la relation fondamentale

$$\Delta y = y'\Delta x + \varepsilon\Delta x \tag{1}$$

de la page 8. C'est à la première partie $y'\Delta x$ du second membre qu'on donne le nom de *différentielle*. Ainsi, par définition, la différentielle d'une fonction $y = f(x)$ est le produit de la dérivée de la fonction par l'accroissement arbitraire de la variable indépendante x.

On représente cette différentielle par la lettre d que l'on place devant le symbole qui désigne la fonction. On a donc

$$dy = y'\Delta x \qquad \text{ou} \qquad df(x) = f'(x)\,\Delta x.$$

Cette définition, appliquée au cas où la fonction $f(x)$ se réduit à la variable indépendante elle-même, donne

$$dx = \Delta x, \tag{2}$$

puisque la dérivée de x est égale à l'unité. On peut donc

écrire

$$dy = y'dx, \qquad (3)$$

d'où l'on déduit

$$y' = \frac{dy}{dx}. \qquad (4)$$

Ainsi, en résumé :

La différentielle de la variable indépendante n'est autre que l'accroissement arbitraire de cette variable.

La différentielle d'une fonction est le produit de la dérivée de la fonction par la différentielle de la variable indépendante.

La dérivée d'une fonction est égale au quotient de la différentielle de la fonction par la différentielle de la variable indépendante.

Ajoutons encore, d'après la formule (1), que, *si l'on suppose l'accroissement Δx de la variable infiniment petit, et si, pour la valeur de x considérée la fonction a une dérivée déterminée et différente de zéro, la différentielle dy de la fonction est la valeur principale $y'\Delta x$ de l'accroissement infiniment petit Δy de cette fonction.*

Interprétation géométrique de la différentielle

67. La différentielle dy est susceptible d'une interprétation géométrique fort simple.

Soit C la courbe qui a pour abscisses les valeurs de la variable indépendante x et pour ordonnées les valeurs correspondantes de la fonction $y = f(x)$. Désignons respectivement par I et N les points où l'ordonnée P'M' voisine de PM rencontre la tangente MT au point M (x, y) et la parallèle à OX menée par M. On a d'abord

$$dx = \text{PP}' = \text{MN},$$

puis

$$\frac{\text{NI}}{\text{MN}} = y',$$

attendu que chaque membre représente le coefficient angulaire de la tangente. On déduit de là $NI = y'dx = dy$.

Donc : *la différentielle dy est égale à l'accroissement*

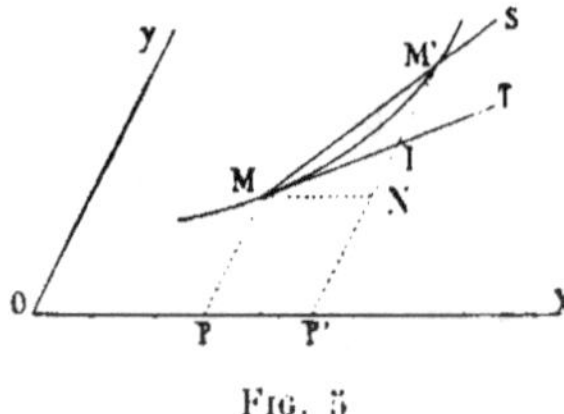

FIG. 5

$$IN = P'I - PM$$

de l'ordonnée de la tangente.
On voit de plus que

$$IM' = NM' - NI = \Delta y - dy = \varepsilon \Delta x$$

Lors donc que PP' est infiniment petit, si la tangente **MT** n'est parallèle à aucun des axes coordonnés, NI est un infiniment petit du même ordre et IM' un infiniment petit d'un ordre supérieur.

Différentielle d'une fonction de fonction

68. Considérons une fonction de fonction définie par les relations

$$y = f(u), \quad u = \varphi(x). \tag{5}$$

On a, comme nous l'avons vu,

$$y' = f'(u) \cdot \varphi'(x).$$

Introduisons la notation différentielle; cette relation s'écrira

$$\frac{dy}{dx} = f'(u)\frac{du}{dx};$$

mais, $\dfrac{dy}{dx}$ et $\dfrac{du}{dx}$ étant les quotients des différentielles de y et de u par la différentielle dx de la variable indépendante, on peut supprimer le dénominateur commun dx et écrire simplement

$$dy = f'(u)\, du. \tag{6}$$

Il résulte de là que, *si l'on a $y = f(u)$, on a toujours $dy = f'(u)\, du$, que u soit ou non la variable indépendante.*

Ainsi, tandis que la dérivée y' a deux expressions différentes,

$$y' = f'(u), \qquad y' = f'(u).u',$$

suivant que u est ou non indépendante, la différentielle dy conserve toujours la même forme

$$dy = f'(u)\, du.$$

On voit par là que l'emploi de la différentielle est plus avantageux, au moins en théorie, que celui de la dérivée. On ne doit pas oublier toutefois que, dans la pratique, quand on calcule dy, il faut, si u n'est pas la variable indépendante, c'est-à-dire si l'on a $u = \varphi(x)$, remplacer du par sa valeur $\varphi'(x)\, dx$.

Ainsi, soit

$$y = \log \sin x\,;$$

on aura

$$dy = \frac{1}{\sin x}\, d.\, \sin x = \frac{\cos x}{\sin x}\, dx = \cotg x\, dx.$$

69. Les avantages de l'emploi des différentielles apparaîtront de plus en plus clairement à mesure que nous avancerons dans l'étude du calcul infinitésimal. Il nous paraît cependant utile d'insister ici encore un peu sur ce sujet.

Si y est une fonction de x, on a, en désignant cette fonction par $\varphi(x)$,

$$dy = \varphi'(x)\, dx\,;$$

les différentielles dx et dy sont arbitraires, leur rapport seul est déterminé, et rien n'oblige à considérer x plutôt que *y* comme étant la variable indépendante; l'emploi des dérivées exige au contraire qu'on fasse un choix.

Plus généralement, considérons autant de variables qu'on voudra, x, y, z, u, liées de telle sorte qu'on puisse les regarder comme des fonctions de l'une quelconque d'entre elles. Supposons qu'on regarde y, z, u, comme des fonctions de x, on aura

$$dy = y'dx, \qquad dz = z'dx, \qquad du = u'dx,$$

d'où

$$\frac{dy}{y'} = \frac{dz}{z'} = \frac{du}{u'} = dx.$$

Si l'on veut alors prendre z, par exemple, pour la variable indépendante, on pourra, sans nouveau calcul, obtenir les dérivées de x, y, u, par rapport à z; il suffira de diviser par dz, ce qui donnera :

$$\frac{dx}{dz} = \frac{1}{z'}, \qquad \frac{dy}{dz} = \frac{y'}{z'}, \qquad \frac{du}{dz} = \frac{u'}{z'}.$$

Tableau des différentielles des fonctions usuelles

70. Voici le tableau des différentielles des fonctions dont nous avons calculé les dérivées dans le chapitre précédent :

$$d\,(a + bu + cv) = bdu + cdv$$

$$\frac{d\,(uvw)}{uvw} = \frac{du}{u} + \frac{dv}{v} + \frac{dw}{w}, \qquad d\left(\frac{u}{v}\right) = \frac{vdu - udv}{v^2}$$

$$d\,(u^m) = mu^{m-1}du, \qquad d\,(\sqrt{u}) = \frac{du}{2\sqrt{u}},$$

$$d \log u = \frac{du}{u}, \qquad d.(a^u) = a^u \log a,$$

$$d\,(\sin u) = \cos u\,du, \quad d\,(\cos u) = -\sin u\,du, \quad d\,(\operatorname{tg} u) = \frac{du}{\cos^2 u},$$

$$d(\arcsin u) = \frac{du}{\sqrt{1-u^2}}, \; d(\arccos u) = \frac{-du}{\sqrt{1-u^2}}, \; d(\operatorname{arc\,tg} u) = \frac{du}{1+u^2};$$

a, b, c sont des constantes; u, v, w sont des variables indépendantes ou dépendantes ; enfin, dans les deux premières expressions de la dernière ligne, le radical a, pour la première, le signe de cos u et, dans la seconde, le signe de sin u.

Différentielle totale d'une fonction de plusieurs variables indépendantes

71. D'après la formule (12) du chapitre précédent, l'accroissement de la fonction u de plusieurs variables x, y, z, se compose de deux parties que nous avons écrites sur deux lignes différentes pour les bien distinguer l'une de l'autre.

Supposons que les variables x, y, z soient indépendantes.

Par analogie avec ce qui a été dit pour les fonctions d'une seule variable, on donne à la partie de Δu qui est sur la première ligne le nom de *différentielle totale* de la fonction u et on la désigne par du. On a donc, par définition,

$$du = f'_x (x, y, z)\, \Delta x + f'_y (x, y, z)\, \Delta y + f'_z (x, y, z)\, \Delta z \quad (7)$$

On voit, en outre, que, si Δx, Δy, Δz sont infiniment petits du premier ordre et si les dérivées partielles f'_x, f'_y, f'_z ne sont pas nulles simultanément, l'accroissement Δu de la fonction sera aussi un infiniment petit du premier ordre, dont la valeur principale sera la différentielle totale du de cette fonction.

On peut d'ailleurs constater, en divisant l'une par l'autre les expressions de Δu et de du, que, si les dérivées partielles f'_x, f'_y, f'_z ne sont pas toutes nulles, le rapport

$$\frac{\Delta u}{du} = 1 + \frac{\alpha \Delta x + \beta \Delta y + \gamma \Delta z}{f'_x \Delta x + f'_y \Delta y + f'_z \Delta z}$$

a pour limite l'unité lorsque Δx, Δy, Δz tendent vers zéro, du moins tant que les rapports des accroissements Δx, Δy, Δz à l'un d'eux restent arbitraires.

La relation (7), appliquée successivement au cas où la fonction se réduit tour à tour à x, y ou z, donne

$$dx = \Delta x, \qquad dy = \Delta y, \qquad dz = \Delta z.$$

On peut donc écrire, au lieu de (7),

$$du = f'_x(x, y, z)\, dx + f'_y(x, y, z)\, dy + f'_z(x, y, z)\, dz. \tag{8}$$

Mais, d'après la définition de la différentielle d'une fonction d'une seule variable (n° 66), les termes du second membre de la relation (8) sont les différentielles respectives de u considérée tour à tour comme une fonction de la seule variable x y ou z; on donne à ces expressions

$$f'_x(x, y, z)\, dx, \qquad f'_y(x, y, z)\, dy, \qquad f'_z(x, y, z)\, dz$$

le nom de *différentielles partielles* de u par rapport à x, y, z, et la relation (8) s'énonce de la manière suivante :

La différentielle totale d'une fonction de plusieurs variables indépendantes est égale à la somme des différentielles partielles de cette fonction.

72. Un grand nombre d'analystes écrivent la formule (8) sous la forme

$$du = \frac{du}{dx}\, dx + \frac{du}{dy}\, dy + \frac{du}{dz}\, dz.$$

Toutefois cette notation peut entraîner de graves confusions, les divers du qui figurent dans cette formule ayant des significations différentes. Pour éviter toute erreur, quelques géomètres, à l'imitation d'Euler et de Laplace, écrivent

$$du = \left(\frac{du}{dx}\right)dx + \left(\frac{du}{dy}\right)dy + \left(\frac{du}{dz}\right)dz,$$

les parenthèses indiquant que

$$\left(\frac{du}{dx}\right), \qquad \left(\frac{du}{dy}\right), \qquad \left(\frac{du}{dz}\right),$$

représentent simplement les dérivées partielles par rapport à x, à y et à z. Mais, on ne saurait le dissimuler, l'emploi des parenthèses est un embarras. Aujourd'hui on préfère, à l'exemple de Jacobi, supprimer les parenthèses en employant une autre forme de d lorsqu'il s'agit de dérivées partielles. C'est cette dernière notation que nous adopterons ; nous désignerons donc les dérivées partielles de u par rapport à x, à y et à z par les symboles :

$$\frac{\partial u}{\partial x}, \qquad \frac{\partial u}{\partial y}, \qquad \frac{\partial u}{\partial z}.$$

Les différentielles partielles correspondantes seront, dès lors, représentées par

$$\frac{\partial u}{\partial x}\,dx, \qquad \frac{\partial u}{\partial y}\,dy, \qquad \frac{\partial u}{\partial z}\,dz,$$

et la différentielle totale par

$$du = \frac{\partial u}{\partial x}\,dx + \frac{\partial u}{\partial y}\,dy + \frac{\partial u}{\partial z}\,dz. \qquad 9)$$

Ainsi, soit $u = x^3 y^2 z$; on aura

$$\frac{\partial u}{\partial x} = 3x^2 y^2 z, \qquad \frac{\partial u}{\partial y} = 2x^3 y z, \qquad \frac{\partial u}{\partial z} = x^3 y^2,$$

et enfin

$$du = x^2 y\,(3yz\,dx + 2xz\,dy + xy\,dz).$$

Propriétés de la différentielle totale

73. Voici deux propriétés de la différentielle totale qui sont la généralisation des propositions des n°ˢ 39 et 40.

Si une fonction u de plusieurs variables indépendantes x, y, z, se réduit à une constante pour les valeurs de ces variables comprises respectivement entre certaines limites, la différentielle totale du est nulle entre ces limites; et, réciproquement, si la différentielle totale du est constamment nulle, la fonction est constante.

En effet, comme dx, dy, dz sont arbitraires, la condition $du = 0$ entraîne

$$\frac{\partial u}{\partial x} = 0, \qquad \frac{\partial u}{\partial y} = 0, \qquad \frac{\partial u}{\partial z} = 0,$$

et réciproquement. Or (n° 39) les conditions précédentes expriment : la première que u est indépendant de x, la seconde que u est indépendant de y, et la troisième que u est indépendant de z.

74. Voici une application :

Trouver la courbe dont les normales passent par un même point.

Prenons ce point pour origine, et soient x et y les coordonnées rectangulaires d'un point quelconque de la ligne cherchée. Le coefficient angulaire de la tangente étant

$$\frac{dy}{dx},$$

celui de la normale est

$$-\frac{dx}{dy},$$

et l'équation de la normale est

$$Y - y = - \frac{dx}{dy} (X - x).$$

Pour qu'elle passe par l'origine, il faut et il suffit qu'on ait

$$- y = \frac{dx}{dy} x,$$

ou

$$x dx + y dy = 0,$$

c'est-à-dire

$$d (x^2 + y^2) = 0,$$

et, par conséquent, d'après le théorème ci-dessus,

$$x^2 + y^2 = \mathrm{C}^{\text{te}}.$$

Les courbes demandées sont donc des cercles ayant pour centre le point de concours des normales.

75. En appliquant le théorème précédent à la différence $u - v$ de deux fonctions u et v de plusieurs variables indépendantes x, y, z, ..., on obtient la proposition suivante, qui est la généralisation de celle du n° 40 :

Si pour les valeurs des variables indépendantes x, y, z, comprises respectivement entre certaines limites, deux fonctions u et v ne diffèrent que par une constante, les différentielles totales du et dv sont égales ; et, réciproquement, si les différentielles totales du et dv sont égales, les fonctions u et v ne diffèrent que par une constante.

Différentielle d'une fonction composée

76. Nous avons vu (page 58) que, si u, v, w sont des fonctions d'une même variable indépendante x, la dérivée par rapport à x de la fonction composée $\omega = f(u,\ v,\ w)$ a pour expression

$$\omega' = f'_u.u' + f'_v.v' + f'_w.w',$$

ce qui, avec nos nouvelles notations, peut s'écrire

$$\frac{d\omega}{dx} = \frac{\partial\omega}{\partial u}\frac{du}{dx} + \frac{\partial\omega}{\partial v}\frac{dv}{dx} + \frac{\partial\omega}{\partial w}\frac{dw}{dx}.$$

Si donc on multiplie par dx, on a, pour la différentielle de la fonction composée,

$$d\omega = \frac{\partial\omega}{\partial u}\,du + \frac{\partial\omega}{\partial v}\,dv + \frac{\partial\omega}{\partial w}\,dw. \qquad (10)$$

Le second membre a la forme d'une différentielle totale (n° 72) ; toutefois ici du, dv, dw ne sont pas des différentielles de variables indépendantes, c'est-à-dire des quantités arbitraires, mais au contraire des différentielles de fonctions d'une même variable.

77. La formule (10) subsiste dans le cas où u, v, w sont des fonctions de *plusieurs* variables indépendantes x, y ; alors du, dv, dw représentent les différentielles totales de ces fonctions u, v, w, de x et de y. La démonstration n'offre aucune difficulté. En effet, ω étant en définitive une fonction des variables indépendantes x et y, on a

$$d\omega = \frac{\partial\omega}{\partial x}\,dx + \frac{\partial\omega}{\partial y}\,dy. \qquad (11)$$

D'autre part

$$\frac{\partial\omega}{\partial x} = \frac{\partial\omega}{\partial u}\frac{\partial u}{\partial x} + \frac{\partial\omega}{\partial v}\frac{\partial v}{\partial x} + \frac{\partial\omega}{\partial w}\frac{\partial w}{\partial x},$$

$$\frac{\partial\omega}{\partial y} = \frac{\partial\omega}{\partial u}\frac{\partial u}{\partial y} + \frac{\partial\omega}{\partial v}\frac{\partial v}{\partial y} + \frac{\partial\omega}{\partial w}\frac{\partial w}{\partial y}.$$

En portant ces valeurs dans la relation (11), on obtient :

$$d\omega = \frac{\partial \omega}{\partial u}\left(\frac{\partial u}{\partial x}\,dx + \frac{\partial u}{\partial y}\,dy\right)$$
$$+ \frac{\partial \omega}{\partial v}\left(\frac{\partial v}{\partial x}\,dx + \frac{\partial v}{\partial y}\,dy\right)$$
$$+ \frac{\partial \omega}{\partial w}\left(\frac{\partial w}{\partial x}\,dx + \frac{\partial w}{\partial y}\,dy\right),$$

expression qui n'est autre que (10), puisque les parenthèses représentent respectivement les différentielles totales du, dv, dw.

Ce dernier théorème est très important ; il en résulte que *les règles de différentiation d'une somme, d'un produit, d'un quotient et des puissances de fonctions d'une seule variable sont applicables au cas des fonctions de plusieurs variables indépendantes.*

Principe de la superposition des petites variations

78. Nous avons vu (n° 71) que, si Δx, Δy, Δz, ..., sont des variations infiniment petites du premier ordre, l'accroissement Δu de la fonction $u = f(x, y, z, ...)$ est, en négligeant les quantités d'ordres supérieurs au premier, donné par la formule

$$\Delta u = \frac{\partial u}{\partial x}\,\Delta x + \frac{\partial u}{\partial y}\,\Delta y + \frac{\partial u}{\partial z}\,\Delta z + ... \qquad (12)$$

Donc, *si une fonction dépend de quantités qui éprouvent des variations très petites, la variation totale de la fonction est sensiblement égale à la somme algébrique des variations que cette fonction aurait subies, si chacune des quantités dont elle dépend eût varié seule.*

« Le principe de la superposition des petits mouvements », dit Cournot dans son *Traité des Fonctions*, « qui joue un rôle

« si important dans l'explication des phénomènes physiques,
« n'est lui-même qu'une conséquence du principe que l'on
« vient d'énoncer et qu'on pourrait appeler le *principe de la*
« *superposition des petites variations*. Ce principe fait com-
« prendre comment un nombre borné d'expériences fournit
« les moyens de calculer les variations d'une quantité qui
« dépend de plusieurs autres, suivant une loi inconnue,
« pourvu que les variations de ces dernières quantités soient
« renfermées dans des limites étroites. Car il suffira, à la
« rigueur, d'observer les valeurs de Δu pour autant de sys-
« tèmes de valeurs de Δx, Δy, Δz, ..., qu'il y a de dérivées
« partielles à déterminer numériquement dans l'équation (12),
« et ensuite cette équation donnera Δu en fonction linéaire
« de Δx, Δy, Δz, ..., pour des valeurs très petites, mais d'ail-
« leurs quelconques, de ces variations. L'art des observations
« consiste à observer dans des circonstances qui permettent
« de déterminer ces coefficients inconnus avec la plus grande
« précision ; la théorie des chances fournit à ce sujet des
« indications que nous n'avons pas à développer ici. »

CHAPITRE VI

DÉRIVÉES ET DIFFÉRENTIELLES D'ORDRE
SUPÉRIEUR AU PREMIER

Dérivées et différentielles des divers ordres d'une fonction d'une seule variable

79. La dérivée y' ou $f'(x)$ d'une fonction de x est en général une fonction de cette variable ; elle admet donc elle-même une dérivée qu'on nomme *dérivée seconde* et que l'on représente par y'' ou $f''(x)$. La dérivée de cette dérivée seconde prend le nom de *dérivée troisième* et est représentée par y''' ou $f'''(x)$, et ainsi de suite.

On nomme *différentielle seconde* d'une fonction $y = f(x)$ la différentielle de sa différentielle première $dy = y'dx$, à condition de considérer, dans le calcul de cette nouvelle différentielle, le facteur dx comme constant, c'est-à-dire comme indépendant de x. Dans cette hypothèse la dérivée de ydx est $y''dx$, et, par suite, en désignant par d^2y la différentielle seconde, on a

$$d^2y = (y''dx)\, dx = y''dx^2.$$

En prenant de même la différentielle de d^2y, dx étant toujours considéré comme constant, on a la différentielle troisième qu'on représente par d^3y et qui a pour expression :

$$d^3y = (y'''dx^2)\, dx = y'''dx^3,$$

et ainsi de suite.

On déduit de là

$$y'' = \frac{d^2y}{dx^2}, \qquad y''' = \frac{d^3y}{dx^3}, \qquad \dots\,;$$

d'où l'on voit qu'en définissant les différentielles successives comme nous venons de le faire, l'analogie avec la différentielle première se trouve conservée : de même que la dérivée première y' est égale au quotient de la différentielle première dy par la première puissance de la différentielle dx de la variable indépendante, la dérivée $n^{ième}$, $y^{(n)}$, est égale au quotient de la différentielle $n^{ième}$, d^ny, par la puissance $n^{ième}$ de la différentielle dx de la variable indépendante.

Application aux fonctions élémentaires

80. Voici les dérivées successives de quelques fonctions usuelles :

1° Soit

$$y = x^m\,;$$

on aura :

$$\frac{dy}{dx} = m x^{m-1}, \qquad \frac{d^2y}{dx^2} = m\,(m-1)\,x^{m-2}, \qquad \dots,$$

$$\frac{d^ny}{dx^n} = m\,(m-1)\dots(m-n+1)\,x^{m-n}$$

Si m est entier et positif, la dérivée $m^{ième}$ est constante et égale à $1, 2, 3, \dots, m$, et les dérivées suivantes sont nulles.

2° Soit

$$y = \log x\,;$$

on a

$$\frac{dy}{dx} = \frac{1}{x} = x^{-1}, \qquad \frac{d^2y}{dx^2} = -1\,.x^{-2}, \qquad \dots\,;$$

$$\frac{d^ny}{dx^n} = (-1)^{n-1}\,1.2.3\dots(n-1)\,x^{-n}.$$

3° Soit

$$y = a^x\,:$$

on a :

$$\frac{dy}{dx} = a^x \log a, \qquad \frac{d^2y}{dx^2} = a^x (\log a)^2, \qquad \ldots,$$

$$\frac{d^n y}{dx^n} = a^x (\log a)^n.$$

En particulier

$$\frac{d^n e^x}{dx^n} = e^x.$$

4° Soit

$$y = \sin (x + \alpha),$$

α étant une constante.

On a

$$\frac{dy}{dx} = \cos (x + \alpha) = \sin \left(x + \alpha + \frac{\pi}{2} \right)$$

$$\frac{d^2y}{dx^2} = \sin \left(x + \alpha + 2\frac{\pi}{2} \right)$$

$$\cdots \cdots \cdots \cdots \cdots$$

$$\frac{d^n y}{dx^n} = \sin \left(x + \alpha + n \frac{\pi}{2} \right)$$

En particulier, pour $\alpha = 0$ et $\alpha = \frac{\pi}{2}$, on a :

$$\frac{d^n \sin x}{dx^n} = \sin \left(x + n \frac{\pi}{2} \right), \qquad \frac{d^n \cos x}{dx^n} = \cos \left(x + n \frac{\pi}{2} \right).$$

5° Soit enfin

$$y = \operatorname{arc\,tg} x ;$$

on a

$$\frac{dy}{dx} = \cos^2 y = \cos y . \cos y$$

$$\frac{d^2y}{dx^2} = - 2 \cos y \sin y \frac{dy}{dx} = - \sin 2y \cos^2 y$$

$$\frac{d^3y}{dx^3} = - (2 \cos^2 y \cos 2y - 2 \cos y \sin y \sin 2y) \cos^2 y$$

$$= - 2 \cos 3y \cos^3 y$$

On en conclut, par induction,

$$\frac{d^n y}{dx^n} = (- 1)^{n-1} 1 . 2 \ldots (n - 1) \cos^n y \sin n \left(\frac{\pi}{2} - y \right)$$

sauf à vérifier la généralité de cette loi en prouvant, ce qui ne présente aucune difficulté, que, si la formule est vraie pour la $n^{\text{ième}}$ dérivée, elle subsiste pour la dérivée d'ordre $n + 1$.

Dérivées partielles des divers ordres d'une fonction de plusieurs variables

81. Les dérivées partielles

$$\frac{\partial u}{\partial x}, \qquad \frac{\partial u}{\partial y}, \qquad \frac{\partial u}{\partial z},$$

d'une fonction $u = f(x, y, z)$ de plusieurs variables sont elles-mêmes des fonctions de ces variables, et on peut prendre successivement les dérivées partielles de chacune d'elles par rapport à x, à y ou à z. On obtient ainsi les dérivées *partielles du second ordre* de la fonction u, tandis qu'on réserve le nom de *dérivées partielles du premier ordre* aux quantités ci-dessus.

En prenant la dérivée par rapport à x, à y ou à z des dérivées partielles du second ordre, on obtient les *dérivées partielles du troisième ordre*; et ainsi de suite.

Si m est le nombre des variables $x, y, z, \ldots$, qui entrent dans la fonction u, on obtient un nombre de dérivées partielles égal à m pour le premier ordre, à m^2 pour le second ordre...... à m^n pour le $n^{\text{ième}}$ ordre.

Mais les dérivées partielles ainsi obtenues pour un même ordre supérieur à 1 ne sont pas toutes distinctes. Cela résulte du théorème suivant.

82. *On peut, sans changer la valeur d'une dérivée partielle d'ordre quelconque, intervertir l'ordre des dérivations,* à condition que la fonction et les dérivées partielles jusqu'à l'ordre indiqué soient continues.

Il suffit évidemment de démontrer la possibilité d'intervertir l'ordre de deux dérivations successives ; le théorème général en résultera par un raisonnement analogue à celui qu'on emploie en arithmétique dans le théorème relatif à l'ordre des facteurs d'un produit.

Soit donc u une fonction de plusieurs variables et

$$f'_x(x, y), \qquad f'_y(x, y) \qquad\qquad (1)$$

les dérivées partielles de u par rapport à deux quelconques x et y des variables dont elle dépend ; pour plus de rapidité, nous omettons dans les parenthèses qui accompagnent les signes f'_x, f'_y les variables autres que x et y, vu qu'elles restent constantes dans la question.

Il s'agit de prouver que, si l'on prend la dérivée par rapport à y de la première des expressions (1) et la dérivée par rapport à x de la seconde, les deux résultats obtenus, que nous désignerons respectivement par

$$f''_{yx}(x, y), \qquad f''_{xy}(x, y),$$

sont les mêmes.

A cet effet, considérons l'expression

$$U = f(x_0 + h, y_0 + k) - f(x_0 + h, y_0) - f(x_0, y_0 + k) + f(x_0, y_0)$$

où x_0, y_0, h, k sont des quantités déterminées.

Si l'on pose

$$f(x, y_0 + k) - f(x, y_0) = \varphi(x),$$

on aura

$$U = \varphi(x_0 + h) - \varphi(x_0),$$

et, par suite, en vertu du théorème des accroissements finis,

$$U = h\varphi'(x_0 + \theta h) \qquad (0 < \theta < 1).$$

Mais on a

$$\varphi'(x) = f'_x(x, y_0 + k) - f'_x(x, y_0) ;$$

et, par suite, d'après le théorème déjà cité,

$$\varphi'(x) = kf''_{yx}(x, y_0 + \theta_1 k) \qquad (0 < \theta_1 < 1),$$

en sorte que

$$U = hkf''_{yx}(x_0 + \theta h, y_0 + \theta_1 k). \tag{2}$$

Le même raisonnement, en échangeant les rôles des lettres x et y, conduirait à

$$U = kh\, f''_{xy}(x_0 + \lambda h, y_0 + \lambda_1 k) \quad \begin{pmatrix} 0 < \lambda < 1 \\ 0 < \lambda_1 < 1 \end{pmatrix} \tag{3}.$$

On a donc, en comparant les relations (2) et (3),

$$f''_{yx}(x_0 + \theta h, y_0 + \theta_1 k) = f''_{xy}(x_0 + \lambda h, y_0 + \lambda_1 k),$$

et, par suite, à la limite, lorsque h et k tendent vers zéro,

$$f''_{yx}(x, y) = f''_{xy}(x, y).$$

83. Cela posé, revenons aux dérivées partielles des divers ordres d'une fonction u de plusieurs variables, et considérons d'abord le cas où ces variables ne sont qu'au nombre de deux, x et y.

La dérivée partielle $\dfrac{\partial u}{\partial x}$, quand on prendra successivement sa dérivée par rapport à x et sa dérivée par rapport à y, donnera deux dérivées partielles du second ordre que nous désignerons respectivement par

$$\frac{\partial^2 u}{\partial x^2}, \qquad \frac{\partial^2 u}{\partial y \partial x}.$$

L'autre dérivée partielle du premier ordre $\dfrac{\partial u}{\partial y}$, quand on prendra successivement sa dérivée par rapport à y et sa dérivée par rapport à x, donnera, à son tour, deux dérivées partielles du second ordre, que nous désignerons respectivement par

$$\frac{\partial^2 u}{\partial x \partial y}, \qquad \frac{\partial^2 u}{\partial y^2}.$$

Mais, d'après le théorème ci-dessus, on a

$$\frac{\partial^2 u}{\partial x \partial y} = \frac{\partial^2 u}{\partial y \partial x}.$$

Il n'y a donc que trois dérivées partielles du second ordre distinctes

$$\frac{\partial^2 u}{\partial x^2}, \qquad \frac{\partial^2 u}{\partial x \partial y} = \frac{\partial^2 u}{\partial y \partial x}, \qquad \frac{\partial^2 u}{\partial y^2}.$$

Elles ont pour expression générale

$$\frac{\partial^2 u}{\partial x^\alpha \partial y^\beta},$$

α et β étant des entiers positifs ou nuls dont la somme est égale à 2.

L'expression générale des dérivées partielles de l'ordre n d'une fonction u d'un nombre quelconque de variables x, y, ..., t est

$$\frac{\partial^n u}{\partial x^\alpha \partial y^\beta \ldots \partial t^\theta},$$

α, β, ..., θ étant des entiers positifs ou nuls ayant pour somme n. L'exposant, dont la différentielle d'une variable quelconque est affectée, dans le dénominateur de ce symbole, indique le nombre des dérivations relatives à cette variable.

Par exemple, la notation

$$\frac{\partial^5 u}{\partial x^2 \partial y \partial z^2}$$

représente le résultat obtenu en prenant deux fois de suite la dérivée par rapport à z, puis une fois la dérivée par rapport à y, enfin deux fois la dérivée par rapport à x.

Voici, pour ne rien laisser à désirer sous le rapport de la clarté, le tableau de ces opérations successives, en supposant

$$u = x^3 y^2 z^4.$$

On a

$$\frac{\partial u}{\partial z} = 4x^3 y^2 z^3, \qquad \frac{\partial^2 u}{\partial z^2} = 12 x^3 y^2 z^2,$$

$$\frac{\partial^3 u}{\partial y \partial z^2} = 24 x^3 y z^2,$$

$$\frac{\partial^4 u}{\partial x \partial y \partial z^2} = 72 x^2 y z^2, \qquad \frac{\partial^5 u}{\partial x^2 \partial y \partial z^2} = 144 xy z^2.$$

Différentielles partielles et différentielles totales des ordres supérieurs des fonctions de plusieurs variables indépendantes.

84. Considérons d'abord une fonction u de deux variables indépendantes x et y ; chacune des différentielles partielles du premier ordre

$$\frac{\partial u}{\partial x}\, dx, \qquad \frac{\partial u}{\partial y}\, dy$$

donnera deux différentielles partielles du second ordre quand on la différentiera successivement par rapport à x et à y. Dans ces différentiations les différentielles dx et dy des variables indépendantes, qui, comme on sait, sont arbitraires, seront supposées constantes. D'après cela, en différentiant

$$\frac{\partial u}{\partial x}\, dx$$

par rapport à x, on aura

$$\left(\frac{\partial^2 u}{\partial x^2}\, dx \right) dx \qquad \text{ou} \qquad \frac{\partial^2 u}{\partial x^2}\, dx^2,$$

et, en différentiant par rapport à y, on aura

$$\left(\frac{\partial^2 u}{\partial y \partial x}\, dx\right) dy \qquad \text{ou} \qquad \frac{\partial^2 u}{\partial y \partial x}\, dx dy.$$

L'autre différentielle partielle du premier ordre

$$\frac{\partial u}{\partial y}\, dy$$

donnerait les différentielles partielles du second ordre

$$\frac{\partial^2 u}{\partial x \partial y}\, dy dx, \qquad\qquad \frac{\partial^2 u}{\partial y^2}\, dy^2;$$

et, comme

$$\frac{\partial^2 u}{\partial x \partial y} = \frac{\partial^2 u}{\partial y \partial x},$$

on a finalement les *trois différentielles partielles du second ordre* distinctes

$$\frac{\partial^2 u}{\partial x^2}\, dx^2, \qquad \frac{\partial^2 u}{\partial x \partial y}\, dx dy, \qquad \frac{\partial^2 u}{\partial y^2}\, dy^2.$$

Le type général des différentielles partielles d'ordre n d'une fonction u d'un nombre quelconque de variables indépendantes x, y, ..., t est

$$\frac{\partial^n u}{\partial x^\alpha \partial y^\beta \dots dt^\theta}\, dx^\alpha dy^\beta \dots dt^\theta,$$

n désignant la somme $\alpha + \beta + \dots + \theta$.

85. Enfin il y a lieu aussi de distinguer des *différentielles totales des divers ordres*.

u étant une fonction de plusieurs variables indépendantes, la différentielle totale du définie au n° 72 prend le nom de *différentielle totale du premier ordre*. On nomme *différentielle totale du second ordre*, et on représente par d^2u la différentielle totale de du, c'est-à-dire la somme des différentielles partielles de du. De même, on nomme différentielle totale du troisième ordre et l'on représente par d^3u la différentielle totale de d^2u ; et ainsi de suite.

Nous allons calculer ces différentielles successives.

Pour avoir la différentielle totale d'une fonction u de plusieurs variables x, y, z, il faut, d'après la définition même de cette différentielle, prendre les dérivées partielles de cette fonction par rapport à x, y, z, multiplier respectivement ces dérivées par dx, dy, dz, puis ajouter. En appliquant cette règle à la différentielle totale du premier ordre

$$du = \frac{\partial u}{\partial x} \, dx + \frac{\partial u}{\partial y} \, dy + \frac{\partial u}{\partial z} \, dz \qquad (4)$$

on a

$$d^2u = \frac{\partial \, (du)}{\partial x} \, dx + \frac{\partial \, (du)}{\partial y} \, dy + \frac{\partial \, (du)}{\partial z} \, dz ; \qquad (5)$$

or, les variables x, y, z étant indépendantes, dx, dy, dz sont constantes, en sorte qu'on a

$$\left. \begin{aligned} \frac{\partial \, (du)}{\partial x} \, dx &= \left(\frac{\partial^2 u}{\partial x^2} \, dx + \frac{\partial^2 u}{\partial x \partial y} \, dy + \frac{\partial^2 u}{\partial x \partial z} \, dz \right) dx \\ \frac{\partial \, (du)}{\partial y} \, dy &= \left(\frac{\partial^2 u}{\partial x \partial y} \, dx + \frac{\partial^2 u}{\partial y^2} \, dy + \frac{\partial^2 u}{\partial y \partial z} \, dz \right) dy \\ \frac{\partial \, (du)}{\partial z} \, dz &= \left(\frac{\partial^2 u}{\partial x \partial z} \, dx + \frac{\partial^2 u}{\partial y \partial z} \, dy + \frac{\partial^2 u}{\partial z^2} \, dz \right) dz \end{aligned} \right\} ; \quad (6)$$

d'où, par addition,

$$d^2u = \frac{\partial^2 u}{\partial x^2} \, dx^2 + \frac{\partial^2 u}{\partial y^2} \, dy^2 + \frac{\partial^2 u}{\partial z^2} \, dz^2 \qquad (7)$$

$$+ 2 \frac{\partial^2 u}{\partial x \partial y} \, dx \, dy + 2 \frac{\partial^2 u}{\partial x \partial z} \, dx \, dz + 2 \frac{\partial^2 u}{\partial y \partial z} \, dy \, dz.$$

On peut écrire symboliquement

$$d^2u = \left(\frac{\partial u}{\partial x} \, dx + \frac{\partial u}{\partial y} \, dy + \frac{\partial u}{\partial z} \, dz \right)^2$$

à condition de remplacer ∂u^2 par $\partial^2 u$ aux numérateurs des divers termes du carré effectué.

En général on peut écrire symboliquement

$$d^n u = \left(\frac{\partial u}{\partial x}\, dx + \frac{\partial u}{\partial y}\, dy + \frac{\partial u}{\partial z}\, dz \right)^n, \qquad (8)$$

pourvu qu'après avoir développé la $n^{\text{ième}}$ puissance on remplace au numérateur de chaque terme ∂u^n par $\partial^n u$.

Pour le prouver, il suffit de montrer que, si la loi est vraie pour $d^n u$, elle subsiste pour $d^{n+1} u$.

A cet effet, prenons dans $d^n u$ un terme quelconque

$$T = K\, \frac{\partial^n u}{\partial x^p \partial y^q \partial z^r}\, dx^p dy^q dz^r,$$

où $p + q + r = n$. La partie de $d^{n+1} u$ provenant du terme T sera

$$\frac{\partial T}{\partial x}\, dx + \frac{\partial T}{\partial y}\, dy + \frac{\partial T}{\partial z}\, dz; \qquad (9)$$

or

$$\frac{d T}{d x}\, dx = K\, \frac{\partial^{n+1} u}{\partial x^{p+1} \partial y^q \partial^r z}\, dx^{p+1} dy^q dz^r$$

$$\frac{d T}{\partial y}\, dy = K\, \frac{\partial^{n+1} u}{\partial x^p \partial y^{q+1} \partial z^r}\, dx^p dy^{q+1} dz^r$$

$$\frac{\partial T}{\partial z}\, dz = K\, \frac{\partial^{n+1} u}{\partial x^p \partial y^q \partial z^{r+1}}\, dx^r dy^q dz^{r+1}.$$

La partie (9) peut donc s'écrire symboliquement

$$T \left(\frac{\partial u}{\partial x}\, dx + \frac{\partial u}{\partial y}\, dy + \frac{\partial u}{\partial z}\, dz \right);$$

et, comme on peut en dire autant pour chaque terme de $d^n u$, on voit que le calcul direct de $d^{n+1} u$ conduira à écrire les mêmes termes que la multiplication symbolique de $d^n u$ par

$$\frac{\partial u}{\partial x}\, dx + \frac{\partial u}{\partial y}\, dy + \frac{\partial u}{\partial z}\, dz.$$

Si donc $d^n u$ s'écrit symboliquement comme l'indique la formule (8), $d^{n+1}u$ aura pour expression symbolique

$$d^{n+1}u = \left(\frac{\partial u}{\partial x}\,dx + \frac{\partial u}{\partial y}\,dy + \frac{\partial u}{\partial z}\,dz \right)^{n+1}.$$

Calcul des différentielles et des dérivées des divers ordres d'une fonction composée

86. Lorsque, dans

$$u = f(x, y, z), \tag{10}$$

les variables x, y, z ne sont plus indépendantes, mais sont elles-mêmes des fonctions d'une ou de plusieurs variables, la fonction u est dite composée, et nous savons (n° 77) que sa différentielle totale *du premier ordre* est encore donnée par la formule (4), absolument comme si x, y, z étaient indépendantes.

Ainsi la formule (4) subsiste ; mais il n'en est plus de même de la formule (7). C'est qu'ici dx, dy, dz ne sont plus des constantes, et dans le calcul des quantités

$$\frac{\partial(du)}{\partial x}, \qquad \frac{\partial(du)}{\partial y}, \qquad \frac{\partial(du)}{\partial z},$$

qui figurent dans la formule (5), il faut considérer chaque terme de

$$du = \frac{\partial u}{\partial x}\,dx + \frac{\partial u}{\partial y}\,dy + \frac{\partial u}{\partial z}\,dz$$

comme un produit de deux facteurs qui sont *l'un et l'autre* variables. Ainsi il faudra ajouter respectivement aux seconds membres des relations (6) les quantités

$$\frac{\partial u}{\partial x}\,d^2x, \qquad \frac{\partial u}{\partial y}\,d^2y, \qquad \frac{\partial u}{\partial z}\,d^2z,$$

et, par suite, au second membre de (7), la somme de ces quantités. On aura ainsi

$$d^2u = \left(\frac{\partial u}{\partial x}\,dx + \frac{\partial u}{\partial y}\,dy + \frac{\partial u}{\partial z}\,dz\right)^2 + \left[\frac{\partial u}{\partial x}\,d^2x + \frac{\partial u}{\partial y}\,d^2y + \frac{\partial u}{\partial z}\,d^2z\right];$$

la première partie du second membre est sous forme symbolique.

Le même procédé conduirait aux expressions de d^3u, d^4u, ... mais les formules qu'on obtient sont peu utiles à cause de leur complication.

Ce qui importe en pratique, c'est le calcul des dérivées partielles des divers ordres

$$\frac{\partial^n u}{\partial x^p \partial y^q \ldots}$$

de la fonction composée (10) par rapport aux variables indépendantes α, β,..., dont x, y, z sont des fonctions données. Le problème est ramené de la sorte au cas des fonctions d'une seule variable : en effet on dérivera d'abord p fois de suite l'expression (10) par rapport à α, puis on dérivera le résultat $\frac{\partial^p u}{\partial x^p}$ q fois de suite par rapport à β, ce qui donnera $\frac{\partial^{p+q} u}{\partial x^p \partial y^q}$; et ainsi de suite.

87. Lorsque dans la fonction composée (10) les *fonctions composantes* x, y, z *sont des fonctions linéaires* de la variable ou des variables indépendantes α, β, ..., c'est-à-dire sont de la forme

$$A\alpha + B \qquad \text{ou} \qquad A\alpha + B\beta + C, \qquad \ldots,$$

les différentielles premières dx, dy, dz sont des constantes ; et, par suite, les différentielles d'ordre supérieur.

$$d^2x, \qquad d^2y, \qquad d^2z, \qquad d^3x, \qquad \ldots,$$

sont nulles ; par suite $d^n u$ est donnée par la formule (8); en d'autres termes, les différentielles totales de tout ordre de la fonction composée (10) s'expriment dans ce cas simple comme si x, y, z étaient des variables indépendantes.

Formule de Leibnitz

88. Il est un autre cas, fort usuel d'ailleurs, où la différentielle totale d'ordre n d'une fonction composée est susceptible d'une expression simple. C'est celui où cette fonction est le produit de fonctions u, r, ..., s, d'une ou plusieurs variables indépendantes.

Considérons d'abord le produit de deux facteurs u et v. On a successivement

$$d\,(uv) = vdu + udv$$
$$d^2\,(uv) = d\,(vdu) + d\,(udv)$$
$$= vd^2u + 2dudv + (d^2v)\,u$$
$$d^3\,(uv) = d\,(vd^2u) + 2d\,(dudv) + d\,(ud^2v)$$
$$= vd^3u + 3dvd^2u + 3\,d^2vdu + (d^3v)\,u;$$

on en conclut, par induction,

$$d^n\,(uv) = vd^nu + C_n^1 dvd^{n-1}u + \ldots \qquad (11)$$
$$\ldots + C_n^k d^k v d^{n-k}u + \ldots + (d^nv)\,u,$$

formule attribuée à Leibnitz, et dans laquelle C_n^k désigne le nombre des combinaisons de n objets k à k.

89. Pour achever la démonstration de la formule (11), il suffit de prouver qu'en la supposant vraie pour l'ordre n elle subsiste pour l'ordre $n + 1$.

A cet effet on différentie la formule (11), ce qui donne

$$d^{n+1}\,(uv) = vd^{n+1}u + \ldots + (C_n^{k-1} + C_n^k) d^k v d^{n+1-k} + \ldots + (d^{n+1}v)\,u;$$

et, comme on a évidemment

$$C_n^{k-1} + C_n^k = C_{n+1}^k,$$

il vient,

$$d^{n+1}(uv) = vd^{n+1}u + \ldots + C_{n+1}^{k}\, d^{k}vd^{n+1-k}u + \ldots + (d^{n+1}v)u,$$

expression qui n'est autre que (11), dans laquelle on a changé n en $n+1$.

On donne souvent à la formule (11) la *forme symbolique*

$$d^{n}(uv) = (du + dv)^{n}. \qquad (12)$$

Voici comment il faut l'entendre : après avoir développé le second membre d'après la règle du binôme de Newton, on mettra en facteur dans le premier terme $(dv)^{o}$ et dans le dernier $(du)^{o}$; puis on remplacera les puissances $(du)^{k}$ et $(dv)^{k}$ respectivement par les différentielles $d^{k}u$, $d^{k}v$, lorsque k n'est pas nul, et par u et v, si k est nul. Il est clair qu'on tombera ainsi sur la formule (11).

Considérons maintenant un produit

$$\omega = uv \ldots w.s$$

d'un nombre quelconque de facteurs ; on aura encore *symboliquement*

$$d^{n}\omega = (du + dv + \ldots + dw + ds)^{n} ; \qquad (13)$$

en d'autres termes, pour obtenir $d^{n}\omega$, on devra : 1° développer le second membre comme une puissance ; 2° introduire ensuite en facteur dans chaque terme la puissance zéro de celles des différentielles du, dv, $\ldots$, ds qui ne figurent pas dans ce terme ; 3° remplacer les puissances

$$(du)^{k}, \qquad (dv)^{k}, \qquad \ldots, \qquad (ds)^{k}$$

par les différentielles

$$d^{k}u, \qquad d^{k}v, \qquad \ldots, \qquad d^{k}s$$

si k diffère de zéro, et par

$$u, \qquad v, \qquad \ldots, \qquad s$$

si k est nul.

Pour démontrer la formule (13), il suffit maintenant de faire voir que, si cette formule est vraie dans le cas de $m-1$ facteurs, elle subsiste lorsque ces facteurs sont au nombre de m. A cet effet, désignons par y le produit des $m-1$ facteurs u, v, ..., w; on aura symboliquement par hypothèse

$$d^n\omega = d^n(y.s) = (dy + ds)^n.$$

Or à un terme quelconque $A_k dy^k ds^{n-k}$ du développement de ce binôme correspond dans $d^n\omega$ le terme $A_k d^k y d^{n-k} s$, c'est-à-dire d'une façon symbolique

$$A_k(du + dv + ... + dw)^k ds^{n-k}.$$

En raisonnant de même sur les autres termes et ajoutant, on tombe sur la relation symbolique (13).

Dérivées successives d'une fonction de fonction

90. Nous terminerons ce chapitre par la recherche de $\dfrac{d^n y}{dx^n}$, y étant une fonction de fonction de x définie par les équations

$$y = \varphi(u), \qquad u = f(x). \tag{1}$$

Des relations (1) on déduit par différentiations successives :

$$\frac{dy}{dx} = f'(x) \varphi'(u),$$

$$\frac{d^2 y}{dx^2} = f''(x) \varphi'(u) + f'(x)^2 \varphi''(u),$$

$$\frac{d^3 y}{dx^3} = f'''(x) \varphi'(u) + 3 f'(x) f''(x) \varphi''(u),$$

$$+ f'(x)^3 \varphi'''(u).$$

$$. \quad . \quad . \quad . \quad . \quad . \quad . \quad . \quad . \quad . \quad . \quad . \quad . \quad .$$

On voit par là que $\dfrac{d^n y}{dx^n}$ est de la forme

$$\frac{d^n y}{dx^n} = \frac{A_1}{1}\,\varphi'(u) + \frac{A_2}{1.2}\,\varphi''(u) + \ldots + \frac{A_n}{1.2\ldots n}\,\varphi^{(n)}(u);\qquad (2)$$

les coefficients A_1, A_2, ..., A_n dépendent de $f(x)$ et de ses dérivées, mais restent les mêmes, quelle que soit la fonction $\varphi(u)$.

On déterminera donc ces coefficients en faisant sur cette fonction $\varphi(u)$ des hypothèses particulières. En appliquant successivement la relation (2) aux cas où les valeurs attribuées à $\varphi(u)$ sont les puissances, u, u^2, ..., u^n, on obtient, pour déterminer A_1, A_2, ..., A_n, les équations linéaires :

$$(3)\;\left\{\begin{array}{l} \dfrac{d^n u}{dx^n} = A_1, \\[2ex] \dfrac{d^n (u^2)}{dx^n} = 2u A_1 + A_2, \\[2ex] \dfrac{d^n (u^3)}{dy^n} = 3u^2 A_1 + 3u A_2 + A_3, \\[2ex] \cdots\cdots\cdots\cdots\cdots \\[2ex] \dfrac{d^n (u^n)}{dx^n} = nu^{n-1} A_1 + \dfrac{n(n-1)}{1.2}\,u^{n-2} A_2 + \ldots + A_n. \end{array}\right.$$

Nous laissons au lecteur le soin d'achever ce calcul qui n'offre ni intérêt, ni difficulté.

CHAPITRE VII

LES FONCTIONS IMPLICITES

Définition des fonctions implicites

91. Lorsque $m + n$ variables $x_1 \ldots x_m$, $u_1 \ldots u_n$, sont liées par n équations

$$\left.\begin{array}{l} f_1 (x_1 \ldots x_m, \; u_1 \ldots u_n) = 0 \\ \cdot \quad \cdot \quad \cdot \quad \cdot \quad \cdot \quad \cdot \quad \cdot \quad \cdot \\ f_n (x_1 \ldots x_m, \; u_1 \ldots u_n) = 0 \end{array}\right\} \; (1)$$

non résolues par rapport à $u_1, \ldots u_n$, on dit que $u_1, \ldots, u_n$ sont des fonctions *implicites* de $x_1, \ldots, x_m$.

Mais sous quelles conditions ces fonctions $u_1, \ldots u_n$ sont-elles bien définies et ont-elles des dérivées déterminées? La réponse à cette question exige quelques explications.

On dit que plusieurs variables indépendantes x, y, z restent situées dans un champ (C) déterminé par les intervalles (α, α'), (β, β'), (γ, γ'), lorsque les valeurs que peuvent prendre ces variables sont tous les systèmes de valeurs telles qu'on ait

$$\alpha < x < \alpha', \quad \beta < y < \beta', \quad \gamma < z < \gamma',$$

Cela posé, considérons les fonctions $f_1, \ldots, f_n$, qui constituent les premiers membres des équations (1); soit (C) un champ dans lequel ces fonctions soient bien définies et con-

tinues, ainsi que leurs dérivées partielles, par rapport à
$x_1, \ldots, x_m, u_1, \ldots, u_n$.

*Si $x_1 = a_1, \ldots, x_m = a_m, u_1 = b_1, \ldots, u_n = b_n$ est un sys-
tème de valeurs comprises dans le champ (C) et propre à vérifier les équations (1) sans annuler le déterminant*

$$K = \begin{vmatrix} \dfrac{\partial f_n}{\partial u_1} & \cdots & \dfrac{\partial f_n}{\partial u_n} \\ \cdots & \cdots & \cdots \\ \dfrac{\partial f_1}{\partial u_1} & \cdots & \dfrac{\partial f_1}{\partial u_n} \end{vmatrix},$$

il existe un système unique de n fonctions,

$$\varphi_1 (x_1 \ldots x_m), \qquad \ldots \qquad \varphi_n (x_1 \ldots x_m),$$

satisfaisant aux conditions suivantes :

*1° Elles prennent respectivement les valeurs $b_1, \ldots, b_n$ quand
on attribue à $x_1, \ldots, x_m$, les valeurs $a_1, \ldots, a_m$;*

*2° Elles sont bien définies, continues et possèdent des déri-
vées déterminées dans un certain champ (C') comprenant
$a_1, \ldots, a_m$, et dans lequel K reste différent de zéro ;*

*3° Pour tout système de valeurs de $x_1, \ldots, x_m$ renfermées
dans le champ (C'), les fonctions $f_1, \ldots, f_n$ deviennent identiquement nulles, lorsqu'on y remplace $u_1, \ldots, u_n$ respectivement par $\varphi_1, \ldots, \varphi_n$.*

Ce sont les fonctions $\varphi_1, \ldots, \varphi_n$ définies de la sorte, qui
constituent les *fonctions implicites* $u_1, \ldots, u_n$.

Il était indispensable, pour préciser la définition des
fonctions implicites, d'énoncer le théorème qui précède.
Quant à sa démonstration, elle n'offrirait aucune utilité à
nos lecteurs, et, comme elle est assez délicate, nous renver-
rons les personnes désireuses de la connaître au *Cours
d'Analyse* de M. Jordan. Ces considérations purement
théoriques nous éloigneraient de notre but qui est surtout
d'apprendre à calculer les différentielles et les dérivées des
fonctions implicites.

On pourrait aborder de suite le cas général, mais il nous
paraît préférable de commencer par les cas simples qui
sont les plus usuels.

Différentiation des fonctions implicites d'une variable indépendante

92. Soit $u = \varphi(x)$ la fonction implicite définie, sous les conditions indiquées ci-dessus, par une équation

$$f(x, u) = 0.$$

Ici le déterminant K se réduit à $\dfrac{\partial f}{\partial u}$ et, par suite, cette dernière quantité est supposée différente de zéro dans un certain champ.

Cela posé, dans $f(x, u)$ on suppose u remplacé par $\varphi(x)$, $f(x, u)$ sera une fonction composée ; et, comme cette fonction composée est égale à zéro, c'est-à-dire conserve une valeur constante dans le champ considéré, ses dérivées successives devront rester nulles dans le même champ. On a donc, en appliquant la règle de dérivation des fonctions composées :

$$\frac{\partial f}{\partial x} + \frac{\partial f}{\partial u}\, u' = 0,$$

$$\left(\frac{\partial^2 f}{\partial x^2} + 2\frac{\partial^2 f}{\partial x \partial u}\, u' + \frac{\partial^2 f}{\partial u^2}\, u'^2 \right) + \frac{\partial f}{\partial u}\, u'' = 0,$$

$$\left(\frac{\partial^3 f}{\partial x^3} + 3\frac{\partial^3 f}{\partial x^2 \partial u}\, u' + 3\frac{\partial^3 f}{\partial x \partial u^2}\, u'^2 + \frac{\partial^3 f}{\partial u^3}\, u'^3 \right)$$

$$+ 3\left(\frac{\partial^2 f}{\partial x \partial u} + \frac{\partial^2 f}{\partial u^2}\, u' \right) u'' + \frac{\partial f}{\partial u}\, u''' = 0.$$

Puisque $\dfrac{\partial f}{\partial u}$ n'est pas nul, la première de ces équations donnera pour la dérivée première u' une valeur déterminée ; on portera cette valeur de u' dans la seconde équation qui, pour la même raison, donnera une valeur déterminée pour u'', et ainsi de suite.

93. Considérons, en second lieu, le cas où l'on donne n équations entre $n+1$ variables, dont une seule reste dès lors indépendante; et, pour fixer les idées sans nuire à la généralité de la méthode, prenons le système

$$f_1(x, u_1, u_2) = 0, \qquad f_2(x, u_1, u_2) = 0, \qquad (2)$$

en vertu duquel u_1 et u_2 sont des fonctions implicites de la variable x. On suppose d'ailleurs le déterminant K différent de zéro dans un certain champ.

Puisque u_1 et u_2 sont des fonctions de x, les expressions $f_1(x, u_1, u_2)$, $f_2(x, u_1, u_2)$ sont des fonctions composées de cette variable, et, comme ces fonctions composées sont nulles, c'est-à-dire conservent une valeur constante dans le champ considéré, leurs dérivées par rapport à x devront rester nulles dans ce champ. On a donc, en appliquant la règle de dérivation des fonctions composées

$$\frac{\partial f_1}{\partial x} + \frac{\partial f_1}{\partial u_1} u_1' + \frac{\partial f_1}{\partial u_2} u_2' = 0$$
$$\frac{\partial f_2}{\partial x} + \frac{\partial f_2}{\partial u_1} u_1' + \frac{\partial f_2}{\partial u_2} u_2' = 0 \qquad (3)$$

$$\left(\frac{\partial^2 f_1}{\partial x^2} + 2\frac{\partial^2 f_1}{\partial x \partial u_1} u_1' + 2\frac{\partial^2 f_1}{\partial x \partial u_2} u_2' + 2\frac{\partial^2 f_1}{\partial u_1 \partial u_2} u_1' u_2' + \frac{\partial^2 f_1}{\partial u_1^2} u_1'^2 + \frac{\partial^2 f_1}{\partial u_2^2} u_2'^2 \right)$$
$$+ \frac{\partial f_1}{\partial u_1} u_1'' + \frac{\partial f_1}{\partial u_2} u_2'' = 0$$
$$\left(\frac{\partial^2 f_2}{\partial x^2} + 2\frac{\partial^2 f_2}{\partial x \partial u_1} u_1' + 2\frac{\partial^2 f_2}{\partial x \partial u_2} u'^2 + 2\frac{\partial^2 f_2}{\partial u_1 \partial u_2} u_1' u_2' + \frac{\partial^2 f_2}{\partial u_1^2} u_1'^2 + \frac{\partial^2 f_2}{\partial u_2^2} u_2'^2 \right)$$
$$+ \frac{\partial f_2}{\partial u_1} u_1'' + \frac{\partial f_2}{\partial u_2} u_2'' = 0. \qquad (4)$$

K n'étant pas nul, le système linéaire (3) donnera pour les inconnues u_1' et u_2' des valeurs déterminées; en portant ces valeurs dans (4), on aura un système linéaire par rapport à u_1'' et u_2'' et qui, ayant pour déterminant K, déterminera ces inconnues; et ainsi de suite.

Différentiation des fonctions implicites
de plusieurs variables indépendantes

94. Considérons maintenant le cas général, c'est-à-dire le cas relatif aux équations (1); et, pour fixer les idées, supposons $m = 3$ et $n = 2$. Les équations données sont alors :

$$
\begin{aligned}
f_1 (x_1, x_2, x_3, u_1, u_2) &= 0 \\
f_2 (x_1, x_2, x^3, u_1, u_2) &= 0.
\end{aligned}
\quad (5)
$$

Elles définissent un système de fonctions implicites u_1 et u_2, le déterminant

$$
K =
\begin{vmatrix}
\dfrac{\partial f_1}{\partial u_1}, & \dfrac{\partial f_1}{\partial u_2} \\[2ex]
\dfrac{\partial f_2}{\partial u_1}, & \dfrac{\partial f_2}{\partial u_2}
\end{vmatrix}
$$

étant supposé différent de zéro.

Les fonctions f_1 et f_2 sont des fonctions composées des variables indépendantes x_1, x_2, x_3. Ces fonctions composées ayant une valeur constante (qui est ici zéro), leurs différentielles totales des divers ordres sont aussi nulles. On aura donc les relations

$$
df_1 = 0, \qquad df_2 = 0 \quad (6)
$$
$$
d^2 f_1 = 0, \qquad d^2 f_2 = 0 \quad (7)
$$
$$
\cdot \quad \cdot \quad \cdot \quad \cdot \quad \cdot \quad \cdot \quad \cdot \quad \cdot
$$

Développons ces équations et. pour abréger l'écriture. désignons par f l'une quelconque des expressions f_1 et f_2; l'équation $df = 0$ développée est

$$
\frac{\partial f}{\partial u_1} du_1 + \frac{\partial f}{\partial u_2} du_2 + \left(\frac{\partial f}{\partial x_1} dx_1 + \frac{\partial f}{\partial x_2} dx_2 + \frac{\partial f}{\partial x_3} dx_3 \right) = 0; \quad (8)
$$

et. pour avoir le système (6) développé, il suffira d'affecter successivement dans (8) la lettre f des indices 1 et 2. On obtient ainsi un système de deux équations linéaires par rapport aux inconnues du_1, du_2, et qui détermineront ces différentielles totales, puisque le déterminant de ces équations est précisément le déterminant Δ qui, par hypothèse, est différent de zéro. Ces valeurs seront de la forme

$$\begin{aligned}
du_1 &= A_1 dx_1 + A_2 dx_2 + A_3 dx_3, \\
du_2 &= B_1 dx_1 + B_2 dx_2 + B_3 dx_3,
\end{aligned} \qquad (9)$$

ce qui donnera pour les dérivées partielles du premier ordre de u_1 et de u_2 les expressions

$$\frac{\partial u_1}{\partial x_1} = A_1, \qquad \frac{\partial u_1}{\partial x_2} = A_2, \qquad \frac{\partial u_1}{\partial x_3} = A_3.$$

$$\frac{\partial u_2}{\partial x_1} = B_1, \qquad \frac{\partial u_2}{\partial x_2} = B_2, \qquad \frac{\partial u_2}{\partial x_3} = B_3.$$

Passons maintenant au second ordre.

En différentiant la relation (8) et n'oubliant pas que dx_1, dx_2, dx_3 sont constants, on a l'équation :

$$
\begin{aligned}
0 = {} & \frac{\partial f}{\partial u_1} d^2 u_1 + \left(\frac{\partial^2 f}{\partial u_1^2} du_1 + \frac{\partial^2 f}{\partial u_1 \partial u_2} du_2 + \frac{\partial^2 f}{\partial u_1 \partial x_1} dx_1 + \frac{\partial^2 f}{\partial u_1 \partial x_2} dx_2 + \frac{\partial^2 f}{\partial u_1 \partial x_3} dx_3 \right) du_1 \\
& + \frac{\partial f}{\partial u_2} d^2 u_2 + \left(\frac{\partial^2 f}{\partial u_2^2} du_2 + \frac{\partial^2 f}{\partial u_2 \partial u_1} du_1 + \frac{\partial^2 f}{\partial u_2 \partial x_1} dx_1 + \frac{\partial^2 f}{\partial u_2 \partial x_2} dx_2 + \frac{\partial^2 f}{\partial u_2 \partial x_3} dx_3 \right) du_2 \\
& + \left(\frac{\partial^2 f}{\partial x_1^2} dx_1 + \frac{\partial^2 f}{\partial x_1 \partial u_1} du_1 + \frac{\partial^2 f}{\partial x_1 \partial u_2} du_2 + \frac{\partial^2 f}{\partial x_1 \partial x_2} dx_2 + \frac{\partial^2 f}{\partial x_1 \partial x_3} dx_3 \right) dx_1 \\
& + \left(\frac{\partial^2 f}{\partial x_2^2} dx_2 + \frac{\partial^2 f}{\partial x_2 \partial u_1} du_1 + \frac{\partial^2 f}{\partial x_2 \partial u_2} du_2 + \frac{\partial^2 f}{\partial x_2 \partial x_1} dx_1 + \frac{\partial^2 f}{\partial x_2 \partial x_3} dx_3 \right) dx_2 \\
& + \left(\frac{\partial^2 f}{\partial x_3^2} dx_3 + \frac{\partial^2 f}{\partial x_3 \partial u_1} du_1 + \frac{\partial^2 f}{\partial x_3 \partial u_2} du_2 + \frac{\partial^2 f}{\partial x_3 \partial x_1} dx_1 + \frac{\partial^2 f}{\partial x_3 \partial x_2} dx_2 \right) dx_3
\end{aligned}
$$

dans laquelle, pour plus de clarté, nous avons placé sur une même horizontale tous les termes fournis par la différentiation d'un même terme de (8), sans opérer aucune réduction. On déduira de là le système (7) développé, en affectant successivement la lettre f des indices 1 et 2 et remplaçant du_1 et du_2 par leurs valeurs (9). On obtiendra de cette façon un système de deux équations linéaires par rap-

port aux deux inconnues d^2u_1, d^2u_2, et qui, puisque K est différent de zéro, déterminera ces deux différentielles totales du second ordre. Les valeurs tirées de ces deux équations seront de la forme

$$d^2u_1 = C_1 dx_1^2 + C_2 dx_2^2 + C_3 dx_3^2$$
$$+ 2C_4 dx_1 dx_2 + 2C_5 dx_1 dx_3 + 2C_6 dx_2 dx_3$$
$$d^2u_2 = D_1 dx_1^2 + D_2 dx_2^2 + D_3 dx_3^2$$
$$+ 2D_4 dx_1 dx_2 + 2D_5 dx_1 dx_3 + 2D_6 dx_2 dx_3,$$

et l'on aura enfin, pour les dérivées partielles du second ordre.

$$\frac{\partial^2 u_1}{\partial x_1^2} = C_1, \frac{\partial^2 u_1}{\partial x_2^2} = C_2, \frac{\partial^2 u_1}{\partial x_3^2} = C_3, \frac{\partial^2 u_1}{\partial x_1 \partial x_2} = C_4, \frac{\partial^2 u_1}{\partial x_1 \partial x_3} = C_5, \frac{\partial^2 u_1}{\partial x_2 \partial x_3} = C_6$$

$$\frac{\partial^2 u_2}{\partial x_1^2} = D_1, \frac{\partial^2 u_2}{\partial x_2^2} = D_2, \frac{\partial^2 u_2}{\partial x_3^2} = D_3, \frac{\partial^2 u_2}{\partial x_1 \partial x_3} = D_4, \frac{\partial^2 u_2}{\partial x_1 \partial x_3} = D_5, \frac{\partial^2 u_2}{\partial x_2 \partial x_3} = D_6.$$

On continuerait de même pour les ordres suivants.

95. On peut procéder un peu autrement:

Tandis que nous avons (n° 94) calculé directement les différentielles totales pour en déduire les dérivées partielles, on peut commencer par calculer séparément les dérivées partielles ; ce calcul s'effectuera, d'ailleurs, par la règle relative aux fonctions implicites d'une seule variable.

Nous allons appliquer ce procédé au cas fort usuel d'une fonction implicite z de deux variables indépendantes x et y. On donne alors l'équation unique

$$f(x, y, z) = 0, \tag{11}$$

et le déterminant K se réduit à $\frac{\partial f}{\partial z}$ qu'on suppose différent de zéro.

Il est d'usage de représenter, dans le cas qui nous occupe, les dérivées partielles :

$$\frac{\partial z}{\partial x}, \qquad \frac{\partial z}{\partial y}, \qquad \frac{\partial^2 z}{\partial x^2}, \qquad \frac{\partial^2 z}{\partial x \partial y}, \qquad \frac{\partial^2 z}{\partial y^2}$$

respectivement par les lettres

$$p, \quad q, \quad r, \quad s, \quad t.$$

Cela posé, pour obtenir p et q, on différentiera l'équation donnée (11) deux fois de suite en considérant la première fois y, la seconde fois x, comme constantes.

On aura ainsi (n° 92) :

d'où

$$\frac{\partial f}{\partial x} + p\,\frac{\partial f}{\partial z} = 0, \qquad\qquad \frac{\partial f}{\partial y} + q\,\frac{\partial f}{\partial z} = 0, \qquad (12)$$

$$p = -\frac{\dfrac{\partial f}{\partial x}}{\dfrac{\partial f}{\partial z}}, \qquad\qquad q = -\frac{\dfrac{\partial f}{\partial y}}{\dfrac{\partial f}{\partial z}}. \qquad (13)$$

Pour avoir r, s, t, on différentiera les équations (13), ou mieux les équations (12), chacune deux fois, en regardant d'abord y, puis x comme constantes ; cela ne fournira en réalité que trois équations

$$\left.\begin{aligned}
&\frac{\partial^2 f}{\partial x^2} + 2p\,\frac{\partial^2 f}{\partial x\partial z} + p^2\,\frac{\partial^2 f}{\partial z^2} + r\,\frac{\partial f}{\partial z} = 0,\\[2mm]
&\frac{\partial^2 f}{\partial x\partial y} + q\,\frac{\partial^2 f}{\partial x\partial z} + p\,\frac{\partial^2 f}{\partial y\partial z} + pq\,\frac{\partial^2 f}{\partial z^2} + s\,\frac{\partial f}{\partial z} = 0,\\[2mm]
&\frac{\partial^2 f}{\partial y^2} + 2q\,\frac{\partial^2 f}{\partial y\partial z} + q^2\,\frac{\partial^2 f}{\partial z^2} + t\,\frac{\partial f}{\partial z} = 0,
\end{aligned}\right\} \quad (14)$$

attendu que la différentiation par rapport à y de la première des équations (12) donne le même résultat que la différentiation de la seconde par rapport à x. Ces trois équations (14) donnent, après qu'on y a remplacé p et q par leurs valeurs (13),

$$\left.\begin{aligned}
&\left(\frac{\partial f}{\partial z}\right)^{3}\cdot r = 2\,\frac{\partial^2 f}{\partial x\partial z}\,\frac{\partial f}{\partial x}\,\frac{\partial f}{\partial z} - \frac{\partial^2 f}{\partial z^2}\left(\frac{\partial f}{\partial x}\right)^2 - \frac{\partial^2 f}{\partial x^2}\left(\frac{\partial f}{\partial z}\right)^2\\[2mm]
&\left(\frac{\partial f}{\partial z}\right)^{3}\cdot t = 2\,\frac{\partial^2 f}{\partial y\partial z}\,\frac{\partial f}{\partial y}\,\frac{\partial f}{\partial z} - \frac{\partial^2 f}{\partial z^2}\left(\frac{\partial f}{\partial y}\right)^2 - \frac{\partial^2 f}{\partial y^2}\left(\frac{\partial f}{\partial z}\right)^2\\[2mm]
&\left(\frac{\partial f}{\partial z}\right)^{3}\cdot s = \left(\frac{\partial^2 f}{\partial y\partial z}\,\frac{\partial f}{\partial x} + \frac{\partial^2 f}{\partial x\partial z}\,\frac{\partial f}{\partial y}\right)\frac{\partial f}{\partial z} - \frac{\partial^2 f}{\partial x\partial y}\left(\frac{\partial f}{\partial z}\right)^2 - \frac{\partial^2 f}{\partial z^2}\,\frac{\partial f}{\partial x}\,\frac{\partial f}{\partial y}.
\end{aligned}\right\} \quad (15)$$

96. Exemple : soit l'équation

$$\frac{x^2}{a^2} + \frac{y^2}{b^2} + \frac{z^2}{c^2} - 1 = 0$$

entre les variables indépendantes x et y et la fonction z.
On a ici

$$\frac{\partial f}{\partial x} = \frac{2x}{a^2}, \qquad \frac{\partial f}{\partial y} = \frac{2y}{b^2}, \qquad \frac{\partial f}{\partial z} = \frac{2z}{c^2},$$

$$\frac{\partial^2 f}{\partial x^2} = \frac{2}{a^2}, \qquad \frac{\partial^2 f}{\partial y^2} = \frac{2}{b^2}, \qquad \frac{\partial^2 f}{\partial z^2} = \frac{2}{c^2},$$

$$\frac{\partial^2 f}{\partial y \partial z} = 0, \qquad \frac{\partial^2 f}{\partial x \partial z} = 0, \qquad \frac{\partial^2 f}{\partial x \partial y} = 0 \; ;$$

d'où l'on déduit, en portant ces valeurs dans les formules (13) et (15) :

$$p = -\frac{c^2 x}{a^2 z}, \qquad q = -\frac{c^2 y}{b^2 z},$$

$$r = \frac{c^4 (y^2 - b^2)}{a^2 b^2 z^3}, \qquad s = -\frac{c^4 xy}{a^2 b^2 z^3}, \qquad t = \frac{c^4 (x^2 - a^2)}{a^2 b^2 z^3}.$$

Déterminants fonctionnels

97. On nomme *déterminant fonctionnel* d'un système de n fonctions

$$u_1 = f_1(x_1, \ldots, x_n)$$
$$\cdot \quad \cdot \quad \cdot \quad \cdot \quad \cdot \quad \cdot$$
$$u_n = f_n(x_1, \ldots, x_n)$$

de n variables indépendantes $x_1, \ldots, x_n$, le déterminant

$$J = \begin{vmatrix} \dfrac{\partial f_1}{\partial x_1} & \cdots & \dfrac{\partial f_1}{\partial x_n} \\ \cdot & \cdot & \cdot \\ \dfrac{\partial f_n}{\partial x_1} & \cdots & \dfrac{\partial f_n}{\partial x_n} \end{vmatrix}$$

formé avec les dérivées partielles du premier ordre de ces fonctions. C'est Jacobi qui l'a introduit dans l'analyse et qui en a fait connaître les principales propriétés.

Voici la plus importante :

Pour que les fonctions $u_1, \ldots, u_n$ ne soient pas indépendantes, il faut et il suffit que leur déterminant fonctionnel J soit identiquement nul, quelles que soient les valeurs de $x_1, \ldots, x_n$.

Pour fixer les idées, nous prendrons $n = 3$. Les fonctions considérées seront alors

$$
\left.
\begin{aligned}
u_1 &= f_1\,(x_1,\ x_2,\ x_3) \\
u_2 &= f_2\,(x_1,\ x_2,\ x_3) \\
u_3 &= f_3\,(x_1,\ x_2,\ x_3)
\end{aligned}
\right\}, \qquad (16)
$$

et leur déterminant fonctionnel

$$
J =
\begin{vmatrix}
\dfrac{\partial f_1}{\partial x_1} & \dfrac{\partial f_1}{\partial x_2} & \dfrac{\partial f_1}{\partial x_3} \\[2mm]
\dfrac{\partial f_2}{\partial x_1} & \dfrac{\partial f_2}{\partial x_2} & \dfrac{\partial f_2}{\partial x_3} \\[2mm]
\dfrac{\partial f_3}{\partial x_1} & \dfrac{\partial f_3}{\partial x_2} & \dfrac{\partial f_3}{\partial x_3}
\end{vmatrix}
\qquad (17)
$$

Cela posé, si u_1, u_2, u_3 ne sont pas indépendantes, il existera entre elles une relation que l'on peut supposer résolue par rapport à l'une de ces quantités, à u_1 par exemple ; on aura donc :

$$
u_1 = \varphi\,(u_2,\ u_3),
$$

et l'on en déduira, en différentiant successivement par rapport à x_1, x_2, x_3, les équations

$$
\begin{aligned}
\frac{\partial u_1}{\partial x_1} &= \frac{\partial \varphi}{\partial u_2}\frac{\partial u_2}{\partial x_1} + \frac{\partial \varphi}{\partial u_3}\frac{\partial u_3}{\partial x_1} \\[2mm]
\frac{\partial u_1}{\partial x_2} &= \frac{\partial \varphi}{\partial u_2}\frac{\partial u_2}{\partial x_2} + \frac{\partial \varphi}{\partial u_3}\frac{\partial u_3}{\partial x_2} \\[2mm]
\frac{\partial u_1}{\partial x_3} &= \frac{\partial \varphi}{\partial u_2}\frac{\partial u_2}{\partial x_3} + \frac{\partial \varphi}{\partial u_3}\frac{\partial u_3}{\partial x_3}
\end{aligned}
$$

qui, par l'élimination de $\frac{\partial z}{\partial u_2}$ et de $\frac{\partial z}{\partial u_3}$, donnent

$$J = 0.$$

Ainsi la condition énoncée est nécessaire. Il reste à montrer qu'elle est suffisante.

Soit donc $J = 0$, et supposons d'abord que tous les premiers mineurs (obtenus par la suppression simultanée d'une ligne et d'une colonne) ne soient pas nuls ; soit, par exemple,

$$J_1 = \begin{vmatrix} \dfrac{\partial f_2}{\partial x_2} & \dfrac{\partial f_2}{\partial x_3} \\ \dfrac{\partial f_3}{\partial x_2} & \dfrac{\partial f_3}{\partial x_3} \end{vmatrix} \gtrless 0.$$

Les deux dernières équations (16)

$$\begin{aligned} u_2 &= f_2(x_1,\, x_2,\, x_3) \\ u_3 &= f_3(x_1,\, x_2,\, x_3) \end{aligned} \right\} \tag{18}$$

détermineront x_2 et x_3 comme fonctions implicites de x_1, u_2 et u_3 (n° 91), et en différentiant par rapport à x_1 chacune des équations (18), on aura les relations

$$\begin{aligned} 0 &= \frac{\partial f_2}{\partial x_1} + \frac{\partial f_2}{\partial x_2}\frac{\partial x_2}{\partial x_1} + \frac{\partial f_2}{\partial x_3}\frac{\partial x_3}{\partial x_1} \\ 0 &= \frac{\partial f_3}{\partial x_1} + \frac{\partial f_3}{\partial x_2}\frac{\partial x_2}{\partial x_1} + \frac{\partial f_3}{\partial x_3}\frac{\partial x_3}{\partial x_1} \end{aligned} \right\} \tag{19}$$

qui, puisque J_1 n'est pas nul, détermineront les dérivées partielles

$$\frac{\partial x_2}{\partial x_1}, \qquad \frac{\partial x_3}{\partial x_1}.$$

Mais, si dans la première équation (16)

$$u_1 = f_1(x_1,\, x_2,\, x_3),$$

on remplace les fonctions x_2 et x_3 par leurs valeurs en x_1, u_2, u_3,

on aura

$$u_1 = \psi\,(x_1,\quad u_2,\quad u_3),\qquad\qquad (20)$$

et, par suite,

$$\frac{\partial \psi}{\partial x_1} = \frac{\partial f_1}{\partial x_1} + \frac{\partial f_1}{\partial x_2}\,\frac{\partial x_2}{\partial x_1} + \frac{\partial f_1}{\partial x_4}\,\frac{\partial x_3}{\partial x_1}.\qquad (21)$$

Cela posé, l'élimination de $\dfrac{\partial x_2}{\partial x_1}$ et de $\dfrac{\partial x_3}{\partial x_1}$ entre l'équation (21) et les deux équations (19) donne

$$\begin{vmatrix} \dfrac{\partial f_1}{\partial x_1} - \dfrac{\partial \psi}{\partial x_1}, & \dfrac{\partial f_1}{\partial x_2}, & \dfrac{\partial f_1}{\partial x_3} \\[2ex] \dfrac{\partial f_2}{\partial x_1}, & \dfrac{\partial f_2}{\partial x_2}, & \dfrac{\partial f_2}{\partial x_3} \\[2ex] \dfrac{\partial f_3}{\partial x_1}, & \dfrac{\partial f_3}{\partial x_2}, & \dfrac{\partial f_3}{\partial x_3} \end{vmatrix} = 0,$$

c'est-à-dire

$$J - J_1\,\frac{\partial \psi}{\partial x_1} = 0.$$

Comme J est nul sans que J_1 le soit, il faut que $\dfrac{\partial \psi}{\partial x_1}$ soit nul, c'est-à-dire que x_1 ne figure pas au second membre de l'équation (20), laquelle se réduit à

$$u_1 = \psi\,(u_2,\ u_3)$$

et montre que u_1, u_2, u_3 ne sont pas indépendantes.

Examinons maintenant le cas où tous les premiers mineurs de J sont nuls.

Les éléments de ce déterminant J ne pouvant être tous nuls, sans quoi les fonctions se réduiraient toutes à des constantes, nous pourrons supposer, par exemple, que

$$\frac{\partial f_3}{\partial x_3}$$

est différent de zéro.

La dernière des équations (16)

$$u_3 = f_3 (x_1, x_2, x_3)$$

déterminera x_3 comme fonction implicite de x_1, x_2, u_3; et, en différentiant cette dernière équation successivement par rapport à x_1 et à x_2, on aura les relations

$$0 = \frac{\partial f_3}{\partial x_1} + \frac{\partial f_3}{\partial x_3} \frac{\partial x_3}{\partial x_1}, \qquad 0 = \frac{\partial f_3}{\partial x_2} + \frac{\partial f_3}{\partial x_3} \frac{\partial x_3}{\partial x_2}, \quad (22)$$

qui, puisque $\frac{\partial f_3}{\partial x_3}$ n'est pas nul, déterminent les dérivées partielles $\frac{\partial x_3}{\partial x_1}$, $\frac{\partial x_3}{\partial x_2}$.

Mais, si dans la première des équations (16)

$$u_1 = f_1 (x_1, x_2, x_3)$$

on remplace x_3 par sa valeur en fonction de x_1, x_2, u_3, on aura

$$u_1 = F (x_1, x_2, u_3) \qquad (23)$$

et, par suite,

$$\frac{\partial F}{\partial x_1} = \frac{\partial f_1}{\partial x_1} + \frac{\partial f_1}{\partial x_3} \frac{\partial x_3}{\partial x_1}, \qquad \frac{\partial F}{\partial x_2} = \frac{\partial f_1}{\partial x_2} + \frac{\partial f_1}{\partial x_3} \frac{\partial x_3}{\partial x_1}.$$

Cela posé, si l'on porte dans ces deux équations les valeurs de $\frac{\partial x_3}{\partial x_1}$, $\frac{\partial x_3}{\partial x_2}$ tirées des équations (22), on obtient

$$\frac{\partial f_3}{\partial x_3} \cdot \frac{\partial F}{\partial x_1} = \begin{vmatrix} \frac{\partial f_1}{\partial x_1} & \frac{\partial f_1}{\partial x_3} \\ \frac{\partial f_2}{\partial x_1} & \frac{\partial f_2}{\partial x_3} \end{vmatrix} \quad \text{et} \quad \frac{\partial f_3}{\partial x_3} \frac{\partial F}{\partial x_2} = \begin{vmatrix} \frac{\partial f_1}{\partial x_2} & \frac{\partial f_1}{\partial x_3} \\ \frac{\partial f_3}{\partial x_2} & \frac{\partial f_3}{\partial x_3} \end{vmatrix},$$

et, comme les seconds membres sont nuls sans que $\frac{\partial f_3}{\partial x_3}$ le soit, il faut que $\frac{\partial F}{\partial x_1}$ et $\frac{\partial F}{\partial x_2}$ soient nuls, c'est-à-dire que la relation (13) se réduise à

$$u_1 = F(u_3).$$

Nous sommes parti de la première des équations (13) ; en partant de la seconde et raisonnant de même, on verrait qu'on a aussi

$$u_2 = \Phi(u_3).$$

Les fonctions u_1, u_2, u_3, ne sont donc pas indépendantes.

La démonstration est instructive en ce qu'elle donne les conditions pour qu'il y ait une, deux... relations entre les fonctions $u_1, \ldots, u_n$.

98. Exemple : soient les fonctions :

$$u_1 = x_1 + 2x_2 + x_3$$
$$u_2 = x_1 - 2x_2 + 3x_3$$
$$u_3 = 2x_1 x_2 - x_1 x_3 + 4x_2 x_3 - 2(x_3)^2.$$

Leur déterminant fonctionnel est

$$\begin{vmatrix} 1 & 1 & 1 \\ 1 & -1 & 3 \\ 2x_2 - x_3, & x_1 + 2x_3, & -x_1 + 4x_2 - 4x_3 \end{vmatrix}.$$

En le développant par rapport à la dernière ligne, on obtient l'expression

$$4(2x_2 - x_3) - 2(x_1 + 2x_3) + 2(-x_1 + 4x_2 - 4x_3).$$

qui est identiquement nulle ; donc les fonctions proposées ne sont pas indépendantes. En outre, il est bien évident que le mineur résultant de la suppression de la dernière ligne et de la dernière colonne est différent de zéro ; donc il n'existe qu'une relation entre u_1, u_2, u_3.

Il est aisé de constater que cette relation est :

$$u_1^2 - u_2^2 = 4u_3.$$

CHAPITRE VIII

CHANGEMENT DE VARIABLES

Division de la question. — Lemme préliminaire

99. On a souvent besoin, dans le cours d'une recherche, de remplacer les variables primitives par d'autres ayant avec elles des relations données qu'on nomme *formules de transformation*.

Pour procéder du simple au composé, nous distinguerons quatre cas, suivant qu'il y a une ou plusieurs variables indépendantes, et selon que le changement ne porte que sur cette variable ou sur les variables, ou qu'il atteint aussi la fonction.

100. Avant de traiter ces quatre cas, nous résoudrons la question préliminaire que voici :

y étant une fonction d'une variable indépendante x, on demande d'exprimer les dérivées successives y', y'', y''', ..., de y par rapport à x en fonction des différentielles de x et de y considérées comme fonctions d'une même variable indépendante quelconque non spécifiée.

On sait d'abord que la dérivée première y' est égale au quotient de dy par dx.

En appliquant dès lors à la fraction

$$y' = \frac{dy}{dx} \qquad (1)$$

la règle de différentiation d'un quotient, on obtient

$$dy' \text{ ou } y''dx = \frac{dxd^2y - d^2xdy}{dx^2},$$

d'où

$$y'' = \frac{dxd^2y - dyd^2x}{dx^3}. \tag{2}$$

La même règle appliquée à cette nouvelle fraction donne

$$dy'' \text{ ou } y'''dx = \frac{dx^3(dxd^3y - dyd^3x) - 3dx^2d^2x(dxd^2y - dyd^2x)}{dx^6}$$

d'où

$$y''' = \frac{dx(dxd^3y - dyd^3x) - 3d^2x(dxd^2y - dyd^2x)}{dx^5} \tag{3}$$

et ainsi de suite.

On voit que $y^{(n)}$ s'exprime en fonction de dx, d^2x, ... d^nx, dy, d^2y, ..., d^ny.

Premier problème :
changement de la variable indépendante

101. *Soit* V *une expression renfermant une variable indépendante x, une fonction y de cette variable et les dérivées successives y', y'', $y^{(n)}$. Que devient l'expression* V *quand on substitue à la variable indépendante x une autre variable indépendante t, liée à x et à y par une relation donnée ?*

On commencera par transformer, à l'aide des formules (1), (2), (3), ..., l'expression V en une autre V_1, où la variable indépendante ne sera pas désignée. V_1 contiendra x, y et leurs différentielles successives, et il restera à chasser de cette expression x et ses différentielles; on y parviendra en tirant x, dx, d^2x, ..., de la relation donnée et des équations qui résultent de la différentiation de cette relation de transformation; on aura soin, dans ces différentiations successives, de considérer t comme la variable indépendante, c'est-à-dire de supposer dt constant.

Si la formule de transformation a la forme simple

$$x = f(t),$$

on aura

$$dx = f'(t)\, dt, \qquad d^2x = f''(t)\, dt^2, \qquad \dots$$

Si la formule de transformation a la forme générale

$$\varphi(x, y, t) = 0,$$

on aura. pour calculer dx, d^2x, ..., les équations

$$\left. \begin{aligned} &\frac{\partial \varphi}{\partial x}\, dx + \frac{\partial \varphi}{\partial y}\, dy + \frac{\partial \varphi}{\partial t}\, dt = 0 \\ &\frac{\partial \varphi}{\partial x}\, d^2x + \frac{\partial \varphi}{\partial y}\, d^2y \\ &+ \frac{\partial^2 \varphi}{\partial x^2}\, dx^2 + \frac{\partial^2 \varphi}{\partial y^2}\, dy^2 + \frac{\partial^2 \varphi}{\partial t^2}\, dt^2 \\ &+ 2\left(\frac{\partial^2 \varphi}{\partial x \partial y}\, dxdy + \frac{\partial^2 \varphi}{\partial x \partial t}\, dxdt + \frac{\partial^2 \varphi}{\partial y \partial t}\, dydt \right) = 0, \end{aligned} \right\}$$

etc.

102. Exemple. — Que devient l'équation

$$(1 - x^2)\, y'' - xy' + n^2y = 0, \qquad (4)$$

quand on substitue à la variable indépendante x la variable t liée à x par la relation

$$x = \cos t. \qquad (5)$$

Les formules (1) et (2) permettent de mettre (4) sous la forme

$$(1 - x^2)\, \frac{dx\, d^2y - dy\, d^2x}{dx^3} - x\, \frac{dy}{dx} + n^2y = 0, \qquad (6)$$

où la variable indépendante n'est pas désignée.

D'autre part, la formule de transformation (5) donne

$$dx = -\sin t\, dt, \qquad d^2x = -\cos t\, dt^2 : \tag{7}$$

en portant les valeurs (5) et (7) dans (6), on obtient, réductions faites,

$$\frac{d^2y}{dt^2} + n^2 y = 0 \tag{8}$$

pour la transformée demandée.

Deuxième problème : changement de la variable indépendante et de la fonction

103. *Soit* V *une expression contenant une variable indépendante* x, *une fonction* y *de cette variable et ses dérivées successives* y', y'', y''', ... *Que devient l'expression* V *quand on substitue à* x *et à* y *deux nouvelles variables* u *et* w *liées aux premières par deux relations*

$$\varphi(x, y, u, w) = 0, \qquad \psi(x, y, u, w) = 0, \tag{9}$$

où u *désigne la nouvelle variable indépendante, et* w *la nouvelle fonction.*

On commencera par transformer, à l'aide des formules (1), (2), (3), ..., l'expression V en une autre V_1 où la variable indépendante n'est pas désignée. Cette expression V_1 contiendra

$$x, \ y, \ dx, \ dy, \ d^2x, \ d^2y, \ d^3x, \ d^3y, \ \ldots$$

et il restera à calculer ces quantités à l'aide des relations (9) et des équations que l'on en déduit par différentiations successives, en ayant soin de considérer dans ces différentiations u comme la variable indépendante, c'est-à-dire de supposer du constant.

104. Exemple. — Quelle est la transformée de l'expression :

$$\frac{1}{R^2} = \frac{y''^2}{(1 + y'^2)^3} \qquad (10)$$

lorsqu'à la variable indépendante x et à la fonction y on substitue les variables ρ et θ liées à x et y par les relations

$$x = \rho \cos \theta, \qquad y = \rho \sin \theta. \qquad (11)$$

où θ désigne la nouvelle variable indépendante.

Les formules (1) et (2) permettent de mettre l'expression (10) sous la forme

$$\frac{1}{R^2} = \frac{(dx\,d^2y - dy\,d^2x)^2}{(dx^2 + dy^2)^3}, \qquad (12)$$

Or la première différentiation des relations (12) donne

$$\begin{aligned}
dx &= d\rho \cos \theta - \rho \sin \theta\, d\theta \\
dy &= d\rho \sin \theta + \rho \cos \theta\, d\theta ;
\end{aligned} \qquad (13)$$

puis on a par une seconde différentiation (où $d\theta$ est constant)

$$\begin{aligned}
d^2x &= d^2\rho \cos \theta - 2d\rho \sin\theta\, d\theta - \rho \cos \theta\, d\theta^2 \\
d^2y &= d^2\rho \sin\theta + 2d\rho \cos \theta\, d\theta - \rho \sin\theta\, d\theta^2.
\end{aligned} \qquad (14)$$

La substitution des valeurs (13) et (14) dans (12) donne pour la transformée cherchée

$$\frac{1}{R^2} = \frac{\left[\rho^2 - \rho \dfrac{d^2\rho}{d\theta^2} + 2\left(\dfrac{d\rho}{d\theta}\right)^2\right]^2}{\left[\rho^2 + \left(\dfrac{d\rho}{d\theta}\right)^2\right]^3}. \qquad (15)$$

Nous verrons plus tard que l'expression (10) est celle du rayon de courbure d'une courbe plane en coordonnées rectilignes rectangulaires. On sait, d'ailleurs, que les formules (11) sont celles qui lient les coordonnées rectangulaires x et y aux coordonnées polaires ρ et θ; l'expression (15) est donc celle du rayon de courbure en coordonnées polaires.

Il y a souvent avantage à introduire, dans les formules relatives aux coordonnées polaires, l'inverse $r = \dfrac{1}{\rho}$ du rayon vecteur au lieu du rayon vecteur lui-même.

Pour avoir la transformée de la formule (15) dans cette hypothèse, il suffit de substituer dans cette formule les valeurs

$$\rho = \frac{1}{r}, \quad \frac{d\rho}{d\theta} = -\frac{1}{r^2}\frac{dr}{d\theta}, \quad \frac{d^2\rho}{d\theta^2} = -\frac{1}{r^2}\frac{d^2r}{d\theta^2} + \frac{2}{r^3}\left(\frac{dr}{d\theta}\right)^2,$$

ce qui donne

$$\frac{1}{R^2} = \frac{r^6\left(r + \dfrac{d^2r}{d\theta^2}\right)^2}{\left[r^2 + \left(\dfrac{dr}{d\theta}\right)^2\right]^3}. \tag{16}$$

105. Il arrive parfois que les relations de transformation contiennent des différentielles. Voici un exemple de ce cas.

Considérons la formule (10) ou plutôt la transformée (12) dans laquelle la variable indépendante n'est pas spécifiée, et supposons qu'on choisisse cette variable indépendante s telle que l'on ait :

$$dx^2 + dy^2 = ds^2. \tag{17}$$

La différentiation de cette relation donne (en observant que, s étant la variable indépendante, on a $d^2s = 0$)

$$dx\,d^2x + dy\,d^2y = 0.$$

On a d'après cela

$$(dx\,d^2y - dy\,d^2x)^2 = (dx\,d^2y - dy\,d^2x)^2 + (dx\,d^2x + dy\,d^2y)^2$$
$$= (dx^2 + dy^2)\,[(d^2x)^2 + (d^2y)^2] = ds^2\,[(d^2x)^2 + (d^2y)^2],$$

et, par suite, en vertu de (12),

$$\frac{1}{R^2} = \left(\frac{d^2x}{ds^2}\right)^2 + \left(\frac{d^2y}{ds^2}\right)^2, \qquad (18)$$

formule élégante et souvent utile.

106. Nous terminerons ce qui est relatif au second problème par la question suivante qui en est un cas particulier important :

Les deux variables x et y étant des fonctions bien déterminées l'une de l'autre, exprimer les dérivées de y par rapport à x en fonction des dérivées de x par rapport à y.

Les formules (1), (2), (3),..., résolvent la question ; il suffit d'y faire dy constant, c'est-à-dire $d^2y = 0$, $d^3y = 0$, ... ; on obtient ainsi

$$y' = \frac{1}{\left(\frac{dx}{dy}\right)}, \quad y'' = -\frac{\dfrac{d^2x}{dy^2}}{\left(\frac{dx}{dy}\right)^3}, \quad y''' = -\frac{\dfrac{dx}{dy}\dfrac{d^3x}{dy^3} - 3\left(\dfrac{d^2x}{dy^2}\right)^2}{\left(\frac{dx}{dy}\right)^5}. \quad (19)$$

Troisième problème : changement des variables indépendantes

107. *Soit*

$$V = f\left(x,\ y,\ z,\ \frac{\partial z}{\partial x},\ \frac{\partial z}{\partial y},\ \frac{\partial^2 z}{\partial x^2},\ \frac{\partial^2 z}{\partial x\partial y},\ \frac{\partial^2 z}{\partial y^2},\ \cdots\right) \quad (20)$$

une expression contenant deux variables indépendantes x et y, une fonction z de ces variables et les dérivées partielles des divers ordres de cette fonction. On demande ce que devient l'expression V lorsque, aux variables indépendantes x et y, on en substitue deux autres u et v liées aux premières par deux relations données

$$\varphi_1(x, y, u, v) = 0, \qquad \varphi_2(x, y, u, v) = 0. \quad (21)$$

Ces deux formules de transformation donnant x et y en fonction de u et de v, il ne s'agit en somme que d'exprimer les dérivées partielles de z par rapport à x et à y en fonction des dérivées partielles de z par rapport à u et à v.

Cherchons d'abord les dérivées du premier ordre

$$\frac{\partial z}{\partial x}, \qquad \frac{\partial z}{\partial y}.$$

Considérons à cet effet les égalités

$$\left.\begin{aligned}
dz &= \frac{\partial z}{\partial x}\, dx + \frac{\partial z}{\partial y}\, dy \\
dz &= \frac{\partial z}{\partial u}\, du + \frac{\partial z}{\partial v}\, dv
\end{aligned}\right\} \tag{22}$$

et les relations

$$\left.\begin{aligned}
\frac{\partial \varphi_1}{\partial x}\, dx + \frac{\partial \varphi_1}{\partial y}\, dy + \frac{\partial \varphi_1}{\partial u}\, du + \frac{\partial \varphi_1}{\partial v}\, dv &= 0 \\
\frac{\partial \varphi_2}{\partial x}\, dx + \quad\cdots\quad + \frac{\partial \varphi_2}{\partial v}\, dv &= 0
\end{aligned}\right\} \tag{23}$$

que l'on obtient en différentiant totalement les formules de transformation (21). En éliminant dz, du et dv entre les quatre relations (22) et (23), on tombera sur une égalité

$$A\,dx + B\,dy = 0, \tag{24}$$

dont le premier membre est linéaire et homogène par rapport à dx et dy et qui devra être une identité, puisque les variables x et y sont indépendantes. Cette identité équivaut donc aux deux équations $A = 0$, $B = 0$, qui, étant linéaires par rapport à $\dfrac{\partial z}{\partial x}$, $\dfrac{\partial z}{\partial y}$, donneront sans difficulté les expressions de ces dérivées en fonction de $\dfrac{\partial z}{\partial u}$ et $\dfrac{\partial z}{\partial v}$.

Pour trouver les dérivées du second ordre

$$\frac{\partial^2 z}{\partial x^2}, \qquad \frac{\partial^2 z}{\partial x \partial y}, \qquad \frac{\partial^2 z}{\partial y^2},$$

on différentiera totalement chacune des relations (23) en considérant dans cette opération dx et dy comme constants. Entre les deux relations ainsi obtenues

$$
\left.
\begin{aligned}
&\frac{\partial^2 \varphi_1}{\partial x^2}\, dx^2 + \frac{\partial^2 \varphi_1}{\partial y^2}\, dy^2 + \frac{\partial^2 \varphi_1}{\partial u^2}\, du^2 + \frac{\partial^2 \varphi_1}{\partial v^2}\, dv^2 \\
&+ 2\frac{\partial^2 \varphi_1}{\partial x \partial y}\, dxdy + 2\frac{\partial^2 \varphi_1}{\partial x \partial u}\, dxdu + 2\frac{\partial^2 \varphi_1}{\partial x \partial v}\, dxdv + 2\frac{\partial^2 \varphi_1}{\partial y \partial u}\, dydu \\
&+ 2\frac{\partial^2 \varphi_1}{\partial y \partial v}\, dydv + 2\frac{\partial^2 \varphi_1}{\partial u \partial v}\, dudv + \frac{\partial \varphi_1}{\partial u}\, d^2u + \frac{\partial \varphi_1}{\partial v}\, d^2v = 0 \\
&\frac{\partial^2 \varphi_2}{\partial x^2}\, dx^2 + \qquad \cdots \qquad + \frac{\partial \varphi_2}{\partial v}\, d^2v = 0
\end{aligned}
\right\} \quad (25)
$$

et les égalités

$$
\left.
\begin{aligned}
d^2z &= \frac{\partial^2 z}{\partial x^2}\, dx^2 + 2\frac{\partial^2 z}{\partial x \partial y}\, dxdy + \frac{\partial^2 z}{\partial y^2}\, dy^2 \\
d^2z &= \frac{\partial^2 z}{\partial u^2}\, du^2 + 2\frac{\partial^2 z}{\partial u \partial v}\, dudv + \frac{\partial^2 z}{\partial v^2}\, dv^2 \\
&\quad + \frac{\partial z}{\partial u}\, d^2u + \frac{\partial z}{\partial v}\, d^2v.
\end{aligned}
\right\} \quad (26)
$$

on éliminera d^2z, d^2u, d^2v, et l'on remplacera en outre du et dv par leurs valeurs tirées des équations (23). On tombera de la sorte sur une égalité

$$
Pdx^2 + 2Sdxdy + Qdy^2 = 0
$$

homogène et du second degré par rapport à dx et à dy, et qui, devant être identique, équivaudra aux trois équations $P = 0$, $S = 0$, $Q = 0$; ces équations sont d'ailleurs linéaires par rapport à

$$
\frac{d^2z}{\partial x^2}, \qquad \frac{\partial^2 z}{\partial x \partial y}, \qquad \frac{\partial^2 z}{\partial y^2};
$$

elles donneront donc sans difficulté les expressions de ces dérivées partielles en fonction des dérivées partielles de z par rapport à u et à v.

On continuerait de même pour les dérivées du troisième ordre, ..., etc.

108. Nous avons supposé qu'il n'y avait que deux variables indépendantes; mais le procédé s'applique évidemment au cas où le nombre n des variables indépendantes est quelconque; les formules de transformation doivent alors être au nombre de n.

109. Remarquons encore que la méthode resterait la même si la fonction z figurait dans les formules de transformation qui seraient de la forme

$$\varphi_1(x, y, u, v, z) = 0, \qquad \varphi_2(x, y, u, v, z) = 0;$$

il faudrait alors ajouter respectivement dans les relations (23) les termes

$$\frac{\partial \varphi_1}{\partial z}\, dz, \qquad \frac{d\varphi_2}{\partial z}\, dz,$$

et dans les relations (24) les termes qui proviennent de la différentiation de ceux-là.

110. Exemple. — On demande ce que deviennent les expressions

$$V = \left(\frac{\partial z}{\partial x}\right)^2 + \left(\frac{\partial z}{\partial y}\right)^2 \tag{27}$$

$$V_1 = \frac{\partial^2 z}{\partial x^2} + \frac{\partial^2 z}{\partial y^2} \tag{28}$$

lorsqu'au lieu de x et y on prend pour variables indépendantes les quantités ρ et θ liées aux premières par les formules

$$x = \rho \cos \theta, \qquad y = \rho \sin \theta. \tag{29}$$

La différentiation de ces deux relations donne

$$\left. \begin{array}{l} dx = d\rho . \cos \theta - \rho \sin \theta d\theta \\ dy = d\rho . \sin \theta + \rho \cos \theta d\theta \end{array} \right\} \tag{30}$$

que l'on peut écrire, en résolvant par rapport à $d\rho$ et $d\theta$.

$$\begin{array}{l} d\rho = \cos \theta dx + \sin \theta dy \\ d\theta = -\dfrac{1}{\rho} \sin \theta\, dx + \dfrac{1}{\rho} \cos \theta dy. \end{array} \tag{31}$$

En substituant ces valeurs dans l'égalité

$$\frac{\partial z}{\partial x}\,dx + \frac{\partial z}{\partial y}\,dy = \frac{\partial z}{\partial \rho}\,d\rho + \frac{\partial z}{\partial \theta}\,d\theta.$$

on obtient l'identité

$$\left[\frac{\partial z}{\partial x} - \cos\theta\,\frac{dz}{d\rho} + \frac{1}{\rho}\sin\theta\,\frac{dz}{d\theta}\right]dx + \left[\frac{\partial z}{\partial y} - \sin\theta\,\frac{\partial z}{\partial \rho} - \frac{1}{\rho}\cos\theta\,\frac{\partial z}{\partial \theta}\right]dy = 0,$$

d'où l'on tire. en annulant les coefficients de dx et de dy.

$$\left.\begin{aligned}
\frac{\partial z}{\partial x} &= \cos\theta\,\frac{\partial z}{\partial \rho} - \frac{1}{\rho}\sin\theta\,\frac{\partial z}{\partial \theta}\\[2mm]
\frac{\partial z}{\partial y} &= \sin\theta\,\frac{\partial z}{\partial \rho} + \frac{1}{\rho}\cos\theta\,\frac{\partial z}{\partial \theta}\cdot
\end{aligned}\right\} \tag{32}$$

On déduit de là immédiatement. pour la transformée de l'expression V,

$$V = \left(\frac{\partial z}{\partial \rho}\right)^2 + \frac{1}{\rho^2}\left(\frac{\partial z}{\partial \theta}\right)^2\cdot$$

Pour transformer l'expression V_1 il faut calculer les dérivées du second ordre $\frac{\partial^2 z}{\partial x^2}$, $\frac{\partial^2 z}{\partial y^2}\cdot$

A cet effet on différentiera les relations (30) ou (ce qui est équivalent et plus simple) les relations (31) en laissant, bien entendu, dx et dy constants. On trouve ainsi immédiatement les valeurs

$$d^2\rho = \rho\,d\theta^2, \qquad d^2\theta = -\frac{2d\rho\,d\theta}{\rho},$$

qui portées, en même temps que les valeurs (31), dans l'égalité

$$\frac{\partial^2 z}{\partial x^2}\,dx^2 + 2\frac{d^2 z}{\partial x\partial y}\,dx\,dy + \frac{\partial^2 z}{\partial y^2}\,dy^2$$
$$= \frac{\partial^2 z}{\partial \rho^2}\,d\rho^2 + 2\frac{\partial^2 z}{\partial \rho\partial \theta}\,d\rho\,d\theta + \frac{\partial^2 z}{\partial \theta^2}\,d\theta^2 + \frac{\partial z}{\partial \rho}\,d^2\rho + \frac{\partial z}{\partial \theta}\,d^2\theta,$$

donnent l'identité

$$dx^2\left[\frac{\partial^2 z}{\partial x^2} - \cos^2\theta\,\frac{\partial^2 z}{\partial\rho^2} + \frac{\sin 2\theta}{\rho}\left(\frac{\partial^2 z}{\partial\rho\partial\theta} - \frac{1}{\rho}\frac{\partial z}{\partial\theta}\right) - \sin^2\theta\left(\frac{1}{\rho^2}\frac{\partial^2 z}{\partial\theta^2} + \frac{1}{\rho}\frac{\partial z}{\partial\rho}\right)\right]$$

$$+\, dy^2\left[\frac{\partial^2 z}{\partial y^2} - \sin^2\theta\,\frac{\partial^2 z}{\partial\rho^2} - \frac{\sin 2\theta}{\rho}\left(\frac{\partial^2 z}{\partial\rho\partial\theta} - \frac{1}{\rho}\frac{\partial z}{\partial\theta}\right) - \cos^2\theta\left(\frac{1}{\rho^2}\frac{\partial^2 z}{\partial\theta^2} + \frac{1}{\rho}\frac{\partial z}{\partial\rho}\right)\right]$$

$$+\, dx\,dy\left[\cdots\cdots\right] = 0.$$

En égalant à zéro séparément les coefficients de dx^2, dy^2 et de $dx\,dy$, on a trois équations qui donnent respectivement les valeurs des trois dérivées partielles $\frac{\partial^2 z}{\partial x^2}$, $\frac{\partial^2 z}{\partial y^2}$, $\frac{\partial^2 z}{\partial x\partial y}$.

Les deux premières nous importent seules puisque $\frac{\partial^2 z}{\partial x\partial y}$ ne figure pas dans l'expression V_1 ; c'est pourquoi nous n'avons pas calculé le coefficient de $dx\,dy$ dans l'identité ci-dessus. Pour avoir V_1, il suffit d'ajouter les deux relations que l'on obtient en égalant à zéro les coefficients de dx^2 et de dy^2, ce qui donne finalement

$$V_1 = \frac{\partial^2 z}{\partial\rho^2} + \frac{1}{\rho^2}\frac{\partial^2 z}{\partial\theta^2} + \frac{1}{\rho}\frac{\partial z}{\partial\rho}.$$

111. Par un calcul semblable, mais un peu plus long, on trouverait que les expressions

$$\left(\frac{\partial H}{\partial x}\right)^2 + \left(\frac{\partial H}{\partial y}\right)^2 + \left(\frac{\partial H}{\partial z}\right)^2, \qquad (33)$$

$$\frac{\partial^2 H}{\partial x^2} + \frac{\partial^2 H}{\partial y^2} + \frac{\partial^2 H}{\partial z^2}, \qquad (34)$$

deviennent respectivement

$$\left(\frac{\partial H}{\partial\rho}\right)^2 + \frac{1}{\rho^2}\left(\frac{\partial H}{\partial\psi}\right)^2 + \frac{1}{\rho^2\sin^2\psi}\left(\frac{\partial H}{\partial\theta}\right)^2, \qquad (35)$$

et

$$\frac{\partial^2 H}{\partial\rho^2} + \frac{1}{\rho^2}\frac{\partial^2 H}{\partial\psi^2} + \frac{1}{\rho^2\sin^2\psi}\frac{\partial^2 H}{\partial\theta^2} + \frac{2}{\rho}\frac{\partial H}{\partial\rho} + \frac{\cot g\,\psi}{\rho^2}\frac{\partial H}{\partial\psi},$$

lorsqu'on pose

$$x = \rho\,\sin\psi\,\cos\theta, \qquad y = \rho\,\sin\psi\,\sin\theta, \qquad z = \rho\,\cos\psi,$$

c'est-à-dire lorsqu'aux variables indépendantes x, y, z (coordonnées rectangulaires d'un point de l'espace) on substitue les variables ρ, ω, θ (coordonnées polaires du même point).

Les expressions (33) et (34) jouent un rôle important en analyse : on leur donne, d'après Lamé, les noms de *paramètres différentiels* du premier et du second ordre de la fonction H.

Ces paramètres jouissent de cette propriété remarquable que *leur forme n'est pas altérée par une substitution orthogonale*; en d'autres termes, les expressions (33) et (34) deviennent respectivement

$$\left(\frac{\partial H}{\partial u}\right)^2 + \left(\frac{\partial H}{\partial v}\right)^2 + \left(\frac{\partial H}{\partial w}\right)^2 \qquad (37)$$

$$\frac{\partial^2 H}{\partial u^2} + \frac{\partial^2 H}{\partial v^2} + \frac{\partial^2 H}{\partial w^2}, \qquad (38)$$

lorsqu'au lieu de x, y, z on prend pour variables indépendantes trois autres variables u, v, w liées aux premières par les formules

$$\left. \begin{aligned} x &= au + bv + cw \\ y &= a'u + b'v + c'w \\ z &= a''u + b''v + c''w \end{aligned} \right\} \qquad (39)$$

dans lesquelles a, b, c, a', b', c', a'', b'', c'' désignent des constantes choisies de telle sorte que l'on ait identiquement

$$x^2 + y^2 + z^2 = u^2 + v^2 + w^2, \qquad (40)$$

condition qui entraîne évidemment les relations

$$a_2 + a'^2 + a''^2 = 1, \quad b^2 + b'^2 + b''^2 = 1, \quad c^2 + c'^2 + c''^2 = 1 \atop ab + a'b' + a''b'' = 0, \quad bc + b'c' + b''c'' = 0, \quad ca + c'a' + c''a'' = 0. \qquad (41)$$

Pour démontrer cette propriété des paramètres différentiels, il suffit d'appliquer la théorie du changement des variables indépendantes (n° 124).

A cet effet, mettez d'abord les formules de transformation (39) sous la forme

$$u = ax + a'y + a''z \\ v = bx + b'y + b''z \\ w = cx + c'y + c''z : \qquad (42)$$

il suffit pour cela d'ajouter les équations (39) multipliées respectivement d'abord par a, b, c, puis par a', b', c', enfin par a'', b'', c'', et de tenir compte des conditions (41).

Cela fait, différentions une première fois les relations (42), ce qui donne pour du, dv, dw les valeurs

$$du = adx + a'dy + a''dz \\ dv = bdx + b'dy + b''dz \\ dw = cdx + c'dy + c''dz. \qquad (43)$$

qui, portées dans

$$\frac{\partial H}{\partial x}\, dx + \frac{\partial H}{\partial y}\, dy + \frac{\partial H}{\partial z}\, dz = \frac{\partial H}{\partial u}\, du + \frac{\partial H}{\partial v}\, dv + \frac{\partial H}{\partial w}\, dw,$$

donnent l'identité

$$dx\left[\frac{\partial H}{\partial x} - a\,\frac{\partial H}{\partial u} - b\,\frac{\partial H}{\partial v} - c\,\frac{\partial H}{\partial w}\right]$$
$$+ dy\left[\frac{\partial H}{\partial y} - a'\,\frac{\partial H}{\partial u} - b'\,\frac{\partial H}{\partial v} - c'\,\frac{\partial H}{\partial w}\right] \qquad (44)$$
$$+ dz\left[\frac{\partial H}{\partial z} - a''\,\frac{\partial H}{\partial u} - b''\,\frac{\partial H}{\partial v} - c''\,\frac{\partial H}{\partial w}\right] = 0$$

et, par suite,

$$\frac{\partial H}{\partial x} = a\,\frac{\partial H}{\partial u} + b\,\frac{\partial H}{\partial v} + c\,\frac{\partial H}{\partial w}$$
$$\frac{\partial H}{\partial y} = a'\,\frac{\partial H}{\partial u} + b'\,\frac{\partial H}{\partial v} + c'\,\frac{\partial H}{\partial w}$$
$$\frac{\partial H}{\partial z} = a''\,\frac{\partial H}{\partial u} + b''\,\frac{\partial H}{\partial v} + c''\,\frac{\partial H}{\partial w}.$$

En faisant la somme des carrés et tenant compte des relations (41), on trouve pour le paramètre différentiel du premier ordre la valeur (37).

Actuellement, différentions les relations (43) en considérant dx, dy, dz comme constants; on obtient ainsi

$$d^2u = 0, \qquad d^2v = 0, \qquad d^2w = 0,$$

en sorte que, dans la relation

$$
\frac{\partial^2 H}{\partial x^2}\,dx^2 + \frac{\partial^2 H}{\partial y^2}\,dy^2 + \frac{\partial^2 H}{\partial z^2}\,dz^2
$$
$$
+ 2\,\frac{\partial^2 H}{\partial x \partial y}\,dxdy + 2\,\frac{\partial^2 H}{\partial y \partial z}\,dydz + \frac{\partial^2 H}{\partial z \partial x}\,dzdx
$$
$$
= \frac{\partial^2 H}{\partial u^2}\,du^2 + \frac{\partial^2 H}{\partial v^2}\,dv^2 + \frac{\partial^2 H}{\partial w^2}\,dw^2 \tag{45}
$$
$$
+ 2\,\frac{\partial^2 H}{\partial u \partial v}\,dudv + 2\,\frac{\partial^2 H}{\partial v \partial w}\,dvdw + 2\,\frac{\partial^2 H}{\partial w \partial x}\,dwdx
$$
$$
+ \frac{\partial H}{\partial u}\,d^2u + \frac{\partial H}{\partial v}\,d^2v + \frac{\partial H}{\partial w}\,d^2w,
$$

les trois derniers termes disparaissent; si l'on porte dans cette équation les valeurs (43) de du, dv, dw, on tombe sur l'identité

$$
\begin{aligned}
dx^2 &\left[\frac{\partial^2 H}{\partial x^2} - a^2 \frac{\partial^2 H}{\partial u^2} - b^2 \frac{\partial^2 H}{\partial v^2} - c^2 \frac{\partial^2 H}{\partial w^2} - 2ab \frac{\partial^2 H}{\partial u \partial v} \right.\\
&\left. \quad - 2bc \frac{\partial^2 H}{\partial v \partial w} - 2ca \frac{\partial^2 H}{\partial w \partial u} \right]\\
+ dy^2 &\left[\frac{\partial^2 H}{\partial y^2} - a'^2 \frac{\partial^2 H}{\partial u^2} - b'^2 \frac{\partial^2 H}{\partial v^2} - c'^2 \frac{\partial^2 H}{\partial w^2} - 2a'b' \frac{\partial^2 H}{\partial u \partial v} \right.\\
&\left. \quad - 2b'c' \frac{\partial^2 H}{\partial v \partial w} - 2c'a' \frac{\partial^2 H}{\partial w \partial u} \right]\\
+ dz^2 &\left[\frac{\partial^2 H}{\partial z^2} - a''^2 \frac{\partial^2 H}{\partial u^2} - b''^2 \frac{\partial^2 H}{\partial v^2} - c''^2 \frac{\partial^2 H}{\partial w^2} - 2a''b'' \frac{\partial^2 H}{\partial u \partial v} \right.\\
&\left. \quad - 2b''c'' \frac{\partial^2 H}{\partial v \partial w} - 2c''a'' \frac{\partial^2 H}{\partial w \partial u} \right]\\
+ dxdy &\left[\quad \right] + dydz \left[\quad \right] + dzdx \left[\quad \right] = 0
\end{aligned}
\tag{46}
$$

De là résultent six équations qu'on obtient en égalant à zéro chacune des parenthèses précédentes; les trois dernières sont inutiles pour notre objet, c'est pourquoi nous ne les avons pas calculées ; les trois premières donnent respectivement les expressions de

$$\frac{\partial^2 H}{\partial x^2}, \qquad \frac{\partial^2 H}{\partial y^2}, \qquad \frac{\partial^2 H}{\partial z^2},$$

et il suffit d'ajouter ces trois expressions en ayant égard aux relations (41) pour obtenir l'expression (38) du paramètre différentiel du second ordre.

Quatrième problème : changement des variables indépendantes et de la fonction

112. *On demande ce que devient l'expression*

$$V = f\left(x, y, z, \frac{\partial z}{\partial x}, \frac{\partial z}{\partial y}, \frac{\partial^2 z}{\partial x^2}, \frac{\partial^2 z}{\partial x \partial y}, \frac{\partial^2 z}{\partial y^2}\right) \qquad (20')$$

lorsque, aux variables indépendantes x et y et à la fonction z, on substitue deux nouvelles variables indépendantes u et v et une nouvelle fonction w, étant données trois relations

$$\varphi_1(x, y, z, u, v, w) = 0, \qquad \varphi_2(x, y, z, u, v, w) = 0,$$
$$\varphi_3(x, y, z, u, v, w) = 0 \qquad (21')$$

entre les trois nouvelles variables u, v, w, et les variables primitives x, y, z.

La marche à suivre est analogue à celle du cas précédent.

Pour que le lecteur saisisse mieux la ressemblance et la différence, nous conserverons autant que possible la rédaction du n° 107, en n'y introduisant que les modifications nécessaires et donnant aux équations correspondantes les mêmes numéros accentués.

Les formules de transformations (21') donnant x, y, z, en fonction de u, v, w, il ne s'agit, en somme, que d'exprimer les dérivées partielles de z par rapport à x et y en fonction des dérivées partielles de w par rapport à u et à v.

Cherchons d'abord les dérivées du premier ordre $\dfrac{\partial z}{\partial x}$, $\dfrac{\partial z}{\partial y}$.

Considérons, à cet effet, les égalités

$$dz = \frac{\partial z}{\partial x}\, dx + \frac{\partial z}{\partial y}\, dy \qquad (22')$$

$$dw = \frac{\partial w}{\partial u}\, du + \frac{\partial w}{\partial v}\, dv \qquad (22'')$$

et les relations

$$\left.\begin{array}{l}
\dfrac{\partial \varphi_1}{\partial x}\, dx + \dfrac{\partial \varphi_1}{\partial y}\, dy + \dfrac{\partial \varphi_1}{\partial z}\, dz + \dfrac{\partial \varphi_1}{\partial u}\, du + \dfrac{\partial \varphi_1}{\partial v}\, dv + \dfrac{\partial \varphi_1}{\partial w}\, dw = 0 \\[2mm]
\dfrac{\partial \varphi_2}{\partial x}\, dx + \quad \cdots \cdots \cdots \cdots \cdots \cdots = 0 \\[2mm]
\dfrac{\partial \varphi_3}{\partial x}\, dx + \quad \cdots \cdots \cdots \cdots \cdots \cdots = 0
\end{array}\right\} (23')$$

que l'on obtient en différentiant totalement les formules de transformation (21'). En éliminant dz, dw, du, dv entre les cinq relations $(22')$, $(22'')$ et $(23')$, on tombera sur une égalité

$$A dx + B dy \qquad (24')$$

dont le premier membre est linéaire et homogène par rapport à dx et dy et qui devra être une identité puisque les variables x et y sont indépendantes. Cette identité équivaut donc aux deux équations $A = 0$, $B = 0$, qui, étant linéaires par rapport à $\dfrac{\partial z}{\partial x}$, $\dfrac{\partial z}{\partial y}$, donneront sans difficulté les expressions de ces dérivées en fonction de $\dfrac{dw}{du}$ et de $\dfrac{\partial w}{\partial v}$.

Pour trouver les dérivées du second ordre $\dfrac{\partial^2 z}{\partial x^2}$, $\dfrac{\partial^2 z}{\partial x \partial y}$, $\dfrac{\partial^2 z}{\partial y^2}$, on différentiera totalement chacune des relations $(23')$ en

considérant dans cette opération dx et dy comme constants.
Entre les trois relations ainsi obtenues

$$(23')\ \begin{cases}
\dfrac{\partial^2 \varphi_1}{\partial x^2}\,dx^2 + \dfrac{\partial^2 \varphi_1}{\partial y^2}\,dy^2 + \dfrac{\partial^2 \varphi_1}{\partial z^2}\,dz^2 + \dfrac{\partial^2 \varphi_1}{\partial u^2}\,du^2 + \dfrac{\partial^2 \varphi_1}{\partial v^2}\,dv^2 \\[2ex]
\quad + \dfrac{\partial^2 \varphi_1}{\partial w^2}\,dw^2 + 2\dfrac{\partial^2 \varphi_1}{\partial x\partial y}\,dxdy + 2\dfrac{\partial^2 \varphi_1}{\partial x\partial z}\,dxdz + 2\dfrac{\partial^2 \varphi_1}{\partial x\partial u}\,dxdu \\[2ex]
\quad + 2\dfrac{\partial^2 \varphi_1}{\partial x\partial v}\,dxdv + 2\dfrac{\partial^2 \varphi_1}{\partial x\partial w}\,dxdw + 2\dfrac{\partial^2 \varphi_1}{\partial y\partial z}\,dydz + 2\dfrac{\partial^2 \varphi_1}{\partial y\partial u}\,dydu \\[2ex]
\quad + 2\dfrac{\partial^2 \varphi_1}{\partial y\partial v}\,dydv + 2\dfrac{\partial^2 \varphi_1}{\partial y\partial w}\,dydw + 2\dfrac{\partial^2 \varphi_1}{\partial u\partial v}\,dudv + 2\dfrac{\partial^2 \varphi_1}{\partial u\partial w}\,dudw \\[2ex]
\quad + 2\dfrac{\partial^2 \varphi_1}{\partial v\partial w}\,dv\,dw + \dfrac{\partial \varphi_1}{\partial z}\,d^2z + \dfrac{\partial \varphi_1}{\partial u}\,d^2u + \dfrac{\partial \varphi_1}{\partial v}\,d^2v + \dfrac{\partial \varphi_1}{\partial w}\,d^2w = 0 \\[2ex]
\dfrac{\partial^2 \varphi_2}{\partial x^2} + \ \cdots\cdots\cdots\cdots\cdots\ = 0 \\[2ex]
\dfrac{\partial^2 \varphi_3}{\partial x^2} + \ \cdots\cdots\cdots\cdots\cdots\ = 0
\end{cases}$$

et les égalités

$$\left.\begin{aligned}
d^2z &= \frac{\partial^2 z}{\partial x^2}\,dx^2 + 2\frac{\partial^2 z}{\partial x\partial y}\,dx\,dy + \frac{\partial^2 z}{\partial y^2}\,dy^2, \\[1ex]
d^2w &= \frac{\partial^2 w}{\partial u^2}\,du^2 + 2\frac{\partial^2 w}{\partial u\partial v}\,du\,dv + \frac{\partial^2 w}{\partial v^2}\,dv^2 \\[1ex]
&\quad + \frac{\partial w}{\partial u}\,d^2u + \frac{\partial w}{\partial v}\,d^2v,
\end{aligned}\right\} \qquad (26')$$

on éliminera $d^2z,\ d^2u,\ d^2v,\ d^2w,$ et l'on remplacera, en outre,
$dw,\ du,\ dv,\ dz$ par leurs valeurs tirées des équations $(22'')$
et $(23')$. On tombera de la sorte sur une égalité

$$\mathrm{T}dx^2 + 2\mathrm{S}dx\,dy + \mathrm{Q}dy^2 = 0,$$

homogène et du second degré par rapport à dx et à dy et
qui, devant être une identité, équivaudra aux trois équations

$$\mathrm{P} = 0, \qquad \mathrm{S} = 0, \qquad \mathrm{Q} = 0.$$

Ces équations sont d'ailleurs linéaires par rapport à

$$\frac{\partial^2 z}{\partial x^2}, \qquad \frac{\partial^2 z}{\partial x\partial y}, \qquad \frac{\partial^2 z}{\partial y^2};$$

elles donneront donc sans difficulté les expressions de ces dérivées partielles en fonction des dérivées partielles de w par rapport à u et à v.

On continuerait de même pour les dérivées d'ordre supérieur au second.

113. EXEMPLE. — Que devient l'expression

$$a^2 \frac{\partial^2 z}{\partial x^2} + 2\,ab\,\frac{\partial^2 z}{\partial x \partial y} + b^2 \frac{\partial^2 z}{\partial y^2}, \qquad (47)$$

lorsqu'aux variables indépendantes x et y et à la fonction z on substitue les variables indépendantes u et v et la fonction w définies par les relations

$$u = ax, \qquad v = by, \qquad w = ax + by + cz, \qquad (48)$$

a, b, c étant des constantes données?

On a

$$du = adx, \qquad dv = bdy,$$
$$dw = adx + bdy + cdz = \left(a + c\,\frac{\partial z}{\partial x}\right) dx + \left(b + c\,\frac{\partial z}{\partial y}\right) dy,$$

et, par suite, la relation

$$dw = \frac{\partial w}{\partial u}\,du + \frac{\partial w}{\partial v}\,dv$$

devient

$$\left(a + c\,\frac{\partial z}{\partial x}\right) dx + \left(b + c\,\frac{\partial z}{\partial y}\right) dy = a\,\frac{\partial w}{\partial u}\,dx + b\,\frac{\partial w}{\partial v}\,dy;$$

cette équation se décompose dans les deux suivantes

$$a + c\,\frac{\partial z}{\partial x} = a\,\frac{\partial w}{\partial u}, \qquad b + c\,\frac{\partial z}{\partial y} = b\,\frac{\partial w}{\partial v}. \qquad (50)$$

Différentions totalement la première, il viendra

$$c\,d\frac{\partial z}{\partial x} = a\,d\frac{\partial w}{\partial u},$$

c'est-à-dire

$$c \frac{\partial^2 z}{\partial x^2}\left(dx + \frac{\partial^2 z}{\partial x \partial y}\, dy\right) = a\left(\frac{\partial^2 w}{\partial u^2}\, du + \frac{\partial^2 w}{\partial u \partial v}\cdot dv\right)$$
$$= a\left(a\,\frac{\partial^2 w}{\partial u^2}\, dx + b\,\frac{\partial^2 w}{\partial u \partial v}\, dy\right),$$

équation qui se décompose dans les deux suivantes

$$c \frac{\partial^2 z}{\partial x^2} = a^2 \frac{\partial^2 w}{\partial u^2}, \qquad\qquad c \frac{\partial^2 z}{\partial x \partial y} = ab \frac{\partial^2 w}{\partial u \partial v}\cdot$$

On trouverait de même en partant de la seconde équation (50)

$$c \frac{\partial^2 z}{\partial y^2} = b^2 \frac{\partial^2 w}{\partial v^2}\cdot$$

On a donc pour la transformée de l'expression (47)

$$\frac{1}{c}\left[a^4 \frac{\partial^2 w}{\partial u^2} + 2a^2 b^2 \frac{\partial^2 w}{\partial u \partial v} + b^4 \frac{\partial^2 w}{\partial v^2}\right].$$

Autre méthode

114. La solution que nous venons de donner, pour les questions relatives aux changements de variables, est fondée sur la considération des différentielles totales. C'est en général la meilleure marche à suivre. Il est cependant avantageux parfois d'employer un autre procédé fondé sur la considération des dérivées partielles et qui, vu l'importance pratique des problèmes en question, ne doit pas être passée sous silence. Nous allons expliquer brièvement cette autre méthode en nous bornant au cas général où l'on change à la fois les variables indépendantes et la fonction ; nous conserverons d'ailleurs les notations du n° 112.

z, étant une fonction de x et de y qui dépendent elles-mêmes de u et de v, est une fonction composée de ces nouvelles variables ; on a donc, d'après la règle de dérivation des fonctions composées,

$$\frac{\partial z}{\partial u} = \frac{\partial z}{\partial x}\frac{\partial x}{\partial u} + \frac{\partial z}{\partial y}\frac{\partial y}{\partial u} \left.\begin{array}{c} \\ \\ \\ \end{array}\right\} \quad \text{(A)}$$

$$\frac{\partial z}{\partial v} = \frac{\partial z}{\partial x}\frac{\partial x}{\partial v} + \frac{\partial z}{\partial y}\frac{\partial y}{\partial v}.$$

On en déduit ensuite, en différentiant successivement par rapport à u et à v et observant que $\frac{\partial z}{\partial x}$ et $\frac{\partial z}{\partial y}$ dépendent de x et de y qui sont à leur tour des fonctions de u et de v.

$$\frac{\partial^2 z}{\partial u^2} = \frac{\partial^2 z}{\partial x^2}\left(\frac{\partial x}{\partial u}\right)^2 + 2\frac{\partial^2 z}{\partial x\partial y}\frac{\partial x}{\partial u}\frac{\partial y}{\partial u} + \frac{\partial^2 z}{\partial y^2}\left(\frac{\partial y}{\partial u}\right)^2$$
$$+ \frac{\partial z}{\partial x}\frac{\partial^2 x}{\partial u^2} + \frac{\partial z}{\partial y}\frac{\partial^2 y}{\partial u^2},$$

$$\frac{\partial^2 z}{\partial u\partial v} = \frac{\partial^2 z}{\partial x^2}\frac{\partial x}{\partial u}\frac{\partial x}{\partial v} + \frac{\partial^2 z}{\partial x\partial y}\left(\frac{\partial x}{\partial u}\frac{\partial y}{\partial v} + \frac{\partial x}{\partial v}\frac{\partial y}{\partial u}\right) + \frac{\partial^2 z}{\partial y^2}\frac{\partial y}{\partial u}\frac{\partial y}{\partial v}$$
$$+ \frac{\partial z}{\partial x}\frac{\partial^2 x}{\partial u\partial v} + \frac{\partial z}{\partial y}\frac{\partial^2 y}{\partial u\partial v},$$

$$\frac{\partial^2 z}{\partial v^2} = \frac{\partial^2 z}{\partial x^2}\left(\frac{\partial x}{\partial v}\right)^2 + 2\frac{\partial^2 z}{\partial x\partial y}\frac{\partial x}{\partial v}\frac{\partial y}{\partial v} + \frac{\partial^2 z}{\partial y^2}\left(\frac{\partial y}{\partial v}\right)^2$$
$$+ \frac{\partial z}{\partial x}\frac{\partial^2 x}{\partial v^2} + \frac{\partial z}{\partial y}\frac{\partial^2 y}{\partial v^2}.$$

$$\text{(B)}$$

Les équations (A) et (B) sont linéaires par rapport aux inconnues

$$\frac{\partial z}{\partial x}, \qquad \frac{\partial z}{\partial y}, \qquad \frac{\partial^2 z}{\partial x^2}, \qquad \frac{\partial^2 z}{\partial x\partial y}, \qquad \frac{\partial^2 z}{\partial y^2};$$

elles donneront ces quantités lorsqu'on y aura remplacé

$$\frac{\partial x}{\partial u}, \qquad \frac{\partial y}{\partial u}, \qquad \frac{\partial z}{\partial u}$$

$$\frac{\partial x}{\partial v}, \qquad \frac{\partial y}{\partial v}, \qquad \frac{\partial z}{\partial v}$$

$$\frac{\partial^2 x}{\partial u^2}, \qquad \frac{\partial^2 y}{\partial u^2}, \qquad \frac{\partial^2 z}{\partial u^2}$$

$$\frac{\partial^2 x}{\partial u\partial v}, \qquad \frac{\partial^2 y}{\partial u\partial v}, \qquad \frac{\partial^2 z}{\partial u\partial v}$$

$$\frac{\partial^2 x}{\partial v^2}, \qquad \frac{\partial^2 y}{\partial v^2}, \qquad \frac{\partial^2 z}{\partial v^2}$$

par leurs valeurs en fonction de

$$\frac{\partial w}{\partial u}, \qquad \frac{\partial w}{\partial v}, \qquad \frac{\partial^2 w}{\partial u^2}, \qquad \frac{\partial^2 w}{\partial u \partial v}, \qquad \frac{\partial^2 w}{\partial v^2},$$

valeurs que l'on tire des équations obtenues en différentiant successivement par rapport à u et à v les équations de transformation (21'), et allant jusqu'aux dérivées du second ordre inclusivement, c'est-à-dire jusqu'aux dérivées de même ordre que les dérivées les plus hautes qui figurent dans l'expression (20').

Appliquons cette méthode à l'exemple du n° 113.

Les formules de transformation sont ici

$$x = \frac{u}{a}, \qquad y = \frac{v}{b}, \qquad z = \frac{1}{c}(w - u - v);$$

elles donnent, par différentiation,

$$\frac{\partial u}{\partial v} = \frac{1}{a}, \qquad \frac{\partial y}{\partial u} = 0, \qquad \frac{\partial z}{\partial u} = \frac{1}{c}\left(\frac{\partial w}{\partial u} - 1\right).$$

$$\frac{\partial x}{\partial v} = 0, \qquad \frac{\partial y}{\partial v} = \frac{1}{b}, \qquad \frac{\partial z}{\partial v} = \frac{1}{c}\left(\frac{\partial w}{\partial v} - 1\right),$$

$$\frac{\partial^2 x}{\partial u^2} = 0, \qquad \frac{\partial^2 y}{\partial u^2} = 0, \qquad \frac{\partial^2 z}{\partial u^2} = \frac{1}{c}\frac{\partial^2 w}{\partial u^2},$$

$$\frac{\partial^2 x}{\partial u \partial v} = 0, \qquad \frac{\partial^2 y}{\partial u \partial v} = 0, \qquad \frac{\partial^2 z}{\partial u \partial v} = \frac{1}{c}\frac{\partial^2 w}{\partial u \partial v},$$

$$\frac{\partial^2 x}{\partial v^2} = 0, \qquad \frac{\partial^2 y}{\partial v^2} = 0, \qquad \frac{\partial^2 z}{\partial v^2} = \frac{1}{c}\frac{\partial^2 w}{\partial v^2}.$$

En portant ces valeurs dans (A) et (B), on obtient immédiatement les valeurs

$$\frac{\partial z}{\partial v} = \frac{a}{c}\left(\frac{\partial w}{\partial u} - 1\right), \qquad \frac{\partial z}{\partial y} = \frac{b}{c}\left(\frac{\partial w}{\partial v} - 1\right),$$

$$\frac{\partial^2 z}{\partial x^2} = \frac{a^2}{c}\frac{\partial^2 w}{\partial u^2}, \qquad \frac{\partial^2 z}{\partial x \partial y} = \frac{ab}{c}\frac{\partial^2 w}{\partial u \partial v}, \qquad \frac{\partial^2 z}{\partial y^2} = \frac{b^2}{c}\frac{\partial^2 w}{\partial v^2},$$

d'où résulte, pour la transformée de l'expression (47), la valeur déjà trouvée au numéro précédent.

Transformation de Legendre

115. Nous terminerons ce chapitre par quelques mots sur une transformation due à Legendre; cette transformation, qui trouve son emploi dans le calcul intégral, va d'ailleurs nous offrir une nouvelle application des principes précédents.

Désignons, suivant un usage reçu, respectivement, par

$$p, \quad q, \quad r, \quad s, \quad t \tag{51}$$

les dérivées partielles

$$\frac{\partial z}{\partial x}, \quad \frac{\partial z}{\partial y}, \quad \frac{\partial^2 z}{\partial x^2}, \quad \frac{\partial^2 z}{\partial x \partial y}, \quad \frac{\partial^2 z}{\partial y^2},$$

d'une fonction z de deux variables indépendantes x et y.

La transformation de Legendre consiste à prendre pour nouvelles variables indépendantes p et q et pour nouvelle fonction

$$w = px + qy - z. \tag{52}$$

Il s'agit de calculer les dérivées r, s, t, en fonction des dérivées

$$\frac{\partial w}{\partial p}, \quad \frac{\partial w}{\partial q}, \quad \frac{\partial^2 w}{\partial p^2}, \quad \frac{\partial^2 w}{\partial p \partial q}, \quad \frac{\partial^2 w}{\partial q^2}. \tag{53}$$

Or on a

$$dz = pdx + qdy \tag{54}$$
$$dp = rdx + sdy \tag{55}$$
$$dq = sdx + tdy] \tag{56}$$

et

$$dw = xdp + ydq + pdx + qdy - dz,$$

qui, à cause de (54), se réduit à

$$dw = xdp + ydq;$$

on voit par là que

$$\frac{\partial w}{\partial p} = x, \qquad \frac{\partial w}{\partial q} = y. \tag{57}$$

D'ailleurs, en résolvant (55) et (56) par rapport à dx et dy, on a

$$dx = \frac{t}{rt - s^2}\, dp - \frac{s}{rt - s^2}\, dq,$$

$$dy = -\frac{s}{rt - s^2}\, dp + \frac{r}{rt - s^2}\, dq,$$

ce qui donne

$$\frac{\partial x}{\partial p} = \frac{t}{rt - s^2}, \quad \frac{\partial x}{\partial q} = \frac{\partial y}{\partial p} = \frac{-s}{rt - s^2}, \quad \frac{\partial y}{\partial q} = \frac{r}{rt - s^2},$$

ou, en vertu de (57),

$$\frac{\partial^2 w}{\partial p^2} = \frac{t}{rt - s^2}, \quad \frac{\partial^2 w}{\partial p \partial q} = -\frac{s}{rt - s^2}, \quad \frac{\partial^2 w}{\partial q^2} = \frac{r}{rt - s^2}\,;$$

on en déduit

$$\frac{\partial^2 w}{\partial p^2} \frac{\partial^2 w}{\partial q^2} - \left(\frac{\partial^2 w}{\partial p \partial q}\right)^2 = \frac{1}{rt - s^2},$$

et enfin,

$$\frac{t}{\dfrac{\partial^2 w}{\partial p^2}} = \frac{s}{-\dfrac{\partial^2 w}{\partial p \partial q}} = \frac{r}{\dfrac{\partial^2 w}{\partial q^2}} = \frac{1}{\dfrac{\partial^2 w}{\partial p^2} \dfrac{\partial^2 w}{\partial q^2} - \left(\dfrac{\partial^2 w}{\partial p \partial q}\right)^2}.$$

CHAPITRE IX

LES SÉRIES NUMÉRIQUES

Définitions

116. On donne le nom de *série* à toute suite illimitée de quantités se succédant suivant une loi déterminée, mais d'ailleurs quelconque.

Une série

$$u_1, \quad u_2, \quad \ldots, \quad u_n, \quad \ldots$$

est dite convergente lorsque la somme

$$S_n = u_1 + u_2 + \ldots + u_n$$

de ses n premiers termes tend vers une limite déterminée, et par conséquent finie, à mesure que le nombre n croît indéfiniment. Cette limite S est dite la *somme de la série*, et l'expression $S - S_n$, que l'on désigne habituellement par R_n, reçoit le nom de *reste*.

On appelle *série divergente* toute série qui n'est pas convergente.

117. Comme premier exemple de série, nous citerons la progression géométrique

$$a, \quad aq, \quad aq^2, \quad \ldots, \quad aq^n, \quad \ldots \qquad (1)$$

Elle est convergente lorsque la raison q est, en valeur

absolue, inférieure à l'unité; car la formule connue

$$S_n = a\,\frac{1-q^n}{1-q} = \frac{a}{1-q} - \frac{aq^n}{1-q} \qquad (2)$$

montre que, dans cette hypothèse, S_n a pour limite

$$S = \frac{a}{1-q},$$

puisque q^n tend vers zéro lorsque n croît indéfiniment.

Dans tout autre cas, la progression est une série divergente. En effet, si q est, en valeur absolue, supérieur à 1, la formule (2) montre que S_n croît indéfiniment avec n. Il en est de même pour $q = +1$, car tous les termes de la série sont alors égaux à a, et l'on a $S_n = an$. Enfin pour $q = -1$ la série devient

$$a, \quad -a, \quad a, \quad -a, \quad \ldots,$$

et S_n, étant égal à zéro ou à a suivant que n est pair ou impair, n'a pas de limite déterminée; il y a donc encore divergence.

118. Comme second exemple, nous considérerons la série

$$1, \quad \frac{1}{2}, \quad \frac{1}{3}, \quad \frac{1}{4}, \quad \ldots, \quad \frac{1}{n}, \quad \ldots \qquad (3)$$

à laquelle on donne le nom de *série harmonique*.

En groupant les termes, à partir du troisième, de la manière suivante :

$$\left(\frac{1}{3}+\frac{1}{4}\right), \quad \left(\frac{1}{5}+\frac{1}{6}+\frac{1}{7}+\frac{1}{8}\right), \quad \left(\frac{1}{9}+\frac{1}{10}+\ldots+\frac{1}{16}\right), \quad \ldots$$

on voit que chaque groupe a une valeur plus grande que $\frac{1}{2}$.

Donc, quand n croît indéfiniment, S_n, renfermant la quantité $\frac{1}{2}$ autant de fois qu'on veut, finit par surpasser toute limite ; la série harmonique est donc divergente.

119. *Pour qu'une série soit convergente, il faut que le terme général u_n tende vers zéro lorsque n croît indéfiniment.*

En effet, S étant la somme d'une série convergente, S_n et S_{n+1} ont l'une et l'autre pour limite S, et par suite leur différence, c'est-à-dire u_n, a pour limite zéro.

Mais *la condition n'est pas suffisante*, témoin la série harmonique (2) qui est divergente (n° 118), bien que son terme général $\frac{1}{n}$ tende vers zéro quand n croît indéfiniment.

Caractère général de convergence

120. *Pour qu'une série soit convergente, il faut et il suffit que, pour toute valeur entière et positive de p, la différence $S_{n+p} - S_n$ tende vers zéro quand n croît indéfiniment.*

1° La condition est nécessaire ; car, si S désigne la somme d'une série convergente, S_n et S_{n+p} ont l'une et l'autre pour limite S lorsque n croît indéfiniment, et par suite leur différence a pour limite zéro ;

2° La condition est suffisante.

En effet, par hypothèse, à tout nombre ε positif et aussi petit qu'on veut répond un nombre entier et positif v tel que l'on ait, pour toutes les valeurs entières positives de p,

$$| S_{v+p} - S_v | < \varepsilon,$$

ou

$$S_v - \varepsilon < S_{v+p} < S_v + \varepsilon ;$$

cela revient à dire qu'on a

$$S_v - \varepsilon < S_n < S_v + \varepsilon \qquad (4)$$

pour toutes les valeurs de n supérieures à v.

Cela posé, attribuons successivement à ε des valeurs ε_1, ε_2, ε_3, ..., indéfiniment décroissantes, et soient v_1, v_2, v_3, ..., les valeurs correspondantes de v.

Désignons en outre par A_k la plus grande des quantités

$$S_{v_1} - \varepsilon_1, \qquad S_{v_2} - \varepsilon_2, \qquad S_{v_k} - \varepsilon_k,$$

et par B_k la plus petite des quantités

$$S_{v_1} + \varepsilon_1, \qquad S_{v_2} + \varepsilon_2 \ldots S_{v_k} + \varepsilon_k.$$

On aura, d'après (4), pour toutes les valeurs de n supérieures *à la fois* à v_1, v_2, ..., v_k,

$$A_k < S_n < B_k,$$

et pour démontrer que S_n a pour n infini, une limite déterminée, il suffit de montrer que, lorsque k croît indéfiniment, A_k et B_k tendent vers une même limite.

Or, lorsque k augmente, A_k ne décroît pas et reste supérieur à B_1, tandis que B_k ne croît pas et reste supérieur à A_1 ; A_k et B_k ont donc chacun une limite déterminée, et ces deux limites sont égales, puisqu'on a

$$B_k - A_k < (S_{v_k} + \varepsilon_k) - (S_{v_k} - \varepsilon_k) < 2\varepsilon_k,$$

et que ε_k tend vers zéro lorsque k augmente indéfiniment.

121. L'importance de ce théorème, au point de vue théorique, ne doit pas faire illusion sur sa portée pratique ; s'il intervient utilement dans la démonstration de certaines propositions, il est d'un emploi peu commode pour reconnaître la convergence ou la divergence d'une série donnée. Pour atteindre ce dernier but, le procédé le plus fécond consiste, sans contredit, dans la comparaison de la série proposée avec des séries dont on connaît la convergence ou la divergence. De cette comparaison résultent diverses règles dont nous nous bornerons à indiquer les plus usuelles ; d'ailleurs, jusqu'au n° 136, il ne sera question que des séries dont tous les termes sont positifs.

Premières notions
sur les séries dont tous les termes sont positifs

122. *Pour démontrer qu'une série à termes positifs est convergente, il suffit de prouver que la somme S_n des n premiers termes reste, à partir d'une certaine valeur de n, inférieure à un nombre fixe. Car S_n, croissant avec n et restant moindre qu'un nombre fixe, a une limite déterminée.*

123. Il résulte de là qu'*une série U à termes positifs est convergente si ses termes sont moindres respectivement que ceux d'une autre série U' à termes positifs et convergente.* En effet, la somme S_n des n premiers termes de la serie U est alors moindre que la somme S_n' des n premiers termes de la série U', et, par suite, moindre que la somme S' de cette dernière série.

De même, *une série U à termes positifs est divergente, si ces termes sont respectivement plus grands que ceux d'une autre série U' à termes positifs et divergents,* car S_n, croît indéfiniment avec n, puisqu'elle reste supérieure à S_n', qui, par hypothèse, croît au-delà de toute limite.

Voici quelques applications de ces principes.

124. La série

$$\frac{1}{1^x}, \quad \frac{1}{2^x}, \quad \frac{1}{3^x}, \quad \cdots, \quad \frac{1}{n^x}, \quad \cdots \qquad (5)$$

où x désigne un nombre positif quelconque, est convergente si x est plus grand que 1, et divergente si x est égal ou inférieur à 1.

En effet :

Soit d'abord $x > 1$, et posons

$$u_1 = \frac{1}{1^x},$$

$$u_2 = \frac{1}{2^x} + \frac{1}{3^x},$$

$$u_3 = \frac{1}{4^x} + \frac{1}{5^x} + \frac{1}{6^x} + \frac{1}{7^x},$$

$$u_4 = \frac{1}{8^x} + \frac{1}{9^x} + \cdots + \frac{1}{15^x},$$

$$\cdot \quad \cdot \quad \cdot \quad \cdot \quad \cdot \quad \cdot \quad \cdot$$

la série proposée deviendra

$$u_1, \quad u_2, \quad u_3, \quad u_4, \quad \ldots ; \qquad (6)$$

mais on a évidemment

$$u_1 = 1,$$

$$u_2 < 2 \cdot \frac{1}{2^\alpha} < \frac{1}{2^{\alpha-1}},$$

$$u_3 < 4 \cdot \frac{1}{4^\alpha} < \frac{1}{4^{\alpha-1}},$$

$$u_4 < 8 \cdot \frac{1}{8^x} < \frac{1}{8^{x-1}} ;$$

les termes de la série (6) sont donc respectivement moindres que ceux d'une progression dont la raison

$$\frac{1}{2^{\alpha-1}}$$

est inférieure à 1, puisque, x étant > 1, 2^{x-1} est plus grand que l'unité. Il y a donc convergence (n° 123).

Dans le cas où $x = 1$, la série (5) n'est autre que la série harmonique dont on a démontré la divergence au n° 118.

Soit enfin $x < 1$; on a alors

$$\frac{1}{n^\alpha} > \frac{1}{n}.$$

par suite, les termes de la série (5) étant supérieurs aux termes correspondants de la série harmonique, il y a encore divergence (n° 123).

125. La série

$$\frac{1}{2 \log 2}, \qquad \frac{1}{3 \log 3}, \qquad \frac{1}{4 \log 4}, \qquad \dots, \qquad \frac{1}{n \log n}, \qquad \dots \quad (7)$$

est divergente.

En effet, si l'on pose

$$u_1 = \frac{1}{2 \log 2},$$
$$u_2 = \frac{1}{3 \log 3} + \frac{1}{4 \log 4},$$
$$u_3 = \frac{1}{5 \log 5} + \dots + \frac{1}{8 \log 8},$$
$$u_4 = \frac{1}{9 \log 9} + \dots + \frac{1}{16 \log 16};$$
$$. \quad . \quad . \quad . \quad . \quad . \quad . \quad . \quad .$$

la série proposée deviendra

$$u_1, \qquad u_2, \qquad u_3, \qquad u_4, \qquad \dots; \qquad\qquad (8)$$

mais on a évidemment

$$u_1 > \frac{1}{2 \log 2};$$
$$u_2 > \frac{2}{4 \log 4} > \frac{1}{2} \frac{1}{2 \log 2};$$
$$u_3 > \frac{4}{8 \log 8} > \frac{1}{3} \cdot \frac{1}{2 \log 2};$$
$$u_4 > \frac{8}{16 \log 16} > \frac{1}{4} \cdot \frac{1}{2 \log 2};$$
$$. \quad . \quad . \quad . \quad . \quad . \quad . \quad . \quad .$$

Les termes de la série (8) sont donc respectivement plus grands que ceux de la série harmonique multipliés par le facteur $\frac{1}{2 \log 2}$; il y a donc divergence (n° 123).

126. *Une série à termes positifs est divergente si nu_n tend, pour $n = \infty$, vers une limite λ plus grande que zéro.* En effet, q désignant un nombre fixe pris à volonté entre 0 et λ, on a ura, à partir d'un certain rang. $nu_n > q$, d'où $u_n > \dfrac{q}{n}$; les termes de la série seront donc plus grands que ceux de la série harmonique multipliés par le facteur $\dfrac{1}{q}$; il y a donc divergence (n° 123).

Règles de d'Alembert et de Cauchy

127. *Une série à termes positifs u_1, u_2, ..., u_n, ..., est convergente si le rapport*

$$\frac{u_{n+1}}{u_n}, \tag{9}$$

d'un terme au précédent tend, lorsque n croît indéfiniment, vers une limite λ inférieure à l'unité ; elle est divergente, si le rapport (9) a une limite λ plus grande que l'unité.

En effet, désignons par q un nombre fixe pris à volonté entre 1 et λ.

Si λ est plus petit que 1, le rapport (9) sera, à partir d'un certain rang n, aussi voisin de λ qu'on voudra et par suite inférieur à q. On aura donc

$$u_{n+1} < q \cdot u_n,$$
$$u_{n+2} < q \cdot u_{n+1} < q^2 \cdot u_n,$$
$$u_{n+3} < q \cdot u_{n+2} < q^3 \cdot u_n,$$
$$\cdot \quad \cdot \quad \cdot \quad \cdot \quad \cdot \quad \cdot \quad \cdot \quad \cdot$$

Par suite, à partir d'un certain rang, les termes de la série considérée seront inférieurs aux termes correspondants de la progression géométrique décroissante

$$u_n, \quad q \cdot u_n, \quad q^2 \cdot u_n, \quad q^3 \cdot u_n, \quad \ldots;$$

il y aura donc convergence (n°ˢ 117 et 123) [1].

Si λ est plus grand que 1, le rapport (9) sera, à partir d'un certain rang, supérieur à q, et comme q est plus grand que 1; les termes iront donc en augmentant, et il y aura divergence, puisque le terme général ne tendra pas vers zéro.

La règle précédente, attribuée à Dalembert, n'apprend rien dans le cas où le rapport (9) a pour limite l'unité. La série peut être alors soit convergente, soit divergente. Par exemple, si l'on considère la série dont le terme général est $\dfrac{1}{n}$ et celle dont le terme général est $\dfrac{1}{n^2}$, on sait (n° 124) que la première est divergente et que la seconde est convergente; et, pourtant, dans les deux cas, le rapport (9) a l'unité pour limite.

Il importe toutefois de remarquer que, si le rapport (9) tend vers 1 en restant à partir d'un certain rang supérieur à 1, la série est divergente; car les termes finissent par aller toujours en croissant.

128. *Une série à termes positifs* $u_1, u_2, \ldots, u_n, \ldots,$ *est convergente si l'expression*

$$\sqrt[n]{u_n} \tag{10}$$

tend, lorsque n croît indéfiniment, vers une limite λ inférieure à l'unité. Elle est divergente si ce rapport a une limite plus grande que l'unité.

En effet, soit q un nombre pris à volonté entre 1 et λ.

Si λ est moindre que 1, l'expression (10) sera, à partir d'un

_____

[1] On voit que notre énoncé est plus restrictif que la démonstration; le raisonnement ne suppose pas en effet que le rapport (9) ait une limite; il ne lui impose que la condition de finir par reste inférieur à un nombre fixe moindre que l'unité. Mais l'extension qu'on peut ainsi donner à l'énoncé, et qui mérite d'être signalée au point de vue théorique, n'a en réalité aucune importance pratique.

certain rang, inférieure à q ; on aura donc

$$u_n < q^n,$$

et il y aura convergence, puisque les termes seront, à partir d'un certain rang, inférieurs à ceux de la progression géométrique décroissante q, q_2, q_3 ..., q_n. ...

Si λ est plus grand que 1, l'expression (10) sera, à partir d'un certain rang supérieure à q ; on aura donc $u_n > q^n$, et par suite la série sera divergente, puisque, q étant supérieur à 1, son terme général u_n croîtra au lieu de tendre vers zéro.

Cette règle, attribuée à Cauchy, laisse comme celle de Dalembert un cas douteux, c'est celui où l'expression (10) a pour limite l'unité ; toutefois on peut affirmer qu'il y a divergence, lorsque l'expression (10) tend vers 1 en restant à partir d'un certain rang supérieure à 1.

129. Exemples :
1° Soit la série

$$\frac{x}{1}, \qquad \frac{x^2}{2}, \qquad \frac{x^3}{3} + ..., \qquad \frac{x^n}{n}, \qquad ...,$$

où x représente un nombre positif. On a

$$\frac{u_{n+1}}{u_n} = \frac{n}{n+1}\, x \; ;$$

et par suite

$$\lim \frac{u_{n+1}}{u_n} = x \; ;$$

la série est donc convergente si x est > 1, et divergente si x est < 1. On sait d'ailleurs qu'elle est encore divergente pour $x = 1$, puisqu'elle se réduit alors à la série harmonique.

2° Soit la série

$$\frac{1}{2}, \quad 1, \quad \frac{1}{8}, \quad \frac{1}{4}, \quad \frac{1}{32}, \quad \frac{1}{16}, \quad ..., \quad \frac{1}{2^{2\mu+1}}, \quad \frac{1}{2^{2\mu}}, \quad ...$$

Le rapport $\dfrac{u_{n+1}}{u_n}$ a ici pour valeur alternativement 2 et $\dfrac{1}{2}$; il n'a donc pas de limite déterminée, et la règle de Dalembert n'est pas applicable. Mais, pour $\sqrt[n]{u_n}$, on trouve

$$\sqrt[n]{\frac{1}{2^n}} = \frac{1}{2} \text{ si } n \text{ est impair,}$$

et

$$\sqrt[n-2]{\frac{1}{2^n}} = \frac{1}{2^{1-\frac{2}{n}}}, \text{ si } n \text{ est pair;}$$

on a donc bien $\sqrt[n]{u_n} = \dfrac{1}{2}$, et, par suite, en vertu de la règle de Cauchy, la série est convergente.

130. L'exemple qui précède montre que l'expression $\sqrt[n]{u_n}$ peut avoir, pour $n = \infty$, une limite déterminée, sans qu'il en soit de même du rapport $\dfrac{u_{n+1}}{u_n}$.

Mais la réciproque n'est pas vraie. Si le rapport $\dfrac{u_{n+1}}{u_n}$ a une limite déterminée λ, pour $n = \infty$, l'expression $\sqrt[n]{u_n}$ aura aussi une limite déterminée, et cette limite sera précisément égale à λ.

En effet, d'après l'hypothèse, le raport $\dfrac{u_{n+1}}{u_n}$ reste, à partir d'une certaine valeur de n, compris entre $\lambda - \varepsilon$ et $\lambda + \varepsilon$, ε étant un nombre positif aussi petit qu'on veut. On peut même supposer cette valeur de n égale à l'unité (cela revient à supprimer en tête de la série un nombre fini de termes). On aura donc

$$\lambda - \varepsilon < \frac{u_2}{u_1} < \lambda + \varepsilon,$$

$$\lambda - \varepsilon < \frac{u_3}{u_2} < \lambda + \varepsilon,$$

$$\cdots \cdots \cdots \cdots \cdots$$

$$\lambda - \varepsilon < \frac{u_{n-1}}{u_n} < \lambda + \varepsilon;$$

d'où en multipliant

$$(\lambda - \varepsilon)^n < \frac{u_{n+1}}{u_1} < \lambda + \varepsilon)^n,$$

ou

$$\lambda - \varepsilon < \frac{\sqrt[n]{u_{n+1}}}{\sqrt[n]{u_1}} < \lambda + \varepsilon:$$

ce qui montre que $\sqrt[n]{u_n}$ a pour limite λ, puisque $\sqrt[n]{u_1}$ tend vers l'unité.

Règle de Kummer

131. La règle de Dalembert n'est qu'un cas très particulier d'une proposition due à Kummer et fertile en conséquences relativement à la convergence des séries. Voici cette proposition:

Soit a_n une fonction positive de n. La série à termes positifs u_1, u_2, ..., u_n, ..., est convergente, si l'expression

$$a_n \frac{u_n}{u_{n+1}} - a_{n+1} \qquad (11)$$

a. pour $n = \infty$, une limite positive λ. Elle est divergente, si l'expression (11) *a une limite négative et si, de plus, la série qui a pour terme général* $\dfrac{1}{a_n}$ *est divergente.*

En effet, soit q un nombre choisi à volonté entre o et λ. L'expression (11) sera, à partir d'une certaine valeur p de n, supérieure à q, et l'on aura

$$u_{p+1} < \frac{1}{q}(a_p u_p - a_{p+1} u_{p+1}),$$

$$u_{p+2} < \frac{1}{q}(a_{p+1} u_{p+1} - a_{p+2} u_{p+2}),$$

$$\cdots \cdots \cdots \cdots \cdots \cdots$$

$$u_n < \frac{1}{q}(a_{n-1} u_{n-1} - a_n u_n);$$

on en déduit par addition

$$S_n - S_p < \frac{1}{q}\,(a_p u_p - a_n u_n),$$

et *a fortiori*

$$S_n < S_p + \frac{1}{q}\,a_p u_p.$$

La somme S_n reste donc, quand n croît indéfiniment, inférieure à une quantité fixe positive, et par suite (n° 123) la série est convergente.

Pour démontrer la seconde partie du théorème, il suffit d'observer que, si l'expression (11) a une limite négative, cette expression restera négative à partir d'une certaine valeur p de n, en sorte qu'on aura

$$a_p u_p < a_{p+1} u_{p+1} < \ldots < a_n u_n;$$

d'où l'on déduit

$$u_n > a_p u_p \cdot \frac{1}{a_n}.$$

Les termes de la série considérée sont donc, à partir d'un certain rang, supérieurs à ceux de la série

$$a_p u_p \left(\frac{1}{a_1} + \frac{1}{a_2} + \ldots + \frac{1}{a_n} + \ldots \right),$$

et comme cette série est supposée divergente, la série proposée l'est aussi.

132. Le théorème de Kummer fournit une infinité de règles particulières, suivant le choix que l'on fait de la fonction positive a_n. Nous nous bornerons à citer les plus intéressantes : ce sont celles où l'on prend pour a_n l'une des quantités

$$1, \qquad n, \qquad n \log n;$$

dans chacun de ces cas, la série qui a pour terme général $\dfrac{1}{a_n}$

est évidemment divergente, comme l'exige d'ailleurs la seconde partie de la règle de Kummer.

1° Pour $a_n = 1$, l'expression (11) se réduit à

$$\frac{u_n}{u_{n+1}} - 1.$$

Or, dire que cette expression a une limite positive ou négative équivaut à dire que le rapport $\frac{u_{n+1}}{u_n}$ a une limite inférieure ou supérieure à l'unité ; on retombe donc sur la règle de Dalembert.

2° Pour $a_n = n$, l'expression devient

$$n \frac{u_n}{u_{n+1}} - (n+1), \qquad (12)$$

et l'on tombe sur une règle due à Duhamel.

3° Pour $a_n = n \log n$, l'expression (11) devient

$$n \log n \cdot \left(\frac{u_n}{u_{n+1}}\right) - (n+1) \log (n+1), \qquad (13)$$

et l'on retrouve ainsi une règle due à M. Bertrand.

Règle de Gauss

133. Nous avons déjà fait observer que l'on ne pouvait rien affirmer sur la convergence ou la divergence d'une série à termes positifs, lorsque le rapport $\frac{u_{n+1}}{u_n}$ avait l'unité pour limite (sans finir par rester toujours supérieur à cette limite).

Gauss à donné pour lever ce doute une règle très simple, relative au cas où le rapport en question s'exprime par une fraction rationnelle de n. Ce cas, fréquent dans la pratique, est moins particulier qu'on serait tenté de le croire au premier abord, si l'on oubliait de remarquer qu'il n'est nullement question ici des valeurs de u_n et de u_{n+1}, mais seulement de leur rapport.

Puisque le rapport a pour hypothèse l'unité pour limite, le numérateur et le dénominateur de la fraction rationnelle qui l'exprime doivent être des polynômes ayant même degré et même premier terme ; et dès lors, en divisant haut et bas par le coefficient de ce premier terme, on voit que le rapport considéré doit être de la forme

$$\frac{u_{n+1}}{u_n} = \frac{n^\lambda + an^{\lambda-1} + bn^{\lambda-2} + \dots}{n^\lambda + An^{\lambda-1} + Bn^{\lambda-2} + \dots} \, . \tag{14}$$

Cela posé, voici l'énoncé du théorème de Gauss :

Pour qu'une série telle que le rapport d'un terme au précédent ait la forme (14) soit convergente, il faut et il suffit que la différence $A - a$ soit plus grande que l'unité.

134. On peut mettre la relation (14) sous la forme

$$\frac{u_n}{u_{n-1}} = 1 + \frac{A - a}{n} + \frac{H}{n^2},$$

H étant une fonction de n qui reste finie lorsque n croît indéfiniment, et substituer à la règle de Gauss la suivante qui est un peu plus générale :

Si l'on a

$$\frac{u_n}{u_{n-1}} = 1 + \frac{h}{n} + \frac{H}{n^2}, \tag{15}$$

h désignant un nombre et H une fonction de n qui reste finie, la série à termes positifs u_1, ..., u_n ..., est convergente lorsque h est supérieur à 1 et divergente lorsque h est égal ou inférieur à 1.

La démonstration est une simple application des règles du numéro précédent.

En effet, d'abord, eu égard à la formule (15), l'expression (12, n° 132) devient

$$h - 1 + \frac{H}{n}.$$

d'où l'on voit que cette expression a pour limite $h - 1$, et par suite (n° 133), que la série est convergente pour $h > 1$ et divergente pour $h < 1$.

Supposons maintenant $h = 1$, auquel cas l'expression (15) devient

$$\frac{u_n}{u_{n+1}} = 1 + \frac{1}{n} + \frac{H}{n^2},$$

et par suite l'expression (13, n° 132) se réduit à

$$H \frac{\log n}{n} - \log \left\{ \left(1 + \frac{1}{n}\right)^n \left(1 + \frac{1}{n}\right) \right\};$$

cette expression ayant pour limite $- 1$, la série proposée est divergente (n° 133).

135. Exemples :

1° Soit la série

$$1, \quad \frac{1 \cdot 3}{2 \cdot 4}, \quad \frac{1 \cdot 3 \cdot 5}{2 \cdot 4 \cdot 6}, \quad \dots$$

On a ici

$$\frac{u_{n+1}}{u_n} = \frac{n + \frac{1}{2}}{n + 1};$$

cette expression comparée à (14) donne

$$a = \frac{1}{2}, \qquad A = 1,$$

et par suite $A - a = \frac{1}{2}$; la série est donc divergente (n° 133).

2° Soit la série dont le terme général est

$$u_n = \frac{1 \cdot 3 \cdot 5 \dots (2n + 1)}{2 \cdot 4 \cdot 6 \dots (2n + 2)} \cdot \frac{1}{2n + 3},$$

on a

$$\frac{u_n}{u_{n+1}} = \frac{(2n + 4)(2n + 5)}{(2n + 3)^2} = \frac{n^2 + \frac{9}{2} n + 5}{n^2 + 3n + \frac{9}{4}}$$

cette expression, comparée à (14), donne

$$a = 3, \qquad A = \frac{9}{2};$$

et par suite $A - a = \frac{3}{2}$; la série proposée est donc convergente (n° 133).

Série alternée

136. Quand les termes d'une série sont alternativement positifs et négatifs, on dit que la série est *alternée*.

Une série alternée est convergente si, à partir d'un certain rang, chaque terme est inférieur en valeur absolue à celui qui le précède, et si le terme général u_n tend vers zéro lorsque n croît indéfiniment.

En effet, faisons abstraction des termes qui précèdent le premier terme positif à partir duquel la loi se manifeste, et mettons les signes en évidence ; la série considérée sera alors représentée par

$$u_1 - u_2 + u_3 - u_4 + \ldots \pm u_n \mp u_{n+1} \pm \ldots$$

$u_1, u_2, \ldots$, étant des quantités positives, telles que l'on ait

$$u_1 > u_2 > u_3 \ldots > u_n > u_{n+1} < \ldots$$

et

$$\lim u_n = 0 \qquad \text{pour} \qquad n = \infty.$$

Les relations évidentes

$$\begin{aligned} S_{n-1} - S_n &= \mp u_{n+1}, \\ S_{n+1} - S_{n-1} &= \pm (u_n - u_{n+1}), \end{aligned} \tag{16}$$

où les signes supérieurs se correspondant, ainsi que les signes inférieurs, montrent que les différences $S_{n+1} - S_n$, $S_{n+1} - S_{n-1}$ ont des signes contraires, puisque u_{n+1} et

$(u_n - u_{n+1})$ sont, par hypothèse, positives. En d'autres termes, les sommes successives $S_1, S_2, \ldots, S_n, \ldots$ sont telles que chacune d'elles est comprise entre les deux qui la précèdent immédiatement.

Représentons ces sommes par des longueurs

$$OA_1, OA_2, \ldots, OA_n, \ldots$$

portées sur une même droite, à partir d'un même point O et dans le même sens OX. (Nous laissons au lecteur le soin de faire la figure.) D'après ce qui vient d'être dit, A_2 tombera entre O et A_1, A_3 tombera entre A_1 et A_2, A_4 entre A_2 et A_3 … et ainsi de suite. Les sommes de rang pair $S_2 = OA_2$, $S_4 = OA_4$ … iront donc en croissant et resteront moindres que l'une quelconque des sommes de rang impair ; elles auront donc une limite L. De même les sommes de rang impair $S_1 = OA_1$, $S_3 = OA_3$ … iront en décroissant et resteront supérieures à l'une quelconque des sommes de rang pair ; elles auront donc aussi une limite L′. Enfin les limites L et L′ seront égales en vertu de la relation (16), puisque par hypothèse u_{n+1} tend vers zéro. La série proposée est donc convergente et a pour somme la valeur commune S de L et de L′.

137. Il résulte de cette démonstration que toute somme de rang pair est une valeur approchée de S par défaut, tandis que toute somme de rang impair est une valeur de S approchée par excès ; d'ailleurs l'erreur commise est toujours moindre que la valeur absolue du premier terme négligé, puisque l'addition de ce terme (pris avec son signe) change le sens de l'approximation.

138. Exemple :
1° La série harmonique alternée

$$1 - \frac{1}{2} + \frac{1}{3} - \frac{1}{4} + \ldots + \frac{(-1)^n}{n} + \ldots$$

est convergente; elle remplit en effet toutes les conditions énoncées au n° 136.

2° La série alternée

$$\frac{2}{1} - \frac{3}{2} + \frac{4}{3} - \frac{5}{4} + \cdots + (-1)^{n+1} \cdot \frac{n+1}{n} + \cdots$$

est au contraire divergente; les valeurs absolues de ses termes vont, il est vrai, en décroissant; mais le terme général n'a pas zéro pour limite.

Séries dont les termes ont des signes quelconques

139. *Pour qu'une série soit convergente, il suffit que les modules de ses termes forment une série convergente.*

En effet, désignons respectivement par S_n et S'_n la somme des n premiers termes dans la série proposée et dans la série des modules; soient en outre P_n et $-Q_n$ la somme des termes positifs et celle des termes négatifs contenue dans S_n. On aura

$$(17) \qquad S_n = P_n - Q_n \qquad \text{et} \qquad S'_n = P_n + Q_n, \qquad (18)$$

Puisque la série des modules est convergente, S'_n tend vers une limite L, quand n croît indéfiniment; et la relation (18) montre que P_n et Q_n, qui sont positifs et ne peuvent varier qu'en croissant lorsque n croît, restent l'un et l'autre inférieurs à L. Donc P_n et Q_n ont des limites déterminées P et Q, par suite, en vertu de la relation (17), S_n a pour limite P — Q, ce qui prouve la convergence de la série proposée.

La condition précédente est suffisante, mais elle n'est pas nécessaire. Par exemple, la série harmonique alternée est convergente (n° 138. 1°), tandis que la série des modules, qui n'est autre que la série harmonique ordinaire, est divergente (n° 118).

On est ainsi conduit à diviser les séries *convergentes* en

deux classes : celles qu'on nomme *absolument convergentes* et pour lesquelles la série des modules est convergente, et celles qu'on nomme *semi-convergentes* et pour lesquelles la série des modules est divergente.

140. Le simple rapprochement du numéro qui précède et du n° 123 montre qu'*une série est absolument convergente si, à partir d'un certain rang, les modules de ses termes sont respectivement moindres que les modules des termes d'une autre série absolument convergente.*

Il résulte de là que, *si une série*

$$u_1, \quad u_2, \quad \ldots, \quad u_n, \quad \ldots$$

est absolument convergente, il en est de même de la série

$$a_1 u_1, \quad a_2 u_2, \quad \ldots, \quad a_n u_n, \quad \ldots,$$

où a_1, a_2, ..., a_n, ... désignent des quantités ayant des signes quelconques mais des modules inférieurs à un nombre positif donné A. En effet, on a

$$| a_n u_n | < A \, | u_n | ,$$

et, par suite, les modules des termes de la seconde série sont inférieurs aux modules des termes de la deuxième multipliés par A.

141. *Si une série*

$$u_1, \quad u_2, \ldots u_n, \ldots \tag{19}$$

est absolument convergente, elle reste convergente et conserve sa somme S, lorsqu'on modifie arbitrairement l'ordre des termes.

En effet, par hypothèse, la série des modules

$$| u_1 | , \quad | u_2 | , \ldots | u_n | , \ldots \tag{20}$$

est convergente ; par suite la somme

$$| u_{n+1} | + | u_{n+2} | + \dots, \qquad (21)$$

qui est le reste R_n de la série des modules, tend vers zéro quand n croît indéfiniment, et il en est *a fortiori* de même de la somme

$$| u_\alpha | + | u_\beta | , \dots + | u_\lambda | , \qquad (22)$$

formée par un certain nombre de termes de (21).

Cela posé, soit $S'_{n'}$ la somme des n' premiers termes de la série qui résulte de la proposée (19) par le changement de l'ordre des termes. Quelque grand que soit n, on peut prendre n' assez grand pour que $S'_{n'}$ contienne tous les termes de

$$S_n = u_1 + u_2 + \dots + u_n.$$

La différence $S'_{n'} - S_n$ ne contiendra donc que des termes

$$u_\alpha, u_\beta, \dots, u_\lambda,$$

dont l'indice est supérieur à n ; la valeur absolue $| S'_{n'} - S_n |$ de cette différence est donc moindre que la somme (22) ; elle tend donc vers zéro quand n, et par suite n', croissent indéfiniment. Mais alors S_n tend vers S ; donc enfin $S'_{n'}$ a pour limite S.

142. Lorsqu'une série est semi-convergente, on ne saurait changer l'ordre des termes sans courir le risque d'altérer la somme de la série ou même de lui faire perdre sa convergence. C'est Dirichlet qui a le premier attiré l'attention sur ces faits, que deux exemples suffiront à mettre en évidence.

Soit la série

$$1 - \frac{1}{2} + \frac{1}{3} - \frac{1}{4} + \frac{1}{5} - \frac{1}{6} + \dots, \qquad (23)$$

que l'on sait (n°s 138 et 118) être convergente.

Considérons la série

$$\left(1 - \frac{1}{2} - \frac{1}{4}\right) + \left(\frac{1}{3} - \frac{1}{6} - \frac{1}{8}\right) + \left(\frac{1}{5} - \frac{1}{10} - \frac{1}{12}\right) + \dots \quad (24)$$

que l'on déduit de la précédente en faisant suivre d'abord le premier terme positif des deux premiers termes négatifs, puis le second terme positif du troisième et du quatrième termes négatifs, et ainsi de suite.

Nous allons montrer que la série (24) est convergente, mais que sa somme est égale à la moitié de la somme S de la série primitive (23).

En effet, en réduisant à un seul terme les deux premiers termes de chaque trinôme entre parenthèses, la série (24) devient

$$\left(\frac{1}{2} - \frac{1}{4}\right) + \left(\frac{1}{6} - \frac{1}{8}\right) + \left(\frac{1}{10} - \frac{1}{12}\right) + \dots$$

ou

$$\frac{1}{2}\left(1 - \frac{1}{2} + \frac{1}{3} - \frac{1}{4} + \frac{1}{5} - \frac{1}{6} + \dots\right),$$

c'est-à-dire la série primitive (23), dont on a multiplié chaque terme par $\frac{1}{2}$.

C'est là un exemple du cas où le changement d'ordre des termes altère la somme sans faire perdre à la série sa convergence.

Pour avoir un exemple du cas où le changement d'ordre des termes rend la série divergente, nous considérerons la série semi-convergente (n°s 124 et 136) :

$$1 - \frac{1}{\sqrt{2}} + \frac{1}{\sqrt{3}} - \frac{1}{\sqrt{4}} + \dots$$

En disposant ses termes de la manière suivante :

$$\left(1 + \frac{1}{\sqrt{3}} - \frac{1}{\sqrt{2}}\right) + \left(\frac{1}{\sqrt{5}} + \frac{1}{\sqrt{7}} - \frac{1}{\sqrt{4}}\right) + \left(\frac{1}{\sqrt{9}} + \frac{1}{\sqrt{11}} - \frac{1}{\sqrt{6}}\right) + \dots$$

on forme une nouvelle série dont le terme général

$$u_n = \frac{1}{\sqrt{4n-3}} + \frac{1}{\sqrt{4n-1}} - \frac{1}{\sqrt{2n}}$$

est plus grand que la quantité positive

$$\frac{1}{\sqrt{4n}} + \frac{1}{\sqrt{4n}} - \frac{1}{\sqrt{2n}} \qquad \text{ou} \qquad \left(1 - \frac{1}{\sqrt{2}}\right)\frac{1}{\sqrt{n}},$$

et *a fortiori* plus grand que le terme général $\frac{1}{n}$ de la série harmonique ; la nouvelle série est donc divergente.

Addition et multiplication des séries

143. *Si les séries*

$$u_1, \quad u_2, \quad \ldots, \quad u_n, \quad \ldots$$
$$v_1, \quad v_2, \quad \ldots, \quad v_n, \quad \ldots$$

sont convergentes et ont respectivement pour sommes u et v, la série

$$u_1 + v_1, \quad u_2 + v_2, \quad \ldots, \quad u_n + v_n, \quad \ldots$$

formée en ajoutant les précédentes terme à terme, est convergente et a pour somme $u + v$.

En effet, en désignant respectivement par U_n, V_n et S_n la somme des n premiers termes dans chacune des trois séries considérées, on a

$$S_n = U_n + V_n$$

et, par suite, lorsque n croît indéfiniment

$$\lim S_n = u + v$$

144. *Si les deux séries*

$$u_0, \qquad u_1, \qquad \ldots, \qquad u_n, \qquad \ldots \qquad (25)$$

$$v_0, \qquad v_1, \qquad \ldots, \qquad v_n, \qquad \ldots \qquad (26)$$

sont convergentes et ont pour sommes respectives u et v ; si de plus l'une d'elles au moins (la première par exemple) est absolument convergente, la série

$$w_0, \qquad w_1, \qquad \ldots, \qquad w_n, \qquad \ldots, \qquad (27)$$

qui a pour terme général

$$w_n = u_0 v_n + u_1 v_{n-1} + \ldots + u_n v_0, \qquad (28)$$

est convergente et a pour somme le produit uv.

En effet, désignons respectivement par U_n, V_n, W_n la somme des $(n+1)$ premiers termes dans chacune des trois séries considérées. La différence

$$\delta = W_{2n} - U_n V_n, \qquad (29)$$

développée et ordonnée suivant les indices de la lettre u, a pour expression

$$
\begin{aligned}
\delta = {} & u_0 \, (v_{n+1} + \ldots + v_{2n}) & &+ u_{n+1} \, (v_0 + \ldots + v_{n-1}) \\
& + u_1 \, (v_{n+1} + \ldots + v_{2n-1}) & &+ u_{n+2} \, (v_0 + \ldots + v_{n-2}) \\
& \ \ \vdots & & \ \ \vdots \\
& + u_{n-2} \, (v_{n+1} + v_{n+2}) & &+ u_{2n-1} \, (v_0 + v_1) \\
& + u_{n-1} \cdot v_{n+1} & &+ u_{2n} \cdot v_0.
\end{aligned}
$$

Nous avons placé les divers termes sur deux colonnes dont l'une contient les termes en u_0, u_1, $\ldots$, u_{n-1} et l'autre les termes en u_{n+1}, $\ldots$, u_{2n} ; le terme en u_n a disparu.

On a, d'après cela, en considérant les modules

$$
\begin{aligned}
|\delta| < {} & |u_0| \cdot |v_{n+1} + \ldots + v_{2n}| & &+ |u_{n+1}| \cdot |v_0 + \ldots + v_{n-1}| \\
& + |u_1| \cdot |v_{n+1} + \ldots + v_{2n-1}| & &+ |u_{n+2}| \, |v_0 + \ldots + v_{n-2}| \\
& \ \ \vdots & & \ \ \vdots \\
& + |u_{n-1}| \cdot |v_{n+1}| & &+ |u_{2n}| \cdot |v_0|
\end{aligned}
\qquad (30)
$$

Mais, puisque la série (25) est absolument convergente et que la série (26) est convergente, on peut assigner deux nombres fixes positifs A et B, tels que l'on ait

$$|u_0| + |u_1| + \ldots + |u_n| < \text{A}, \qquad (31)$$
$$|v_0 + v_1 \quad + \ldots + \quad v_n| < \text{B}. \qquad (32)$$

D'ailleurs, en vertu du principe général de convergence (n° 120), on peut prendre n assez grand pour qu'on ait, quel que soit p, les inégalités

$$|u_{n+1}| + |u_{n+2}| + \ldots + |u_{n+p}| < \varepsilon, \qquad (33)$$
$$|v_{n+1} + v_{n+2} \quad + \ldots + \quad v_{n+p}| < \varepsilon, \qquad (34)$$

ε étant une quantité positive aussi petite qu'on voudra.

On aura donc, en vertu de (31) et de (32),

$$|\delta| < \varepsilon \left\{ |u_0| + \ldots + |u_{n-1}| \right\} + \text{B} \left\{ |u_{n+1}| + \ldots + |u_{2n}| \right\}$$

et *a fortiori*, à cause de (31) et de (33),

$$|\delta| < \text{A}\varepsilon + \text{B}\varepsilon \qquad \text{ou} \qquad (\text{A} + \text{B})\,\varepsilon\,;$$

d'où l'on voit, puisque $\text{A} + \text{B}$ est fixe, que $|\delta|$ peut devenir moindre que toute quantité donnée. En d'autres termes, l'expression

$$\text{W}_{2n} - \text{U}_n \text{V}_n$$

tend vers zéro, quand n croît indéfiniment, et l'on verrait, par un raisonnement analogue, qu'il en est de même de l'expression

$$\text{W}_{2n+1} - \text{U}_{n+1} \text{V}_{n+1}.$$

Donc enfin, puisque U_n et U_{n+1} ont pour limite u et que V_n et V_{n+1} ont pour limite v, W_{2n} et W_{2n+1} tendent l'un et l'autre vers uv, lorsque n croît indéfiniment.

Ce théorème est dû à Cauchy ; mais cet illustre géomètre supposait que les deux séries (25) et (26) étaient absolument convergentes ; c'est M. Mertens qui a montré qu'il suffisait que l'une de ces deux séries fût absolument convergente, l'autre pouvant être simplement convergente.

Remarque

146. La théorie de la convergence des séries fournit un moyen souvent commode pour démontrer qu'une expression $\varphi(n)$ a pour limite zéro, lorsque le nombre entier et positif n croît indéfiniment.

Il suffit, en effet, d'après le n° 119, de prouver par un moyen quelconque la convergence de la série dont le terme général est $\varphi(n)$.

Voici deux exemples utiles :

1° L'expression

$$\frac{x^{n}}{1.2 \ldots n}. \tag{35}$$

où x a une valeur déterminée et où n désigne un entier positif, a pour limite zéro lorsque n croît indéfiniment. En effet, la série dont l'expression (35) est le terme général est convergente, vu que le rapport $\dfrac{x}{n}$ d'un terme quelconque au précédent tend, pour $n = \infty$, vers zéro, c'est-à-dire vers une quantité moindre que 1 en valeur absolue.

2° Considérons l'expression

$$\frac{\mu(\mu-1)\ldots(\mu-n)}{1.2\ldots n}\,x^{n} \tag{36}$$

dans laquelle μ désigne un nombre fixe quelconque, n un entier positif, et x une quantité donnée moindre en valeur absolue que l'unité. Cette expression a pour limite zéro, quand n croît indéfiniment. En effet, la série dont l'expression (36) est le terme général est convergente, vu que le rapport $\dfrac{\mu-n}{n}\,x$ d'un terme au précédent tend, pour $n = \infty$, vers $-x$, c'est-à-dire a une limite moindre en valeur absolue que l'unité.

CHAPITRE X

FORMULES DE TAYLOR ET DE MACLAURIN

Formule de Taylor

147. C'est en 1717, dans l'ouvrage intitulé *Methodus incrementorum*, que Taylor a fait connaître la formule célèbre

$$f(x) = f(a) + \frac{x-a}{1} f'(a) + \frac{(x-a)^2}{1.2} f''(a) + \dots, \quad (1)$$

sans se préoccuper d'ailleurs des conditions propres à rendre son emploi légitime.

Un siècle devait s'écouler avant qu'il fût question d'évaluer la différence

$$R = f(x) - f(a) - \frac{x-a}{1} f'(a) \dots - \frac{(x-a)^{n-1}}{1.2 \dots (n-1)} f^{(n-1)}(a) \quad (2)$$

entre $f(x)$ et la somme des n premiers termes de la *série de Taylor*, c'est-à-dire de la série qui constitue le second membre de la relation (1).

Nous allons faire connaître les principales formes que ce reste R est susceptible de recevoir.

Soient a et x deux nombres donnés quelconques et $f(z)$ une fonction astreinte à rester continue ainsi que ses $n-1$ premières dérivées lorsque la variable z est renfermée dans l'intervalle (a, x); la dérivée suivante $f''(z)$ peut devenir discontinue dans cet intervalle : il suffit qu'elle soit déterminée.

Posons

$$R = P (x — a)^p, \qquad (3)$$

p étant l'un quelconque des nombres 1, 2, ..., n. La recherche du nombre R est ainsi ramenée à celle du nombre P, lequel, en vertu des égalités (2) et (3), se trouve alors défini par la relation

$$f(x) — f(a) — \frac{x—a}{1} f'(a) — \dots — \frac{(x—a)^{n-1}}{(n—1)!} f^{(n-1)}(a) = P (x — a)^p. \quad (4)$$

Cela posé, considérons la fonction

$$\varphi(z) = f(x) — f(z) — \frac{x — z}{1} f'(z) — \frac{(x — z)^2}{2!} f''(z) — \dots$$
$$— \frac{(x — z)^{n-1}}{(n — 1)!} f^{(n-1)}(z) — P (x — z)^p, \quad (5)$$

dont la dérivée, suppression faite des termes qui se détruisent deux à deux, se réduit à l'expression très simple

$$\varphi'(z) = — \frac{(x — z)^{n-1}}{(n — 1)!} f^{(n)}(z) + Pp (x — z)^{p-1}. \quad (6)$$

La fonction $\varphi(z)$ s'annule, en vertu de (4), pour $z = a$; elle s'annule aussi évidemment pour $z = x$. Donc, d'après le théorème de Rolle, sa dérivée $\varphi'(z)$ s'annule pour une valeur de z comprise entre a et x et que l'on peut, par conséquent, représenter par $a + \theta(x — a)$, θ désignant un nombre inconnu, mais convenablement choisi entre o et 1. Cette condition s'exprime, en vertu de (6), par la formule

$$o = — (x — a)^{n-p} \frac{(1 — \theta)^{n-p}}{(n — 1)!} f[a + \theta (x — a)] + Pp,$$

d'où l'on déduit en résolvant par rapport à P et portant dans (3)

$$R = \frac{(x — a)^n (1 — \theta)^{n-p}}{p \cdot (n — 1)!} f^n [a + \theta (x — a)]. \quad (7)$$

148. Cette expression, du reste, qui renferme un nombre p arbitrairement choisi dans la suite $1, 2, \ldots, n$, n'est pas très usuelle. On lui préfère, dans la pratique, tantôt l'une, tantôt l'autre des deux suivantes :

$$R = \frac{(x - a)^n}{n!} \, f^{(n)}[a + 0(x-a)], \qquad (8)$$

$$R = \frac{(x - a)^n}{(n-1)!} (1 - 0)^{n-1} f^{(n)}[a + 0(x - a)], \qquad (9)$$

que l'on déduit de (7) en particularisant le nombre p.

La première (8) est due à Lagrange ; on l'obtient en prenant

$$p = n,$$

tandis que la seconde (9), due à Cauchy, résulte de l'hypothèse

$$p = 1.$$

Il est presque superflu d'observer que la quantité inconnue désignée par 0 n'a pas la même valeur dans les formules (7), (8), (9), toutefois elle est toujours comprise entre 0 et 1 [1].

149. En résolvant l'équation (2) par rapport à $f(x)$, on a

$$f(x) = f(a) + \frac{x - a}{1} f'(a) + \ldots + \frac{(x - a)^{n-1}}{(n - 1)!} f^{(n-1)}(a) + R. \quad (10)$$

Cette formule, dans laquelle R représente l'une des expressions (8) et (9) est une généralisation du théorème des accroissements finis.

Il résulte de la formule (10) que *l'emploi de la formule* (1)

---

[1] La formule (7) est la plus récente ; elle a été trouvée en 1858 par Édouard Roche à l'aide du Calcul intégral. On nous permettra de rappeler que nous avons donné dès la même époque la démonstration simple qui précède et qui est applicable aux diverses formes du reste. Voir le *Cours d'analyse* de M. Hermite : le *Traité de calcul différentiel et intégral* de M. Bertrand ; le *Cours d'analyse* de Sturm revu par M. de Saint-Germain ; l'*Algèbre* de Briot ; etc.

n'est légitime que si le reste R *tend vers zéro lorsque n croît indéfiniment.*

150. Souvent on pose $x = a + h$; la formule (10) prend alors la forme fort usitée

$$f(a + h) = f(a) + \frac{h}{1}(f'a) + \dots + \frac{h^{n-1}}{(n-1)!} f^{(n-1)}(a) + R \quad (11),$$

et dans laquelle R désigne l'une des expressions

$$\left.\begin{array}{l} R = \dfrac{h^n}{n!} f^{(n)}(a + \theta h), \\[2mm] R = \dfrac{h^n (1-\theta)^{n-1}}{(n-1)!} f^{(n)}(a + \theta h), \\[2mm] R = \dfrac{h^n (1-\theta)^{n-p}}{p.(n-1)!} f^{(n)}(a + \theta h). \end{array}\right\} \quad (12)$$

Formule de Maclaurin

151. Pour $a = 0$, la formule (10) devient

$$f(x) = f(0) + \frac{x}{1} f'(0) + \dots + \frac{x^{n-1}}{(n-1)!} f^{(n-1)}(0) + R, \quad (13)$$

R devant y être remplacé par l'une des deux expressions

$$R = \frac{x^n}{n!} f^{(n)}(\theta x) \qquad \text{(Lagrange),} \quad (14)$$

$$R = \frac{(1-\theta)^{n-1} x^n}{(n-1)!} f^{(n)}(\theta x) \quad \text{(Cauchy),} \quad (15)$$

$$R = \frac{(1-\theta)^{n-p}}{p.(n-1)!} x^n f^{(n)}(\theta x) \quad \text{(Roche).} \quad (16)$$

Si R tend vers zéro lorsque n croît indéfiniment, on tombe sur la formule

$$f(x) = f(0) + \frac{x}{1} f'(0) + \frac{x^2}{1.2} f''(0) + \dots \quad (17)$$

qui porte le nom de *formule de Maclaurin* et qui donne le développement de $f(x)$ en série convergente et ordonnée suivant les puissances entières et positives de x.

Nous allons chercher, par cette méthode, les développements des fonctions élémentaires e^x, $\sin x$, $\cos x$, $\log (1 + x)$, $(1 + x)$.

Développement de e^x

152. Les dérivées successives de e^x sont égales à e^x; elles prennent donc toute la valeur 1 pour $x = o$, et par suite la formule de Maclaurin, complétée par le reste de Lagrange (15), devient ici

$$e^x = 1 + \frac{x}{1} + \frac{x^2}{1.2} + \cdots + \frac{x^{n-1}}{1.2 \ldots (n-1)} + \frac{x^n}{1.2 \ldots n} e^{\theta x}, \quad (18)$$

x ayant une valeur déterminée quelconque. Le premier facteur

$$\frac{x^n}{1.2, \ldots, n}$$

du reste tend vers zéro (n° 146) quand n croît indéfiniment; le second facteur $e^{\theta x}$ est fini, puisqu'il est compris entre 1 et e^x. Donc le reste R est nul pour $n = \infty$, et l'on a pour le développement de e^x en série convergente

$$e^x = 1 + \frac{x}{1} + \frac{x^2}{1.2} + \frac{x^3}{1.2.3} + \cdots + \frac{x^n}{1.2, \ldots, n} + \cdots \quad (19)$$

153. a étant un nombre positif, on peut écrire

$$a^x = e^{x \log a};$$

par suite, il suffira de remplacer dans la formule (19) x par $x \log a$ pour obtenir le développement de a^x:

$$a^x = 1 + \frac{x \log a}{1} + \frac{x^2 (\log a)^2}{1.2} + \cdots \quad (20)$$

Développements de $\sin x$ et de $\cos x$

154. Si $f(x) = \sin x$, et $\varphi(x) = \cos x$, on a (n° 80)

$$f^{(n)}(x) = \sin\left(x + \frac{n\pi}{2}\right), \qquad \varphi^{(n)}(x) = \cos\left(x + \frac{n\pi}{2}\right),$$

et par suite

$$f^{(n)}(o) = \sin\frac{n\pi}{2}, \qquad \varphi^{(n)}(o) = \cos\frac{n\pi}{2}.$$

La formule (14), quand on adopte pour le reste la forme due à Lagrange, donne donc

$$\sin x = \frac{x}{1} - \frac{x^3}{3!} + \frac{x^5}{5!} - \dots + \frac{x^n}{n!}\sin\frac{n\pi}{2} + \frac{x^{n+1}}{(n+1)!}\sin\left(\theta x + \frac{n+1}{2}\pi\right), \quad (21)$$

$$\cos x = 1 - \frac{x^2}{2!} + \frac{x^4}{4!} - \dots + \frac{x^n}{n!}\cos\frac{n\pi}{2} + \frac{x^{n+1}}{(n+1)!}\cos\left(\theta x + \frac{n+1}{2}\pi\right). \quad (22)$$

Dans chacune de ces formules. le reste est moindre en valeur absolue que

$$\frac{x^{n+1}}{(n+1)!};$$

il tend donc vers zéro (n° 146), quand n croit indéfiniment, pour toute valeur déterminée de x, et l'on a. par suite, pour les développements de $\sin x$ et de $\cos x$. les séries convergentes

$$\sin x = \frac{x}{1} - \frac{x^3}{3!} + \frac{x^5}{5!} - \dots \qquad (23)$$

$$\cos x = 1 - \frac{x^2}{2!} + \frac{x^4}{4!} - \dots \qquad (24)$$

Remarques

155. On peut affirmer que la formule de Taylor (1) est applicable toutes les fois que la fonction considérée $f(x)$

est telle que toutes ses dérivées successives soient continues dans l'intervalle (a, x) et restent, dans cet intervalle, moindres en valeur absolue qu'un nombre positif donné quelconque A. En effet, le reste (8) est alors moindre que

$$ \mathrm{A} \left| \frac{(x-a)^n}{n!} \right| $$

et par suite (n° 146) tend vers zéro quand n croît indéfiniment. La même observation a lieu pour la formule de Maclaurin (17).

Nous aurions pu, en profitant de cette proposition, qui est évidemment applicable à e^x, $\sin z$, $\cos z$, éviter le calcul du reste pour établir les formules (19), (23) et (24). Mais il ne faudrait pas se faire illusion sur la portée de la susdite proposition ; elle ne trouve guerre d'application en dehors des trois fonctions précédentes, et d'ailleurs, même dans ce cas, la connaissance du reste est utile pour un grand nombre de recherches.

156. On doit bien se garder de croire que les formules (1) et (17) de Taylor et de Maclaurin soient applicables dès que les seconds membres sont des séries convergentes. Ces séries pourraient avoir une somme autre que $f(x)$. Si l'on se reporte, en effet, aux formules (10) et (14), on voit que R dépend à la fois de x et de n, et il peut se faire que, pour n infini, ce reste ait une limite $\mathrm{F}(x)$, différente de zéro ; alors les séries en question ont évidemment pour somme non plus $f(x)$, mais la différence $f(x) - \mathrm{F}(x)$.

Ainsi l'exactitude des formules (1) et (17) ne peut être établie que par la considération du terme complémentaire R. Toutefois, comme ce reste R ne peut être nul sans que les *séries* de Taylor et de Maclaurin soient convergentes (vu qu'une série divergente ne représente aucune fonction), il y a tout intérêt à chercher d'abord entre quelles limites ces séries sont convergentes afin de n'avoir à discuter ce reste que pour les valeurs de x comprise entre ces limites. C'est de la sorte que nous procéderons dans les exemples suivants.

Développement de $(1 + x)^m$

157. Lorsque l'exposant m est un nombre entier et positif, le développement de $(1 + x)^m$ se compose d'un nombre de termes limité; c'est la *formule du binôme* que l'on démontre en algèbre élémentaire.

Nous laisserons ici m quelconque, et nous supposerons en outre $x > -1$; la fonction

$$f(x) = (1 + x)^m$$

aura de la sorte un sens bien net, vu que à chaque valeur de x répondra alors pour $f(x)$ une seule valeur réelle et positive.

En prenant les dérivées successives de $(1 + x)^m$, on trouve sans aucune difficulté

$$f^{(n)}(x) = m(m-1)\ldots(m-n+1)(1+x)^{m-n},$$

et par suite,

$$f^{(n)}(0) = m(m-1)\ldots(m-n+1).$$

La formule (14) devient donc ici

$$(1 + x)^m = 1 + \frac{m}{1}x + \frac{m(m-1)}{2!}x^2 + \ldots$$
$$+ \frac{m(m-1)\ldots(m-n+2)}{(n-1)!}x^{n-1} + \mathrm{R}, \quad (25)$$

le reste R ayant pour expression, si l'on adopte la forme due à Cauchy,

$$\mathrm{R} = \left(\frac{m(m-1)\ldots(m-n+1)}{(n-1)!}x^n\right)\left(\frac{1-\theta}{1+\theta x}\right)^{n-1}(1+\theta x)^{m-1}. \quad (26)$$

Or, si l'on considère la série

$$1 + \frac{m}{1}x + \frac{m(m-1)}{2!}x^2 + \frac{m(m-1)(m-2)}{3!}x^3 + \ldots \quad (27)$$

on voit que le rapport d'un terme au précédent a pour expression

$$\frac{m - n + 1}{n}\, x,$$

et par suite a pour limite $- x$ lorsque n croit indéfiniment; la série (27) est donc divergente si x est, en valeur absolue, supérieure à 1, et il suffit d'étudier le reste (26) dans l'intervalle $(- 1, + 1)$; nous exclurons même les valeurs extrêmes $- 1$ et $+ 1$, nous réservant d'étudier plus tard le cas où $x = \pm 1$.

Le reste (26) est un produit de trois facteurs : Dans notre hypothèse $|x| < 1$, le premier facteur a pour limite zéro (n° 146, le second a une valeur absolue au plus égale à 1, et le dernier est inférieur au nombre fixe $(1 + x)^{m-1}$. Le reste tend donc vers zéro, et l'on a pour toute valeur de x comprise entre $- 1$ et $+ 1$

$$(1+x)^{m}=1+ \frac{m}{1}\, x + \frac{m(m-1)}{2!}\, x^2 + \frac{m(m-1)(m-2)}{3!}\, x^3 + \dots \quad (28)$$

158. Citons en particulier les formules souvent utiles :

$$\sqrt{1 - x} = 1 - \frac{1}{2}\frac{x}{1} - \frac{1.3}{2.4}\frac{x^2}{3} - \frac{1.3.5}{2.4.6}\frac{x^3}{5} - \dots\,;$$

$$\frac{1}{\sqrt{1 - x}} = 1 + \frac{1}{2}\, x + \frac{1.3}{2.4}\, x^2 + \frac{1.3.5}{2.4.6}\, x^3 + \dots$$

Développement de $\log (1 + x)$

159. Considérons la fonction

$$f(x) = \log(1 + x),$$

qui (n° 21) prend une valeur réelle unique pour chaque

valeur de x supérieure à -1. On a

$$f'(x) = (1 + x)^{-1},$$
$$\cdots \cdots \cdots \cdots \cdots \cdots \cdots \cdots$$
$$f^{(n)}(x) = (-1)^{n-1}(n-1)!\,(1+x)^{-n},$$

et par suite

$$f(o) = o, \qquad f'(o) = 1, \qquad \ldots, \qquad f^{(n)}(o) = (-1)^{n-1}(n-1)!.$$

La formule (14) devient alors

$$\log(1+x) = \frac{x}{1} - \frac{x^2}{2} + \frac{x^3}{3} - \cdots + (-1)^{n-1}\frac{x^{n-1}}{n-1} + R, \quad (29)$$

le reste R ayant pour expression

$$R = \frac{(-1)^{n-1}}{1+\theta x} \cdot \left(\frac{1-\theta}{1+\theta x}\right)^{n-1} \cdot x^n, \qquad (30)$$

si l'on adopte la forme due à Cauchy.

La série

$$\frac{x}{1} - \frac{x^2}{2} + \frac{x^3}{3} - \cdots + (-1)^n\frac{x^n}{n} + \cdots$$

est divergente pour toute valeur de x dont le module est supérieur à 1, car le rapport

$$-\frac{n-1}{n}x$$

d'un terme au précédent tend vers $-x$ lorsque n croit indéfiniment ; elle est d'ailleurs divergente pour $x = -1$, puisqu'elle se réduit alors à la série harmonique. Il suffit donc d'étudier le reste dans l'intervalle

$$-1 < x \leqq 1. \qquad (31)$$

Or, pour $x = 1$, l'expression (30) est indéterminée ; mais

le reste de Lagrange

$$\frac{(-1)^{n-1}}{n} \frac{1}{(1+\theta)^n}$$

tend vers zéro lorsque n croît indéfiniment, parce que le second facteur reste fini, tandis que le premier tend vers zéro.

Pour x compris entre -1 et 1, le reste (30) est le produit de trois facteurs dont les deux premiers ne peuvent, en valeur absolue, surpasser l'unité, tandis que le dernier tend vers zéro, quand n croît indéfiniment.

Le reste R tend donc vers zéro dans l'hypothèse (31), et l'on a alors

$$\log(1+x) = \frac{x}{1} - \frac{x^2}{2} + \frac{x^3}{3} - \dots \qquad (32)$$

160. Au lieu de la formule unique (32), où x varie entre -1 et 1, on peut ne faire varier x que de 0 à 1 et joindre à la formule (32) la suivante :

$$-\log(1-x) = \frac{x}{1} + \frac{x^2}{2} + \frac{x^3}{3} + \dots \qquad (33)$$

Les restes peuvent alors recevoir des formules plus simples.

En effet, on peut, dans notre hypothèse, appliquer à la série (32) le théorème relatif aux séries alternées. Le reste est donc moindre en valeur absolue que le premier terme négligé, et l'on a, θ étant compris entre 0 et 1,

$$\log(1+x) = \frac{x}{1} - \frac{x^2}{2} + \frac{x^3}{3} + \dots + (-1)^{n-2}\frac{x^{n-1}}{n-1} + (-1)^{n-1}\frac{\theta x^n}{n}. \qquad (34)$$

En second lieu, la somme des termes qui dans la série (33) suivent le $(n-1)^{\text{ième}}$ est moindre que

$$\frac{x^n}{n}(1 + x + x^2 + x^3 + \dots) = \frac{x^n}{n(1-x)},$$

et l'on a, θ' étant compris entre 0 et 1,

$$-\log(1-x) = \frac{x}{1} + \frac{x^2}{2} + \frac{x^3}{3} + \dots + \frac{x^{n-1}}{n-1} + \theta'\frac{x^n}{n(1-x)} \qquad (35)$$

161. On en conclut en particulier pour $n = 2$

$$\log(1 + x) = x - \theta\,\frac{x^2}{2} \qquad (36)$$

$$-\log(1 - x) = x + \theta'\,\frac{x^2}{2(1 - x)}, \qquad (37)$$

formules souvent utiles, où x, θ, θ' sont compris entre 0 et 1.

Formules pour le calcul des logarithmes

162. Soient p et q deux nombres positifs quelconques ; p étant le plus grand des deux, si l'on pose

$$x = \frac{p - q}{p + q}, \qquad (38)$$

x sera compris entre 0 et 1, et l'on aura

$$\frac{p}{q} = \frac{1 + x}{1 - x}.$$

On en déduit

$$\log p - \log q = \log(1 + x) - \log(1 - x),$$

ou, en vertu de (32) et (33),

$$\log p - \log q = 2\left[\frac{x}{1} + \frac{x^3}{3} + \frac{x^5}{5} + \dots + \frac{x^{2K-1}}{2K-1} + \dots\right]\cdot \qquad (39)$$

Cette formule, très convergente dès que x est notablement inférieure à 1, permet de calculer le logarithme de p connaissant celui de q.

L'erreur commise, lorsqu'on se borne aux K premiers termes de la série, est évidemment inférieure à

$$2\left[\frac{x^{2K+1}}{2K+1} + \frac{x^{2K+3}}{2K+1} + \frac{x^{2K+5}}{2K+1} + \dots\right],$$

ou à

$$\frac{2 \cdot x^{2K+1}}{2K+1} \; 1 + x^2 + x^4 + \ldots,$$

et enfin à

$$\frac{2 \cdot x^{2K+1}}{(2K+1)(1-x^2)}.$$

On peut donc écrire

$$\log p - \log q = 2\left[\frac{x}{1} + \frac{x^3}{3} + \frac{x^5}{5} + \ldots + \frac{x^{2K-1}}{2K-1} + \frac{\theta x^{2K+1}}{(2K+1)(1-x^2)}\right], \; (40)$$

θ étant compris entre 0 et 1 et x ayant la signification indiquée par la formule (38).

Par exemple, pour $p = N + h$, $q = N$ et $K = 1$, il vient

$$\log(N + h) - \log N = \frac{2h}{2N + h}\left(1 + \frac{\theta h^2}{12N(N + h)}\right). \; (41)$$

163. Tout ce qui précède se rapporte aux logarithmes népériens. Pour passer aux logarithmes vulgaires, il suffit (n° 22) de multiplier les logarithmes népériens par le nombre

$$M = \frac{1}{\log 10},$$

dont on trouve la valeur de la manière suivante :

La formule (40) où l'on fait $p = 10$, $q = 8$, et par suite $x = \frac{1}{9}$, donne

$$\log 10 = 3 \log 2 + 2\left(\frac{1}{9} + \frac{1}{3.9^3} + \frac{1}{5.9^5} + \ldots\right).$$

La même formule où l'on fait $p = 2$, $q = 1$, et par suite $x = \frac{1}{3}$ donne,

$$\log 2 = 2\left(\frac{1}{3} + \frac{1}{3.3^3} + \frac{1}{5.3^5} + \ldots\right).$$

On a donc

$$\frac{1}{M} = \log 10 = 6 \left(\frac{1}{3} + \frac{1}{3.3^3} + \frac{1}{5.3^5} + \cdots \right)$$
$$+ 2 \left(\frac{1}{9} + \frac{1}{3.9^3} + \frac{1}{5.9^5} + \cdots \right)$$

En calculant chaque terme du second membre avec 28 décimales, puis divisant 1 par la somme ainsi obtenue, on a, avec 25 décimales exactes,

$$M = \frac{1}{\log 10} = 0,43429\ 44819\ 03251\ 82765\ 11289.$$

Remarque sur l'emploi des tables de logarithmes

164. Soit $n + h$ un nombre positif dont la partie entière n est comprise en 10000 et 100000; on trouve, dans la table supposée à 7 décimales, le logarithme de n ainsi que la différence tabulaire

$$\Delta = \log (n + 1) - \log n.$$

Cela étant, quand on veut calculer $\log (n + h)$ ou, ce qui revient au même, la différence

$$\delta = \log (n + h) - \log n,$$

on prend pour valeur approchée de cette différence la quantité δ_1 fournie par la proportion

$$\frac{\delta_1}{\Delta} = \frac{h}{1}. \tag{42}$$

Il est facile de voir que l'erreur $\delta - \delta_1$ ainsi commise est moindre que le quart d'une unité du huitième ordre décimal.

En effet, l'expression

$$\delta - \delta_1 = \log\left(1 + \frac{h}{n}\right) - h\log\left(1 + \frac{1}{n}\right)$$

devient, en vertu de la formule (36) traduite en logarithme vulgaire,

$$\delta - \delta_1 = M\left(\frac{h}{n} - \frac{\theta h^2}{2n^2}\right) - Mh\left(\frac{1}{n} - \frac{\theta'}{2n^2}\right),$$

où θ et θ' désignent deux nombres compris l'un et l'autre entre 0 et 1 ; on obtient, en réduisant,

$$\delta - \delta_1 = \frac{Mh}{2n^2}(\theta' - \theta h),$$

et par suite, puisque M est (n° 163) moindre que $\frac{1}{2}$, et que h est inférieur à 1,

$$|\delta - \delta_1| < \frac{1}{4n^2} < \frac{1}{4 \cdot 10^8}.$$

Nous avons supposé que les logarithmes fournis par la table étaient exacts; en réalité, ils sont entachés d'une erreur en plus ou en moins qui peut atteindre une demi-unité du septième ordre décimal, et de ce fait seul résulte sur la valeur de $\log(n + h)$ une erreur qui peut s'élever à une unité de cet ordre (voir l'*Introduction aux Tables de Schrön*, n° 14). Cette erreur étant notablement supérieure à celle que nous venons de calculer et qui provient de la proportion (42), l'emploi de cette proportion se trouve pleinement justifié.

Développement de arctg x

165. Comme dernière application de la formule de Maclaurin, cherchons le développement de

$$y = \text{arc tg} x.$$

Nous entendons par là l'arc compris entre $-\frac{\pi}{2}$ et $\frac{\pi}{2}$, dont la tangente est égale à x.

Si l'on pose

$$\frac{\pi}{2} - y = u,$$

on a (n° 80)

$$f^{(n)}(x) = (-1)^{n-1}(n-1)!\ \sin^n u \sin nu.$$

Mais, par hypothèse, quand x est nul, y l'est aussi et, par suite, u est égal à $\frac{\pi}{2}$; on a donc

$$f^{(n)}(o) = (-1)^{n-1}(n-1)!\ \sin n\frac{\pi}{2},$$

c'est-à-dire

$$f^n(o) = o$$

si n est pair, et

$$f^n(o) = (-1)^{\frac{3(n-1)}{2}}(n-1)!$$

si n est impair.

La formule (13) devient donc ici

$$\operatorname{arc\,tg} x = x - \frac{x^3}{3} + \frac{x^5}{5} - \frac{x^7}{7} + \ldots + \frac{x^{n-1}}{n-1} + R.$$

Le terme complémentaire a d'ailleurs pour expression

$$R = (-1)^{n-1}\frac{x^n}{n}\sin^n u_1 \sin nu_1,$$

où u_1 est l'arc compris entre $-\frac{\pi}{2}$ et $\frac{\pi}{2}$, satisfaisant à la relation

$$\operatorname{cotg} u_1 = \theta x,$$

dans laquelle θ est compris entre 0 et 1.

Il suit de là que, si x est, en valeur absolue, inférieur ou égal à 1, R tend vers zéro lorsque n croît indéfiniment.

Par suite on a pour le développement de arctg x en série convergente

$$\operatorname{arctg} x = \frac{x}{1} - \frac{x^3}{3} + \frac{x^5}{5} - \frac{x^7}{7} + \dots \qquad (44)$$

Cette série est d'ailleurs divergente pour $|x| > 1$; car le rapport d'un terme au précédent a pour limite x^2, qui, dans ce cas, est supérieur à 1.

Calcul de π

166. En partant du développement de arctg x, on parvient à une formule qui permet de calculer rapidement le rapport π de la circonférence au diamètre.

Désignons par p l'arc dont la tangente est égale à $\frac{1}{5}$, on aura successivement

$$\operatorname{tg} 2p = \frac{\frac{2}{5}}{1 - \frac{1}{25}} = \frac{5}{12},$$

$$\operatorname{tg} 4p = \frac{\frac{10}{12}}{1 - \frac{25}{144}} = \frac{120}{119}.$$

L'arc $4p$ est donc un peu plus grand que $\frac{\pi}{4}$ et, si l'on appelle q la différence de ces deux nombres, on a

$$\operatorname{tg} q = \operatorname{tg}\left(4p - \frac{\pi}{4}\right) = \frac{\frac{120}{119} - 1}{\frac{120}{119} + 1} = \frac{1}{239}.$$

De là résulte la relation

$$\frac{\pi}{4} = 4 \operatorname{arctg} \frac{1}{5} - \operatorname{arctg} \frac{1}{239},$$

c'est-à-dire, en appliquant la formule (44),

$$\frac{\pi}{4} = 4 \left(\frac{1}{5} - \frac{1}{3.5^3} + \frac{1}{5.5^5} - \frac{1}{7.5^7} + \cdots \right) \qquad (45)$$

$$- \left(\frac{1}{239} - \frac{1}{3.239^3} + \frac{1}{5.239^5} - \cdots \right);$$

c'est la relation que nous avions en vue. Il suffit par exemple de calculer 11 termes de la première série et 3 termes de la seconde pour obtenir, pour le nombre π, la valeur

$$3{,}14159 \ 26535 \ 89793$$

approchée avec quinze décimales exactes.

Méthode d'approximation de Newton

167. La formule de Taylor trouve une application intéressante dans la méthode indiquée par Newton, puis complétée par Fourier, pour trouver des valeurs de plus en plus rapprochées d'une racine d'une équation donnée algébrique ou transcendante.

Supposons que, par des substitutions convenablement dirigées, on soit parvenu à séparer une racine x_0 de l'équation $f(x) = 0$, c'est-à-dire à trouver deux nombres α et β comprenant cette racine inconnue x_0 et n'en comprenant aucune autre.

Nous supposerons en outre les nombres α et β assez rapprochés pour que la dérivée seconde $f''(x)$ conserve un signe constant dans l'intervalle (α, β); alors, comme $f(\alpha)$ et $f(\beta)$ sont de signes contraires, l'un des nombres (α, β) rendra le produit $f(x) f''(x)$ positif, tandis que l'autre rendra ce produit négatif.

Cela posé, la méthode d'approximation dont il s'agit consiste dans la proposition suivante :

Si l'on désigne par a celui des deux nombres α et β qui *rend $f(x)$ et $f''(x)$ de même signe, la quantité*

$$a_1 = a - \frac{f(a)}{f'(a)} \qquad (46)$$

sera comprise entre a et x_0.

En effet on a

$$o = f(x_0) = f(a + x_0 - a) = f(a) + \frac{x_0 - a}{1} f'(a) + \frac{(x_0 - a)^2}{1.2} f''(\lambda), \quad (47)$$

λ étant un nombre inconnu compris entre a et x_0. D'ailleurs $f'(a)$ est différent de zéro, sans quoi la relation précédente deviendrait

$$o = f(a) + \frac{x_0 - a}{2}^2 f''(\lambda).$$

ce qui ne peut être, puisque, d'après nos hypothèses, les deux termes du second membre ont le même signe. On peut donc diviser par $f'(a)$ l'équation (47) et la mettre sous la forme

$$x_0 = a_1 - \frac{(x_0 - a)^2}{2} \frac{f''(\lambda)}{f'(a)}. \qquad (48)$$

On déduit de (46) et de (48)

$$(x_0 - a_1)(a_1 - a) = \frac{(x_0 - a)^2}{2 f'(a)^2} f''(\lambda) f(a);$$

le produit

$$(x_0 - a_1)(a_1 - a)$$

est donc positif, et par suite les quantités

$$a, \qquad a_1, \qquad x_0$$

sont rangées par ordre de grandeur (croissante ou décroissante), ce qui démontre le théorème énoncé.

168. Ce théorème permet de passer d'une valeur approchée a à une autre a_1 plus approchée que la première et dans le même sens qu'elle.

Pour l'appliquer, on commencera par chercher une limite supérieure de la valeur absolue $|x_0 - a_1|$ de l'erreur que l'on commet en prenant a_1 pour nouvelle valeur approchée.

A cet effet, désignons par M la plus grande valeur absolue de $f''(x)$ dans l'intervalle (α, β), et posons

$$\frac{1}{2}\,\frac{M}{|f'(a)|} = q ;$$

on aura d'abord évidemment par la formule (48)

$$|x_0 - a_1| < q\,(\beta - \alpha)^2. \qquad (49)$$

Mais la même formule (48) donne aussi

$$|x_0 - a_1| < q\,[\,|x_0 - a_1| + |a_1 - a|\,]^2.$$

et par suite, eu égard à (49),

$$|x_0 - a_1| < q\,[\,q\,(\beta - \alpha)^2 + |a_1 - a|\,]^2. \qquad (50)$$

Le second membre de cette inégalité paraît compliqué ; mais il n'est pas nécessaire de le calculer exactement, il suffit de déterminer la puissance de $\frac{1}{10}$ qui lui est immédiatement supérieure.

Soit $\frac{1}{10^n}$ cette puissance et k la valeur *par défaut* à moins de $\frac{1}{10^n}$ du quotient

$$\left|\frac{f\,a}{f'(a)}\right|.$$

Si a est par défaut, la quantité $-\dfrac{f(a)}{f'(a)}$ sera positive, et l'on aura $a_1 = a + k + \varepsilon$; si a est par excès, la quantité $-\dfrac{f(a)}{f'(a)}$ sera négative, et l'on aura $a_1 = a - k - \varepsilon$. On prendra donc pour nouvelle valeur approchée $a \pm k$, en adoptant le signe $+$ ou le signe $-$ suivant que a est par défaut ou par excès.

Prenons l'exemple choisi par Newton lui-même ; il s'agit de l'équation

$$x^3 - 2x - 5 = 0,$$

qui, d'après le théorème de Descartes, ne peut avoir qu'une racine positive et qui en a effectivement une puisque le dernier terme est négatif. Proposons-nous d'évaluer cette racine.

On a

$$f(x) = x^3 - 2x - 5,$$
$$f'(x) = 3x^2 - 2,$$
$$f''(x) = 6x ;$$

on voit immédiatement que $f(2)$ est négative et $f(2,1)$ positive : d'ailleurs $f''(x)$ est positive pour toute valeur positive de x. Nous aurons donc ici, d'après les notations que nous avons adoptées,

$$\alpha = 2, \qquad \beta = 2,1, \qquad a = 2,1$$
$$q = \frac{1}{2} \frac{6 (2,1)}{11,23} < 0,6,$$
$$| a_1 - a | = \left| \frac{f(2,1)}{f'(2,1)} \right| = \frac{0,061}{11,23} < 0,006 ;$$

et par suite le second membre de l'inégalité (50) **sera** moindre que

$$0,6 [0,6 . 0,01 + 0,006]^2 < 0,0001.$$

Il faut donc évaluer le quotient

$$\frac{0,061}{11,23}$$

par défaut à moins d'un dix millième et retrancher de 2,1 le nombre 0,0054 ainsi obtenu ; cela donne, pour la racine cherchée, la valeur 2,0946 approchée à moins d'un dix millième par excès.

169. Terminons ce sujet par une remarque importante.

$f(a_1)$ et $f(a)$ ayant le même signe, il en sera de même de $f(a_1)$ et de $f''(a_1)$; on peut donc appliquer à la valeur approchée a_1 la règle de Newton-Fourrier, ce qui donne une nouvelle valeur approchée a_2, et ainsi de suite.

On obtient ainsi, par l'application répétée de la règle en question, une suite indéfinie de valeurs

$$a_1, \quad a_2, \quad a_3, \quad \ldots, \quad a_n, \quad \ldots, \qquad (51)$$

de plus en plus approchées de la racine x_0, et approchées toujours dans le même sens.

Mais pourra-t-on de la sorte approcher autant qu'on voudra de la racine x_0? En d'autres termes, la suite (51) a-t-elle pour limite x_0? La réponse est affirmative.

En effet, supposons, pour fixer les idées, que a soit par défaut; les nombres (51) vont en croissant et restent inférieurs à x_0; ils ont donc une limite λ. D'ailleurs on a

$$a_{n+1} - a_n = -\frac{f(a_n)}{f'(a_n)}.$$

Or, d'une part, le premier membre tend vers $\lambda - \lambda$, c'est-à-dire vers zéro, quand n croît indéfiniment. D'autre part, $f'(a_n)$ ne peut être infini, puisque, $f''(x)$ ne changeant pas de signe dans l'intervalle (α, β), $f'(x)$ varie dans le même sens entre $f'(\alpha)$ et $f'(\beta)$.

On a donc

$$\lim f(a_n) = 0,$$

c'est-à-dire

$$f(\lambda) = 0,$$

Le nombre λ est donc une racine de l'équation proposée, et, comme il est compris entre α et β et que l'équation n'a qu'une racine x_0 dans cet intervalle, on doit avoir

$$\lambda = x_0.$$

Convergence des produits d'une infinité de facteurs

170. La formule

$$\log (1 + x) = x - \frac{1}{2} \frac{x^2}{(1 + \theta x)^2}, \qquad (52)$$

où x est compris entre -1 et $+1$, trouve une application intéressante dans la recherche des conditions de convergence des produits d'un nombre infini de facteurs.

On dit qu'un tel produit

$$u_1 u_2 u_3 \ldots u_n \ldots \qquad (53)$$

est convergent si le produit

$$P_n = u_1 u_2 \ldots u_n$$

tend vers une limite déterminée P différente de zéro, lorsque n croît indéfiniment.

Pour que le produit (53) *soit convergent, il faut que ses facteurs tendent vers l'unité quand leur rang augmente indéfiniment.* On a en effet :

$$u_n = \frac{P_n}{P_{n-1}},$$

et, par suite, $\lim u_n = 1$, puisque les deux termes de la fraction précédente ont l'un et l'autre P pour limite.

On est ainsi conduit à poser

$$u_n = 1 + \alpha_n,$$

c'est-à-dire à considérer seulement les produits de la forme

$$(1 + \alpha_1) (1 + \alpha_2) \ldots (1 + \alpha_n) \ldots \qquad (54)$$

Ceci posé, voici un théorème fondamental :

Le produit (54) *converge vers une limite différente de zéro, si les deux séries*

$$\alpha_1 + \alpha_2 + \dots + \alpha_n + \dots, \qquad (55)$$
$$\alpha_1{}^2 + \alpha_2{}^2 + \dots + \alpha_n{}^2 + \dots, \qquad (56)$$

sont l'une et l'autre convergentes ; il a au contraire zéro pour limite si la série (55) *est convergente et la série* (56) *divergente.*

En effet, si l'on pose

$$P_n = (1 + \alpha_1)(1 + \alpha_2) \dots (1 + \alpha_n),$$

on a :

$$\log P_n = \log(1 + \alpha_1) + \log(1 + \alpha_2) + \dots + \log(1 + \alpha_n),$$

ou, en vertu de la formule (52).

$$\log P_n = (\alpha_1 + \alpha_2 + \dots + \alpha_n) \qquad (57)$$
$$- \frac{1}{2} \left[\frac{\alpha_1{}^2}{(1 + \theta_1\alpha_1)^2} + \frac{\alpha_2{}^2}{(1 + \theta_2\alpha_2)^2} + \dots + \frac{\alpha_n{}^2}{(1 + \theta_n\alpha_n)^2} \right].$$

Or, les quantités $1 + \theta_1\alpha_1$, $1 + \theta_2\alpha_2$, ..., $1 + \theta_n\alpha_n$, étant positives et ayant l'unité pour limite, la série dont les n premiers termes forment le crochet qui figure au second membre de (57) est (n° 123) convergente ou divergente en même temps que la série (56).

Donc, en premier lieu, si, la série (55) étant convergente, la série (56) l'est aussi, les deux parties dont se compose $\log P_n$ auront l'une et l'autre une limite finie, et par suite P_n aura une limite finie et différente de zéro.

En second lieu, si la série (55) étant convergente, la série (56) est divergente des deux parties dont se compose $\log P_n$, la première aura une limite finie et la seconde tendra vers $-\infty$. Log P_n aura donc $-\infty$ pour limite, et par suite P_n aura pour limite zéro.

171. Le second cas de l'énoncé précédent ne peut pas se présenter lorsque x_1, x_2, ... x_n, ..., sont tous de même signe. En d'autres termes, dans cette hypothèse, si la série (55) est convergente, la série (56) l'est aussi, puisque, dès que les quantités x deviennent moindres que 1 en valeur absolue, la seconde série a ses termes respectivement inférieurs aux termes correspondants de la première.

De là ce théorème : *Les produits*

$$(1 + x_1)(1 + x_2) \dots (1 + x_n) \dots,$$
$$(1 - x_1)(1 - x_2) \dots (1 - x_n) \dots,$$

où les quantités $x_1 x_2$, ... x_n ..., sont toutes positives, convergent vers une limite différente de zéro, si la série

$$\alpha_1, \qquad \alpha_2, \qquad \dots, \qquad \alpha_n, \qquad \dots$$

est convergente.

172. Exemples :

1° Le produit

$$(1 + \alpha)(1 + \alpha^2)(1 + \alpha^3) \dots,$$

où α est compris entre -1 et $+1$, converge vers une limite différente de zéro, car les deux séries

$$\alpha + \alpha^2 + \alpha^3 + \dots,$$
$$\alpha^2 + \alpha^4 + \alpha^6 + \dots.$$

sont convergentes.

2° Le produit

$$\left(1 + \frac{1}{\sqrt{1}}\right)\left(1 - \frac{1}{\sqrt{2}}\right)\left(1 + \frac{1}{\sqrt{3}}\right)\left(1 - \frac{1}{\sqrt{4}}\right) \dots$$

a pour limite zéro, car les seconds membres des binômes forment une série convergente

$$\frac{1}{\sqrt{1}} - \frac{1}{\sqrt{2}} + \frac{1}{\sqrt{3}} - \frac{1}{\sqrt{4}} + \dots,$$

mais leurs carrés forment la série harmonique, qui est divergente.

173. Les propositions précédentes servent le plus souvent à ramener la recherche de la convergence d'un produit à la recherche de la convergence d'une série. Mais, parfois, on peut au contraire rattacher la recherche de la convergence d'une série à celle d'un produit. Par exemple, soit le produit :

$$\left(1 - \frac{1}{2}\right)\left(1 - \frac{1}{3}\right)\left(1 - \frac{1}{4}\right) \cdots \left(1 - \frac{1}{n}\right) \cdots,$$

on a

$$P_n = \frac{1}{2} \cdot \frac{2}{3} \cdot \frac{3}{4} \cdots \frac{n-1}{n} = \frac{1}{n}.$$

Le produit considéré a donc zéro pour limite ; par suite, la série formée par les seconds termes des facteurs binômes ne saurait (n° 171) être convergente. C'est ce qui a lieu en effet, puisque cette série est la série harmonique.

Dernières remarques sur la formule de Taylor

174. Lorsque $f^{n-1}(x)$ n'est pas nul, on peut prendre h assez petit pour que le terme

$$\frac{h^{n-1}}{(n-1)!} f^{n-1}(x)$$

de la formule de Taylor l'emporte en valeur absolue sur le reste correspondant

$$\frac{h^n}{n!} f^n(x + \theta h).$$

En effet, puisque (n° 147) $f^n(x + \theta h)$ est finie, il suffit, pour satisfaire à l'inégalité

$$\frac{h^{n-1}}{(n-1)!} f^{n-1}(x) < \frac{h^n}{n} f^n(x + \theta h),$$

de prendre h inférieur à la valeur absolue de la quantité

$$\frac{nf^{n-1}(x)}{f^n(x+\theta h)}.$$

qui, dans notre hypothèse, est finie et différente de zéro.

175. Posons

$$f(x) = y$$

et

$$f(x+h) - f(x) = \Delta y;$$

les quantités

$$hf'(x), \qquad h^2 f''(x), \qquad \dots \qquad h^{n-1} f^{n-1}(x),$$

seront les différentielles successives

$$dy, \qquad d^2 y, \qquad \dots, \qquad d^{n-1} y$$

de y. Si, de plus, on représente par $d^n y$ l'expression $h^n f^n(n+\theta h)$, qui est la valeur de la différentielle $n^{\text{ième}}$ de y correspondant à la valeur $x+\theta h$ de la variable, la formule de Taylor devient

$$\Delta y = dy + \frac{d^2 y}{1.2} + \dots + \frac{d^{n-1} y}{n-1!} + \frac{d^n y}{n!}. \qquad (58)$$

Si l'on suppose $h = dx$ infiniment petit du premier ordre, $dy, d^2 y, \dots, d^{n-1} y, d^n y$ seront en général des infiniment petits ayant pour ordres respectifs $1, 2, \dots, n-1, n$. Quand on s'arrête dans le développement de Δy à un certain terme, on a une valeur approchée de l'accroissement infiniment petit de la fonction, et l'erreur commise correspondante est un infiniment petit d'un ordre supérieur à celui du dernier terme conservé.

CHAPITRE XI

FORMULES DE TAYLOR ET DE MACLAURIN
POUR LES FONCTIONS DE PLUSIEURS VARIABLES

Formule de Taylor pour les fonctions
de plusieurs variables

176. Soit $f(X, Y)$ une fonction de deux variables indépendantes dont les dérivées partielles, jusqu'à l'ordre n inclusivement, sont continues tant que X reste compris dans un certain intervalle (A, A') et que Y reste compris dans un intervalle (B, B').

x et $x + h$ étant deux nombres pris à volonté entre A et A', et y et $y + k$ deux nombres choisis arbitrairement entre B et B', on se propose de développer

$$f(x + h, y + k) \qquad (1)$$

suivant les puissances entières positives et croissantes de h et de k.

L'expression précédente est la valeur que prend, pour $t = 1$, la fonction de t définie par les relations

$$\varphi(t) = f(\alpha, \beta), \qquad \alpha = x + ht, \qquad \beta = y + kt. \qquad (2)$$

On obtiendra donc le développement cherché en appliquant à $\varphi(t)$ la formule de Maclaurin

$$\varphi(t) = \varphi(o) + \frac{t}{1}\varphi'(o) + \ldots + \frac{t^{n-1}}{1.2\ldots(n-1)}\varphi^{(n-1)}(o)$$
$$+ \frac{t^n}{1.2\ldots n}\varphi^{(n)}(\theta t),$$

puis, faisant $t = 1$, ce qui donne

$$\varphi(1) = \varphi(o) + \frac{\varphi'(o)}{1} + \ldots + \frac{\varphi^{(n-1)}(o)}{1.2\ldots(n-1)} + \frac{\varphi^{(n)}(\theta)}{1.2\ldots n}, \quad (3)$$

θ étant compris entre 0 et 1.

Il reste à calculer $\varphi^{(m)}(t)$.

On y parvient en appliquant la règle de différentiation de la fonction composée $\varphi(\alpha, \beta)$, lorsque les fonctions composantes α et β sont, comme ici, des fonctions linéaires de t. On sait que cette règle se traduit (n° 87) par la formule symbolique

$$d^m \varphi(t) = \left[\frac{\partial f(\alpha, \beta)}{\partial \alpha}d\alpha + \frac{\partial f(\alpha, \beta)}{\partial \beta}d\beta\right]^{(m)},$$

qui, en vertu des relations

$$d\alpha = h\,dt, \qquad d\beta = k\,dt,$$

devient

$$\varphi^{(m)}(t) = \left[h\frac{\partial f(\alpha, \beta)}{\partial \alpha} + k\frac{\partial f(\alpha, \beta)}{\partial \beta}\right]^{(m)}. \qquad (4)$$

On en déduit

$$\varphi^{(m)}(o) = \left[h\frac{\partial f(x, y)}{\partial x} + k\frac{\partial f(x, y)}{\partial y}\right]^{(m)}$$

et

$$\varphi^{(n)}(\theta) = \left[h\frac{\partial f(u, v)}{\partial u} + k\frac{\partial f(u, v)}{\partial v}\right]^{(n)},$$

où u et v désignent respectivement $x + \theta h$ et $y + \theta k$.

Il suffit alors de porter ces valeurs dans (3) pour obtenir la formule

$$
\begin{aligned}
f(x+h,y+k)=f(x,y) &+\left[h\frac{\partial f(x,y)}{\partial x}+k\frac{\partial f(x,y)}{\partial y}\right]^{(1)} \\
&+\frac{1}{1.2}\left[h\frac{\partial f(x,y)}{\partial x}+k\frac{\partial f(x,y)}{\partial y}\right]^{(2)} \\
&+\,.\quad .\quad .\quad .\quad .\quad .\quad .\quad .\quad .\quad .\quad .\quad .\quad . \\
&.\quad .\quad .\quad .\quad .\quad .\quad .\quad .\quad .\quad .\quad .\quad .\quad .\quad . \\
&+\frac{1}{1.2\ldots(n-1)}\left[h\frac{\partial f(x,y)}{\partial x}+k\frac{\partial f(x,y)}{\partial y}\right]^{(n-1)} \\
&+\frac{1}{1.2\ldots n}\left[h\frac{\partial f(u,v)}{\partial u}+k\frac{\partial f(u,v)}{\partial v}\right]^{(n)}
\end{aligned}
\tag{5}
$$

qui est celle de Taylor étendue au cas de deux variables.

177. L'extension au cas d'un nombre quelconque de variables n'offre aucune difficulté ni pour le raisonnement, ni pour la composition de la formule.

On donne le nom de *reste* au dernier terme du second membre ; si ce reste tend vers zéro lorsque n croît indéfiniment, le second membre de la formule (5) devient une série indéfinie qui est convergente et qui a pour somme

$$f(x+h, y+k).$$

Il importe d'observer que cela a toujours lieu lorsque aucune des dérivées de la fonction $f(x, y)$ ne devient infinie quand on y remplace x par $x+\theta h$ et y par $y+\theta k$. Alors, en effet, on peut assigner un nombre λ qui l'emporte en valeur absolue sur la valeur de toutes les dérivées qui figurent dans l'expression du reste ; par suite, ce reste était moindre en valeur absolue que $\dfrac{1}{1.2\ldots n}\lambda^n(h+k)^n$, tend vers zéro lorsque n croît indéfiniment.

Autre forme de la formule de Taylor

178. x et y étant des variables indépendantes, on a

$$df = h \frac{\partial f}{\partial x} + k \frac{\partial f}{\partial y},$$

et symboliquement

$$d^n f = \left(h \frac{\partial f}{\partial x} + k \frac{\partial f}{\partial y} \right)^{n)};$$

si donc on pose

$$\Delta f = f(x + h, y + k) - f(x, y),$$

et si l'on désigne par $d^n f$ ce qui devient la différentielle $d^n f$ quand on y remplace x par $x + \theta h$ et y par $y + \theta k$, la formule (5) devient

$$\Delta f = df + \frac{1}{1 \cdot 2} d^2 f + \frac{1}{1 \cdot 2 \cdot 3} d^3 f + \dots + \frac{d^{n-1} f}{(n-1)!} + \frac{d^n f}{n!} \quad (6)$$

Elle a la même forme que dans le sens d'une seule variable (n° 175).

Si $h = dx$, $k = dy$ sont des infiniment petits du premier ordre, chaque terme du second membre est en général infiniment petit par rapport à celui qui le précède, et si l'on s'arrête au $(n-1)^{me}$ terme, le reste, c'est-à-dire l'erreur commise, est un infiniment petit d'ordre n.

179. Dans le cas d'une seule variable, la formule de Taylor (n° 147) n'exige la continuité que des $n-1$ premières dérivées et n'impose à la dérivée n^{me} (celle qui figure dans le reste) que la condition d'être déterminée. Mais, dans le cas de plusieurs variables, c'est-à-dire dans le cas de la formule (5), la continuité des dérivées de l'ordre n est nécessaire, puisque cette formule est fondée sur la différentiation des fonctions composées.

Extension de la formule de Maclaurin
au cas de plusieurs variables

180. Pour étendre la formule de Maclaurin aux fonctions de plusieurs variables, il suffit de faire $x = 0$ et $y = 0$ dans la formule (5), puis d'y remplacer respectivement les lettres h et k par x et y.

On obtient de la sorte

$$
\begin{aligned}
f(x, y) = f(0, 0) &+ x \left(\frac{\partial f}{\partial x}\right)_0 + y \left(\frac{\partial f}{\partial y}\right)_0 \\
&+ \frac{1}{12} \left[x^2 \left(\frac{\partial^2 f}{\partial x^2}\right)_0 + 2xy \left(\frac{\partial^2 f}{\partial x \partial y}\right)_0 + y^2 \left(\frac{\partial^2 f}{\partial y^2}\right)_0 \right] \qquad (7) \\
&+ \ldots \ldots \ldots \ldots \ldots \ldots \ldots
\end{aligned}
$$

Le reste, lorsqu'on s'arrête au n^{me} terme inclusivement, est ce qui devient l'expression

$$
\frac{1}{n!} \left[x^n \frac{\partial^n f}{\partial x^n} + \frac{n}{1} x^{n-1} y \frac{\partial^n f}{\partial x^{n-1} \partial y} + \frac{n(n-1)}{2!} x^{n-2} y^2 \frac{\partial^n f}{\partial x^{n-2} \partial y^2} + \ldots + y^n \frac{\partial^n f}{\partial y^n} \right], \qquad (8)
$$

lorsqu'on remplace, *dans les dérivées qui y figurent, x et y* respectivement par θx et θy, θ désignant un nombre convenablement choisi entre 0 et 1.

Fonctions homogènes

181. On dit qu'une fonction $f(x, y, z)$ de plusieurs variables est *homogène et du degré m*, lorsque, chaque variable étant multipliée par une indéterminée t, la fonction se trouve multipliée par t^m; en d'autres termes, lorsqu'on a, quel que soit t,

$$
f(tx, ty, tz) = t^m f(x, y, z). \qquad (9)
$$

Par exemple :

$$\mathrm{A}x^2 + 2\mathrm{B}xy + \mathrm{C}y^2, \qquad \frac{x - y}{x^3 - y^3}, \qquad \frac{z\sqrt{y}}{x + y}\sin\frac{y}{x}$$

sont des fonctions homogènes, dont les degrés sont respectivement égaux à 2. — 2, $\frac{1}{2}$.

On voit immédiatement que :

1° La somme algébrique de plusieurs fonctions homogènes, de degré m, est une fonction homogène du même degré ;

2° Le produit de plusieurs fonctions homogènes est une fonction homogène dont le degré est égal à la somme des degrés des fonctions proposées ;

3° La puissance d'indice quelconque μ d'une fonction homogène de degré m est une fonction homogène dont le degré est $m\mu$.

182. Si, dans l'identité (9), on fait $t = \frac{1}{x}$, on obtient

$$\frac{f(x, y, z)}{x^m} = f\left(1, \frac{y}{x}, \frac{z}{x}\right) = \varphi\left(\frac{y}{x}, \frac{z}{x}\right) ; \qquad (10)$$

donc une fonction homogène de degré m, divisée par la puissance m de l'une des variables, ne dépend plus que des rapports des autres variables à la première.

La réciproque est vraie ; si l'on multiplie par x^m une fonction quelconque du rapport $\frac{y}{x}, \frac{z}{x}$, le produit

$$x^m \cdot \varphi\left(\frac{y}{x}, \frac{z}{x}\right),$$

est une fonction homogène du degré m des variables x, y, z. Car, si l'on change, dans l'expression précédente, x en tx, y en ty, on obtient

$$t^m \cdot x^m \varphi\left(\frac{y}{x}, \frac{z}{x}\right).$$

On peut donc prendre la relation (10), au lieu de (9), pour définir les fonctions homogènes.

Cela posé, voici deux propriétés très importantes de ces fonctions.

183. *Les dérivées partielles du premier ordre d'une fonction homogène de degré m sont des fonctions homogènes de degré $m-1$.*

En effet, si l'on différentie par rapport à x les deux membres de l'identité (9), et si, d'après une notation déjà employée plusieurs fois, on désigne par $f'_x (z, \beta, \gamma)$ les valeurs que prend pour, $x = z$, $y = \beta$, $z = \gamma$, la dernière partielle $f'_x (x, y, z)$, on a

$$f'_x (tx, ty, tz) \frac{d(tx)}{dx} = t^m f'_x (x, y, z)$$

mais $\dfrac{d(tx)}{dx} = t$; donc

$$f'_x (tx, ty, tz) = t^{m-1} f'_x (x, y, z).$$

C'est la traduction algébrique de l'énoncé.

On déduit de là, immédiatement, que les dérivées partielles du second ordre sont des fonctions homogènes de degré $m-2$, ... et, en général, que les dérivées partielles d'ordre k sont des fonctions homogènes du degré $m-k$.

184. *Le produit d'une fonction homogène par son degré est égal à la somme des produits que l'on obtient en multipliant chaque dérivée partielle du premier ordre par la variable correspondante*; en d'autres termes, on a

$$xf'_x (x, y, z) + yf'_y (x, y, z) + zf'_z (x, y, z) = mf(x, y, z). \tag{11}$$

On obtient cette relation, en faisant $t = 1$, dans l'égalité

$$xf'_x(tx,ty,tz) + yf'_y(tx,ty,tz) + zf'_z(tx,ty,tz) = mt^{m-1}f(x,y,z), \tag{12}$$

qu'on obtient en différenciant l'identité (57) par rapport à t.

Cette proposition, due à Euler, est d'un emploi très fréquent ; on lui donne le nom de *théorème des fonctions homogènes.*

La réciproque est vraie : toute fonction qui satisfait à l'équation (11) est une fonction homogène d'ordre m.

En effet, en remplaçant dans l'identité (11), x, y, z par tx, ty, tz, on a

$$x f'_{tx}(tx, ty, tz) + y f'_{ty}(tx, ty, tz) + z f'_{tz}(tx, ty, tz) = \frac{m}{t} f(tx, ty, tz),$$

qui, si l'on pose

$$f(tx, ty, tz) = \varphi(t), \qquad\qquad (13)$$

devient

$$\frac{\varphi'(t)}{\varphi(t)} = \frac{m}{t} \qquad \text{ou} \qquad \frac{d}{dt} \log \varphi(t) = \frac{d}{dt} \log t^m,$$

et par suite

$$\log \varphi(t) = \log t^m + \log C,$$

ou

$$\varphi(t) = C t^m.$$

C étant une constante.

On déduit de là, en faisant $t = 1$,

$$\varphi(1) = C,$$

et par suite

$$\varphi(t) = t^m \varphi(1),$$

c'est-à-dire, d'après (13),

$$f(tx, ty, tz) = t^m f(x, y, z).$$

Ce qu'il fallait démontrer.

185. Appliquons le théorème précédent successivement à chacune des dérivées partielles du premier ordre f'_x, f'_y, f'_z, qui sont des fonctions homogènes de degré $m-1$; on aura

$$xf''_{x^2} + yf''_{xy} + zf''_{xz} = (m-1)f'_x,$$
$$xf''_{xy} + yf''_{y^2} + zf''_{yz} = (m-1)f'_y,$$
$$xf''_{xz} + yf''_{yz} + zf''_{z^2} = (m-1)f'_z ;$$

d'où, en ajoutant, après avoir multiplié respectivement par x, y, z,

$$x^2 f''_{x^2} + y^2 f''_{y^2} + z^2 f''_{z^2} + 2xy f''_{xy} + 2xz f''_{xz} + 2yz f''_{yz}$$
$$= (m-1)(xf'_x + yf'_y + zf'_z).$$

Le premier membre peut s'écrire symboliquement

$$(xf'_x + yf'_y + zf'_z)^{(2)} ;$$

le second devient, d'après la relation d'Euler (11),

$$(m-1).mf(x, y, z) ;$$

on a donc

$$(xf'_x + yf'_y + zf'_z)^{(2)} = m(m-1)f ;$$

et, en continuant de la sorte, on trouverait de proche en proche

$$(xf'_x + yf'_y + zf'_z)^{(3)} = m(m-1)(m-2)f,$$
$$\cdots \cdots \cdots \cdots \cdots \cdots \cdots \cdots \quad (14)$$
$$(xf'_x + yf'_y + zf'_z)^{(k)} = m(m-1)\ldots(m-k+1)f.$$

On peut obtenir toutes ces identités d'un seul coup et presque sans calcul, à l'aide de la formule de Taylor relative aux fonctions de plusieurs variables.

Que l'on pose, en effet, dans l'identité (9) qui sert à définir la fonction homogène, l'indéterminée t par $1 + \alpha$, α étant un nombre arbitraire compris entre 0 et 1, on aura

$$f(x + \alpha x, y + \alpha y, z + \alpha z) = (1 + \alpha)^m f(x, y, z).$$

Puisque α est compris entre 0 et 1, le second membre

sera (n° 157) développable en série convergente ordonnée, suivant les surfaces entières positives et croissantes de α; et il suffit d'égaler le coefficient de α^k dans ce développement

$$f(x, y, z)\left[1 + \frac{m}{1}\alpha + \ldots + \frac{m(m-1)\ldots(m-k+1)}{1.2\ldots k}\alpha^k + \ldots \right]$$

au coefficient de α^k dans le développement du premier membre par la formule de Taylor

$$f(x,y,z) + [xf'_x + yf'_y + zf'_z]\frac{\alpha}{1} + \ldots + [xf'_x + yf'_y + zf'_z]^{(k)}\frac{\alpha^k}{1.2\ldots k} + \ldots$$

pour obtenir l'identité (14) qui, pour $k = 1$, se réduit à l'identité d'Euler (11).

Généralisation de la formule d'approximation de Newton

186. La formule de Taylor, relative au cas de deux variables, permet de généraliser la méthode d'approximation de Newton (n° 167).

Soit (x_0, y_0) un système de valeurs de x et de y satisfaisant à deux équations données

$$f(x, y) = 0, \qquad \varphi(x, y) = 0 ; \tag{14}$$

on connaît une valeur approchée a de x_0 et une valeur approchée b de y_0; on demande de trouver des valeurs plus approchées de deux inconnues x_0, y_0.

En posant

$$x_0 = a + h, \qquad y_0 = b + k, \tag{15}$$

on aura

$$f(a + h, b + k) = 0, \qquad \varphi(a + h, b + k) = 0,$$

c'est-à-dire, en développant par la formule de Taylor et s'arrêtant au second terme,

$$f(a, b) + \left(h \frac{\partial f}{\partial a} + k \frac{\partial f}{\partial b} \right) + R = 0,$$

$$\varphi(a, b) + \left(h \frac{\partial \varphi}{\partial a} + k \frac{\partial \varphi}{\partial b} \right) + \rho = 0,$$

les restes R et ρ ne contenant que des puissances ou des produits de h et de k d'un degré supérieur au premier.

Si a et b sont suffisamment approchés, h et k seront assez petits pour qu'on puisse négliger les restes R et ρ, et prendre pour nouvelles valeurs approchées les quantités

$$a_1 = a + h, \qquad b_1 = b + h_1, \tag{16}$$

h_1 et k_1 étant données par la résolution des équations linéaires

$$\begin{aligned} f(a, b) + h_1 \frac{\partial f}{\partial a} + k_1 \frac{\partial f}{\partial b} &= 0 \\ \varphi(a, b) + h_1 \frac{\partial \varphi}{\partial a} + k_1 \frac{\partial \varphi}{\partial b} &= 0 \end{aligned} \right\} \tag{17}$$

En opérant sur a_1 et b_1, comme on l'a fait sur a et b, on obtiendra de nouvelles valeurs approchées a_2 et b_2, et ainsi de suite.

187. Voici un exemple numérique :
Soient les équations

$$x^2 - 4y^2 + 1 = 0, \tag{18}$$
$$x^2 + xy - 2y^2 - 6x + 51y - 313 = 0. \tag{19}$$

A l'aide d'un croquis fait rapidement et à une échelle convenable, sur papier quadrillé, on voit que l'un des points d'intersection des deux hyperboles représentées par les équations (18) et (19) a sensiblement pour abscisse 10,5 et pour ordonnée 5,25. On aura donc ici, en conservant les notations du numéro précédent

$$a = 10,5, \qquad b = 5,25,$$
$$1 + 21h_1 - 42k_1 = 0,$$
$$2 + 20,25h_1 + 40,5k_1 = 0,$$

et par suite

$$h_1 = -0,073\ldots, \qquad k_1 = -0,013\ldots,$$
$$a_1 = a + h_1 = 10,427, \qquad b_1 = b + k_1 = 5,237.$$

En prenant ces nouvelles valeurs a_1 et b_1 pour point de départ, on aura les corrections h_1' et k_1' correspondantes en résolvant les équations

$$0,017653 + 20,854h_1' - 41,896k_1' = 0,$$
$$0,00119 + 20,091h_1' + 40,479k_1' = 0,$$

ce qui donne

$$h_1' = -0,000453, \qquad k_1' = 0,000195,$$

et par suite

$$a_2 = a_1 + h_1' = 10,426547\ldots, \qquad b_2 = b_1 + k_1' = 5,237195\ldots$$

avec six décimales exactes. On peut le vérifier à l'aide des équations à une seule inconnue qu'on obtient en éliminant tour à tour y ou x entre les équations proposées (18) et (19).

CHAPITRE XII

FORMES INDÉTERMINÉES

Définition de la vraie valeur d'une forme indéterminée

188. Une expression analytique qui, pour une certaine valeur a de la variable x, se présente sous l'une des *formes indéterminées*

$$\frac{0}{0}, \qquad \frac{\infty}{\infty}, \qquad 0 \cdot \infty, \qquad \infty - \infty, \qquad 0^0, \qquad 1^\infty, \qquad \infty^0,$$

peut tendre vers une certaine limite ou devenir infinie, lorsque x tend vers a. On convient alors de donner à cette valeur limite finie ou infinie le nom de *vraie valeur pour* $x = a$ de l'expression considérée.

Par exemple, on démontre en trigonométrie que l'expression

$$\frac{\sin x}{x},$$

qui, pour $x = 0$, se présente sous la forme $\frac{0}{0}$, tend vers 1 lorsque x tend vers zéro ; sa vraie valeur pour $x = 0$ est donc égale à l'unité.

Nous allons faire connaître quelques règles qui permettent d'obtenir simplement, dans un grand nombre de cas, les vraies valeurs des formes indéterminées.

Forme $\dfrac{0}{0}$

189. Soient $f(x)$ et $\varphi(x)$ deux fonctions qui ont, dans un certain intervalle, des dérivées déterminées, et qui s'annulent simultanément pour une valeur a appartenant à cet intervalle. Le rapport

$$\frac{f(x)}{\varphi(x)} \tag{1}$$

se présente sous la forme $\dfrac{0}{0}$ pour $x = a$, et il s'agit de trouver sa vraie valeur.

Or, puisque $f(a)$ et $\varphi(a)$ sont nuls, le rapport (1) peut s'écrire :

$$\frac{f(x) - f(a)}{\varphi(x) - \varphi(a)} \, ;$$

il est par suite égal (n° 37) à

$$\frac{f'(c)}{\varphi'(c)},$$

c étant un nombre compris entre a et x. Donc, comme c tend vers a en même temps que x, *si le rapport des dérivées*

$$\frac{f'(x)}{\varphi'(x)} \tag{2}$$

tend vers une limite, le rapport (1) *tend vers la même limite, et, si le rapport* (2) *croît indéfiniment, il en sera de même du rapport* (1).

Par ce théorème, connu sous le nom de *Règle de l'Hospital*, on est ramené à examiner comment se comporte le rapport (2) lorsque x tend vers a.

Si les dérivées $f'(x)$ et $\varphi'(x)$ ne s'annulent pas simultanément pour $x = a$, la valeur finie ou infinie de leur rapport pour $x = a$ sera la vraie valeur du rapport (1).

Si les dérivées $f'(x)$ et $\varphi'(x)$ s'annulent à la fois pour $x = a$, on sera, par la règle même de l'Hospital, ramené à voir comment se comporte le rapport

$$\frac{f''(x)}{\varphi''(x)}$$

des dérivées secondes lorsque x tend vers a.

En continuant de la sorte, on verra que, si les fonctions $f(x)$ et $\varphi(x)$ s'annulent ainsi que leurs $n - 1$ premières dérivées, et si le rapport

$$\frac{f^{(n)}(x)}{\varphi^{(n)}(x)}$$

des dérivées n^{me} tend vers une limite ou devient infini lorsque x tend vers a, le rapport (1) tendra vers la même limite ou deviendra infini pour $x = a$.

190. La formule de Taylor conduirait d'ailleurs immédiatement à cette conclusion. En effet, puisque les fonctions $f(x)$ et $\varphi(x)$ s'annulent ainsi que leurs $n - 1$ premières dérivées pour $x = a$, on a

$$f(x) = \frac{(x - a)^n}{1 \cdot 2 \dots n} f^{(n)}(c),$$

$$\varphi(x) = \frac{(x - a)^n}{1 \cdot 2 \dots n} \varphi^{(n)}(c'),$$

c et c' étant l'un et l'autre compris entre zéro et a. On en déduit l'égalité

$$\frac{f(x)}{\varphi(x)} = \frac{f^{(n)}(c)}{\varphi^{(n)}(c')},$$

d'où résultent les conclusions ci-dessus, puisque, quand x tend vers a, il en est de même de c et de c'.

191. Exemples :

1° Soit à trouver la vraie valeur de

$$\frac{\log(1 + x) - x}{x^2},$$

pour $x = 0$. Le rapport des dérivées

$$\frac{\dfrac{1}{1 + x} - 1}{2x} = -\frac{1}{2(1 + x)}$$

a pour limite $-\dfrac{1}{2}$; c'est la vraie valeur demandée.

2° Soit à trouver la vraie valeur, pour $x = 0$, de l'expression

$$\frac{e^x + e^{-x} - 2}{x \sin x}.$$

Le rapport des dérivées premières

$$\frac{e^x - e^{-x}}{\sin x + x \cos x}$$

se présente sous la forme $\dfrac{0}{0}$; il faut avoir recours au rapport des dérivées secondes

$$\frac{e^x + e^{-x}}{2 \cos x - x \sin x} ;$$

il tend vers 1, lorsque x tend vers zéro ; donc l'expression proposée a pour vraie valeur 1, pour $x = 0$.

192. Dans ce qui précède, nous avons supposé que la valeur a de x qui annule les deux fonctions $f(x)$ et $\varphi(x)$ était finie ; mais la règle de l'Hospital s'applique encore au cas où a est infini.

ment pour $x = a$, la valeur finie ou infinie de leur rapport pour $x = a$ sera la vraie valeur du rapport (1).

Si les dérivées $f'(x)$ et $\varphi'(x)$ s'annulent à la fois pour $x = a$, on sera, par la règle même de l'Hospital, ramené à voir comment se comporte le rapport

$$\frac{f''(x)}{\varphi''(x)}$$

des dérivées secondes lorsque x tend vers a.

En continuant de la sorte, on verra que, si les fonctions $f(x)$ et $\varphi(x)$ s'annulent ainsi que leurs $n - 1$ premières dérivées, et si le rapport

$$\frac{f^{(n)}(x)}{\varphi^{(n)}(x)}$$

des dérivées n^{me} tend vers une limite ou devient infini lorsque x tend vers a, le rapport (1) tendra vers la même limite ou deviendra infini pour $x = a$.

190. La formule de Taylor conduirait d'ailleurs immédiatement à cette conclusion. En effet, puisque les fonctions $f(x)$ et $\varphi(x)$ s'annulent ainsi que leurs $n - 1$ premières dérivées pour $x = a$, on a

$$f(x) = \frac{(x - a)^n}{1 \cdot 2 \ldots n} f^{(n)}(c),$$

$$\varphi(x) = \frac{(x - a)^n}{1 \cdot 2 \ldots n} \varphi^{(n)}(c'),$$

c et c' étant l'un et l'autre compris entre zéro et a. On en déduit l'égalité

$$\frac{f(x)}{\varphi(x)} = \frac{f^{(n)}(c)}{\varphi^{(n)}(c')},$$

d'où résultent les conclusions ci-dessus, puisque, quand x tend vers a, il en est de même de c et de c'.

aura (n° 37), c étant compris entre x et a :

$$\frac{f(x) - f(a)}{\varphi(x) - \varphi(a)} = \frac{f'(c)}{\varphi'(c)},$$

d'où

$$\frac{f(x)}{\varphi(x)} = \frac{f'(c)}{\varphi'(c)} \cdot \frac{1 - \dfrac{\varphi(a)}{\varphi(x)}}{1 - \dfrac{f(a)}{f(x)}}.$$

Mais, lorsque x croît indéfiniment, le second facteur du second membre a pour limite 1, puisque $f(\infty)$ et $\varphi(\infty)$ sont infinis. On peut donc prendre x assez grand pour que le second membre diffère de l aussi peu qu'on voudra. Donc le premier membre, c'est-à-dire le rapport (1), a aussi pour limite l.

On voit de même que, si le rapport (2), au lieu de tendre vers une limite déterminée l, devenait infini, il en serait de même du rapport (1).

$2°$ *a est fini.* — En posant $x = a + \dfrac{1}{u}$, on a

$$\lim_{x = a} \frac{f(x)}{\varphi(x)} = \lim_{u = \infty} \frac{f\left(a + \dfrac{1}{u}\right)}{\varphi\left(a + \dfrac{1}{u}\right)},$$

et l'on tombe sur le cas précédent. On est donc autorisé à prendre le rapport des dérivées, c'est-à-dire à chercher la limite pour $u = \infty$ de

$$\frac{-\dfrac{1}{u^2} f'\left(a + \dfrac{1}{u}\right)}{-\dfrac{1}{u^2} \varphi'\left(a + \dfrac{1}{u}\right)} = \frac{f'\left(a + \dfrac{1}{u}\right)}{\varphi'\left(a + \dfrac{1}{u}\right)},$$

c'est-à-dire la limite du rapport $\dfrac{f'(x)}{\varphi'(x)}$ pour $x = a$.

194. Exemple. — L'expression

$$\frac{\log (e^x - e^a)}{\log (x - a)}$$

se présente sous la forme $\frac{\infty}{\infty}$ pour x et a. Sa vraie valeur est

$$\lim \frac{e^x (x - a)}{e^x - e^a} = \lim e^x \,.\, \lim \frac{x - a}{e^x - e^a} = e^a \,.\, \frac{1}{e^a} = 1.$$

Remarques diverses

195. Les réciproques des deux théorèmes précédents ne sont pas vraies ; en d'autres termes, si le rapport (1) des deux fonctions, qui deviennent simultanément nulles ou infinies pour $x = a$, tend vers une limite, on ne peut pas affirmer que le rapport (2) des dérivées tende vers la même limite.

Par exemple, le rapport

$$\frac{x - \sin x}{x + \sin x} = \frac{1 - \dfrac{\sin x}{x}}{1 + \dfrac{\sin x}{x}}$$

a pour limite 1 pour $x = \infty$, tandis que le rapport des dérivées

$$\frac{1 - \cos x}{1 + \cos x} = \operatorname{tang}^2 \frac{x}{2}$$

ne tend vers aucune limite déterminée, lorsque x croît indéfiniment.

196. Soit a une quantité finie ; si $f(x)$ devient infini pour $x = a$, il en est en général de même pour sa dérivée. On s'en rend compte aisément. En effet, la courbe $y = f(x)$ admet, dans ce cas, une asymptote $x = a$, parallèle à l'axe des y ; mais la tangente à cette branche de courbe tend vers l'asymptote quand l'abscisse du point de contact tend vers a ; le coefficient angulaire $f'(x)$ de cette tangente devient donc infini pour $x = a$.

Si $f(x)$ est nul pour $x = \infty$, il en est de même en général de sa dérivée. En effet la courbe $y = f(x)$ admet alors l'axe des x pour asymptote, et, comme la tangente à cette branche de courbe tend en général vers cette aymptote quand l'abscisse du point de contact croît indéfiniment, le coefficient angulaire $f'(x)$ de cette tangente devient nul pour $x = \infty$.

Il résulte de ces deux observations que les règles données aux numéros 192 et 193 ne font en réalité que substituer un problème à un autre du même genre. Mais ces règles ne perdent pas pour cela leur utilité, vu que le nouveau problème peut offrir des difficultés moins grandes que le premier.

<h3 style="text-align:center">Forme $0 \cdot \infty$</h3>

197. Soit le produit

$$f(x) \times \varphi(x)$$

de deux fonctions, dont la première s'annule et dont la seconde devient infinie pour une certaine valeur de x.

On mettra le produit sous l'une des deux formes

$$\frac{\varphi(x)}{\left(\dfrac{1}{f(x)}\right)}, \qquad \frac{f(x)}{\left(\dfrac{1}{\varphi(x)}\right)},$$

et l'on sera ramené de la sorte à la recherche de la vraie valeur de deux expressions, qui, pour la valeur d'x considérée, se présentent sous l'une des deux formes $\dfrac{0}{0}, \dfrac{\infty}{\infty}$.

198. Exemple. — Soit à trouver la vraie valeur pour $x = \infty$ de l'expression $x^p e^{-qx}$, dans laquelle p et q désignent des nombres positifs et qui se présente sous la forme $\infty \times 0$.

En posant $x^p = u$, on ramène l'expression proposée à la suivante :

$$ue^{-\frac{q}{p}u},$$

qu'on peut écrire encore

$$\frac{u}{e^{\frac{q}{p}u}},$$

et qui, pour $u = \infty$, se présente sous la forme $\frac{\infty}{\infty}$. En prenant le rapport des dérivées

$$\frac{1}{\frac{q}{p}e^{\frac{q}{p}u}},$$

on trouve

$$\lim_{x = \infty} x^p e^{-qx} = 0.$$

En faisant dans cette formule $x = \log t$, puis $t = \frac{1}{z}$, on obtient les deux suivantes

$$\lim_{t = \infty} \frac{(\log t)^p}{t^q} = 0, \qquad \lim_{z = 0} z^q (\log z)^p = 0, \qquad (4)$$

qui sont parfois utiles.

Forme $\infty - \infty$

199. Pour trouver la vraie valeur de la différence

$$y = f(x) - \varphi(x)$$

de deux fonctions qui deviennent simultanément infinies

pour une valeur particulière a de la variable, on écrit cette différence y sous la forme

$$\varphi(x)\left[\frac{f(x)}{\varphi(x)}-1\right].$$

Si le rapport $\dfrac{f(x)}{\varphi(x)}$, qui est le premier terme de la parenthèse et qui se présente sous la forme $\dfrac{\infty}{\infty}$, ne tend pas vers 1 lorsque x tend vers a, l'epxression y deviendra infinie. Si le rapport $\dfrac{f(x)}{\varphi(x)}$, tend vers 1, y prendra pour $x = 0$ la forme $\infty \cdot 0$, que l'on traitera comme nous l'avons dit au n° 196.

200. Exemple. — Trouver la vraie valeur de la différence

$$y = \sqrt[n]{(x+a_1)(x+a_2)\dots(x+a_n)} - x$$

pour $x = \infty$.

Ici le rapport

$$\frac{f(x)}{\varphi(x)} = \sqrt[n]{\left(1+\frac{a_1}{x}\right)\left(1+\frac{a_2}{x}\right)\cdots\left(1+\frac{a_n}{x}\right)}$$

tend vers 1, quand x croît indéfiniment. L'expression

$$x\left[\sqrt[n]{\left(1+\frac{a_1}{x}\right)\left(1-\frac{a_2}{x}\right)\cdots\left(1-\frac{a_n}{x}\right)} - 1\right]$$

s'offre donc sous la forme $\infty \cdot 0$, pour $x = \infty$, et il s'agit de trouver sa vraie valeur, ou, ce qui revient au même, en posant $\dfrac{1}{x} = u$, de trouver la valeur pour $u = 0$ de l'expression

$$\frac{\sqrt[n]{(1+a_1u)(1+a_2u)\dots(1+a_nu)} - 1}{u},$$

qui se présente sous la forme $\dfrac{0}{0}$. L'application de la règle de

L'Hospital, si l'on observe que la dérivée du radical est

$$\frac{1}{n}\sqrt[n]{(1+a_1 u)(1+a_2 u)\dots(1+a_n u)}\left[\frac{a_1}{1+a_1 u}+\frac{a_2}{1+a_2 u}+\dots+\frac{a_n}{1+a_n u}\right].$$

donne pour la vraie valeur demandée la moyenne arithmétique

$$\frac{a_1 + a_2 + \dots + a_n}{n}.$$

des quantités $a_1,\ a_2,\ \dots,\ a_n$.

Formes 0^0, 1^∞, ∞^0

201. Suivant qu'on a

$$f(a) = 0, \qquad \varphi(a) = 0,$$

ou

$$f(a) = 1, \qquad \varphi(a) = \infty,$$

ou

$$f(a) = \infty, \qquad \varphi(a) = 0,$$

l'expression

$$f(x)^{\varphi(x)}, \tag{3}$$

dans laquelle $f(x)$ est supposée positive, se présente, pour
$x = a$, respectivement sous la forme

$$0^0, \quad 1^\infty, \quad \infty^0.$$

Pour trouver alors sa vraie valeur, on cherche la valeur de
son logarithme, sauf à remonter ensuite du logarithme au
nombre correspondant.

Or le logarithme de (3) est le produit

$$\varphi(x) . \log f(x);$$

et dans chacun des trois cas ci-dessus ce produit se présente sous la forme $o \cdot \infty$. On sera ainsi ramené au problème du n° 196.

Voici quelques exemples :

1° Soit $y = x^x$, l'expression dont on demande la vraie valeur lorsque x tend vers zéro par des valeurs positives.

On a

$$\log y = x \log x = \frac{\log x}{\dfrac{1}{x}}.$$

et comme le rapport des dérivées est égal à $- x$, $\log y$ tend vers zéro, et, par suite, y tend vers 1.

2° Soit $y = (1 + ax)^{\frac{1}{x}}$, qui, pour $x = o$, se présente sous la forme 1^∞.

On a

$$\log y = \frac{\log(1 + ax)}{x},$$

et comme le rapport des dérivées est égal à $\dfrac{a}{1 + ax}$, $\log y$ tend vers a, et par suite y tend vers e^a.

3° Soit $y = \left(1 + \dfrac{1}{x}\right)^x$ l'expression qui se présente pour $x = o$ sous la forme ∞^0. On a

$$\log y = x \log\left(1 + \frac{1}{x}\right) = \frac{\log\left(1 + \dfrac{1}{x}\right)}{\dfrac{1}{x}},$$

et comme le rapport des dérivées est égal à $\dfrac{x}{x + 1}$, $\log y$ tend vers zéro, et par suite y tend vers 1.

202. Si, pour $x = a$, l'expression

$$y = u^v,$$

où u et v sont des fonctions de x, se présente sous la forme 1^∞, tandis que l'expression

$$z = v(u - 1)$$

admet une limite déterminée k, la vraie valeur de y sera e^k.

En effet, on peut écrire

$$y = \left(1 + \frac{z}{v}\right)^v;$$

d'où, pour $x = a$,

$$\lim . y = e^{\lim z} = e^k.$$

Voici deux exemples :

1° Soit

$$y = \left(\frac{x^2 + 6x + 5}{x^2 + 2x - 3}\right)^x,$$

qui, pour $x = \infty$, prend la forme 1^∞.

Comme

$$z = \left(\frac{x^2 + 6x + 5}{x^2 + 2x - 3} - 1\right) x = \frac{4x^2 + 8x}{x^2 + 2x - 3}$$

a pour limite 4 pour $x = \infty$, la vraie valeur de y est e^4.

2° Soit

$$y = (x + \sin x + \cos x)^{\operatorname{cotang} x},$$

qui, pour $x = 0$, revêt la forme 1^∞.

Comme

$$z = \operatorname{cotang} x \,(x + \sin x + \cos x - 1) = \cos x \left[\frac{x}{\sin x} + 1 - \operatorname{tang} \frac{x}{2}\right]$$

a pour limite 2 pour $x = 0$, la vraie valeur de y est e^2.

Emploi des séries

203. Le développement en séries constitue un procédé très souvent fort commode pour la résolution du cas d'indétermination. Voici quelques exemples :

1° Soit proposé de trouver la vraie valeur de l'expression

$$y = n^2 \left[\log\left(1 + \frac{1}{n}\right) - \frac{1}{n} \right].$$

pour $n = \infty$.

Cette expression se présente sous la forme $\infty \cdot o$. Mais on a, pour $n > 1$,

$$\log\left(1 + \frac{1}{n}\right) = \frac{1}{n} - \frac{1}{2n^2} + \frac{1}{3n^3} - \frac{1}{4n^4} + \cdots$$

et par suite

$$y = -\frac{1}{2} + \frac{1}{3n} - \frac{1}{4n^2} + \cdots$$

La vraie valeur de y est donc $-\frac{1}{2}$.

2° Trouver la vraie valeur de l'expression

$$y = \frac{e^x - e^{\sin x}}{x - \sin x};$$

pour $x = o$.

On peut écrire, en posant $x - \sin x = u$,

$$y = e^{\sin x} \frac{e^u - 1}{u},$$

ou en remplaçant e^u par son développement en série

$$y = e^{\sin x} \left(1 + \frac{u}{2} + \cdots\right).$$

La vraie valeur de y pour $x = \infty$ est donc 1.

3° Soit encore à trouver la vraie valeur de l'expression

$$y = \sqrt{x^2 - 5x + 6} - \sqrt{x^2 - x},$$

pour $x = \infty$.

On développera les radicaux par la formule du binôme relative à l'exposant $\dfrac{1}{2}$:

$$(1 - z)^{\frac{1}{2}} = 1 - \frac{1}{2} z - \frac{1}{8} z^2 - \frac{1}{16} z^3 - \ldots,$$

où z est supposé plus petit que 1 en valeur absolue. Or cette quantité z est pour le premier radical

$$\frac{5x - 6}{x^2},$$

et pour le second

$$\frac{1}{x};$$

Comme il faut faire tendre x vers l'∞, on peut toujours supposer x assez grand pour que chacune des deux quantités précédentes soit moindre que 1 en valeur absolue. La formule du binôme est donc applicable, et l'on a

$$\sqrt{x^2 - 5x + 6} = x \sqrt{1 - \frac{5x - 6}{x^2}} = x - \frac{5}{2} - \frac{1}{8x} - \frac{5}{16x^2} - \ldots$$

$$\sqrt{x^2 - x} = x \sqrt{1 - \frac{1}{x}} = x - \frac{1}{2} - \frac{1}{8x} - \frac{1}{16x^2} - \ldots;$$

d'où

$$y = -2 - \frac{1}{4x^2} - \ldots$$

ce qui montre que la vraie valeur de y est -2.

4° Cherchons enfin la vraie valeur, pour $x = 0$, de

l'expression

$$y = \frac{\log(1 + x + x^2) + \log.(1 - x + x^2)}{\sec x - \cos x}$$

qui se présente alors sous la forme $\frac{0}{0}$.

On peut l'écrire

$$y = \cos x \cdot \left(\frac{x}{\sin x}\right)^2 \frac{\log(1 + x^2 + x^4)}{x^2}.$$

Comme les deux premiers facteurs tendent l'un et l'autre vers 1, lorsque tend, vers zéro, la vraie valeur de y sera la même que celle du troisième facteur, lequel devient, par le développement en série du logarithme,

$$\frac{1}{x^2}\left[\frac{x^2 + x^4}{1} - \frac{x^2 + x^4{}^2}{2} + \cdots\right].$$

et par suite a l'unité pour limite.

La règle de L'Hospital, appliquée sans modification à la forme primitive de y, eût exigé deux différentiations successives et donné lieu à un calcul beaucoup moins simple que celui que nous venons de faire.

Vraies valeurs des fonctions de plusieurs variables

204. Lorsque le rapport

$$u = \frac{f(x, y)}{\varphi(x, y)} \tag{5}$$

de deux fonctions de plusieurs variables se présente sous la forme $\frac{0}{0}$ pour un système de valeurs a, b des variables x, y, la vraie valeur de ce rapport est généralement indéterminée ; elle dépend de la loi suivant laquelle x et y tendent respectivement vers a et b.

En effet, si l'on pose

$$x = a + pt, \qquad y = b + qt, \tag{6}$$

p et q désignant des constantes arbitraires, le rapport u devient une fonction

$$\frac{f(a + pt, b + qt)}{\varphi(a + pt, b + qt)} \tag{7}$$

de la variable unique t, qui, pour $t = 0$, se présente sous la forme $\dfrac{0}{0}$·

L'application de la règle de L'Hospital donne alors

$$\lim u = \frac{p\dfrac{\partial f}{\partial a} + q\dfrac{\partial f}{\partial b}}{p\dfrac{\partial \varphi}{\partial a} + q\dfrac{\partial \varphi}{\partial b}}, \tag{8}$$

valeur que la présence des arbitraires p et q rend indéterminée. Toutefois, si les dérivées partielles des fonctions f et φ sont proportionnelles, p et q disparaissent, et l'on a

$$\lim u = \frac{\dfrac{\partial f}{\partial a}}{\dfrac{\partial \varphi}{\partial a}} = \frac{\dfrac{\partial f}{\partial b}}{\dfrac{\partial \varphi}{\partial b}}, \tag{9}$$

qui est en général déterminée.

Si les dérivées partielles

$$\frac{\partial f}{\partial a}, \qquad \frac{\partial f}{\partial b}, \qquad \frac{\partial \varphi}{\partial a}, \qquad \frac{\partial \varphi}{\partial b},$$

sont toutes nulles, le second membre de (8) se présente à

son tour sous la forme $\dfrac{0}{0}$; une nouvelle application de la règle de L'Hospital donne alors

$$\lim u = \frac{p^2 \dfrac{\partial^2 f}{\partial a^2} + 2pq \dfrac{\partial^2 f}{\partial a \partial b} + q^2 \dfrac{\partial^2 f}{\partial b^2}}{p^2 \dfrac{\partial^2 \varphi}{\partial a^2} + 2pq \dfrac{\partial^2 \varphi}{\partial a \partial b} + q^2 \dfrac{\partial^2 \varphi}{\partial b^2}}. \tag{10}$$

valeur que la présence de p et q rend indéterminée, à moins que les dérivées partielles du second ordre des fonctions f et φ soient proportionnelles, et ainsi de suite.

Il va sans dire qu'au lieu d'appliquer la règle de L'Hospital pour trouver la vraie valeur de (7) pour $t = 0$, on peut (n° 203) avoir recours aux développements en séries et à des transformations que suggère l'habitude du calcul.

205. EXEMPLES :

1° Soit l'expression

$$u = \frac{\log x + \log y}{x + 5y - 6}, \tag{11}$$

qui se présente sous la forme $\dfrac{0}{0}$, pour $x = y = 1$.

On a ici

$$\frac{\partial f}{\partial x} = \frac{1}{x}, \qquad \frac{\partial f}{\partial y} = \frac{1}{y}, \qquad \frac{\partial \varphi}{\partial x} = 1, \qquad \frac{\partial \varphi}{\partial y} = 5,$$

et par suite, à cause de $a = b = 1$,

$$\frac{\partial f}{\partial a} = 1, \qquad \frac{\partial f}{\partial b} = 1, \qquad \frac{\partial \varphi}{\partial a} = 1, \qquad \frac{\partial \varphi}{\partial y} = 5.$$

La formule (7) donne alors pour la limite de u l'expression

$$\frac{p + q}{p + 5q}. \tag{12}$$

dont l'indétermination est manifeste.

2° Soit l'expression

$$u = \frac{\tang x \tang y - 1}{xy - \dfrac{\pi^2}{16}}, \qquad (13)$$

qui, pour $x = y = \dfrac{\pi}{4}$, se présente sous la forme $\dfrac{0}{0}$.

On a ici

$$\frac{\partial f}{\partial x} = \frac{\tang y}{\cos^2 x}, \qquad \frac{\partial f}{\partial y} = \frac{\tang x}{\cos^2 x}, \qquad \frac{\partial \varphi}{\partial x} = y, \qquad \frac{\partial \varphi}{\partial y} = x,$$

et, à cause de $a = b = \dfrac{\pi}{4}$;

$$\frac{\partial f}{\partial a} = 2, \qquad \frac{\partial f}{\partial b} = 2, \qquad \frac{\partial \varphi}{\partial a} = \frac{\pi}{4}, \qquad \frac{\partial \varphi}{\partial b} = \frac{\pi}{4}.$$

Les fonctions f et φ ayant leurs dérivées partielles proportionnelles, la formule (9) donne

$$\lim u = \frac{8}{\pi}. \qquad (14)$$

3° Soit l'expression

$$u = \frac{(x - 1)^{\frac{3}{2}} + y^{\frac{3}{2}} - 1}{(x^2 - 1)^{\frac{3}{2}} - (y - 1)}, \qquad (15)$$

qui, pour $x = y = 1$, se présente sous la forme $\dfrac{0}{0}$.

On a ici

$$\frac{\partial f}{\partial x} = \frac{3}{2}(x - 1), \qquad \frac{\partial f}{\partial y} = \frac{3}{2} y, \qquad \frac{\partial \varphi}{\partial x} = 3(x^2 - 1) x, \qquad \frac{\partial \varphi}{\partial y} = -1;$$

d'où, à cause de $a = b = 1$,

$$\frac{\partial f}{\partial a} = 0, \qquad \frac{\partial f}{\partial b} = \frac{3}{2}, \qquad \frac{\partial \varphi}{\partial a} = 0, \qquad \frac{\partial \varphi}{\partial b} = -1,$$

et enfin, d'après la formule (8),

$$\lim u = \frac{\frac{3}{2}q}{-q} = -\frac{3}{2}. \qquad (16)$$

4° Soit enfin l'expression

$$u = \frac{(x+y)^2}{x^2+y^2}, \qquad (17)$$

qui, pour $x = y = 0$, se présente sous la forme $\frac{0}{0}$.

L'emploi de la règle de L'Hospital exigerait ici deux applications successives, vu que les dérivées partielles du premier ordre sont toutes nulles pour $x = y = 0$. Mais en posant $x = pt$, $y = pt$, on a, suppression faite du facteur commun t^2,

$$\lim u = \frac{(p+q)^2}{p^2+q^2}, \qquad (18)$$

qui met tout de suite en évidence l'indétermination.

206. Nous terminerons par une remarque importante :
Ce serait une erreur de croire que, pour trouver la vraie valeur du rapport (5), qui se présente sous la forme $\frac{0}{0}$ pour $x = a$ et $y = b$, on a le droit de faire *successivement* $x = a$, puis $y = b$, ou bien $y = b$, puis $x = a$. Il faut introduire ces valeurs *simultanément*, sans quoi on risquerait de faire disparaître une indétermination qui existe réellement.

Un exemple suffira pour mettre ce point hors de doute.

Reprenons l'expression (11). En faisant d'abord $x = 1$, l'expression devient

$$\frac{\log y}{5(y-1)},$$

qui, pour $y = 1$, se présente sous la forme $\frac{0}{0}$ et a, d'après la règle de L'Hospital, pour valeur $\frac{1}{5}$. Si, au contraire, on fait d'abord $y = 1$, on tombe sur l'expression

$$\frac{\log x}{x - 1},$$

qui, d'après la règle de L'Hospital, a pour valeur 1. La contradiction est flagrante; bien plus, aucune des deux valeurs trouvées $\frac{1}{5}$ et 1 ne convient, l'expression (11) étant réellement indéterminée pour $x = y = 1$.

CHAPITRE XIII

MAXIMA ET MINIMA

Cas d'une fonction explicite d'une seule variable indépendante

207. On dit qu'une fonction $\varphi(x)$ est *maximum* pour une valeur a de la variable x, lorsqu'on peut trouver un nombre positif ε tel que la différence

$$\varphi(a + h) - \varphi(a) \tag{1}$$

soit *négative* pour toutes les valeurs de h comprises entre $-\varepsilon$ et ε.

Lorsque, dans les mêmes conditions, la différence (1) est *positive*, on dit que la fonction est *minimum* pour $x = a$.

208. D'après ces définitions, si $\varphi(a)$ est maximum, $\varphi(x)$ croît dans l'intervalle $(a - \varepsilon, a)$, puis décroît dans l'intervalle $(a, a + \varepsilon)$; tandis que, si $\varphi(a)$ est minimum, $\varphi(x)$ décroît dans le premier intervalle et croît dans le second.

Donc (n°ˢ 43 et 44) *la dérivée $\varphi'(x)$ passe du positif au négatif, lorsque x atteint en croissant, puis dépasse la valeur a qui rend $\varphi(x)$ maximum; elle passe, au contraire, du négatif au positif lorsque x atteint, puis dépasse la valeur a, qui rend $\varphi(x)$ minimum.*

Les réciproques sont vraies : *Si la dérivée passe du positif au négatif, la fonction, croissant d'abord, puis diminuant, passe par un maximum ; et, si la dérivée passe du négatif*

au positif, la fonction, décroissant d'abord, puis augmentant,
passe par un minimum.

209. Nous supposerons dans ce qui suit que la dérivée
$\varphi'(x)$ est continue[1] dans le voisinage de a. La dérivée ne
peut alors changer de signe qu'en s'annulant, et les propositions démontrées au numéro précédent conduisent à la
règle suivante

*Pour qu'une fonction $\varphi(x)$ soit maximum (ou minimum)
pour $x = a$, il faut et il suffit que sa dérivée $\varphi'(x)$ s'annule
pour cette valeur de x, en passant du signe $+$ au signe $-$
(ou du signe $-$ au signe $+$), lorsque x atteint et dépasse a.*

Cette règle exige l'étude des variations de signe de la
dérivée dans le voisinage de chaque racine réelle de a de
l'équation $\varphi'(x) = 0$. Cette discussion n'est pas toujours
aisée : aussi trouve-t-on souvent avantageux de substituer
au critérium précédent une autre règle exigeant seulement
la connaissance du signe que prend, pour $x = a$, la pre-
mière des dérivées $\varphi'(a)$, $\varphi''(x)$..., qui ne s'annule pas pour
cette valeur de x.

210. Avant d'indiquer cette seconde règle, nous devons
faire une remarque importante.

*Si une fonction $f(x)$ est continue, mais différente de zéro,
pour $x = a$, $f(x)$ conserve un signe constant dans le voisinage de a.*

En effet, soit ε un nombre positif, et x une valeur quelconque appartenant à l'intervalle $(a - \varepsilon, a + \varepsilon)$. En vertu
de la continuité, on peut prendre ε assez petit pour que l'on
ait

$$f(x) = f(a) + u, \tag{2}$$

u étant aussi petit qu'on voudra en valeur absolue. En particulier, comme $f(a)$ n'est pas nul, on peut prendre ε tel
que $|u|$ soit inférieur à $|f(a)|$. C'est donc $f(a)$ qui donne
son signe au second membre de (2), et par suite au premier

---

[1] Les cas de discontinuité ne comportent pas de solution générale : on doit
les traiter directement dans chaque question particulière.

membre ; $f(x)$ a donc le signe de $f(a)$ dans l'intervalle considéré.

211. Cela posé, soit a une racine réelle de l'équation $\varphi'(x) = 0$, et supposons que $\varphi(x)$ et ses dérivées successives soient continues dans un intervalle $(a - h, a + h)$, comprenant la valeur a ; enfin soit p l'ordre de la première des dérivées successives qui ne s'annule pas pour $x = a$, de telle sorte qu'on ait :

$$\varphi(a) = 0, \qquad \varphi'(a) = 0, \qquad \varphi^{(p-1)}(a) = 0, \qquad \varphi^{p}(a) \gtrless 0.$$

Dans ces conditions, la formule de Taylor donne

$$\varphi(a + h) - \varphi(a) = \frac{h^{p}}{1 . 2 \ldots p} \varphi^{(p)}(a + \theta h), \qquad (3)$$

où θ est compris entre 0 et 1. D'ailleurs, puisque $\varphi^{(p)}(x)$ est continu et différent de zéro pour $x = a$, on pourra (n° 210) restreindre h de façon que $\varphi^{(p)}(x)$ conserve dans l'intervalle considéré le signe de $\varphi^{p}(a)$. D'après cela, et en vertu de la formule (3), si p est impair, la différence $\varphi(a + h) - \varphi(a)$ changera de signe avec h, et il n'y aura ni maximum ni minimum. Au contraire, si p est pair, la même différence conservera le signe de $\varphi^{p}(a)$. Donc (n° 207) il y aura maximum ou minimum suivant que ce signe est — ou +.

De là cette règle :

Pour qu'une fonction $\varphi(x)$ soit maximum ou minimum pour $x = a$, il faut et il suffit que la première des dérivées de $\varphi(x)$, qui ne s'annule pas pour $x = a$, soit d'ordre pair. Alors il y a maximum ou minimum, suivant que cette dérivée d'ordre pair est négative ou positive pour $x = a$.

Exemples

212. Soit proposé de *trouver les maxima et les minima de la fonction*

$$\varphi(x) = (x - a_1)(x - a_2) \ldots (x - a_n), \qquad (4)$$

où a_1, a_2, ..., a_n, désignent n quantités distinctes et rangées par ordre de grandeur croissante.

En vertu du théorème de Rolle, chacun des intervalles :

$$(a_1, a_2), (a_2, a_3), \ldots (a_{n-1}, a_n)$$

renferme au moins une racine réelle de l'équation $\varphi'(x) = 0$. et il n'en contient qu'une, puisque le nombre des intervalles est égal au degré de cette équation. En désignant par x_1, x_2, ..., x_{n-1}, les racines de $\varphi'(x) = 0$ supposées rangées par ordre de grandeur croissante, on aura

$$\varphi'(x) = n(x - x_1)(x - x_2) \ldots (x - x_{n-1}).$$

Cela posé, faisons croître x d'une manière continue de $-\infty$ à $+\infty$.

Si n est impair, $\varphi'(x)$, d'abord positif, change de signe chaque fois que x atteint et dépasse l'une des quantités x_1, x_2, ..., x_{n-1}; donc $\varphi(x)$ est maximum pour $x = x_1$, minimum pour $x = x_2$, maximum pour $x = x_3$, ..., enfin minimum pour $x = x_{n-1}$.

Si n est pair, $\varphi'(x)$, d'abord négatif, change de signe chaque fois que x passe par l'une des quantités x_1, x_2, ..., x_{n-1}. Donc $\varphi(x)$ est maximum pour $x = x_1$, minimum pour $x = x_2$, maximum pour $x = x_3$, ..., enfin maximum pour $x = x_{n-1}$.

213. *Trouver les maxima et minima d'une fonction ayant pour dérivée*

$$\varphi'(x) = \frac{(x - a)^p \, f(x)}{F(x)}, \qquad (5)$$

où p est un nombre entier positif, et $f(x)$ et $F(x)$ deux polynômes entiers ne s'annulant pas pour $x = a$; quelles sont les conditions pour que $\varphi(a)$ soit un maximum ou un minimum, ou ni l'un ni l'autre?

Si p est pair, comme $f(x)$ et $F(x)$ ne changent pas de signe pour $x = a$, la dérivée $\varphi'(x)$ ne change pas non plus ; il n'y a donc ni maximum ni minimum.

Si p est impair, $(x - a)^p$ passe du négatif au positif pour $x = a$; donc $\varphi(x)$ est minimum ou maximum, suivant que

$$\frac{f(a)}{F(a)}$$

est positif ou négatif.

On voit que la règle du n° 209 est d'une application facile, lorsque la dérivée $\varphi'(x)$ est le quotient de deux polynômes entiers.

214. Trouver le *minimum de x^x*, x étant positif.

La fonction étant minimum pour la même valeur de x que son logarithme, nous poserons

$$\varphi(x) = \log x^x = x \log x, \tag{6}$$

d'où il résulte

$$\varphi'(x) = 1 + \log x.$$

Cette dérivée s'annule pour $\log x = -1$, c'est-à-dire pour $x = \dfrac{1}{e}$. D'ailleurs $\varphi''(x) = \dfrac{1}{x}$ étant égale à e, c'est-à-dire positive pour $x = \dfrac{1}{e}$, on voit par la règle n° 211 que x^x est minimum pour cette même valeur de x.

215. Trouver le *minimum de l'expression*

$$\varphi(x) = e^x + e^{-x} + 2\cos x. \tag{7}$$

Sa dérivée

$$\varphi'(x) = e^x - e^{-x} - 2\sin x$$

s'annule pour $x = 0$: mais cette valeur $x = 0$ annule aussi les dérivées

$$\varphi''(x) = e^x + e^{-x} - 2\cos x,$$

et

$$\varphi'''(x) = e^x - e^{-x} + 2\sin x,$$

tandis qu'elle rend la dérivée quatrième

$$\varphi^{IV}(x) = e^x + e^{-x} + 2\cos x$$

positive et égale à 4. Donc (n° 211) $\varphi(x) = 4$ est un minimum de $\varphi(x)$.

Il est aisé de voir d'ailleurs que $x = 0$ est la seule racine réelle de $\varphi'(x) = 0$; en effet, si on remplace, dans $\varphi'(x)$, e^x, e^{-x} et $\sin x$ par leurs développements

$$e^x = 1 + \frac{x}{1} + \frac{x^2}{1 \cdot 2} + \frac{x^3}{1 \cdot 2 \cdot 3} + \ldots,$$

$$e^{-x} = 1 - \frac{x}{1} + \frac{x^2}{1 \cdot 2} - \frac{x^3}{1 \cdot 2 \cdot 3} + \ldots,$$

$$\sin x = \frac{x}{1} - \frac{x^3}{1 \cdot 2 \cdot 3} + \ldots,$$

on obtient l'expression

$$\varphi'(x) = 4x^3 \cdot \left(\frac{1}{1 \cdot 2 \cdot 3} + \frac{x^4}{1 \cdot 2 \ldots 7} + \frac{x^8}{1 \cdot 2 \ldots 11} + \ldots \right),$$

dans laquelle le facteur entre parenthèses est constamment positif; $\varphi'(x)$ ne s'annule donc que pour $x = 0$; or, comme alors cette dérivée passe du négatif au positif, on retrouve, par l'application de la règle du n° 209, les conclusions que nous a données, dans l'alinéa précédent, l'application de la règle du n° 211.

216. *Deux milieux étant séparés par un plan horizontal* P, *la lumière se meut dans le premier milieu avec une vitesse constante* u, *et dans le second milieu avec une vitesse constante* v. *On demande quelle route la lumière doit suivre pour* *aller, dans le temps le plus court, d'un point A du premier milieu à un point B du second.*

Soient A′ et B′ les projections des points A et B sur le plan P. Le chemin demandé, qui se compose de deux portions de droite, est situé dans le plan vertical AA′B′B; en effet, soit G un point situé sur le plan P en dehors de la droite A′B′, et L la projection de G sur A′B′, on aura AL < AG et BL < BG, en sorte que la lumière mettra moins de temps à suivre le chemin ALB qu'à décrire le chemin AGB.

Tout revient donc à chercher sur AA′ le point H, tel que le chemin AHB soit parcouru dans le temps minimum.

Désignons par IX la verticale du point H, et posons AA′ $= a$, BB′ $= b$, A′B′ $= d$, AHX $= i$, BHI $= r$.

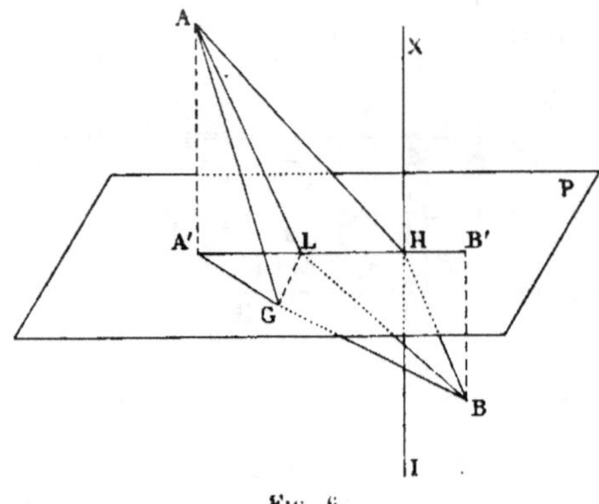

Fig. 6.

Le temps à rendre minimum a pour expression

$$\frac{a}{u \cos i} + \frac{b}{v \cos r}, \qquad (8)$$

i et r étant liés par la relation

$$d = a \tang i + b \tang r. \qquad (9)$$

Donc, en égalant à zéro la dérivée par rapport à i de l'expression (8), et désignant par r' la dérivée de r par rapport à i, on aura l'équation

$$\frac{a \sin i}{u \cos^2 i} + \frac{b \sin r}{v \cos^2 r} \cdot r' = 0. \qquad (10)$$

à laquelle il faut adjoindre celle qui provient de la différentiation de la relation (9)

$$\frac{a}{\cos^2 i} + \frac{b}{\cos^2 r} \cdot r' = 0. \qquad (11)$$

L'élimination de r' entre (10) et (11) donne immédiatement

$$\frac{\sin i}{\sin r} = \frac{u}{v}, \qquad (12)$$

pour la condition du minimum.

Remarque importante

217. Souvent la variable x, au lieu de pouvoir prendre toutes les valeurs possibles, est astreinte à rester inférieure ou supérieure à certaines limites. Alors, x désignant l'une quelconque de ces valeurs extrêmes, $\varphi(x)$ peut être un maximum ou un minimum, sans que x soit une racine de l'équation dérivée $\varphi'(x) = 0$.

Considérons, par exemple, le cercle $x^2 + y^2 = R^2$ et un point $A(a, o)$ différent de l'origine. La distance AM d'un point quelconque $M(x, y)$ du cercle au point A devient maximum pour $x = R$ et minimum pour $x = -R$: et, cependant, aucune de ces valeurs extrêmes de x n'annule l'équation dérivée, puisque la dérivée de l'expression

$$\overline{AM}^2 = R^2 + a^2 - 2ax$$

se réduit à $-2a$.

Pour avoir un exemple plus complet, reprenons la ques-

tion précédente, en remplaçant le cercle $x^2 + y^2 = R^2$ par
la parabole $y^2 - 2px = 0$. On a alors

$$\overline{AM}^2 = (x - a)^2 + y^2 = (x - a)^2 + 2px,$$

et l'équation dérivée se réduit à

$$x - a + p = 0,$$

dont la racine unique $a - p$ doit être rejetée, si a est inférieur à p. puisque la variable x est astreinte à rester positive. Si a est supérieur à p, la racine $a - p$ est l'abscisse
commune à deux points M_1 et M_2 de la parabole, symétriques
par rapport à l'axe ox. Comme la dérivée seconde est
positive, AM_1 et AM_2 sont des minima de la distance AM.
Mais cette distance AM possède encore évidemment un
maximum ou un minimum ; c'est la distance AO du point
A au sommet O, laquelle est un maximum ou un minimum,
suivant que le point A est intérieur ou extérieur à la
parabole. Or la règle du n° 209 laisse échapper cette solution, puisque la dérivée ne s'annule pas pour $x = 0$.

218. Il est aisé de trouver la raison de la singularité
dont nous venons d'indiquer deux exemples.

La définition du n° 207 et les raisonnements qui ont
conduit à la règle 209 supposent que, *si $\varphi(x)$ est un maximum, la différence $\varphi(x + h) - \varphi(x)$ est négative, quel que
soit le signe de la quantité très petite h.* Or l'accroissement h
a un signe déterminé pour $x = \alpha$, puisque α est une limite
inférieure ou supérieure de la variable x. Les raisonnements
fondés sur ce que le signe de h est arbitraire ne subsistent
donc plus.

219. La singularité dont il s'agit ne saurait se présenter
si, au lieu de l'abscisse x du point M, on choisit une
variable u susceptible de prendre toutes les valeurs possibles, car alors la théorie exposée aux n° 209, 210, 211,
est applicable. En posant $x = \psi(u)$ et désignant par V la

fonction $\varphi(x)$ dont on cherche les maxima et les minima, on a

$$\frac{dV}{du} = \varphi'(x) \cdot \psi'(u), \qquad (13)$$

et la présence du facteur $\psi'(u)$ montre que $\dfrac{dV}{du}$ peut s'annuler sans que $\varphi'(x)$ s'annule.

Dans le premier exemple du n° 217, si l'on pose

$$x = R \cos u,$$

on a

$$\varphi'(x) = -2a, \qquad \psi'(u) = -R \sin u,$$

et par suite

$$\frac{dV}{du} = 2aR \sin u.$$

En égalant cette dérivée à zéro, on obtient les valeurs $u = 0$, $u = \pi$, qui répondent respectivement au minimum et au maximum de AM.

Dans le second exemple (cas de la parabole), si l'on pose

$$x = 2pu^2,$$

on a

$$\varphi'(x) = 2(x - a + p), \qquad \psi'(u) = 4pu,$$

et par suite

$$\frac{dV}{du} = 8p(x - a + p)u.$$

En égalant cette dérivée à zéro, on obtient les valeurs

$$x = a - p, \qquad u = 0,$$

relatives aux maxima et aux minima de la distance AM.

Les considérations et les exemples qui précèdent suffisent pour montrer la nécessité de tenir compte, dans les questions de maximum et de minimum, du choix de la variable indépendante.

Cas d'une fonction explicite
de m variables liées par $m - 1$ équations

220. On peut, sans altérer la généralité de la méthode, prendre $m = 3$. Le problème est donc le suivant : trouver les maxima et les minima de la fonction

$$V = f(x, y, z), \qquad (14)$$

les variables x, y, z, étant astreintes à vérifier les conditions

$$f_1(x, y, z) = 0, \qquad (15)$$
$$f_2(x, y, z) = 0. \qquad (16)$$

Les deux équations de condition (15) et (16) définissent y et z en fonction de x, de sorte que V est une fonction composée de la seule variable indépendante x, dont il faut égaler la dérivée à zéro.

On obtient ainsi la relation

$$\frac{\partial f}{\partial x} + \frac{\partial f}{\partial y}\frac{dy}{dx} + \frac{\partial f}{\partial z}\frac{dz}{dx} = 0, \qquad (17)$$

à laquelle il faut joindre les deux suivantes

$$\frac{\partial f_1}{\partial x} + \frac{\partial f_1}{\partial y}\frac{dy}{dx} + \frac{\partial f_1}{\partial x}\frac{dz}{dx} = 0, \qquad (18)$$

$$\frac{\partial f_2}{\partial x} + \frac{\partial f_2}{\partial y}\frac{dy}{dx} + \frac{\partial f_2}{\partial z}\frac{dz}{dx} = 0, \qquad (19)$$

qui résultent de la différentiation des équations de conditions. L'élimination $\frac{dy}{dx}$ et de $\frac{dz}{dx}$ entre les trois équations

(17), (18) et (19), donnera la relation

$$\begin{vmatrix} \dfrac{\partial f}{\partial x} & \dfrac{\partial f}{\partial y} & \dfrac{\partial f}{\partial z} \\[2mm] \dfrac{\partial f_1}{\partial x} & \dfrac{\partial f_1}{\partial y} & \dfrac{\partial f_1}{\partial z} \\[2mm] \dfrac{\partial f_2}{\partial x} & \dfrac{\partial f_2}{\partial y} & \dfrac{\partial f_2}{\partial z} \end{vmatrix} = 0, \qquad (20)$$

qui, conjointement avec (15) et (16), fera connaître les valeurs de x, y, z, propres à rendre V maximum ou minimum.

221. La résolution des équations (15), (16), (20), est souvent facilitée par l'adjonction de deux nouvelles inconnues λ_1 et λ_2, et par suite de deux nouvelles équations. Voici comment :

Soit $(x,\ y,\ z)$ une solution des systèmes (15), (16), (20). Le déterminant (20) ne change pas lorsqu'on ajoute aux éléments de la première ligne ceux de la seconde ligne multipliés par λ_1 et ceux de la troisième par λ_2. Dès lors, si on détermine λ_1 et λ_2 par les équations que l'on obtient en égalant à zéro deux des éléments de la première ligne du déterminant Δ ainsi transformé, la condition $\Delta = 0$ entraînera l'annulation du troisième élément de cette ligne, et l'on aura trois équations

$$\frac{\partial f}{\partial x} + \lambda_1 \frac{\partial f_1}{\partial x} + \lambda_2 \frac{\partial f_2}{\partial x} = 0, \qquad (21)$$

$$\frac{\partial f}{\partial y} + \lambda_1 \frac{\partial f_1}{\partial y} + \lambda_2 \frac{\partial f_2}{\partial y} = 0, \qquad (22)$$

$$\frac{\partial f}{\partial z} + \lambda_1 \frac{\partial f_1}{\partial z} + \lambda_2 \frac{\partial f_2}{\partial z} = 0, \qquad (23)$$

qui, conjointement avec (15) et (16), détermineront les cinq inconnues x, y, z, λ_1 et λ_2.

Les relations (21), (22), (23), sont faciles à retenir : il suffit de remarquer que *leurs premiers membres sont les dérivées partielles par rapport à* x, y, z, *de l'expression*

$$f(x,\ y,\ z) + \lambda_1 f_1(x,\ y,\ z) + \lambda_2 f_2(x,\ y,\ z), \qquad (24)$$

dans laquelle λ_1 et λ_2 sont regardées comme des constantes.

Pour établir la distinction entre les maxima et les minima, il faudrait avoir recours au signe de la dérivée seconde. Le calcul de cette dérivée n'offre pas de difficulté théorique, mais il est parfois pénible ; on s'en dispense le plus communément, car la nature de la question permet, en général, de reconnaître *a priori* s'il s'agit d'un maximum ou d'un minimum.

222. Nous allons appliquer la théorie précédente à la *recherche des axes de la section de l'ellipsoïde*

$$\frac{x^2}{a^2} + \frac{y^2}{b^2} + \frac{z^2}{c^2} - 1 = 0, \qquad (25)$$

par un plan

$$\alpha x + \beta y + \gamma z = 0. \qquad (26)$$

passant par l'origine, c'est-à-dire par le centre.

Les longueurs des axes en question sont le maximum et le minimum de la distance qui sépare le centre d'un point quelconque de la surface. Il s'agit donc de trouver le maximum et le minimum de la fonction

$$v = x^2 + y^2 + z^2, \qquad (27)$$

les variables x, y, z, devant satisfaire aux deux équations de conditions (25) et (26).

A cet effet formons, conformément aux prescriptions du n° 221, l'expression

$$x^2 + y^2 + z^2 + \lambda_1\left(\frac{x^2}{a^2} + \frac{y^2}{b^2} + \frac{z^2}{c^2} - 1\right) + 2\lambda_2\left(\alpha x + \beta y + \gamma z\right), \quad (28)$$

et égalons ses dérivées partielles à zéro. Nous aurons les équations

$$x + \lambda_1\frac{x}{a^2} + \lambda_2\alpha = 0, \qquad (29)$$

$$y + \lambda_1\frac{y}{b^2} + \lambda_2\beta = 0, \qquad (30)$$

$$z + \lambda_1\frac{z}{c^2} + \lambda_2\gamma = 0, \qquad (31)$$

qui, conjointement avec (25) et (26), déterminent les multiplicateurs λ_1, λ_2, ainsi que les coordonnées x, y, z, d'un sommet quelconque de la section.

Pour obtenir les longueurs des axes, il faudra éliminer x, y, z, λ_1, λ_2, entre les équations (25), (26), (27) et (29), (30), (31). On y parvient aisément comme il suit :

D'abord, en ajoutant les trois dernières équations respectivement multipliées par x, y, z, et ayant égard aux trois premières, on a $\lambda_1 = -v$. Puis, en portant cette valeur de λ_1 dans (29), (30), (31), résolvant par rapport à x, y, z, et enfin substituant les valeurs ainsi trouvées dans la relation (26), on obtient l'équation en v

$$\frac{a^2\alpha}{a^2 - v} + \frac{b^2\beta}{b^2 - v} + \frac{c^2\gamma}{c^2 - v} = 0, \qquad (32)$$

qui donne les carrés des longueurs des deux axes de la section.

Maxima et minima des fonctions de plusieurs variables indépendantes

223. On dit qu'une fonction $\varphi(x, y, \ldots)$ de n variables est *maximum* pour les valeurs a, b, ... attribuées respectivement à x, y, ..., si l'on peut trouver un nombre positif ε assez petit pour que la différence $\varphi(x, y, \ldots) - \varphi(a, b, \ldots)$ soit *négative* pour toutes les valeurs de $x - a$, $y - b$, ... comprises entre $-\varepsilon$ et $+\varepsilon$.

Il y a *minimum* lorsque la différence ci-dessus est *positive* dans les mêmes conditions.

Nous supposerons, dans la suite de ce chapitre, que la fonction $\varphi(x, y, \ldots)$ et ses dérivées partielles jusqu'à l'ordre dont on aura besoin soient continues. Les cas de discontinuité ne comportent pas de solution générale ; ils devront être étudiés à part dans chaque question.

Posons

$$x = a + \alpha t, \qquad y = b + \beta t, \qquad \ldots, \qquad (33)$$

d'où

$$\varphi(x, y, \ldots) = \varphi(a + \alpha t, b + \beta t, \ldots) = F(t), \qquad (34)$$

et par suite

$$F'(t) = \alpha \varphi'_x(x, y, \ldots) + \beta \varphi'_y(x, y, \ldots) + \ldots, \qquad (35)$$

$$F''(t) = \alpha^2 \varphi''_{xx}(x, y, \ldots) + \beta^2 \varphi''_{yy}(x, y, \ldots) + \ldots + 2\alpha\beta \varphi''_{xy}(x, y, \ldots) + \ldots \qquad (36)$$

Cela posé, si $\varphi(x, y, \ldots)$ est maximum ou minimum pour $x = a$, $y = b$, …, $F(t)$ sera maximum ou minimum pour $t = 0$. Donc, d'après la théorie des maxima et minima relative aux fonctions d'une seule variable, on doit avoir $F'(0) = 0$, c'est-à-dire

$$\alpha \varphi'_x(a, b, \ldots) + \beta \varphi'_y(a, b, \ldots) = 0,$$

relation qui, devant avoir lieu quelles que soient α, β, …, se décompose en les suivantes

$$\varphi'_x(a, b, \ldots) = 0, \qquad \varphi'_y(a, b, \ldots) = 0 \ldots \qquad (37)$$

On voit de la sorte que *les systèmes de valeurs propres à rendre $\varphi(x, y, \ldots)$ maximum ou minimum ne doivent être cherchés que parmi ceux qui annulent les dérivées partielles du premier ordre de $\varphi(x, y, \ldots)$.*

$(a, b, \ldots)$, étant un tel système, il y aura maximum ou minimum, suivant que la dérivée seconde $F''(0)$ sera négative ou positive pour toutes les valeurs de α, β, …, différentes de zéro. Or, d'après la formule (4), $F''(0)$ a pour expression

$$\alpha^2 \varphi''_{xx}(a, b, \ldots) + \beta^2 \varphi''_{yy}(a, b, \ldots) + \ldots + 2\alpha\beta \varphi''_{xy}(a, b, \ldots) + \ldots$$

C'est une fonction entière et homogène du second degré des variables α, β, … que nous désignerons par V. On est donc ramené à ce problème d'algèbre : trouver les conditions pour que la fonction V conserve un signe constant, le signe $+$ par exemple.

Ordonnée par rapport à x, la fonction V prend la forme

$$V = Ax^2 + 2Px + Q;$$

elle se réduit à Ax^2, lorsque les autres variables β, ..., sont nulles ; on doit donc avoir en premier lieu

$$A > o$$

D'autre part, si l'on pose

$$V_1 = AQ - P^2,$$

on obtient la relation

$$AV = (Ax + P)^2 + V_1.$$

L'expression entre parenthèses s'annule pour

$$x = -\frac{P}{A}$$

quelles que soient β, ...; il faut donc que V_1 soit constamment positive.

Ainsi *les conditions pour que V soit constamment positive sont que l'on ait $A > o$ et que V_1 soit constamment positive.*

Or V_1 est, comme V, une fonction entière homogène et du second degré, mais ne renfermant que $n - 1$ variables. En appliquant à V_1 le raisonnement sur V, on voit que les conditions pour que V_1 reste positive consistent en ce qu'une certaine quantité déterminée A_1 soit positive et qu'une certaine fonction V_2 entière homogène du second degré à $n - 2$ variables reste positive.

En continuant de la sorte, on trouvera les n conditions nécessaires et suffisantes

$$A > o, \quad A_1 > o, \quad ...., \quad A_{n-1} > o,$$

pour que V reste toujours positive.

224. Si l'on considère en particulier le cas de deux variables x et y, on a

$$V = \varphi''_{xx}(a, b)\, \alpha^2 + 2\varphi''_{xy}(a, b)\, \alpha\beta + \varphi''_{yy}(a, b)\, \beta^2,$$
$$A = \varphi''_{xx}(a, b), \quad P = \varphi''_{xy}(a, b)\, \beta, \quad Q = \varphi''_{yy}(a, b)\, \beta^2,$$
$$V_1 = [\varphi''_{xx}(a, b)\, \varphi''_{yy}(a, b) - (\varphi''_{xy}(a, b))^2]\, \beta^2.$$

Les conditions pour que V reste positive sont, d'après cela,

$$\varphi''_{xx}(a, b) > 0 \quad \text{et} \quad \varphi''_{xx}(a, b)\, \varphi''_{yy}(a, b) - (\varphi''_{xy}(a, b))^2 > 0,$$

lesquelles entraînent d'ailleurs évidemment

$$\varphi''_{yy}(a, b) > 0.$$

Pour passer du maximum au minimum, on changerait le sens des inégalités.

225. Nous avons supposé que les dérivées partielles du second ordre de la fonction $\varphi(x, y, \ldots)$ n'étaient pas toutes nulles simultanément pour $x = a$, $y = b$, ...; sinon il faudrait que les dérivées troisièmes fussent nulles et qu'une certaine fonction entière homogène du quatrième degré conservât un signe constant.

On continuerait de la sorte; mais les calculs qu'exige cette discussion deviendraient bien vite inextricables.

226. Au lieu de dire que les dérivées partielles

$$\frac{\partial \varphi}{\partial x}, \qquad \frac{\partial \varphi}{\partial y}, \qquad \frac{\partial \varphi}{\partial z},$$

s'annulent toutes pour les valeurs a, b, c, ..., qui rendent une fonction $\varphi(x, y, z, \ldots)$ maximum ou minimum, il équivaut évidemment de dire que la différentielle totale

$$\frac{\partial \varphi}{\partial x}\, dx + \frac{\partial \varphi}{\partial y}\, dy + \frac{\partial \varphi}{\partial z}\, dz + \ldots$$

s'annule, quels que soient dx, dy, dz, ...

227. D'après la théorie qui précède, les valeurs des variables relatives au maximum ou au minimum d'une fonction doivent annuler les dérivées partielles de cette fonction, à moins que ces dérivées soient discontinues. Mais il peut se faire, comme l'a remarqué M. Bertrand, que les dérivées partielles d'une fonction cessent d'être déterminées pour certaines valeurs des variables, et que ces valeurs rendent en même temps la fonction maximum ou minimum.

Voici l'exemple même que M. Bertrand a choisi pour justifier son assertion :

Trouver dans le plan d'un triangle ABC un point M dont la somme des distances aux trois sommets soit un minimum.

Soient (x, y), (x_1, y_1), (x_2, y_2), (x_3, y_3), les coordonnées des points M, A, B, C, par rapport à des axes rectangulaires quelconques; l'expression à rendre minimum est

$$\sqrt{(x-x_1)^2+(y-y_1)^2}+\sqrt{(x-x_2)^2+(y-y_2)^2}+\sqrt{(x-x_3)^2+(y-y_3)^2}, \quad (38)$$

et il faut égaler à zéro sa dérivée par rapport à x, et sa dérivée par rapport à y, ce qui donne

$$\frac{x-x_1}{\sqrt{(x-x_1)^2+(y-y_1)^2}}+\frac{x-x_2}{\sqrt{(x-x_2)^2+(y-y_2^2}}+\frac{x-x_3}{\sqrt{(x-x_3)^2+(y-y_3^2)}}=0$$
$$\frac{y-y_1}{\sqrt{(x-x_1)^2+(y-y_1)^2}}+\frac{y-y_2}{\sqrt{(x-x_2)^2+(y-y_2)^2}}+\frac{y-y_3}{\sqrt{(x-x_3)^2+(y-y_3)^2}}=0 \quad (39)$$

En désignant par x_1, x_2, x_3 les inclinaisons de MA, MB, MC, sur l'axe de x, on remplace les équations (39) par les suivantes

$$\cos x_1 + \cos x_2 + \cos x_3 = 0, \quad \sin x_1 + \sin x_2 + \sin x_3 = 0, \quad (40)$$

d'où l'on déduit, en isolant $\cos x_3$ et $\sin x_3$ et ajoutant la somme des carrés

$$\cos(x_1 - x_2) = -\frac{1}{2}; \quad (41)$$

on trouverait pareillement

$$\cos(\alpha_2 - \alpha_3) = -\frac{1}{2}, \qquad \cos(\alpha_3 - \alpha_4) = -\frac{1}{2}$$

Les angles AMB, BMC, CMA, sont donc tous les trois égaux à 120°, et le point cherché est celui d'où l'on voit, sous un angle de 120°, chacun des côtés du triangle ABC.

Il importe de remarquer que le point d'où l'on voit chacun des côtés du triangle ABC, sous un angle de 120°, cesse d'exister lorsque l'un des angles de ce triangle surpasse 120°. Alors les équations (39) sont incompatibles, quoiqu'il résulte de la nature de la question que le minimum existe encore. Pour trouver la solution qui convient à ce cas, remarquons que les dérivées partielles (39) se présentent sous la forme $\frac{0}{0}$, si l'on prend pour le point cherché l'un des sommets A, B, C, c'est-à-dire, si on remplace, dans ces dérivées, les coordonnées courantes par celles de l'un des points A, B, C. C'est donc l'un de ces sommets qui résout la question ; et, comme la somme des distances se réduit alors à la somme de deux côtés du triangle, le point cherché sera le sommet de l'angle obtus.

Généralisation du n° **220**

228. Soit $\varphi(x, y, z, \ldots)$ une fonction de $m + n$ variables liées par n équations.

$$f_1(x, y, z, \ldots) = 0, \quad f_2(x, y, z, \ldots) = 0, \quad \ldots, \quad f_n(x, y, z, \ldots), \qquad (42)$$

de sorte qu'il reste m variables indépendantes.

Pour rendre la fonction φ maximum ou minimum, on devra poser $d\varphi = 0$, c'est-à-dire

$$\frac{\partial \varphi}{\partial x} dx + \frac{\partial \varphi}{\partial y} dy + \frac{\partial \varphi}{\partial z} dz + \ldots = 0, \qquad (43)$$

puis joindre à cette équation les n suivantes

$$
\begin{aligned}
\frac{\partial f_1}{\partial x}\, dx + \frac{\partial f_1}{\partial y}\, dy + \frac{\partial f_1}{\partial z}\, dz + \ldots &= 0 \\
\frac{\partial f_2}{\partial x}\, dx + \frac{\partial f_2}{\partial y}\, dy + \frac{\partial f_2}{\partial z}\, dz + \ldots &= 0 \\
\cdots\cdots\cdots\cdots\cdots \\
\frac{\partial f_n}{\partial x}\, dx + \frac{\partial f_n}{\partial y}\, dy + \frac{\partial f_n}{\partial z}\, dz + \ldots &= 0
\end{aligned}
\qquad (44)
$$

qui résultent de la différentiation du système (42).

Après avoir éliminé n différentielles, dx, dy, dz, ..., entre les $(n+1)$ relations (43) et (44), on égalera à zéro les coefficients des m différentielles restées arbitraires, et l'on obtiendra de la sorte m équations, qui, jointes aux n équations (42), détermineront les systèmes de valeurs de x, y, z, ..., propres à rendre la fonction φ maximum ou minimum.

Pour exécuter avec élégance l'élimination dont nous venons de parler, nous ajouterons à l'équation (43) les équations (44), respectivement multipliées par les facteurs indéterminés λ_1, λ_2, λ_3, ... λ_n, que l'on choisira de manière à faire disparaître n différentielles; mais, comme on devra ensuite, d'après ce qui a été dit dans l'alinéa précédent, égaler à zéro les coefficients des m différentielles restantes, on voit qu'en définitive les coefficients de toutes les différentielles devront être égalés à zéro. Les équations ainsi formées

$$
\begin{aligned}
\frac{\partial \varphi}{\partial x} + \lambda_1 \frac{\partial f_1}{\partial x} + \ldots + \lambda_n \frac{\partial f}{\partial x} &= 0 \\
\frac{\partial \varphi}{\partial y} + \lambda_1 \frac{\partial f_1}{\partial y} + \ldots + \lambda_n \frac{\partial f}{\partial y} &= 0 \\
\frac{\partial \varphi}{\partial z} + \lambda_1 \frac{\partial f_1}{\partial z} + \ldots + \lambda_n \frac{\partial f}{\partial z} &= 0 \\
\cdots\cdots\cdots\cdots\cdots \\
\cdots\cdots\cdots\cdots\cdots
\end{aligned}
$$

sont au nombre de $m+n$. En leur adjoignant les n relations (42), on aura $m + 2n$ équations pour déterminer les $m + 2n$ quantités, λ_1, ..., λ_n, et x, y, z, ...

De là résulte la règle suivante : *Pour obtenir les maxima et les minima d'une fonction z de $m + n$ variables, liées entre elles par n relations $f_1 = 0_1$, ..., $f_n = 0$, on annulera les dérivées partielles, par rapport aux $m + n$ variables, de la fonction*

$$z + \lambda_1 f_1 + \lambda_2 f_2 + ... + \lambda_n f_n,$$

où l'on regardera λ_1, λ_2, ... λ_n, comme des constantes. On obtiendra de la sorte $m + n$ équations, qui, jointes aux n équations de liaison $f_1 = 0$, $f_2 = 0$, ..., $f_n = 0$, donneront les quantités λ_1, ... λ_n, ainsi que les valeurs des $m + n$ variables, x, y, z, ..., correspondent aux maxima ou minima de z.

229. Supposons, pour prendre un exemple, qu'il s'agisse de trouver le minimum de la fonction

$$z = x^2 + y^2 + z^2, \qquad (45)$$

les trois variables x, y, z, étant liées par la relation

$$ax + by + cz = k, \qquad (46)$$

où a, b, c, k sont des constantes données.

D'après la règle du numéro précédent, on est conduit à égaler à zéro les différentielles partielles par rapport à x, y, z, de l'expression

$$x^2 + y^2 + z^2 + 2\lambda(ax + by + cz - k).$$

On obtient de la sorte les trois équations

$$x + a\lambda = 0, \qquad y + b\lambda = 0, \qquad z + c\lambda = 0, \qquad (47)$$

qui, conjointement avec (46), détermineront x, y, z, après qu'on aura éliminé λ.

On déduit des équations (47) les égalités

$$\frac{z}{a} = \frac{y}{b} = \frac{z}{c} = \frac{ax + by + cz}{a^2 + b^2 + c^2} = \frac{k}{a^2 + b^2 + c^2};$$

d'où résultent, pour les valeurs de x, y, z relatives au minimum de φ,

$$x = \frac{ak}{a^2 + b^2 + c^2}, \quad y = \frac{bk}{a^2 + b^2 + c^2}, \quad z = \frac{ck}{a^2 + b^2 + c^2} \quad (48)$$

et, par suite, pour la valeur minimum de φ,

$$\frac{a^2 k^2 + b^2 k^2 + c^2 k^2}{(a^2 + b^2 + c^2)^2} = \frac{k^2}{a^2 + b^2 + c^2}.$$

D'ailleurs l'interprétation géométrique montre immédiatement qu'il s'agit ici d'un minimum; φ représente en effet le carré de la distance de l'origine à un point (x, y, z) du plan $ax + by + cz = k$.

Maxima et minima des fonctions implicites

230. Soit y une fonction liée à une variable x par une équation

$$f(x, y) = 0 \qquad (49)$$

non résolue par rapport à y. Pour trouver les maxima et les minima de y, on différentiera l'équation (49), ce qui donne la relation

$$\frac{\partial f}{\partial x} + \frac{\partial f}{\partial y} y' = 0, \qquad (50)$$

laquelle se réduit à

$$\frac{\partial f}{\partial x} = 0, \qquad (51)$$

pour les valeurs de x qui rendent y maximum ou minimum.

On cherchera donc les divers couples (x_1, y_1), (x_2, y_2), (x_3, y_3), ... de solutions communes aux équations (49) et (51), et c'est parmi les termes de la suite $x_1, x_2, x_3, ...$ que se trouveront les valeurs de x relatives aux maxima et aux minima de y.

Pour reconnaître si une solution des équations (49) et (51) répond véritablement à un maximum ou à un minimum, il faut considérer la dérivée seconde. En différentiant l'équation (50), on obtient la relation

$$\frac{\partial^2 f}{\partial x^2} + 2 \frac{\partial^2 f}{\partial x \partial y} y' + \frac{\partial^2 f}{\partial y^2} y'^2 + \frac{\partial f}{\partial y} y'' = 0,$$

laquelle, par l'introduction de la condition $y' = 0$, se réduit à

$$\frac{\partial^2 f}{\partial x^2} + \frac{\partial f}{\partial y} y'' = 0, \tag{52}$$

d'où

$$y'' = - \frac{\dfrac{\partial^2 f}{\partial x^2}}{\dfrac{\partial f}{\partial y}}. \tag{53}$$

Il y aura maximum ou minimum suivant que la solution considérée rendra le second membre de (53) négatif ou positif.

Si $\dfrac{d^2 y}{dx^2}$ est nul, il faut recourir aux dérivées d'ordre supérieur.

Considérons, comme exemple, la fonction implicite y définie par l'équation

$$f(x, y) \equiv x^4 + y^4 - 4xy = 0. \tag{54}$$

On a ici

$$\frac{\partial f}{\partial x} = 4(x^3 - y), \quad \frac{\partial f}{\partial y} = 4(y^3 - x), \quad \frac{\partial^2 f}{\partial x^2} = 12x^2. \tag{55}$$

Le système formé par l'équation (54) et par l'équation $x^3 - y = 0$ ont pour solutions communes $x = \pm \sqrt[8]{3}$, $y = \pm \sqrt{27}$; d'ailleurs la dérivée seconde, c'est-à-dire le second membre de la relation (53), est négative pour $x = + \sqrt{3}$ et positive pour $x = - \sqrt{3}$; il y a donc maximum dans le premier cas et minimum dans le second.

231. Supposons maintenant que l'on ait $m + 1$ variables liées par m relations, par exemple quatre variables x, y, z, u, liées par trois équations

$$\left.\begin{array}{l} f_1(x, y, z, u) = 0 \\ f_2(x, y, z, u) = 0 \\ f_3(x, y, z, u) = 0 \end{array}\right\} ; \qquad (56)$$

x étant choisie pour variable indépendante, y, z et u seront des fonctions de x. Considérons l'une quelconque de ces fonctions, u par exemple. Pour trouver les valeurs de x qui répondent aux maxima ou aux minima de u, on différentie les relations (56), en traitant y, z, u comme des fonctions de x et tenant compte de la condition

$$\frac{du}{dx} = 0,$$

ce qui donne

$$\left.\begin{array}{l} \dfrac{\partial f_1}{\partial x} + \dfrac{\partial f_1}{\partial y}\dfrac{dy}{dx} + \dfrac{\partial f_1}{\partial z}\dfrac{dz}{dx} = 0 \\[2mm] \dfrac{\partial f_2}{\partial x} + \dfrac{\partial f_2}{\partial y}\dfrac{dy}{dx} + \dfrac{\partial f_2}{\partial z}\dfrac{dz}{dx} = 0 \\[2mm] \dfrac{\partial f_3}{\partial x} + \dfrac{\partial f_3}{\partial y}\dfrac{dy}{dx} + \dfrac{\partial f_3}{\partial z}\dfrac{dz}{dx} = 0 \end{array}\right\}. \qquad (57)$$

On élimine $\dfrac{dy}{dx}$, $\dfrac{dz}{dx}$, et l'on obtient une équation qui, de concert avec les relations (56), détermine x, y, z, u.

En différentiant de nouveau les relations (56), on obtiendra $\dfrac{d^2u}{dx^2}$; on y substituera les valeurs trouvées pour x,

y, z, u, et, suivant que le résultat obtenu sera positif ou négatif, u sera un maximum ou un minimum.

Observons d'ailleurs que l'élimination de $\dfrac{dy}{dx}$ et de $\dfrac{dz}{dx}$ pourra se faire par la méthode des *multiplicateurs*. À cet effet, on ajoutera les équations (57) multipliées respectivement par 1, λ et μ, et on choisira les multiplicateurs λ et μ, de telle sorte que dans le résultat les coefficients de $\dfrac{dy}{dx}$ et de $\dfrac{dz}{dx}$ soient nuls.

232. Considérons enfin le *cas d'une fonction implicite de plusieurs variables indépendantes.*

Soient, par exemple, trois relations

$$\left.\begin{array}{l} f_1(x, y, z, u, v) = 0 \\ f_2(x, y, z, u, v) = 0 \\ f_3(x, y, z, u, v) = 0 \end{array}\right\}, \qquad (58)$$

entre deux variables indépendantes, x, y, et trois fonctions, z, u, v de ces variables; il s'agit de trouver les maxima ou minima de l'une de ces fonctions, de v par exemple.

On doit avoir

$$\frac{\partial v}{\partial x} = 0, \qquad \frac{\partial v}{\partial y} = 0.$$

et par suite la différentielle totale de v, c'est-à-dire

$$\frac{\partial v}{\partial x}\, dx + \frac{\partial v}{\partial y}\, dy.$$

doit être nulle.

En différentiant les équations (58) et ayant égard à la condition $dv = 0$, on aura les relations

$$\left.\begin{array}{l} \dfrac{\partial f_1}{\partial x}\, dx + \dfrac{\partial f_1}{\partial y}\, dy + \dfrac{\partial f_1}{\partial z}\, dz + \dfrac{\partial f_1}{\partial u}\, du = 0 \\[2mm] \dfrac{\partial f_2}{\partial x}\, dx + \dfrac{\partial f_2}{\partial y}\, dy + \dfrac{\partial f_2}{\partial z}\, dz + \dfrac{\partial f_2}{\partial u}\, du = 0 \\[2mm] \dfrac{\partial f_3}{\partial x}\, dx + \dfrac{\partial f_3}{\partial y}\, dy + \dfrac{\partial f_3}{\partial z}\, dz + \dfrac{\partial f_3}{\partial u}\, du = 0 \end{array}\right\}, \quad (59)$$

dans lesquelles dx, dy sont constantes, tandis que dz et du sont les différentielles totales de u et de v, considérées comme des fonctions d'x et d'y.

L'élimination de dz et de du entre les équations (59) donnera une relation de la forme

$$Pdx + Qdy = o.$$

qui, puisque dx et dy sont indépendantes entre elles, se décompose dans les deux suivantes

$$P = o, \qquad Q = o. \qquad\qquad (60$$

Les équations (58) et (60) donneront les valeurs demandées de x, y, z, u, v.

Pour la distinction entre le maximum et le minimum, il faudra avoir recours au signe de la différentielle totale du second ordre d^2v.

Méthode de Fermat

233. Nous ne saurions clore ce chapitre sans faire connaître brièvement la première méthode générale, pour la recherche des maxima et des minima. Cette méthode, due à Fermat, est fondée sur l'observation suivante :

Quand une fonction continue $\varphi(x)$ passe par un maximum ou un minimum, elle prend, un peu avant et un peu après cet état critique, les mêmes valeurs avec ou sans symétrie. La considération de la courbe représentée par l'équation $y = \varphi(x)$ rend intuitif ce principe, d'où découle la règle suivante :

Pour chercher dans quelles circonstances une grandeur variable devient maximum ou minimum, on exprimera que cette grandeur, considérée dans deux états infiniment voisins, a la même valeur. L'égalité qui en résulte, prise à la limite où les deux états se confondent, fera connaître une propriété caractéristique du maximum ou du minimum.

Cette règle a son importance propre, à côté de la théorie

analytique (nᵒˢ 209 et 211), qu'elle remplace parfois avec avantage, surtout dans les questions géométriques. Voici quelques exemples :

1° *Étant données deux droites Ox et Oy, et deux points A et B sur Ox, trouver le point M de Oy, tel que l'angle AMB soit maximum.*

Soit M' un point de Oy infiniment voisin du point cherché M. L'égalité des angles AMB, AM'B, exige que le quadrilatère ABM'M soit inscriptible. A la limite, quand M' se confond avec M, la droite Oy devient tangente au cercle ABM ; la recherche du point M revient donc à trouver le point de contact d'un cercle passant par deux points donnés A et B, et tangent à une droite donnée Oy ; en d'autres termes, la distance OM est moyenne proportionnelle entre OA et OB.

On reconnaît en effet, *a posteriori*, que tout point de Oy, autre que le point de contact M, étant hors du cercle, est le sommet d'un angle moindre que AMB.

2° *Par un point A, pris dans le plan d'un angle yox, mener une sécante ABC, telle que le produit AB.AC soit minimum.*

Soit AB'C' une sécante infiniment voisine de la sécante cherchée ; le quadrilatère BB'CC' est inscriptible, puisqu'on a AB.AC = AB'.AC'. A la limite, le cercle qui passe par les quatre sommets devient tangent en B et C aux côtés de l'angle yox ; la corde de contact BC doit donc être perpendiculaire sur la bissectrice de l'angle yox.

CHAPITRE XIV

SÉRIES DE FONCTIONS. — SÉRIES ENTIÈRES

Notions préliminaires

234. Ce chapitre a pour objet l'étude des séries dont les termes sont des fonctions d'une même variable.

Mais, pour ne pas entraver l'exposition de cette théorie, nous allons d'abord dire quelques mots sur la notion d'*intégrale définie*.

Reportons-nous au n° 3 et considérons le trapèze $zAM\mu$, qui est compris entre un arc AB de la courbe $y = f(x)$, l'axe des x et les ordonnées zA, μM, correspondant aux abscisses x_0 et X; nous avons démontré que l'aire de ce trapèze est la limite de la somme

$$(x_1 - x_0) y_0 + (x_2 - x_1) y_1 + \ldots (X - x_{\mu-1}) y_{\mu-1}, \quad 1$$

lorsque, x_0 et X restant fixes, chacun des intervalles

$$x_1 - x_0, \qquad x_2 - x_1, \ldots X - x_{\mu-1}$$

tend vers zéro.

On représente cette limite de somme par la notation

$$\int_{x_0}^{X} f(x)\, dx, \qquad\qquad 2$$

que l'on nomme *somme de x_0 à X*, ou *intégrale définie* de la différentielle $f(x)\, dx$.

Si, x_0 restant constant, X est variable, l'intégrale (2) devient une fonction de X, qui (n° 4) a pour dérivée $f(X)$, c'est-à-dire est une fonction *primitive* de $f(X)$.

Or, si $\varphi(X)$ désigne une fonction primitive quelconque de $f(X)$, $\varphi(X) - \varphi(x_0)$ sera celle des fonctions primitives de $f(X)$, qui s'annule pour $X = x_0$, et comme l'expression (2) représente cette même primitive, on a la formule

$$\int_{x_0}^{X} f(x)\, dx = \varphi(X) - \varphi(x_0), \qquad (3)$$

qui est fondamentale.

Observons enfin que la lettre x, qui figure au premier membre de la formule précédente, peut être remplacée par toute autre lettre.

Convergence uniforme

235. Considérons une série

$$u_1(x), \qquad u_2(x), \qquad \ldots, \qquad u_n(x), \qquad \ldots, \qquad (4)$$

dont les termes sont des fonctions déterminées d'une variable x, et supposons que cette série soit convergente, lorsque x prend une valeur quelconque comprise dans un intervalle (a, b), fini ou infini. Il résulte de la définition même de la convergence que l'on peut trouver un nombre positif N tel que, pour $n \geqq N$, on ait

$$| R_n(x) | < \varepsilon,$$

ε étant une quantité arbitraire donnée à l'avance, et $R_n(x)$ désignant le reste

$$u_{n+1}(x) + u_{n+2}(x) + \cdots$$

correspondant au rang n.

Le nombre N dépend en général de ε et de la valeur x choisie dans l'intervalle (a, b). Lorsque N ne dépend que de ε, c'est-à-dire est le même pour toutes les valeurs de x comprises dans l'intervalle (a, b), on dit que la série est *uniformément convergente* dans cet intervalle.

Les séries uniformément convergentes sont particulièrement intéressantes. Voici pourquoi :

Si la série (4) est uniformément convergente dans un intervalle (a, b), la somme

$$S_N = u_1(x) + u_2(x) + \ldots + u_N(x)$$

représente la fonction $f(x)$ définie par la série avec une approximation dont la limite supérieure ε est la même pour toutes les valeurs de x appartenant à l'intervalle (a, b) ; on peut donc, par l'étude de la somme S_N, reconnaître aisément, du moins avec une certaine approximation, la marche de $f(x)$.

Les choses vont moins simplement lorsque la série (4) est convergente dans l'intervalle (a, b) sans l'être uniformément. Pour avoir alors $f(x)$ avec une même approximation, il faut, suivant les cas, c'est-à-dire suivant la valeur de x, employer un nombre de termes tantôt assez petit, tantôt fort considérable.

236. Il est en général difficile de reconnaître si une série donnée est ou non uniformément convergente ; car, ce n'est que dans des cas exceptionnels que l'on peut trouver soit l'expression de $R_n(x)$, soit une limite supérieure de la valeur absolue de ce reste.

Toutefois la remarque suivante permet souvent de décider la question.

Une série à termes variables est uniformément convergente dans un intervalle donné, si ses termes sont moindres en valeur absolue que les termes correspondants d'une série à termes positifs convergente et numérique, c'est-à-dire dont les termes ne renferment pas la variable x. En effet, en désignant par

R_n et ρ_n les restes correspondants des deux séries, on a

$$| R_n | < \rho_n.$$

Mais, puisque la série de comparaison est numérique et convergente, on peut, ε étant donné, déterminer un nombre N indépendant de x, de façon que l'on ait $\rho_n < \varepsilon$ et *a fortiori*, $| R_n | < \varepsilon$.

237. Voici des applications de cette règle :
1° Soit la série

$$\alpha_1 \sin \beta_1 x, \qquad \alpha_2 \sin \beta_2 x, \qquad \dots \qquad (5)$$

où $\beta_1, \beta_2, \dots$, désignent des quantités quelconques, tandis que $\alpha_1, \alpha_2, \dots$, sont des quantités positives formant une série convergente. La série (5) est uniformément convergente dans un intervalle quelconque, car ses termes sont respectivement inférieurs (ou égaux) en valeur absolue aux termes correspondants de la série $\alpha_1, \alpha_2, \dots$

2° Considérons la série exponentielle

$$1, \quad x, \quad \frac{x^2}{1 \cdot 2}, \quad \frac{x^3}{1 \cdot 2 \cdot 3}, \quad \dots \qquad (6)$$

Elle est uniformément convergente *dans tout intervalle fini* ; car, si l'on désigne par X la plus grande des valeurs absolues que peut prendre la variable x, les termes de la série (2) sont respectivement moindres que ceux de la série convergente

$$1, \quad \frac{X}{1}, \quad \frac{X^2}{1 \cdot 2}, \quad \frac{X^3}{1 \cdot 2 \cdot 3}, \quad \dots$$

Mais la série (6) n'est pas uniformément convergente dans l'intervalle $(-\infty, +\infty)$. En effet, si x est > 0, on a $R_n > \dfrac{x^n}{1 \cdot 2 \cdot \ldots \cdot n}$; et quelque valeur que l'on fixe pour n, la quantité $\dfrac{x^n}{1 \cdot 2 \cdot \ldots \cdot n}$ prend, lorsque x croît, des valeurs aussi grandes qu'on veut et par suite peut surpasser toute valeur donnée ε.

Propriétés des séries uniformément convergentes

238. *Si les termes d'une série u_1, u_2, ..., sont des fonctions continues d'une variable x dans un intervalle (a, b), et si la série est uniformément convergente dans le même intervalle, la somme de la série est une fonction $f(x)$ continue dans l'intervalle (a, b).*

En effet, écrivons

$$f(x) = u_1 + u_2 + \dots + u_n + R_n.$$

Par hypothèse, on peut choisir n assez grand pour qu'on ait

$$| R_n | < \varepsilon,$$

x étant quelconque dans l'intervalle (a, b) et ε étant une quantité assignée à l'avance et aussi petite qu'on voudra.

On aura dès lors, quelles que soient les valeurs de x et de x' dans l'intervalle considéré,

$$f(x')-f(x)=(u_1'+u_2'+\dots+u_n')-(u_1+u_2+\dots+u_n)+R_n'-R_n \quad (7)$$

et

$$\left|R_n' - R_n\right| < 2\varepsilon.$$

Mais la fonction $u_1 + u_2 + \dots + u_n$, somme d'un nombre limité de termes continus, est continue; donc on peut prendre x' assez rapproché de x pour que la différence des parenthèses qui figurent au second membre de (7) soit moindre en valeur absolue que ε; on a donc, pour x' assez voisin de x,

$$f(x') - f(x) < 3\varepsilon,$$

ce qui prouve la continuité de $f(x)$.

239. α et β étant deux nombres compris dans l'intervalle (a, b), on a évidemment

$$\int_\alpha^\beta f(x)\, dx = \int_\alpha^\beta u_1\, dx + \int_\alpha^\beta u_2\, dx + \ldots + \int_\alpha^\beta u_n\, dx + \int_\alpha^\beta R_n(x)\, dx.$$

Mais, n étant déterminé comme dans l'alinéa précédent, et ε_1 désignant un nombre aussi petit qu'on veut, on a

$$\left| \int_\alpha^\beta R_n(x)\, dx \right| < \varepsilon_1\, (\beta - \alpha).$$

Donc la série

$$\int_\alpha^\beta u_1\, dx + \int_\alpha^\beta u_2\, dx + \ldots$$

est convergente et a pour somme $\int_\alpha^\beta f(x)\, dx$.

Ainsi *on aura l'intégrale de la série en intégrant chaque terme entre les deux mêmes limites et faisant la somme des intégrales obtenues de la sorte.*

240. La règle relative à la *dérivation* de $f(x)$ est moins simple. En supposant que les fonctions u_1, u_2, ..., u_n, ..., aient des dérivées continues, la série de ces dérivées

$$\frac{du_1}{dx} + \frac{du_2}{dx} + \ldots + \frac{du_n}{dx} + \ldots, \qquad (8)$$

n'étant pas nécessairement convergente, ne saurait toujours représenter la dérivée de $f(x)$. Mais, si la série (8) des dérivées est uniformément convergente dans un intervalle (a, b), on peut affirmer que cette série (8) représente, dans cet intervalle, la dérivée de la fonction $f(x)$.

En effet, posons, en supposant la série (4) uniformément convergente,

$$\varphi(x) = \frac{du_1}{dx} + \frac{du_2}{dx} + \ldots + \frac{du_n}{dx} + \ldots,$$

on aura, en intégrant (n° 239) entre les limites α et x, et désignant par λ_n la valeur que prend $u_n(x)$ pour $x = \alpha$

$$\int_{\alpha}^{x} \varphi(x)\, dx = (u_1 - \lambda_1) + (u_2 - \lambda_2) + \ldots + (u_n - \lambda_n) + \ldots$$

Mais, puisque les séries $u_1, u_2, \ldots, u_n, \ldots$ et $\lambda_1, \lambda_2, \ldots, \lambda_n, \ldots$ sont absolument convergentes, on peut remplacer le deuxième membre par

$$(u_1 + u_2 + \ldots + u_n + \ldots) - (\lambda_1 + \lambda_2 + \ldots + \lambda_n + \ldots)$$

$$= f(x) - (\lambda_1 + \lambda_2 + \ldots + \lambda_n + \ldots),$$

d'où $\varphi(x) = f'(x)$, puisque les λ sont des constantes.

Séries entières. — Théorèmes d'Abel

241. Les séries de fonctions les plus importantes son les *séries entières*, c'est-à-dire les séries de la forme

$$u_0, \quad u_1 x, \quad u_2 x^2, \quad \ldots, \quad u_n x^n, \quad \ldots, \qquad 9)$$

où x désigne une variable quelconque et $u_0, u_1, u_2, \ldots, u_n, \ldots$, des coefficients constants. Nous désignerons par $a_0, a_1, a_2, \ldots, a_n, \ldots$, les modules, c'est-à-dire les valeurs absolues de ces coefficients.

Abel a donné, relativement aux séries entières, deux propositions qui jouent, en analyse, un rôle très important.

Voici le premier théorème d'Abel :

Si pour une valeur de la variable x, dont le module est r', les modules des termes d'une série entière (9) *sont inférieurs à un nombre positif et fini* M, *la série sera convergente pour toute valeur de x dont le module est moindre que r'.*

En effet, attribuons à x une valeur dont le module r soit moindre que r', et multiplions respectivement par les nombres

$$a_0, \quad a_1 r', \quad a_2 r'^2, \quad \ldots \qquad 10)$$

les termes de la série convergente (progression indéfiniment décroissante)

$$1, \quad \left(\frac{r}{r'}\right), \quad \left(\frac{r}{r'}\right)^2, \quad \ldots$$

Comme, par hypothèse. les nombres (10) sont tous inférieurs à M, nous obtiendrons de la sorte (n° 140) une nouvelle série convergente

$$a_0, \quad a_1 r, \quad a_2 r^2. \quad \ldots;$$

or, cette série n'est autre que la série (9), dans laquelle on remplace chaque terme par sa valeur absolue. Donc la série (8) est absolument convergente pour toute valeur de x dont le module r est inférieur à r'.

242. L'hypothèse qui figure dans la proposition précédente consiste en ce que les nombres (10) sont tous inférieurs à un nombre M fini et positif, c'est-à-dire en ce que l'on a pour cette valeur de n

$$a_n r'^n < M ;$$

or cette hypothèse est toujours réalisée, si la série (9) est convergente, puisque $a_n r'^n$ est la valeur absolue du terme général et que dans toute série convergente le terme général tend vers zéro.

Nous pouvons donc donner. du théorème précédent, le nouvel énoncé :

Si une série entière (9) est convergente pour une valeur de x ayant pour module ρ, elle est convergente pour toute valeur de x ayant un module inférieur à ρ.

243. Il résulte de là que *si une série entière (9) est divergente pour une valeur x_1 de la variable x, elle est divergente pour toute valeur x_2 ayant un module supérieur à celui de x_1.*

En effet, si la série était convergente pour $x = x_2$, elle serait (n° 242) convergente pour la valeur $x = x_1$, dont le module est inférieur à x_2.

244. Imaginons qu'on fasse varier x de telle sorte que son module ρ aille en croissant et que les modules correspondants des divers termes de la série restent finis. Les valeurs de ρ ont en général une limite L, et alors (n° 241) la série (9) est convergente pour toute valeur de x ayant un module inférieur à L. On donne à ce nombre positif L le nom de *rayon de convergence*.

Ce rayon peut d'ailleurs être nul ou infini ; dans le premier cas, la série n'est jamais convergente ; dans le second cas, la série n'est jamais divergente.

La série

$$1 + \frac{x}{1} + \frac{x^2}{2} + \cdots + \frac{x^n}{n} + \cdots \qquad (11)$$

offre un exemple du cas où le rayon de convergence L n'est ni nul ni infini ; car le terme général tend vers zéro ou vers l'infini, suivant que la valeur absolue de x est inférieure ou supérieure à 1. Le rayon de convergence L est ici égal à l'unité. La série est d'ailleurs convergente pour $x = -1$ et divergente pour $x = 1$.

La série

$$1 + \frac{x}{1} + \frac{x^2}{1 \cdot 2} + \cdots + \frac{x^n}{1 \cdot 2 \ldots n} + \cdots \qquad (12)$$

a son rayon de convergence infini ; elle converge pour toutes les valeurs de x.

Enfin la série

$$1 + x + 4x^2 + \cdots + n^n x^n + \cdots$$

a son rayon de convergence nul ; elle diverge pour toute valeur de x (autre que zéro).

245. Abel a donné, sur les séries entières, un second théorème plus complet que le premier :

Si une série entière (9) est convergente pour une valeur X de la variable x, elle est uniformément convergente pour toutes les valeurs de x satisfaisant aux inégalités.

$$-1 < \frac{X}{x} \leq 1.$$

La démonstration est fondée sur le lemme suivant :

Soient n quantités quelconques, $u_1, u_2, ..., u_n$, et n multiplicateurs positifs $\varepsilon_1, \varepsilon_2, ..., \varepsilon_n$, tels que chacun d'eux soit au plus égal au précédent.

Si l'on désigne par ε l'expression

$$\varepsilon_1 u_1 + \varepsilon_2 u_2 + ... \varepsilon_n u_n, \tag{13}$$

et par s et S la plus petite et la plus grande des sommes

$$s_1 = u_1, \quad s_2 = u_1 + u_2, \quad ... \quad s_n = u_1 + u_2 + ... u_n,$$

on aura

$$\varepsilon_1 s \leq \Sigma \leq \varepsilon_1 S. \tag{14}$$

En effet, on peut écrire

$$u_1 = s_1, \quad u_2 = s_2 - s_1, \quad ..., \quad u_n = s_n - s_{n-1},$$

et par suite

$$\Sigma = \varepsilon_1 s_1 + \varepsilon_2 (s_2 - s_1) + ... + \varepsilon_n (s_n - s_{n-1}),$$

ou

$$\Sigma = (\varepsilon_1 - \varepsilon_2) s_1 + (\varepsilon_2 - \varepsilon_3) s_2 + ... + \varepsilon_n s_n.$$

Or, par hypothèse, les coefficients de $s_1, s_2, ..., s_n$, sont positifs ou nuls. Si donc, à la place de $s_1, s_2, ..., s_n$, on met successivement s ou S, on aura d'abord une limite inférieure $\varepsilon_1 s$, puis une limite supérieure $\varepsilon_1 S$ de Σ, ce qui démontre les inégalités (14).

Ce lemme établi, arrivons au théorème d'Abel.

La série

$$a_0 + a_1 X + a_2 X^2 + ... + a_n X^n + ... \tag{15}$$

étant supposée convergente d'après l'énoncé, on pourra prendre n assez grand pour que chacune des sommes

$$a_n X^n,$$
$$a_n X^n + a_{n+1} X^{n+1},$$
$$a_n X^n + a_{n+1} X^{n+1} + a_{n+2} X^{n+2},$$

soit inférieure en valeur absolue à ε.

Le nombre n étant ainsi déterminé, attribuons, dans la série (9), à la variable une valeur x comprise entre zéro et X et pouvant d'ailleurs être égale à l'une ou l'autre de ces limites; la somme S des termes qui, dans la série (9), suivent le $n^{ième}$, peut s'écrire

$$a_n X^n \left(\frac{x}{X}\right)^n + a_{n+1} X^{n+1} \left(\frac{x}{X}\right)^{n+1} + \ldots + a_{n+p} X^{n+p} \left(\frac{x}{X}\right)^{n+p},$$

les quantités

$$\left(\frac{x}{X}\right)^n, \quad \left(\frac{x}{X}\right)^{n+1}, \ldots \left(\frac{x}{X}\right)^{n+p},$$

étant toutes positives et telles que chacune d'elles est inférieure ou égale à la précédente.

Dès lors, en vertu du lemme, la somme S est en valeur absolue, inférieure à $\varepsilon \left(\frac{x}{X}\right)^n$, et *a fortiori* à ε. Donc, il existe un nombre n, valable pour toute valeur de x comprise entre o et X inclusivement, et tel que le reste $R_n(x)$ de la série (9) soit en valeur absolue inférieur à ε; ce qui prouve le second théorème d'Abel.

246. En combinant ce théorème avec la proposition du n° 238, on voit que, si une série entière (9) est convergente pour une valeur X de la variable x, la somme de la série est une fonction $\varphi(x)$ continue dans l'intervalle (o, X), y compris les limites de cet intervalle. Si donc x tend vers X par des valeurs inférieures en valeur absolue à $|X|$, la limite de $\varphi(x)$ est $\varphi(X)$.

Par exemple, soit l'égalité

$$\frac{x}{1} - \frac{x^2}{2} + \frac{x^3}{3} + \ldots = \log(1 + x),$$

qui a été établie (n° 159) pour x compris entre zéro et un ; la série convergente $1 - \frac{1}{2} + \frac{1}{3} \ldots$ a pour somme $\log 2$.

Application au développement de $(1 + x)^m$

247. Nous avons vu, au n° 157, que, pour toute valeur comprise entre -1 et $+1$, $(1 + x)^m$ est la somme de la série

$$1 + mx + \frac{m(m-1)}{1 \cdot 2} x^2 + \ldots + \frac{m(m-1)\ldots(m-n+1)}{1 \cdot 2 \ldots n} x^n + \ldots \quad (16)$$

Si x tend vers 1, $(1 + x)^m$ tend vers 2^m. Par suite, d'après le n° 246, pour $x = 1$, la série (16) représentera 2^m, quand elle sera convergente. On est donc conduit à chercher dans quel cas cette série est convergente.

Le rapport d'un terme au précédent a pour expression

$$\frac{m - n + 1}{n} = \frac{m + 1}{n} - 1 ; \quad\quad (17)$$

si donc on a $m + 1 \leq 0$, les termes ne sauraient décroître indéfiniment, et la série est divergente.

Supposons, d'après cela, $m > -1$. Pour n assez grand, la valeur absolue du rapport (17) sera

$$1 - \frac{m + 1}{n},$$

et nous aurons une série alternée dans laquelle le rapport

d'un terme au précédent est < 1 en valeur absolue ; en sorte que, pour prouver la convergence, il suffira de faire voir que le terme général tend vers zéro.

A cet effet, considérons simultanément la série

$$U_0, \qquad U_1, \qquad \ldots, \qquad U_n, \qquad \ldots,$$

formée par les valeurs absolues des divers termes et la série

$$V_0, \qquad V_1, \qquad \ldots, \qquad V_n, \qquad \ldots,$$

dont le terme général $V_n = \dfrac{1}{n^{m+1}} \cdot$ Nous aurons, par la formule de Maclaurin bornée au second terme,

$$\frac{V_{n+1}}{V_n} = \left(1 + \frac{1}{n}\right)^{-(m+1)} = 1 - \frac{m+1}{n} + \frac{(m+1)(m+2)}{1 \cdot 2} \frac{1}{n^2}\left(1 + \frac{\theta}{n}\right)^{-m-3},$$

c'est-à-dire

$$\frac{V_{n+1}}{V_n} = \frac{U_{n+1}}{U_n} + R.$$

et par suite

$$\frac{V_{n+1}}{V_n} > \frac{U_{n+1}}{U_n}.$$

puisque R est évidemment positif.

On déduit de là sans difficulté

$$U_{n+p} < V_{n+p} \frac{U_n}{V_n} ;$$

or, si laissant n fixe, on fait croître p indéfiniment, V_{n+p} tend vers zéro. Donc, en vertu de l'inégalité précédente, U_{n+p} tend aussi vers zéro.

Ainsi la série (16) est convergente et représente 2^m, quand m est supérieur à -1.

On démontrerait, par un raisonnement analogue, que la série (16) converge pour $x = -1$. quand m est positif; sa somme est alors égale à zéro.

Intégration et différentiation des séries entières

248. Soit L le rayon de convergence de la série entière

$$f(x) = a_0 + a_1 x + a_2 x^2 + \ldots + a_n x^n + \ldots \quad (18)$$

Dans tout intervalle (α, β) compris entre $(-L, L)$, α et β étant distincts de $-L$ et de L, la série est uniformément convergente, et le théorème du n° 239 est applicable. En particulier, si l'on choisit pour (α, β) l'intervalle (o, x), x étant inférieur à L en valeur absolue, on a la formule

$$\int_0^x f(x)\,dx = a_0 x + \frac{a_1 x^2}{2} + \ldots + \frac{a_n x^{n+1}}{n+1} + \ldots \quad (19)$$

249. Considérons maintenant la série

$$a_1 + 2a_2 x + \ldots + na_n x^{n-1} + \ldots \quad (20)$$

formée par les dérivées des termes de la série entière (18).

Soit X un nombre dont le module est compris entre $|\,x\,|$ et L, L étant le rayon de convergence de la série (18). Supposons en outre X de même signe que x, la série

$$1 + 2\left(\frac{x}{X}\right) + 3\left(\frac{x}{X}\right)^2 + \ldots + n\left(\frac{x}{X}\right)^{n-1} + \ldots \quad (21)$$

est convergente, puisque le rapport d'un terme au précédent a pour limite $\frac{x}{X}$, qui est moindre que 1.

D'ailleurs cette série (21) a tous ses termes positifs, et si on les multiplie respectivement par les nombres

$$a_1, \quad a_2 X, \quad a_3 X^2 \ldots, a_n X^{n-1}, \ldots \quad (22)$$

on tombe sur la série (20) : donc, pour prouver la convergence de cette série (20), il suffit de montrer que les multiplicateurs (22) restent finis. Or, cela résulte immédiatement de ce que $a_n X^{n-1}$ est le produit du nombre fixe $\dfrac{1}{X}$ par $a_n X_n$, qui est le terme général d'une série convergente.

La série (20) est donc absolument convergente dans l'intervalle $(-L, L)$, et, par suite, uniformément convergente dans tout intervalle (α, β) compris dans le précédent (α et β étant distincts de $-L$ et de L).

Donc (n° 240) la série (18) représente la dérivée $f'(x)$.

Ainsi, *une série entière définit, dans l'intervalle $(-L, L)$, L étant le rayon de convergence, une fonction continue et ayant pour dérivée la série formée par les dérivées de ses divers termes.*

250. Il importe de remarquer que, le rayon de convergence L, de la série donnée, est aussi le rayon de convergence des séries qu'on en déduit par intégration ou par différentiation. En effet, soit L_1 le rayon de convergence de la série intégrale ; L_1 ne peut être inférieur à L, d'après ce qui précède, et si L_1 était $> L$, la série donnée, qui résulterait par dérivation de cette série intégrale, serait convergente dans un intervalle $(-L_1, L_1)$ plus étendu que son intervalle $(-L, L)$ de convergence.

Séries de puissances de deux variables indépendantes

251. Les séries examinées jusqu'à présent définissaient des fonctions d'une seule variable. Il est aussi facile d'obtenir des fonctions définies par des séries contenant deux ou un plus grand nombre de variables. Nous n'examinerons que celles qui sont ordonnées par rapport aux puissances ascendantes de deux variables, et nous ne démontrerons, à leur sujet, que deux théorèmes.

252. Soit

$$S = \Sigma a_{\alpha\beta} x^{\alpha} y^{\beta}$$

une série ordonnée suivant les puissances ascendantes de x et de y ; soit encore, en désignant les modules par des grandes lettres

$$S_1 = \Sigma A_{\alpha\beta} X^{\alpha} Y^{\beta}$$

la série des modules. Nous allons prouver que la première est convergente, si la seconde l'est.

Remarquons d'abord que, si la seconde série est convergente, le terme général devra tendre vers zéro. Supposons qu'il en soit ainsi pour un système de valeurs $X = X_1$, $Y = Y_1$, non nulles des variables, et soit r la plus petite des deux quantités X_1, Y_1. Le terme général devant tendre vers zéro, on aura *a fortiori*

$$\lim A_{\alpha\beta} r^{\alpha} r^{\beta} = 0.$$

pour $\alpha = \infty$, $\beta = \infty$. Il existera donc un nombre M tel que l'on ait pour tous les termes

$$A_{\alpha\beta} r^{\alpha+\beta} < M,$$
$$A_{\alpha\beta} < \frac{M}{r^{\alpha+\beta}}.$$

Cela posé, nous allons montrer que non seulement la série S, mais encore les diverses séries $\dfrac{\partial S}{\partial x}, \dfrac{\partial S}{\partial y}, \dfrac{\partial^2 S}{\partial x^2}, \ldots$, obtenues en prenant les dérivées de chaque terme de S sont convergentes pour les valeurs de x et de y, dont les modules sont inférieurs ou égaux à une quantité quelconque ρ inférieure à r. Considérons, par exemple, $\dfrac{\partial S}{\partial x}$

$$\frac{\partial S}{\partial x} = \Sigma \alpha a_{\alpha\beta} x^{\alpha-1} y^{\beta}.$$

Le module d'une somme étant au plus égal à la somme

des modules, on aura

$$\left|\frac{\partial S}{\partial x}\right| \leq \Sigma \alpha A_{\alpha\beta} X^{\alpha-1} Y^\beta < \sum \frac{\alpha M}{r^{\alpha+\beta}} \rho^{\alpha+\beta-1}.$$

Cette dernière série est le produit des deux séries convergentes

$$M\Sigma \frac{\alpha \rho^{\alpha-1}}{r^\alpha} \qquad \text{et} \qquad \Sigma \frac{\rho^\beta}{r^\beta} ;$$

elle est donc elle-même convergente.

Théorème du changement de variables

253. Supposons que, dans la série précédente S, on remplace x et y par de nouvelles variables ainsi définies

$$x = \Sigma b_{\gamma\delta} u^\gamma v^\delta,$$
$$y = \Sigma c_{\gamma\delta} u^\gamma v^\delta ;$$

supposons ces deux dernières séries convergentes pour

$$|u| \leq \lambda, \qquad |v| \leq \lambda ;$$

supposons enfin

$$b_{00} = 0, \qquad c_{00} = 0.$$

Nous allons démontrer que la fonction S, exprimée au moyen des nouvelles variables, sera donnée par une série

$$S = \Sigma d_{\gamma\delta} u^\gamma v^\delta,$$

qui est convergente tant que u et v restent inférieurs à un nombre donné non nul.

Tout le théorème consiste en ce que l'on peut intervertir, après substitution, l'ordre des termes, et l'on sait que c'est possible dans les séries absolument convergentes. Considérons donc la série des valeurs absolues

$$\Sigma A_{\alpha\beta} \; [\Sigma B_{\gamma\delta} U^\gamma V^\delta \; \times \; [\Sigma C_{\gamma\delta} U^\gamma V^\delta]^\beta. \qquad (23)$$

Par hypothèse, il existe des nombres. M, N, P, tels que l'on ait

$$A_{\alpha\beta} < \frac{M}{\rho^{\alpha+\beta}},$$

$$B_{\gamma\delta} < \frac{N}{\lambda^{\gamma+\delta}},$$

$$C_{\gamma\delta} < \frac{P}{\lambda^{\gamma+\delta}}.$$

On a donc

$$\Sigma B_{\gamma\delta} U^\gamma V^\delta < N \sum \frac{U^\gamma V^\delta}{\lambda^{\gamma+\delta}},$$

$$< N \left[\frac{1}{\left(1 - \frac{U}{\lambda}\right)\left(1 - \frac{V}{\lambda}\right)} - 1 \right],$$

$$\Sigma C_{\gamma\delta} U^\gamma V^\delta < P \left[\frac{1}{\left(1 - \frac{U}{\lambda}\right)\left(1 - \frac{V}{\lambda}\right)} - 1 \right].$$

Supposons que, μ étant un nombre donné inférieur à λ, on ait

$$U < \mu, \qquad V < \mu;$$

les inégalités précédentes entraînent

$$\Sigma B_{\gamma\delta} U^\gamma V^\delta < N \left[\frac{1}{\left(1 - \frac{\mu}{\lambda}\right)^2} - 1 \right],$$

$$\Sigma C_{\gamma\delta} U^\gamma V^\delta < P \left[\frac{1}{\left(1 - \frac{\mu}{\lambda}\right)^2} - 1 \right].$$

Déterminons maintenant μ, de manière que les seconds

membres soient inférieurs à r, ce qui exige que l'on ait

$$\mu < \lambda \left[1 - \sqrt{\frac{N}{N + r}} \right],$$
$$\mu < \lambda \left[1 - \sqrt{\frac{P}{P + r}} \right].$$

Choisissons pour μ la plus grande des valeurs satisfaisant à ces deux inégalités ; nous pourrons affirmer que les deux séries $\Sigma B_{\gamma\delta} U^\gamma V^\delta$ et $\Sigma C_{\gamma\delta} U^\gamma V^\delta$ prennent des valeurs S_1 et S_2 inférieures à r. La série (23) sera inférieure à

$$M\Sigma \left(\frac{S_1}{r}\right)^\alpha \left(\frac{S_2}{r}\right)^\beta = \frac{M}{\left(1 - \dfrac{S_1}{r}\right)\left(1 - \dfrac{S_2}{r}\right)}.$$

ce qui assure la convergence absolue de la série

$$\Sigma a_{\alpha\beta} \ \Sigma b_{\gamma\delta} u^\gamma v^\delta] \ [\Sigma c_{\gamma\delta} u^\gamma v^\delta .$$

et, par conséquent, démontre le théorème.

254. Au lieu d'une série, supposons que S soit un des polynômes $x + y$, $x - y$, xy. La démonstration précédente s'applique. L'addition, la soustraction, la multiplication de séries qui sont convergentes, tant que les variables restent inférieures à un nombre donné, conduisent à des séries de même nature.

CHAPITRE XV

FONCTIONS D'UNE VARIABLE IMAGINAIRE

Définitions relatives aux expressions imaginaires

255. Il n'a été question, dans les chapitres précédents, que des fonctions réelles de variables réelles. Il s'agit maintenant d'étendre notre analyse au cas des fonctions d'une variable imaginaire.

Mais il importe de rappeler d'abord les propriétés fondamentales concernant les quantités imaginaires, c'est-à-dire les quantités de la forme

$$a + bi,$$

a et b désignant des nombres positifs ou négatifs, et i le symbole $\sqrt{-1}$.

On peut toujours trouver un nombre positif r et un angle α, tels qu'on ait

$$a + bi = r(\cos\alpha + i\sin\alpha). \tag{1}$$

Il suffit, en effet, de prendre

$$r = +\sqrt{a^2 + b^2}$$

et

$$\cos\alpha = \frac{a}{+\sqrt{a^2 + b^2}}, \qquad \sin\alpha = \frac{b}{+\sqrt{a^2 + b^2}}.$$

Le nombre positif r est dit le *module*, et l'angle α est dit l'*argument* de la quantité imaginaire $a + bi$.

Des formules précédentes résultent aisément les résultats suivants :

1° Le module r est parfaitement déterminé, tandis que l'argument α admet une infinité de valeurs formant une progression arithmétique dont la raison est 2π ;

2° Pour qu'une quantité imaginaire soit nulle, il faut et il suffit que son module soit nul.

3° Pour que deux expressions imaginaires soient égales, il faut et il suffit que leurs modules soient égaux et que leurs arguments diffèrent d'un multiple de 2π.

Observons enfin que les quantités positives ou négatives peuvent être considérées comme des expressions imaginaires dont le module est égal à leur valeur absolue, et dont l'argument est un multiple pair ou impair de π. C'est ce qui explique pourquoi nous avons souvent employé déjà le mot *module* pour désigner la *valeur absolue* d'une quantité réelle.

Module d'un produit ou d'une somme

256. En multipliant l'une par l'autre deux expressions imaginaires

$$r_1(\cos \alpha_1 + i \sin \alpha_1), \qquad r_2(\cos \alpha_2 + i \sin \alpha_2), \qquad (2)$$

on obtient sans difficulté l'expression imaginaire

$$r_1 r_2 [\cos(\alpha_1 + \alpha_2) + i \sin(\alpha_1 + \alpha_2)], \qquad (3)$$

dont le module est égal au produit des modules des facteurs et dont l'argument est la somme des arguments.

La proposition s'étend d'ailleurs au produit de m facteurs ; il faut toujours *multiplier les modules et ajouter les arguments*.

En particulier, si l'on suppose les m facteurs égaux entre eux et ayant chacun pour module l'unité, on obtient une formule célèbre

$$(\cos \alpha + i \sin \alpha)^m = \cos m\alpha + i \sin m\alpha, \qquad (4)$$

qui a reçu le nom de *formule de Moivre*.

Elle donne immédiatement les valeurs de $\cos m\alpha$ et de $\sin m\alpha$, en fonction de $\sin \alpha$ et de $\cos \alpha$; en effet, en combinant par addition et par soustraction la relation (4) et celle qu'on en déduit en changeant α en $- \alpha$, on obtient

$$\left. \begin{aligned} 2 \cos m\alpha &= (\cos \alpha + i \sin \alpha)^m + (\cos \alpha - i \sin \alpha)^m \\ 2i \sin m\alpha &= (\cos \alpha + i \sin \alpha)^m - (\cos \alpha - i \sin \alpha)^m \end{aligned} \right\} \quad (5)$$

257. *Pour qu'un produit de plusieurs facteurs soit nul, il faut et il suffit que l'un des facteurs soit nul.*

Ce théorème, démontré dans les éléments pour les facteurs réels, s'étend aux facteurs imaginaires. Cela résulte immédiatement du n° 255, 2°, et du n° 256.

258. Deux axes rectangulaires Ox et Oy étant tracés dans un plan, on représente une quantité imaginaire quelconque $a + bi$ par le point M du plan, ayant a pour abscisse et b pour ordonnée. La distance OM de l'origine O au point M est égale au module de l'expression imaginaire, et l'angle XOM est l'argument.

Ce mode de représentation imaginé, par Cauchy[1], permet souvent de simplifier les énoncés et même les démonstrations.

Par exemple, si A et B sont les points représentatifs de deux quantités imaginaires, on voit de suite, en complétant le parallélogramme AOBC, que l'on a

$$OC < OA + AC \qquad \text{ou} \qquad OC < OA + OB,$$

c'est-à-dire que le *module de la somme est moindre que la somme des modules*. Ce théorème subsiste quel que soit le nombre des termes de la somme.

---

[1] Cauchy donne au point représentatif M d'une expression imaginaire le nom d'*affixe* de cette expression.

Séries à termes imaginaires

259. Lorsque deux séries u_1, u_2, u_3, ..., u_n ..., et v_1, v_2, ..., v_n, ..., à termes réels, sont convergentes et ont respectivement pour sommes U et V, on dit que la série

$$u_1 + iv_1, \qquad u_2 + iv_2, \qquad ..., \qquad u_n + iv_n, \qquad ... \qquad (6)$$

est convergente et a pour somme $U + iV$.

La série (6) est dite au contraire divergente si les deux séries (5) ne convergent pas l'une et l'autre.

Il est à peine besoin d'observer que, *si la série (6) est convergente, son terme général doit tendre vers zéro, lorsque n croît indéfiniment*, puisque u_n et v_n tendent vers zéro.

Une série (6) est convergente lorsque les modules de ses termes forment une série convergente.

En effet, soient r_n le module et α_n l'argument du terme général, on aura

$$u_n = r_n \cos \alpha_n \qquad \text{et} \qquad v_n = r_n \sin \alpha_n \, ;$$

u_n et v_n sont donc moindres en valeur absolue que r_n, et puisque la série r_1, r_2, ..., r_n, ..., est par hypothèse convergente, les séries u_1, u_2, ..., et v_1, v_2, ... sont convergentes et par suite aussi la série (6). Cette série étant d'ailleurs absolument convergente, on montre, comme, dans le cas des quantités réelles, qu'on peut changer l'ordre des termes sans altérer ni la convergence ni la somme.

Enfin le théorème de Cauchy sur la multiplication de deux séries subsiste pour les séries à termes imaginaires. En effet, observons d'abord que le théorème, ayant été démontré au n° 144 pour des séries à termes réels, est exact pour les deux séries

$$\begin{matrix} a_0, & a_1, & ..., & a_n, & ... \\ b_0, & b_1, & ..., & b_n, & ... \end{matrix} \Big\} \qquad (7)$$

formées par les modules des termes des séries proposées à termes imaginaires (6).

Or si l'on pose

$$s_n = u_0 + u_1 + \ldots + u_{n-1},$$
$$s_n' = v_0 + v_1 + \ldots + v_{n-1},$$
$$s_n'' = w_0 + w_1 + \ldots + w_{n-1},$$

on a

$$s_n s_n' - s_n'' = u_1 v_{n-1} + \ldots + u_{n-1} v_1 + \ldots + u_{n-1} v_{n-1}.$$

En prenant alors les modules des deux membres, et observant que le module d'une somme est au plus égal à la somme des modules, on voit que le module μ de $s_n s_n' - s_n''$ est égal ou inférieur à

$$a_1 b_{n-1} + \ldots + a_{n-1} b_1 + \ldots + a_{n-1} b_{n-1},$$

c'est-à-dire à

$$A_n B_n - C_n.$$

Mais, quand n croît indéfiniment, la limite de cette expression est nulle; donc μ a aussi pour limite zéro; en d'autres termes, la limite de s_n'' est égale au produit des limites de s_n, s_n'.

Ces préliminaires étant établis, nous pouvons passer à la définition des fonctions d'une variable imaginaire.

Définition d'une fonction d'une variable imaginaire

260. « Lorsqu'une fonction $\varphi(z)$ est donnée pour toutes « les valeurs réelles de la variable dont elle dépend, elle « n'acquiert pour cela aucun sens lorsqu'on y remplace z « par une expression imaginaire $x + yi$. L'expression « $\varphi(x+yi)$ ne peut donc s'introduire dans les calculs ou dans « les raisonnements, sans une définition précise, qui, pour « toutes les valeurs réelles de x et de y, en fasse connaître « la partie réelle et la partie imaginaire en permettant

« d'écrire

$$\varphi(x + yi) = P + Qi,$$

« P et Q étant deux fonctions réelles connues de x et de y.

« Il ne faut pas croire cependant que toute expression
« $P + Qi$, où P et Q sont des fonctions des variables
« réelles x et y, soit une fonction de $x + yi$. Pour la con-
« sidérer comme telle, on exige une condition sans laquelle
« disparaîtrait toute analogie entre les fonctions imaginaires
« et les fonctions réelles : il ne suffit pas que l'expression
« $P + Qi$ soit déterminée lorsqu'on se donne x et y; il
« faut encore qu'elle ait une dérivée déterminée. Si l'on
« voulait s'affranchir de cette condition, la théorie des fonc-
« tions imaginaires serait simplement celle des fonctions
« réelles de deux variables, et leur étude spéciale n'offri-
« rait aucun intérêt[1]. »

261. Cherchons donc la condition que doivent remplir
P et Q pour que l'expression $P + Qi$ ait une dérivée
unique. Nous supposons d'ailleurs que P et Q soient des
fonctions continues et aient des dérivées partielles continues.

Le rapport

$$\frac{P(x + \Delta x, y + \Delta y) - P(x, y) + i[Q(x + \Delta x, y + \Delta y) - Q(x, y)]}{\Delta x + i\Delta y}$$

peut être mis sous la forme

$$\frac{\Delta x\left(\frac{\partial P}{\partial x} + \varepsilon\right) + \Delta y\left(\frac{\partial P}{\partial y} + \varepsilon'\right) + i\left[\Delta x\left(\frac{\partial Q}{\partial x} + \eta\right) + \Delta y\left(\frac{\partial Q}{\partial y} + \eta'\right)\right]}{\Delta x + i\Delta y} \tag{7}$$

Lorsque Δx et Δy tendent vers zéro, il en est de même
de ε, ε', η, η', et si l'on désigne par μ la limite du rapport
$\frac{\Delta y}{\Delta x}$, on aura pour la limite du rapport (7)

$$\frac{\frac{\partial P}{\partial x} + \mu\frac{\partial P}{\partial y} + i\left(\frac{\partial Q}{\partial x} + \mu\frac{\partial Q}{\partial y}\right)}{1 + \mu i}. \tag{8}$$

[1] J. BERTRAND, *Traité de Calcul différentiel et intégral.*

On voit que cette limite dépend de μ. L'expression $P + Qi$ a donc, pour chaque valeur de la variable $x + yi$, une infinité de dérivées qui diffèrent suivant la manière dont $dx + idy$ tend vers zéro. Pour que la dérivée soit unique, c'est-à-dire pour que le rapport (8) soit indépendant de μ, il faut et il suffit, d'après un théorème connu d'algèbre élémentaire, que, dans (8), le rapport des quantités qui ne contiennent pas μ soit égal au rapport des coefficients de μ; on aura donc la relation

$$\frac{\frac{\partial P}{\partial x} + i\frac{\partial Q}{\partial x}}{1} = \frac{\frac{\partial P}{\partial y} + i\frac{\partial Q}{\partial y}}{i}, \qquad (9)$$

qui équivaut aux deux suivantes

$$\frac{\partial P}{\partial x} = \frac{\partial Q}{\partial y}, \qquad \frac{\partial P}{\partial y} = -\frac{\partial Q}{\partial x}. \qquad (10)$$

Telles sont les conditions pour que $P + Qi$ ait, pour chaque point, c'est-à-dire pour chaque système de valeurs de x et de y, une dérivée unique. On dit alors que l'expression $P + Qi$ est une *fonction analytique* de $x + yi$; en outre la dérivée est représentée par l'un quelconque des deux membres de l'égalité (9).

Séries entières d'une variable imaginaire

262. Les séries ordonnées suivant les puissances entières et croissantes d'une variable z jouent un rôle très important en analyse. Nous avons étudié ces séries (n° 241)

$$a_0 + a_1 z + a_2 z^2 + \ldots + a_n z^n + \ldots \qquad (11)$$

dans le cas où les coefficients a_0, a_1, ..., et la variable z sont réels. Nous allons maintenant généraliser les résultats obtenus, en supposant que les coefficients a_0, a_1, ..., et la variable z soient imaginaires.

Et d'abord le premier théorème d'Abel subsiste. Voici son énoncé :

Si pour une valeur z_0 de z on a, quel que soit n,

$$| a_n z_0^n | < M,$$

M étant un nombre fixe, la série (11) sera convergente pour toute valeur de z ayant un module moindre que celui de z_0.

La démonstration donnée au n° 245 reste la même : il n'y a qu'à remplacer les mots *valeur absolue* par *module*.

On peut aussi, comme nous l'avons fait à l'endroit cité, déduire de l'énoncé ci-dessus le suivant, qui n'en diffère pas au fond :

Si la série (11) est convergente pour $z = z_0$, elle est absolument convergente pour toutes les valeurs de z de module moindre que $| z_0 |$.

263. Désignons par R le plus grand module de z pour lequel les modules des termes de la série n'augmentent pas indéfiniment, et soit C la circonférence ayant pour centre l'origine et pour rayon R.

D'après le théorème ci-dessus, la série (11) converge pour toute position du point z dans l'intérieur du cercle C. Elle diverge pour tous les points extérieurs; car, si on attribue à z une valeur ayant un module supérieur à R, les modules des termes augmenteront indéfiniment. — On donne, d'après cela, au cercle C le nom de *cercle de convergence* de la série. Il sépare la région où la série converge de celle où la série diverge.

Il y a incertitude sur la circonférence C. Toutefois on peut affirmer alors qu'il y aura divergence si, pour le module R, les modules des termes ne tendent pas vers zéro.

264. *La série (11) et la série*

$$a_1 + 2a_2 z + 3a_3 z^2 + \ldots + na_n z^{n-1} + \ldots, \qquad (12)$$

formée par les dérivées des divers termes de (11) ont le même cercle de convergence.

En effet soient C le cercle de convergence de la série (11) et R son rayon. Imaginons un cercle C' concentrique avec C et dont le rayon R', moindre que R, peut en différer aussi peu qu'on veut. Enfin attribuons à z une valeur dont le module r soit inférieur à R'. Multiplions les termes de la série

$$1 + 2\frac{r}{R'} + 3\left(\frac{r}{R'}\right)^2 + \dots + n\left(\frac{r}{R'}\right)^{n-1} + \dots, \quad (13)$$

qui est évidemment convergente, par les expressions

$$z_1, \qquad z_2 R', \qquad z_3 R'^2, \qquad \dots \qquad z_n R'^{n-1},$$

dans lesquelles z_1, z_2, ..., désignent les modules de a_1, a_2, ... Comme ces multiplicateurs tendent vers zéro et, par suite, restent finis, la série résultante sera convergente dans le cercle C' et sur sa circonférence. Or cette série est précisément la série des modules des termes de (13); donc la série (12) est convergente dans le même cercle que (11).

265. *La fonction $f(z)$ définie par la série (11) a une dérivée pour toute valeur de z comprise dans le cercle C de convergence de cette série.*

Il s'agit de prouver que, si le point z est intérieur au cercle C, le rapport de l'accroissement de $f(z)$ à h tend vers une limite indépendante de la loi suivant laquelle h tend vers zéro, c'est-à-dire quelle que soit la route suivie par le point $z + h$ pour venir se confondre avec le point z.

On a

$$f(z) = a_0 + a_1 z + a_2 z^2 + \dots + a_n z^n + \dots,$$
$$f(z+h) = a_0 + a_1(z+h) + a_2(z+h)^2 + \dots + a_n(z+h)^n + \dots,$$

et par suite

$$f(z+h) - f(z) = a_0 h + \dots + a_n(nz^{n-1}h + \dots) + \dots$$

Le point $z + h$ étant suffisamment voisin du point z, la série $f(z+h)$ sera encore convergente, quand, à la place de z, h. a_n. ..., on mettra leurs modules Z, H, A_n. ... On pourra alors, dans cette série à termes positifs, supprimer les parenthèses et grouper les termes de telle façon qu'on voudra ; par exemple, on pourra écrire

$$f(z + h) - f(z) = h(a_1 + ... + na_n z^{n-1} + ...) + h^2 \varphi(z);$$

d'où l'on déduit, en divisant par h et faisant tendre h vers zéro

$$\lim \frac{f(z + h) - f(z)}{h} = a_1 + ... + na_n z^{n-1} ...$$

Donc la fonction $f(z)$ a une dérivée $f'(z)$ que l'on obtient en prenant les dérivées des divers termes de la série (11). Cette série est donc une *fonction analytique* de z.

Définition des fonctions e^z, $\sin z$, $\cos z$

266. « Les conditions (10) sont les seules qui soient
« imposées aux fonctions imaginaires, et, pourvu qu'elles
« soient remplies, la définition reste entièrement arbitraire.
« On conçoit cependant qu'une fonction imaginaire ne s'in-
« troduira avantageusement dans les calculs que lorsqu'elle
« sera réellement la généralisation de la fonction réelle de
« même nom, à laquelle elle se réduit quand on suppose
« $y = 0$, et qu'elle partagera ses propriétés caractéristiques.
« Cette analogie, regardée *a priori* comme une condition
« essentielle, est la base des définitions que nous allons
« donner des fonctions les plus simples [1]. »

267. Les fonctions e^z, $\sin z$. $\cos z$, sont représentées lorsque z est réel, par les séries toujours convergentes

$$e^z = 1 + \frac{z}{1} + \frac{z^2}{1 \cdot 2} + ... + \frac{z^n}{1 \cdot 2 ... n} + ..., \quad (14)$$

$$\sin z = \frac{z}{1} - \frac{z^3}{1 \cdot 2 \cdot 3} + \frac{z^5}{1 \cdot 2 \cdot 3 \cdot 4 \cdot 5} - ..., \quad (15)$$

$$\cos z = 1 - \frac{z^2}{1 \cdot 2} + \frac{z^4}{1 \cdot 2 \cdot 3 \cdot 4}. \quad (16)$$

[1] J. BERTRAND, *loco citato*.

Lorsque z est imaginaire, ces séries sont aussi toujours convergentes ; on les prend alors pour définition des fonctions e^z, $\sin z$, $\cos z$.

1° L'application du théorème fondamental (n° 265) sur la différentiation des séries entières donne

$$\frac{d \cdot e^z}{dz} = 1 + \frac{z}{1} + \frac{z^2}{1 \cdot 2} + \cdots$$

c'est-à-dire

$$\frac{d \cdot e^z}{dz} = e^z, \tag{14'}$$

et l'on obtient de la même façon

$$(15') \qquad \frac{d \cdot \sin z}{dz} = \cos z, \qquad \frac{d \cdot \cos z}{dz} = -\sin z, \qquad (16')$$

Ainsi les formules (14') (15') (16') sont les mêmes, que z soit réel ou imaginaire.

2° On peut exprimer les fonctions circulaires en fonction des exponentielles. En effet, en changeant dans la relation (8) z en iz, en ayant égard à (9) et (10), on obtient la formule

$$e^{iz} = \cos z + i \sin z ; \tag{17}$$

puis, en la combinant par addition et soustraction avec celle que l'on trouve en changeant z en $-z$, on a les formules demandées

$$\cos z = \frac{e^{iz} + e^{-iz}}{2}, \qquad \sin z = \frac{e^{iz} - e^{-iz}}{2i} ; \tag{18}$$

3° La propriété fondamentale

$$e^x \cdot e^y = e^{x+y} \tag{19}$$

de la fonction exponentielle s'étend au cas où x et y sont imaginaires.

En effet, si l'on applique aux deux séries absolument

convergentes

$$e^x = 1 + \frac{x}{1} + \frac{x^2}{1 \cdot 2} + \cdots$$

$$e^y = 1 + \frac{y}{1} + \frac{y}{1 \cdot 2} + \cdots$$

la règle du n° 259, on voit, pour un calcul très simple, que le produit $e^x . e^y$ s'exprime par une série dont le terme général est

$$\frac{(x + y)^n}{1 \cdot 2 \ldots n},$$

ce qui justifie la formule (19).

4° Les formules fondamentales de la trigonométrie

$$\sin^2 z + \cos^2 z = 1, \qquad (20)$$
$$\cos(x + y) = \cos x \cos y - \sin x \sin y, \qquad (21)$$
$$\sin(x + y) = \sin x \cos y + \cos x \sin y, \qquad (22)$$

s'appliquent aussi lorsque x et y sont imaginaires.

La première (20) s'obtient immédiatement en multipliant membre à membre la relation (17) et celle qu'on en déduit en y changeant z en $-z$.

Pour obtenir les relations (21) et (22), on multipliera membre à membre les formules

$$e^{ix} = \cos x + i \sin x, \qquad e^{iy} = \cos y + i \sin y,$$

ce qui donne

$$\cos(x + y) + i \sin(x + y) = (\cos x \cos y - \sin x \sin y) + (\cos x \sin y + \cos y \sin x) i,$$

et par suite en changeant x en $-x$ et y en $-y$

$$\cos(x + y) - i \sin(x + y) = (\cos x \cos y - \sin x \sin y) - (\cos x \sin y + \cos y \sin x) i.$$

Il suffit maintenant de combiner ces deux relations, par addition et par soustraction, pour obtenir (21) et (22).

5° Enfin on peut facilement mettre les expressions

$$e^{x+iy}, \qquad \sin(x + iy), \qquad \cos(x + iy),$$

sous la forme $P + Q\sqrt{-1}$, x et y étant supposés réels.

La chose est immédiate pour la première expression, car on a

$$e^{x+iy} = e^x \cdot e^{iy} = e^x(\cos y + i \sin y).$$

Considérons maintenant les deux autres : on a

$$\cos(x + yi) = \cos x \cos yi - \sin x \sin yi,$$
$$\sin(x + yi) = \sin x \cos yi + \cos x \sin yi;$$

les formules (18) donnent

$$\cos yi = \frac{e^y + e^{-y}}{2}, \qquad \sin yi = \frac{e^{-y} - e^y}{2i} = i\,\frac{e^y - e^{-y}}{2};$$

donc

$$\cos(x + yi) = \cos x\,\frac{e^y + e^{-y}}{2} - \sin x\,\frac{e^y - e^{-y}}{2}\,i,$$
$$\sin(x + yi) = \sin x\,\frac{e^y + e^{-y}}{2} + \cos x\,\frac{e^y - e^{-y}}{2}\,i.$$

268. Les autres fonctions circulaires directes, s'exprimant à l'aide du sinus et du cosinus, sont définies par ces expressions. C'est ainsi que la relation

$$\operatorname{tang} z = \frac{\sin z}{\cos z},$$

qui a été démontrée pour z réel, sert de définition à $\operatorname{tg} z$, quand z est imaginaire.

Logarithmes et fonctions circulaires inverses d'une variable imaginaire

269. Lorsqu'on a

$$z = e^u, \tag{23}$$

on dit que u est le logarithme (népérien) de z, et l'on écrit

$$u = \log z \tag{24}$$

Si l'on pose

$$z = r(\cos \alpha + i \sin \alpha) = re^{\alpha i}, \qquad (25)$$

il est aisé de mettre $\log z$ sous la forme $p + qi$.

En effet, on doit avoir, d'après la relation (23).

$$re^{\alpha i} = e^{p + qi} = e^{p} \cdot e^{qi} ;$$

d'où l'on déduit

$$e^{p} = r, \qquad q = \alpha + 2k\pi, \qquad (26)$$

k étant un nombre entier arbitraire.

Or il existe une seule valeur réelle de p satisfaisant à la première des relations (26); c'est le logarithme népérien arithmétique du module r; nous la désignerons par $\log' r$, et nous aurons

$$\log z = \log' r + i(\alpha + 2k\pi). \qquad (27)$$

Ainsi le logarithme d'une quantité imaginaire z a une infinité de valeurs qui ont toutes la même partie réelle $\log' r$. tandis que le coefficient de i est l'argument α de z augmenté ou diminué d'un multiple entier de 2π.

270. On peut vérifier que

$$\frac{d \log z}{dz} = \frac{1}{z}.$$

271. Enfin, de la relation $e^{u} \cdot e^{v} = e^{u+v}$, on déduit la propriété fondamentale des logarithmes

$$\log(uv) = \log u + \log v.$$

272. Les fonctions inverses

$$\arc \sin z, \qquad \arc \cos z, \qquad \arc \tang z$$

se ramènent aisément aux logarithmes.

En prenant les logarithmes des deux membres de la relation

$$e^{ix} = \cos x + i \sin x,$$

on obtient

$$ix = \log(\cos x + i \sin x), \qquad (28)$$

si donc on pose

$$\sin x = z, \qquad \cos x = \sqrt{1 - z^2}, \qquad x = \text{arc sin } z,$$

on trouve

$$\text{arc sin } z = \frac{1}{i} \log(\sqrt{1 - z^2} + iz).$$

Cette formule montre que, si z est donné, l'expression $\sqrt{1 - z^2} + iz$ a deux valeurs, à cause du double signe dont le radical est susceptible; de plus, à chacune de ces deux acceptions, correspondent encore une infinité de valeurs de arc sin z, vu l'infinité des valeurs du logarithme.

273. Si, dans la formule (28), on pose

$$\cos x = z, \qquad \sin x = \sqrt{1 - z^2}, \qquad x = \text{arc cos } z,$$

on a

$$\text{arc cos } z = \frac{1}{i} \log(z + i \sqrt{1 - z^2}).$$

274. Si l'on prend les logarithmes des deux nombres de la relation

$$e^{2ix} = \frac{\cos x + i \sin x}{\cos x - i \sin x} = \frac{1 + i \tan x}{1 - i \tan x},$$

on obtient

$$x = \frac{1}{2i} \log \frac{1 + i \tan x}{1 - i \tan x}.$$

et, en posant

$$\tan x = z, \qquad x = \text{arc tang } z.$$

on trouve

$$\text{arc tang } z = \frac{1}{2i} \log \frac{1 + iz}{1 - iz} = \frac{i}{2} \log \frac{1 - iz}{1 + iz} \, ;$$

à chaque valeur de z correspondent une infinité de valeurs
du logarithme, et, par suite, une infinité de déterminations
de la fonction inverse arc tg z.

Remarquons enfin que, tandis que les fonctions circulaires
directes s'expriment au moyen des exponentielles, les fonctions circulaires inverses s'expriment à l'aide des logarithmes. Donc, comme le logarithme est la fonction inverse
de l'exponentielle, on voit qu'on peut tout ramener aux
exponentielles.

275. Nous devons encore dire un mot sur la définition
de u^v lorsque u et v sont des quantités imaginaires.

Lorsque u et v sont réels et que u est positif, on a
l'identité

$$u^v = e^{v \log u}.$$

On prend cette identité pour définition, quand u et v sont
imaginaires.

D'après cela, u^v a une infinité de valeurs, puisqu'il en
est ainsi du logarithme. Ces valeurs peuvent ne pas être
toutes distinctes. En supposant par exemple que v soit une

fraction réelle irréductible $\dfrac{p}{q}$, on aura

$$u^{\frac{p}{q}} = e^{\frac{p}{q}\log u} = e^{\frac{p}{q}[\log' r + i(\alpha + 2k\pi)]},$$

d'où l'on voit qu'il suffit d'attribuer q valeurs entières con-
sécutives à k pour obtenir toutes les valeurs de $u^{\frac{p}{q}}$. Ces
déterminations sont en général distinctes et ne peuvent
s'échanger entre elles que si la variable dont u dépend lui
fait acquérir des valeurs égales, infinies ou indéterminées.

CHAPITRE XVI

COURBES PLANES

Rappel de notions élémentaires

276. Si les variables qui figurent dans une équation désignent des grandeurs géométriques, cette équation prend, suivant les cas, diverses significations dont nous allons indiquer les principales, en nous bornant dans ce chapitre au cas de deux variables.

277. Coordonnées rectilignes. — Soient x, y, les coordonnées d'un point M par rapport à deux axes Ox, Oy; le lieu des points dont les coordonnées satisfont à l'équation

$$f(x, y) = 0 \qquad (1)$$

est une courbe plane dont cette relation est dite l'*équation en coordonnées cartésiennes* ou rectilignes. Par exemple

$$y = mx + n$$

est l'équation d'une droite, et l'on sait que m est le *coefficient angulaire* de la droite, et n *l'ordonnée à l'origine*.

278. Coordonnées polaires. — Soient ρ et ω le rayon vecteur OM et l'angle xOM; le lieu des points dont ces deux nouvelles coordonnées satisfont à l'équation

$$F(\rho, \omega) = 0 \qquad (2)$$

est une courbe plane dont cette relation est dite *l'équation en coordonnées polaires*. Par exemple, l'équation

$$\rho^n = a \sin n\omega \qquad (3)$$

représente

si $n = 1$, un cercle ;
si $n = -1$, une droite ;
si $n = 2$, une lemniscate ;
si $n = -2$, une hyperbole équilatère ;
si $n = \dfrac{1}{2}$, une cardioïde ;

si $n = -\dfrac{1}{2}$, une parabole.

Les formules (11) du n° 104 permettent, étant connue l'équation d'une courbe en coordonnées cartésiennes, d'obtenir l'équation de la même courbe en coordonnées cartésiennes. Il suffit pour cela de remplacer dans l'équation donnée x et y par les expressions

$$x = \rho \cos \omega, \qquad y = \rho \sin \omega. \qquad (4)$$

Inversement, on passera de l'équation (2) à l'équation cartésienne en posant

$$\begin{aligned} \rho &= \sqrt{x^2 + y^2} \\ \cos \omega &= \frac{x}{\rho}, \qquad \sin \omega = \frac{y}{\rho} \end{aligned} \qquad (5)$$

279. Coordonnées tangentielles. — Soient u et v les inverses des segments interceptés par une droite sur les axes Ox et Oy, de manière que

$$ux + vy - 1 = 0 \qquad (6)$$

soit l'équation de cette droite ; u et v pourront être dites les coordonnées de cette droite et toute relation de la forme

$$\varphi(u, v) = 0 \qquad (7)$$

définit un ensemble de droites dont les coordonnées vérifient cette équation. Nous démontrerons plus loin que ces droites sont toutes tangentes à une même courbe (C) ; l'équation (7) est dite l'équation tangentielle de cette courbe.

Dans des cas particuliers, (C) peut se réduire à des points ; ainsi l'équation

$$au + bv - 1 = 0 \qquad (8)$$

définit évidemment toutes les droites passant par le point M qui a pour coordonnées cartésiennes

$$x = a, \qquad y = b.$$

L'équation (8) est l'*équation du point* M

Nous donnerons plus loin le moyen de passer de l'équation cartésienne d'une courbe à son équation tangentielle et inversement (voir n° 358).

280. Coordonnées homogènes. — Il est souvent commode de considérer, au lieu des équations (1) et (7), des équations homogènes. Voici comment on y parvient : posons, soit dans l'équation (1)

$$x = \frac{X}{Z}, \qquad y = \frac{Y}{Z},$$

soit dans l'équation (7),

$$u = \frac{U}{W}, \qquad v = \frac{V}{W} ;$$

ces équations deviennent

$$f(x, y) = F(X, Y, Z) = 0,$$
$$\varphi(u, v) = \Phi(U, V, W) = 0,$$

et on les nomme respectivement équation cartésienne homogène ou équation tangentielle homogène des courbes correspondantes. Le principal avantage de cette nouvelle conception est d'obtenir tous les points ou toutes les droites d'un plan, même à l'infini, par des valeurs finies des variables. La seule restriction à laquelle sont soumises ces *coordonnées homogènes*, c'est de ne pas pouvoir être nulles toutes les trois en même temps.

En coordonnées cartésiennes homogènes, $z = 0$ sera une coordonnée d'un point rejeté à l'infini dans la direction

$$\frac{y}{x} = \frac{Y}{X}.$$

En coordonnées tangentielles, une droite rejetée à l'infini aura pour coordonnées $U = 0$, $V = 0$, W n'étant pas nulle.

Il est à peine utile de faire remarquer qu'on pourra toujours revenir de l'équation homogène à l'équation ordinaire, en faisant soit $Z = 1$, soit $W = 1$.

Exemple. — Exprimer que l'équation

$$AU^2 + A'V^2 + A''W^2 + 2B''UV + 2B'UW + 2BVW = 0,$$

qui est celle des coniques, représente une parabole.

La parabole ayant une tangente à l'infini, il suffit d'écrire que cette équation est vérifiée lorsqu'on y fait $U = 0$, $V = 0$; la réponse est donc

$$A'' = 0.$$

281. Quel que soit le système de coordonnées employé, les deux variables qui définissent la courbe peuvent toujours être considérées comme exprimées en fonction d'un paramètre. Ainsi l'équation (1) sera remplacée par les deux équations

$$\left. \begin{aligned} x &= f_1(t) \\ y &= f_2(t) \end{aligned} \right\} \tag{9}$$

entre lesquelles il suffirait d'éliminer t pour retrouver l'équation (1). Il est évident qu'on peut toujours prendre pour paramètre l'une des deux variables; on revient alors au point de vue primitif.

Différentielle de l'arc de courbe[1]

282. Nous reviendrons d'abord sur la notion de longueur dans les lignes courbes. Nous n'envisagerons que celles pour lesquelles les deux coordonnées d'un point s'expriment par des fonctions d'un même paramètre, qui admettent des dérivées continues et non nulles en même temps, ou du moins nous n'envisagerons que les portions de courbes, dans lesquelles cette hypothèse peut être faite, c'est-à-dire que nous exclurons les points singuliers.

Soient

$$x = f(t)$$
$$y = \varphi(t)$$

les deux équations qui définissent la courbe, t_0 et T_0 les valeurs du paramètre auxquelles correspondent les points A et B $(T_0 > t_0)$. Soient t_1, t_2, t_3, ..., t_k, k valeurs intermédiaires entre t_0 et T_0, et soient A_1, A_2, ..., A_k, les points correspondants; le polygone $AA_1A_2...A_kB$ aura pour longueur

$$L = \Sigma \sqrt{(x_{i+1} - x_i)^2 + (y_{i+1} - y_i)^2},$$

i étant un quelconque des nombres t_0, t_1, ..., t_k. Nous appellerons *longueur de l'arc* AB la limite de L lorsque les côtés du polygone tendent vers zéro. Mais, pour que cette définition soit bonne, il faut démontrer que la longueur définie reste la même, quel que soit le mode d'interpolation des valeurs t_1, t_2, ..., t_k. A cet effet, intercalons dans chacun des intervalles précédents de nouveaux points de division, et soient

$$t_1', \quad t_2', \quad ..., \quad t_k',$$

[1] Voir la note de la page 21.

les valeurs du paramètre correspondant à l'intervalle $t_i t_{i+1}$;
soient

$$\mathrm{A}'_1, \qquad \mathrm{A}'_2, \qquad \ldots, \qquad \mathrm{A}'_{k'},$$

les points correspondants, et

$$\mathrm{L}' = \Sigma \sqrt{(x'_{j+1} - x'_j)^2 + (y'_{j+1} - y'_j)^2},$$

la longueur du polygone $\mathrm{A}\ldots\mathrm{A}_i\mathrm{A}'_1\ldots\mathrm{A}'_k\mathrm{A}_{i+1}\ldots\mathrm{B}$. Il s'agit de
prouver que

$$\lim(\mathrm{L}' - \mathrm{L}) = 0.$$

Or le théorème des accroissements finis donne

$$\begin{aligned}
x_{i+1} - x_i &= (t_{i+1} - t_i)\, f'(\tau_i), \\
y_{i+1} - y_i &= (t_{i+1} - t_i)\, \varphi'(\tau'_i), \\
x'_{j+1} - x'_j &= (t'_{j+1} - t'_j)\, f'(\theta_j), \\
y'_{j+1} - y'_j &= (t'_{j+1} - t'_j)\, \varphi'(\theta'_j),
\end{aligned}$$

τ_i, τ'_i, θ_j, θ'_j, étant des valeurs du paramètre comprises
entre t_i et t_{i+1}. On aura donc

$$\mathrm{L}' = \sum_{t_0}^{\mathrm{T}_0} (t'_{j+1} - t'_j) \sqrt{f'^2(\theta_j) + \varphi'^2(\theta'_j)}.$$

et, comme

$$t_{i+1} - t_i = \sum_{t_i}^{t_{i+1}} (t'_{j+1} - t'_j),$$

on pourra aussi écrire

$$\mathrm{L} = \sum_{t_0}^{\mathrm{T}_0} (t'_{j+1} - t'_j) \sqrt{f'^2(\tau_i) + \varphi'^2(\tau'_i)}.$$

Donc

$$\mathrm{L}' - \mathrm{L} = \sum_{t_0}^{\mathrm{T}_0} (t'_{j+1} - t'_j) \left[\sqrt{f'^2(\theta_j) + \varphi'^2(\theta'_j)} - \sqrt{f'^2(\tau_i) + \varphi'^2(\tau'_i)} \right]$$

$$= \sum (t'_{j+1} - t'_j) \frac{f'^2(\theta_j) - f'^2(\tau_i) + \varphi'^2(\theta'_j) - \varphi'^2(\tau'_i)}{\sqrt{f'^2(\theta_j) + \varphi'^2(\theta'_j)} + \sqrt{f'^2(\tau_i) + \varphi'^2(\tau'_i)}}.$$

Mais les dérivées $f'(t)$ et $\varphi'(t)$ ont été supposées continues; il en est de même de leurs carrés. Donc, d'une part, à condition de prendre $t_{i+1} - t_i$ inférieur à un nombre ε suffisamment petit, on pourra rendre

$$f'^2(\theta_j) - f'^2(\tau_i) < \delta,$$
$$\varphi'^2(\theta'_j) - \varphi'^2(\tau'_i) < \delta,$$

δ étant un nombre donné; d'autre part, le dénominateur sera aussi voisin que l'on voudra de la quantité

$$2\sqrt{f'^2(t_i) + \varphi'^2(t_i)},$$

et par suite, supérieur à un nombre A, plus petit que le minimum de cette quantité, qui n'est pas nulle par hypothèse. On aura donc finalement

$$L' - L < \Sigma(t_{j+1} - t_j)\frac{\varepsilon}{A},$$

ou

$$L' - L < \frac{\varepsilon}{A}(T_0 - t_0).$$

Donc

$$\lim(L' - L) = 0.$$

Cela posé, soit une autre division arbitraire de l'intervalle $t_0 T_0$, et soit L'' le polygone qui en résulte. Il suffit de supposer que L' contient tous les sommets de L'', pour avoir aussi

$$\lim(L' - L'') = 0.$$

Il en résulte

$$\lim(L'' - L) = 0,$$

ce qui est la proposition annoncée.

283. On peut déduire de là la valeur principale de l'arc infiniment petit, c'est-à-dire la différentielle ds de l'arc s. Il suffit pour cela de réduire le polygone L à un côté

$$\Delta L = \sqrt{[f(t + \Delta t) - f(t)]^2 + [\varphi(t + \Delta t) - \varphi(t)]^2},$$

et l'on aura, d'après ce qui précède,

$$\Delta s - \Delta L < \frac{\varepsilon}{\lambda}\,\Delta t,$$

ε tendant vers zéro avec Δt. Δs et ΔL ont donc même valeur principale; donc, puisque la valeur principale de $f(t + \Delta t) - f(t)$ est $f'(t)\,dt$, et celle de $\varphi(t + \Delta t) - \varphi(t)$, $\varphi'(t)\,dt$, on aura

$$ds = dt\,\sqrt{f'^2(t) + \varphi'^2(t)}.$$

En particulier, si $t = x$

$$ds = dx\,\sqrt{1 + \left(\frac{dy}{dx}\right)^2},$$

ou

$$ds^2 = dx^2 + dy^2, \qquad\qquad (10)$$

ce qui s'exprime en disant que l'arc et la corde ont même valeur principale.

284. Si la courbe présente un point singulier M, soit t la valeur du paramètre qui donne ce point; on définira, d'après ce qui précède, la longueur de l'arc $(t + \varepsilon, t_0)$, et l'on fera tendre ε vers zéro.

285. On appelle *courbes rectifiables* celles pour lesquelles la longueur de l'arc et les coordonnées s'expriment par des fonctions antérieurement connues d'un même paramètre, et le problème qui consiste à rechercher ces fonctions s'appelle *rectification de l'arc*. Ainsi, au point où nous sommes arrivés de cet ouvrage, l'ellipse ne peut être rectifiée parce qu'on ne connait pas de fonction algébrique, trigonométrique ou logarithmique, qui ait pour différentielle la différentielle de l'arc d'ellipse

$$ds = \frac{1}{a}\,\sqrt{\frac{a^4 - e^2 x^2}{a^2 - x^2}}.$$

On étudiera dans le second volume de l'ouvrage de nouvelles fonctions, grâce auxquelles la rectification de l'ellipse pourra être opérée.

286. RECTIFICATION DE LA CYCLOÏDE. — On appelle *cycloïde* la courbe engendrée par un point donné d'une circonférence qui roule sans glisser sur une droite fixe indéfinie qu'on nomme *base*. On voit facilement que les coordonnées d'un point M en fonction de l'angle t dont aura tourné la circonférence sont données par les formules

$$\left\{\begin{array}{l} x = a(t - \sin t), \\ y = a(1 - \cos t). \end{array}\right.$$

dans lesquelles a désigne le rayon du cercle. On suppose les axes rectangulaires et l'on prend pour axe des x la base de la roulette et pour origine la position du point décrivant au moment où il est sur Ox.

On en déduit

$$dx = a(1 - \cos t)\, dt,$$
$$dy = a \sin t\, dt.$$

Donc

$$ds^2 = 2a^2 (1 - \cos t)\, dt^2$$
$$= 4a^2 \sin^2 \frac{t}{2}\, dt^2,$$
$$ds = 2a \sin \frac{t}{2}\, dt.$$

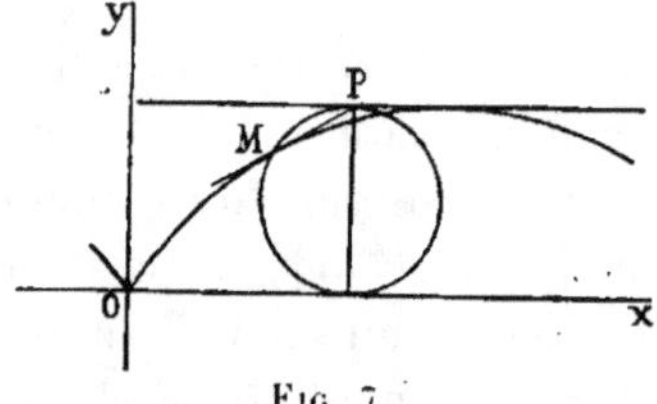

Fig. 7.

on a donc pour l'arc, en intégrant,

$$s = -4a \cos \frac{t}{2} + C.$$

A l'origine de l'arc on a

$$o = -4a + C;$$

d'où, en éliminant la constante,

$$s = 4a \left(1 - \cos \frac{t}{2}\right) = 8a \sin^2 \frac{t}{4}.$$

Pour obtenir la longueur d'une des branches de la cycloïde, il suffit de faire $t = 2\pi$, ce qui donne

$$s = 8a.$$

Tangente et normale en coordonnées rectilignes

287. Il a été démontré au n° 2 que le coefficient angulaire de la tangente à une courbe plane est égal à la dérivée de l'ordonnée prise par rapport à l'abscisse. L'équation de la tangente en un point (x_0, y_0) de la courbe sera donc

$$y - y_0 = \frac{dy_0}{dx_0} (x - x_0),$$

ou

$$\frac{y - y_0}{dy_0} = \frac{x - x_0}{dx_0}.$$

288. La normale en un point, c'est-à-dire la perpendiculaire à la tangente au point de contact, aura pour équation, si les coordonnées sont rectangulaires,

$$y - y_0 = - \frac{dx_0}{dy_0} (x - x_0),$$

ou

$$(x - x_0) \, dx_0 + (y - y_0) \, dy_0 = 0,$$

et. si les axes de coordonnées sont obliques et font un angle θ,

$$(x - x_0)(dx_0 + dy_0 \cos \theta) + (y - y_0)(dy_0 + dx_0 \cos \theta) = 0.$$

EXERCICE. — Démontrer que, dans la chaînette,

$$y = \frac{a}{2} \left(e^{\frac{x}{a}} + e^{-\frac{x}{a}}\right),$$

la projection de l'ordonnée sur la normale est constante.

289. Théorème. — *Sur un arc de courbe, il existe en général un point au moins, où la tangente est parallèle à la corde de l'arc.*

Soient en effet x, $y = f(x)$ et $x + h$, $y + k = f(x + h)$, les coordonnées des extrémités de l'arc ; le coefficient angulaire de la corde sera

$$\frac{f(x + h) - f(x)}{h} = \frac{k}{h} \, ;$$

or si, le long de l'arc, on peut appliquer à la fonction $f(x)$, le théorème des accroissements finis, on aura

$$f(x + h) - (fx) = hf'(x + \theta h),$$

et par suite le coefficient angulaire de la corde pourra s'écrire

$$f'(x + \theta h),$$

c'est-à-dire qu'il sera égal à une des valeurs que prend, en vertu de l'hypothèse sur la continuité de $f'(x)$, la dérivée $f'(x)$ entre les valeurs extrêmes $f'(x)$ et $f'(x + h)$.

290. Exemple. — L'équation de la tangente à la cycloïde au point M s'obtient immédiatement en prenant les valeurs de dx, dy, trouvées à la page précédente

$$y - a(1 - \cos t) = \frac{\sin t}{1 - \cos t} \left[x - a(t - \sin t) \right].$$

On voit que cette droite passe par le point

$$x = at, \qquad y = 2a \, ;$$

c'est le point P le plus haut de la circonférence roulante qui passe par le point M. La tangente est donc MP. En particulier au point O, la tangente est Oy. La forme de la courbe en résulte immédiatement.

La normale, qui a pour équation

$$[x - a(t - \sin t)](1 - \cos t) + \sin t\,[y - a(1 - \cos t)] = 0,$$

passe au point $(x = at,\ y = 0)$, où la circonférence touche l'axe des x.

Autres formes des équations de la tangente

291. Dans le cas où la courbe est donnée par l'équation (1), le théorème relatif aux fonctions implicites (n° 92) permet d'écrire

$$\frac{dy_0}{dx_0} = - \frac{f'_{x_0}}{f'_{y_0}},$$

l'équation de la tangente sera donc

$$(x - x_0) f'_{x_0} + (y - y_0) f'_{y_0} = 0 ; \qquad (11)$$

celle de la normale sera

$$\frac{x - x_0}{f'_{x_0}} = \frac{y - y_0}{f'_{y_0}}$$

si les coordonnées sont rectangulaires, ou si les coordonnées sont obliques,

$$\frac{x - x_0}{f'_{x_0} - f'_{y_0} \cos\theta} = \frac{y - y_0}{f'_{y_0} - f'_{x_0} \cos\theta}.$$

L'équation (11) peut s'écrire

$$x f'_{x_0} + y f'_{y_0} - x_0 f'_{x_0} - y_0 f'_{y_0} = 0. \qquad (12)$$

Introduisons maintenant les coordonnées homogènes, et soit

$$F(X, Y, Z) = 0,$$

l'équation de la courbe donnée. Le point $x_0,\ y_0,$ de la courbe peut être considéré comme ayant pour coordonnées homogènes une valeur constante quelconque, Z_0 pour Z, et pour ses autres coordonnées

$$\left|\begin{array}{l} X_0 = x_0 Z_0, \\ Y_0 = y_0 Z_0, \end{array}\right.$$

de telle sorte que

$$\frac{dy_0}{dx_0} = \frac{dY_0}{dX_0},$$

et l'équation de la tangente peut s'écrire, d'après (12)

$$\frac{X}{Z} F'_{x_0} + \frac{Y}{Z} F'_{Y_0} - \frac{X_0}{Z_0} F'_{x_0} - \frac{Y_0}{Z_0} F'_{Y_0} = 0 ;$$

or le théorème des fonctions homogènes, n° 184, nous a appris que, en appelant m le degré d'homogénéité de F (X, Y, Z).

$$X_0 F'_{x_0} + Y_0 F'_{Y_0} + Z_0 F'_{z_0} = mF(X_0, Y_0, Z_0) = 0 \quad (13)$$

le second membre étant nul, parce que le point X_0, Y_0, Z_0, est sur la courbe.

On tire de là

$$\frac{X_0}{Z_0} F'_{x_0} + \frac{Y_0}{Z_0} F'_{Y_0} = - F'_{z_0},$$

et l'équation de la tangente devient

$$\frac{X}{Z} F'_{x_0} + \frac{Y}{Z} F'_{Y_0} + F'_{z_0} = 0,$$

ou enfin

$$X F'_{x_0} + Y F'_{Y_0} + Z F'_{z_0} = 0. \qquad (14)$$

292. Exemple. — La courbe $y = x \tan \dfrac{1}{x}$ a pour équation en coordonnées homogènes $Y = X \tan \dfrac{Z}{X}$; sa tangente au point X_0, Y_0, Z_0, aura donc pour équation

$$X\left(\tan\frac{Z_0}{X_0} - \frac{Z_0}{X_0\cos^2\frac{Z_0}{X_0}}\right) - Y + \frac{1}{\cos^2\frac{Z_0}{X_0}} = 0.$$

293. Si l'on exprime que la droite précédente (14) passe en un point P donné (α, β, γ), on trouve l'équation

$$\alpha F'_{X_0} + \beta F'_{Y_0} + \gamma F'_{Z_0} = 0,$$

qui exprime que le point de contact d'une tangente issue du point P se trouve sur la courbe

$$\alpha F'_X + \beta F'_Y + \gamma F'_Z = 0. \qquad (15)$$

Dans les cas où la courbe donnée est algébrique de degré m, l'équation précédente représente une courbe de degré $m - 1$, qu'on appelle la *première polaire* du point P. Elle coupe la courbe donnée en $m(m - 1)$ points, qui sont les points de contact des tangentes menées par P à la courbe donnée, d'où ce théorème :

Les points de contact des tangentes issues d'un point à une courbe algébrique de degré m sont sur une courbe algébrique de degré m — 1.

Et comme la coordonnée γ de P peut être nulle, on voit que

Les points de contact des tangentes menées à une courbe algébrique, d'ordre m, parallèlement à une direction donnée, sont sur une courbe algébrique d'ordre m(m — 1).

294. Dans le cas particulier où $m = 2$, les dérivées qui figurent dans l'équation sont aussi du premier degré ; cette équation représente la polaire, ou la corde de contact des tangentes issues de P à la conique. Le lecteur vérifiera sans peine que, *dans ce cas*, l'équation de la tangente peut aussi s'écrire

$$X_0 F'_X + Y_0 F'_Y + Z_0 F'_Z = 0. \qquad (16)$$

Points singuliers

295. Tout ce qui a été dit dans les n°s 291 et suivants suppose essentiellement que la tangente au point M de la courbe soit unique et bien déterminée. Dans ce cas, le point M est dit *simple* ou *ordinaire*. Or cela ne saurait être si l'on a en même temps

$$f(x_0, y_0) = 0, \qquad f'_{x_0}(x_0, y_0) = 0, \qquad f'_{y_0}(x_0, y_0) = 0, \quad (17)$$

ou, en employant les coordonnées homogènes,

$$F'_{X_0}(X_0, Y_0, Z_0) = 0, \quad F'_{Y_0}(X_0, Y_0, Z_0) = 0, \quad F'_{Z_0}(X_0, Y_0, Z_0) = 0. \quad (18)$$

Dans ce cas, les équations (11) et (14) deviennent indéterminées, et le point M est dit *point singulier*.

Il faut alors refaire la théorie.

296. Soit donc

$$f(x, y) = 0 \qquad\qquad (1)$$

l'équation de la courbe, et supposons que toutes les dérivées partielles, jusqu'à l'ordre $p - 1$, soient nulles pour $x = x_0$, $y = y_0$, et que celles de l'ordre p ne soient pas toutes nulles, comme l'exprime le tableau suivant

$$
\begin{aligned}
&f(x_0, y_0) = 0, \\
&f'_{x_0}(x_0, y_0) = 0, \qquad f'_{y_0}(x_0, y_0) = 0, \\
&f''_{x_0^2}(x_0, y_0) = 0, \qquad f''_{x_0 y_0}(x, y_0) = 0, \qquad f''_{y_0^2}(x_0, y_0) = 0, \\
&\cdots \cdots \cdots \cdots \cdots \cdots \cdots \cdots \cdots \cdots \cdots \\
&f^{(p-1)}_{x_0^{p-1}}(x_0, y_0) = 0, \quad f^{(p-1)}_{x_0^{p-2} y_0}(x_0, y_0), \quad \cdots, \quad f^{(p-1)}_{y_0^{p-1}}(x_0, y_0) = 0;
\end{aligned}
$$

alors le point M (x_0, y_0) sera dit un *point multiple d'ordre p*.

Cela posé, soit

$$y - y_0 = \lambda(x - x_0), \qquad\qquad (17)$$

l'équation d'une sécante passant en **M**. Ses points de rencontre avec la courbe seront donnés par l'équation précédente et par l'équation (1); en éliminant y, on aura l'équation aux abscisses

$$f[x, y_0 + \lambda(x - x_0)] = 0.$$

Posons

$$x = x_0 + h, \qquad k = \lambda h,$$

l'équation précédente devient

$$f(x_0 + h, y_0 + k) = 0.$$

Nous supposerons que la fonction remplit les conditions requises pour appliquer le théorème de Taylor, nᵒ 176; en remarquant que toutes les dérivées, jusqu'à l'ordre p exclusivement, sont nulles, nous aurons

$$\frac{1}{p!}[h^p f^{(p)}_{x_0^p}(x_0, y_0) + p h^{p-1} k f^{(p)}_{x_0^{p-1} y_0}(x_0, y_0) + \ldots + k^p f^{(p)}_{y_0^p}(x_0, y_0)] + R_p = 0 \quad (18)$$

R_p est le reste de la série et est de degré $p + 1$ au moins par rapport à h et à k. Remettons λh à la place de k, dans l'équation précédente, on voit qu'elle donne p racines nulles pour h; donc la droite (17) rencontre la courbe en p points, confondus avec le point M. Après suppression de ces p racines nulles, l'équation (18) devient

$$\frac{1}{p!}\left[f^{(p)}_{x_0^p}(x_0, y_0) + p\lambda f^{(p)}_{x_0^{p-1} y_0}(x_0, y_0) + \ldots + \lambda^p f^{(p)}_{y_0^p}(x_0, y_0)\right] + h R'_p = 0 \quad (19)$$

pour que la sécante devienne tangente, il faut qu'un nouveau point de rencontre avec la courbe vienne en M, ou que l'équation (19) ait une nouvelle racine nulle, ce qui donne

$$f^{(p)}_{x_0^p}(x_0, y_0) + p\lambda f^{(p)}_{x_0^{p-1} y_0}(y_0, x_0) + \ldots + \lambda^p f^{(p)}_{y_0^p}(x_0, y_0) = 0. \quad (20)$$

Cette équation en λ est l'équation aux coefficients angulaires des p tangentes à la courbe au point M, et l'on aurait l'équation de l'ensemble des p tangentes en éliminant λ entre cette équation et l'équation (17); mais cette manière de parler suppose qu'il y a effectivement p branches de courbe passant en M. Nous aurons à examiner ce point de plus près; mais auparavant et pour n'avoir pas à faire une double étude, nous considérerons le cas particulier où le point M est rejeté à l'infini.

Théorie des asymptotes

297. Une courbe (C′) est dite asymptote à une courbe (C), si la plus courte distance d'un point M de (C) à (C′) tend vers zéro, lorsque M s'éloigne indéfiniment sur (C).

Les courbes étudiées le plus ordinairement comme asymptotes sont la droite, le cercle, la parabole. Nous ne nous occuperons, dans ce paragraphe, que des droites asymptotes, d'où l'on peut d'ailleurs, par des transformations connues, passer au cercle et à la parabole. Soit à déterminer une

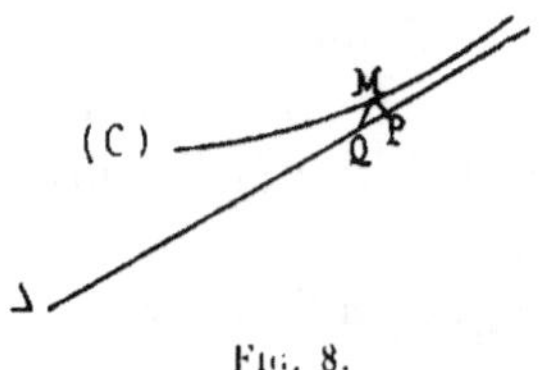

Fig. 8.

asymptote Δ de la courbe (C); par définition, la distance MP de M à Δ doit tendre vers zéro lorsque M s'éloigne à l'infini sur la courbe, et l'on peut remarquer que la distance de M à la droite peut être comptée parallèlement à toute direction MQ, qui fait avec Δ un angle déterminé non nul. Si donc on cherche d'abord les asymptotes parallèles à Oy, on pourra compter la distance MQ parallèlement à Ox, et le problème sera ramené au suivant : chercher s'il existe des quantités finies a telles que, x étant l'abscisse du point M, la différence $x - a$

tende vers zéro lorsque y devient infinie, ou encore cercher les valeurs finies de x qui rendent y infinie. Au lieu de rendre y infinie, on rend $\dfrac{1}{y}$ nulle, et le problème est ramené à un problème d'algèbre bien connu.

Cherchons maintenant les asymptotes non parallèles à Oy; la distance MQ sera prise ici parallèlement à Oy: si

$$Y = cx + d$$

est l'équation de l'asymptote inconnue, et si y est l'ordonnée de M correspondant à la même abscisse que celle du point Q, il faudra déterminer c et d par la condition que $y - Y$ ou $y - cx - d$ tende vers zéro en même temps que $\dfrac{1}{x}$. Dans les mêmes conditions, l'expression $\dfrac{y - cx - d}{x}$ tend vers zéro, ce qui exige, comme d est finie, que

$$c = \lim \frac{y}{x}. \tag{21}$$

Cette équation montre que *les coefficients angulaires des asymptotes sont les mêmes que ceux des droites qui joignent l'origine aux points M rejetés à l'infini.*

Le coefficient angulaire c étant déterminé, on aura d par la même condition que $y - cx - d$ tende vers zéro, c'est-à-dire que

$$d = \lim (y - cx). \tag{22}$$

298. Exemples. — 1° La courbe

$$y^2 = \frac{x - a}{x + a}, \tag{23}$$

appelée *strophoïde*, admet comme asymptote la droite $x = - a$, parce que $x = - a$ rend y infini.

2° Soit la courbe

$$y = \frac{3x^2 - 2x - 1}{x + 1}.$$

Comme asymptote parallèle à Oy, nous trouvons $x = -1$; pour avoir les autres, calculons $\dfrac{y}{x}$:

$$\frac{y}{x} = \frac{3x - 2 - \dfrac{1}{x}}{x + 1}.$$

Pour $x = \infty$, le second membre prend la valeur 3, qui est donc le coefficient angulaire de l'asymptote non parallèle à Ox. L'ordonnée à l'origine se trouvera en cherchant la limite de

$$y - 3x = \frac{3x^2 - 2x - 1}{x + 1} - 3x = -\frac{5x + 1}{x + 1}.$$

La limite est -5, et l'équation de cette asymptote

$$y = 3x - 5.$$

3° Considérons enfin la courbe qui a pour équation

$$y = \sqrt[3]{x^3 - 3x^2 - 1} - \sqrt{x^2 + x + 1}. \qquad (24)$$

La formule du binôme généralisé (n° 157) nous donne

$$\sqrt[3]{x^3 - 3x^2 - 1} = x \left(1 - \frac{3}{x} - \frac{1}{x^3} \right)^{\frac{1}{3}}$$
$$= x \left[1 - \frac{1}{3} \left(\frac{3}{x} + \frac{1}{x^3} \right) + \frac{\theta}{x^2} \right],$$

θ étant finie lorsque x est infinie. De même

$$\sqrt{x^2 + x + 1} = \pm x \left(1 + \frac{1}{x} + \frac{1}{x^2} \right)^{\frac{1}{2}} = \pm x \left[1 + \frac{1}{2} \left(\frac{1}{x} + \frac{1}{x^2} \right) + \frac{\theta'}{x^2} \right].$$

Portons ces valeurs dans l'équation (24) et simplifions. Il vient

$$y = x - 1 - (\pm x)\left(1 + \frac{1}{2x}\right) + \frac{\theta''}{x},$$

θ'' restant finie lorsque x est infinie. Si x devient infinie par valeurs positives, il faut, dans la parenthèse ambiguë, prendre le signe $+$, ce qui donne

$$y = -\frac{3}{2}$$

pour première asymptote. Si $x = -\infty$, il faut prendre le signe $-$, ce qui donne pour l'équation de la courbe

$$y = 2x - \frac{1}{2} + \frac{\theta''}{x},$$

et il est évident que

$$y = 2x - \frac{1}{2}$$

est une seconde asymptote; car la différence $\dfrac{\theta''}{x}$ entre l'ordonnée de la courbe et l'ordonnée de l'asymptote tend vers zéro lorsque x devient infinie.

299. Il résulte de la définition que si

$$y = cx + d$$

est une asymptote, l'ordonnée de la courbe peut toujours s'écrire

$$y = cx + d + V,$$

V tendant vers zéro avec $\dfrac{1}{x}$.

300. Nous avons appris à trouver les asymptotes; mais il faut faire ici la même remarque que pour les tangentes des points singuliers. L'existence de l'asymptote n'entraîne pas forcément celle d'une branche de courbe correspondante, et il faudra une étude plus approfondie pour savoir s'il y a en réalité une succession de points se rapprochant indéfiniment de l'asymptote, lorsque x ou y deviennent infinies. Pour ne pas avoir à y revenir, nous remarquerons que la question se pose ainsi : soit

$$y - cx - d = \varepsilon \qquad \text{et} \qquad x = \frac{1}{t} \qquad (25)$$

L'équation

$$f\left(\frac{1}{t}, \frac{c}{t} + d + \varepsilon\right) = 0, \qquad (26)$$

qu'on déduit de l'équation (1) en y remplaçant x et y par leurs valeurs tirées des relations (25), admet-elle pour t et ε des solutions simultanées infiniment petites ?

301. Cas des courbes algébriques. — Si l'équation

$$f(x, y) = 0 \qquad (1)$$

est algébrique, on peut l'ordonner par rapport aux puissances ascendantes de $\frac{1}{y}$

$$f_p(x) + \frac{1}{y} f_q(x) + \ldots + \frac{1}{y^n} f_r(x) = 0;$$

sous cette forme, on voit que les valeurs finies de x qui rendent y infinie sont racines de l'équation

$$f_p(x) = 0.$$

Soit α une racine de cette équation; la droite

$$x = \alpha$$

sera une asymptote parallèle à Oy.

Ordonnons maintenant l'équation (1) en groupes homogènes de degrés décroissants

$$\varphi_m(x, y) + \varphi_{m-1}(x, y) + \dots + \varphi_0(x, y) = 0 \qquad (27)$$

$\varphi_p(x, y)$ désignant un polynôme homogène de degré p. En divisant par x^m, cette équation devient

$$\varphi_m\left(1, \frac{y}{x}\right) + \frac{1}{x}\varphi_{m-1}\left(1, \frac{y}{x}\right) + \frac{1}{x^2}\varphi_{m-2}\left(1, \frac{y}{x}\right) + \dots + \frac{1}{x^m}\varphi_0 = 0 \quad (28)$$

et les valeurs finies de $\dfrac{y}{x}$, qui correspondent à x infinie, seront les racines de

$$\varphi_m(1, t) = 0.$$

Soit c une racine de cette équation; il reste à trouver la limite de $y - cx$. Pour cela, on posera

$$y - cx = \delta,$$

ou

$$\frac{y}{x} = c + \frac{\delta}{x}.$$

Portant cette valeur dans (28) et ordonnant par rapport aux puissances ascendantes de $\dfrac{1}{x}$, on trouve

$$\varphi_{m-1}(1,c) + \delta\varphi'_m(1,c) + \frac{1}{x}\left[\varphi_{m-2}(1,c) + \delta\varphi'_{m-1}(1,c) + \frac{\delta^2}{2}\varphi''_m(1,c)\right] + \dots = 0,$$

et les valeurs finies de δ, qui correspondent à x infinie, seront obtenues en égalant à zéro le premier des coefficients de cette équation en $\dfrac{1}{x}$, qui ne s'annule pas. Dans le cas général, on aura donc, en appelant d la limite de δ,

$$d = -\frac{\varphi_{m-1}(1, c)}{\varphi'_m(1, c)}.$$

302. Théorème. — *Lorsque la tangente au point qui s'éloigne à l'infini tend vers une position déterminée, cette position est l'asymptote.*

En effet l'équation de la tangente est

$$y - y_0 = \frac{dy_0}{dx_0}\,(x - x_0).$$

Supposons que le point x_0, y_0, s'éloigne à l'infini et que $\frac{dy_0}{dx_0}$ ait une limite c; on a vu n° 193 que $\frac{y_0}{x_0}$ a alors la même limite. Donc la direction limite de la tangente est celle de l'asymptote; quant à son ordonnée à l'origine

$$y_0 - x_0 \frac{dy_0}{dx_0}.$$

elle peut s'écrire, en désignant les dérivées par des lettres accentuées

$$\frac{\dfrac{y_0 - x_0 y_0'}{x_0^2}}{\dfrac{1}{x_0^2}} = \frac{\left(c - \dfrac{y_0}{x_0}\right)'}{\left(-\dfrac{1}{x_0}\right)'}$$

et, si elle a une limite, en vertu du même théorème, l'expression

$$\frac{c - \dfrac{y_0}{x_0}}{-\dfrac{1}{x_0}} = y_0 - c x_0$$

aura aussi la même limite, qui est bien l'ordonnée à l'origine de l'asymptote.

303. Il importe de montrer qu'il peut y avoir des asymptotes qui ne sont pas limites de tangentes. L'exemple de la courbe $y = \dfrac{\sin x}{x}$ est classique. Pour $x = \infty$, le sinus oscille entre -1 et $+1$, tandis que le dénominateur croit à l'infini;

y tend donc vers zéro, et l'axe des x est une asymptote vers laquelle tend la courbe en la traversant par des sinuosités de moins en moins amples. Le coefficient angulaire de la tangente

$$\frac{dy}{dx} = \frac{x \cos x - \sin x}{x^2} = \frac{\cos x}{x} - \frac{\sin x}{x^2}$$

tend vers zéro ; mais l'ordonnée à l'origine

$$y - x \frac{dy}{dx} = -\cos x + \frac{2 \sin x}{x}$$

est indéterminée.

304. Emploi des coordonnées homogènes. — Plusieurs des résultats précédents se présentent très simplement lorsqu'on emploie les coordonnées homogènes. Nous nous bornerons au cas des courbes algébriques. Dans ce cas, l'équation (27) devient, après substitution des coordonnées homogènes,

$$\varphi_m(X, Y) + Z\varphi_{m-1}(X, Y) + Z^2\varphi_{m-2}(X, Y) + \ldots = 0.$$

Les points à l'infini étant caractérisés par un Z nul, le rapport de leurs deux autres coordonnées sera donné par l'équation

$$\varphi_m(X, Y) = 0. \tag{29}$$

Cette équation s'écrit en mettant en évidence les facteurs X, Y

$$X^\alpha Y^\beta \varphi_{m_1}(X, Y) = 0,$$

ce qui impose α facteurs X nuls (Y est alors différent de zéro) et β facteurs Y nuls (X est alors différent de zéro). On obtient ainsi α points à l'infini dans une direction parallèle à OY et β points à l'infini sur des parallèles à OX. Il reste $m - \alpha - \beta$ directions asymptotiques non parallèles aux axes dont les coefficients angulaires sont les racines de l'équation

$$\varphi_{m_1}(1, t) = 0.$$

Pour avoir les asymptotes correspondantes, nous les considérerons comme limites de tangentes, ce qui est toujours permis dans les courbes algébriques. La tangente en un point ayant pour équation (14)

$$XF'_{X_0} + YF'_{Y_0} + ZF'_{Z_0} = 0,$$

comme on a ici

$$F'_X = \frac{d\varphi_m}{dX} + Z\frac{d\varphi_{m-1}}{dX} + \dots$$

$$F'_Y = \frac{d\varphi_m}{dY} + Z\frac{d\varphi_{m-1}}{dY} + \dots$$

$$F'_Z = \varphi_{m-1} + 2Z\varphi_{m-2} + \dots.$$

l'asymptote qui correspond à $Z_0 = 0$ et qui a pour coefficient angulaire $c = \dfrac{Y_0}{X_0}$ aura pour équation

$$X\frac{d\varphi_m(X_0, Y_0)}{dX_0} + Y\frac{d\varphi_m(X_0, Y_0)}{dY_0} + Z\varphi_{m-1}(X_0, Y_0) = 0. \qquad (30)$$

C'est, sous une autre forme, le résultat déjà obtenu ; car si l'on fait $X_0 = 1$, $Y_0 = c$, l'ordonnée à l'origine de la droite précédente prend précisément la valeur donnée page 299. Quant au coefficient angulaire

$$-\frac{\dfrac{d\varphi_m(X_0, Y_0)}{dX_0}}{\dfrac{d\varphi_m(X_0, Y_0)}{dY_0}},$$

il est égal à $\dfrac{Y_0}{X_0}$, en vertu de l'égalité d'Euler relative **aux** fonctions homogènes

$$X_0\frac{d\varphi_m}{dX_0} + Y_0\frac{d\varphi_m}{dY_0} = m\varphi_m(X_0, Y_0) = 0.$$

Si l'équation (30) prenait une forme illusoire, le point à l'infini serait singulier, et on lèverait l'indétermination en employant une méthode calquée sur celle de la page 292.

305. Les résultats, rappelés au paragraphe précédent, sont susceptibles d'un énoncé absolument géométrique, si l'on convient de dire que $Z = o$ caractérise *la droite à l'in-fini*. Alors nous venons d'étudier simplement la nature des points de rencontre d'une courbe avec la droite à l'infini et les tangentes en ces points. Ce nouveau point de vue permettra d'assimiler les points à l'infini aux points situés à distance finie, et ces points pourront être classés, comme nous allons le faire pour les autres, en points ordinaires, points d'inflexion, doubles, triples, de rebroussement, etc.

306. On peut aussi démontrer que les formules, utilisées plus haut, aux notations près

$$x = \frac{1}{x'}, \qquad y = \frac{y'}{x'},$$

reviennent à une simple mise en perspective de la courbe.

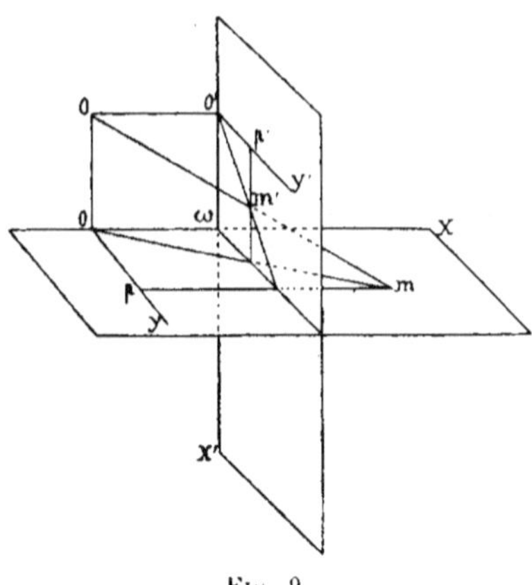

Fig. 9.

Soit en effet O le point de vue projeté sur un plan horizontal en o et sur le tableau en o', de manière que

$$o\omega = a,$$
$$o'\omega = b;$$

m un point du plan horizontal projeté à partir de O en m'. Les axes étant indiqués sur la figure, on aura

$$\frac{op}{pm} = \frac{o'p'}{o\omega} \qquad \text{ou} \qquad y' = a\frac{y}{x}$$

$$\frac{o'p'}{p'm'} = \frac{op}{o\omega} \qquad \text{ou} \qquad y = b\frac{y'}{x'}.$$

D'où, en multipliant,

$$xx' = ab.$$

Pour $a = b = 1$, on retombe bien sur les formules mises au début de ce paragraphe. Ainsi à un point m' correspond un seul point m, et réciproquement ; mais, si m s'éloigne à l'infini dans une direction telle que $\lim\frac{y}{x} = c$, m' tend vers un point situé sur $o'y'$, qui a pour ordonnée c, et, comme on vérifie sans peine qu'à la tangente d'équation

$$Y = X\frac{dy}{dx} + y - x\frac{dy}{dx}$$

correspond la tangente d'équation

$$Y' = X'\frac{dy'}{dx'} + y' - x'\frac{dy'}{dx'},$$

il en résulte que l'étude du point à l'infini et de l'asymptote ou des asymptotes est encore, par cette transformation, ramenée à l'étude d'un point situé à distance finie, les singularités se correspondant.

Étude d'une courbe autour d'un point singulier

307. Nous avons donné (n°s 295 et 296) les conditions analytiques pour qu'un point soit singulier. Voici quelques considérations géométriques qui feront mieux comprendre les définitions données plus haut.

Si toute sécante, qui passe à une distance infiniment petite d'un point M, rencontre la courbe en des points dont un seul soit infiniment voisin de M, le point M est *simple*. Si la sécante coupe la courbe en des points dont p soient infiniment voisins de M, le point est *multiple d'ordre p*. Dans ce cas, une sécante passant au point M coupe la courbe en p points, dont les coordonnées coïncident avec celles du point M; c'est ce que nous avons exprimé plus haut en disant que la sécante avait p points confondus avec le point M (Voir aussi le théorème énoncé à la fin du n° 309).

Les dispositions de figures ci-dessous ont reçu les noms suivants

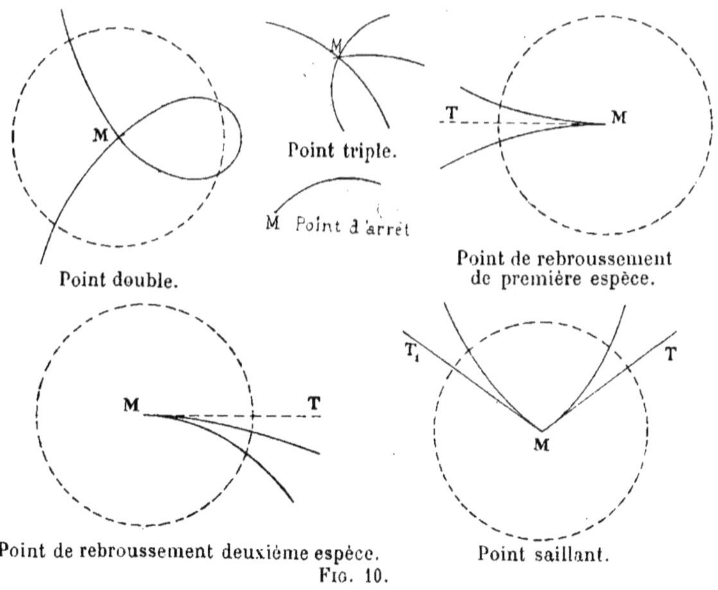

Fig. 10.

En général, en un point multiple d'ordre p se croisent p branches de courbe ; mais plusieurs de ces branches ou même toutes peuvent être imaginaires. L'apparence géométrique ne correspond plus alors au fait analytique ; mais, dans la pratique, cela ne peut introduire de confusion. Lorsque toutes les branches, qui passent en un point réel de la courbe, sont imaginaires, le point est dit *isolé* ; on emploie aussi les locutions point double imaginaire, point multiple imaginaire.

Afin de ne pas avoir à revenir sur les points singuliers autres que les points multiples, je traiterai immédiatement trois exemples :

1° La courbe $y = e^{\frac{1}{x}}$ a un point d'arrêt à l'origine ; car, pour x infiniment petit négatif, l'ordonnée y est nulle, tandis que, pour x infiniment petit positif, y est infini. On peut donc dire que la courbe a un point d'arrêt à l'origine pour sa branche qui vient de gauche, et même un point d'arrêt à l'infini, dans la direction de oy, pour sa branche

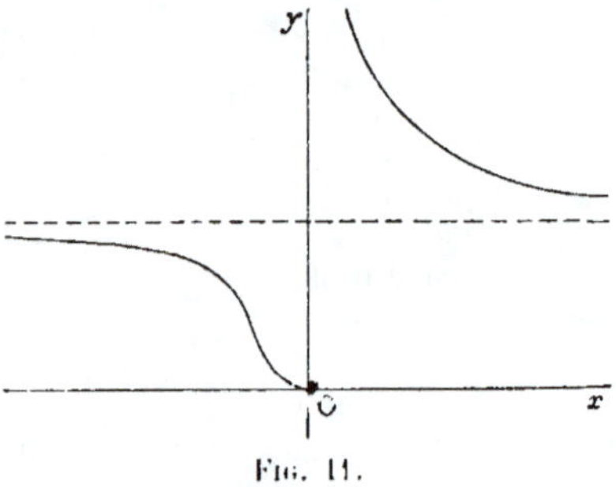

Fig. 11.

de droite ; mais cette dernière désignation a quelque chose de forcé et est peu employée. On emploie plus souvent les mots de point multiple à l'infini, point de rebroussement à l'infini ; ces expressions correspondent aux dispositions que présentent les points de même nom, à distance finie, lorsqu'on fait une perspective de la courbe sur un plan parallèle au rayon qui va de l'œil au point M. Au fond, ce sont de pures désignations analytiques.

2° La courbe qui a pour équation

$$y = \frac{x}{1 + e^{\frac{1}{x}}}$$

présente un point saillant à l'origine. Le coefficient angulaire de la tangente en O,

$$\frac{y}{x} = \frac{1}{1 + e^{\frac{1}{x}}},$$

a pour valeur zéro, si $x = +$ zéro, et $+ 1$ si $x = -$ zéro.

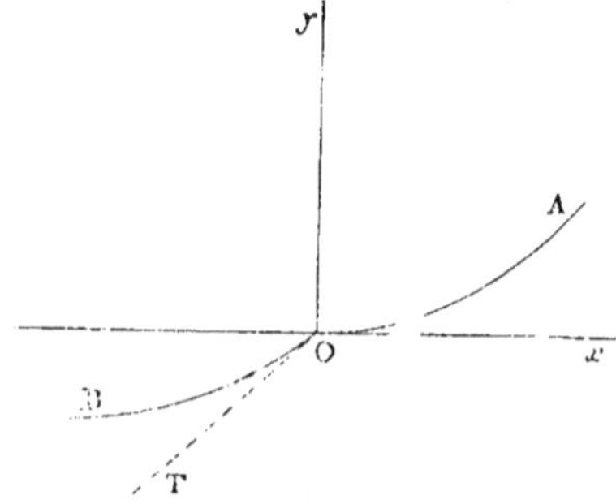

Fig. 12.

Les exemples que nous venons de donner se rapportent à des courbes transcendantes.

Les courbes algébriques ne présentent ni point d'arrêt ni point saillant. — Elles n'ont pas de points d'arrêt parce que l'ordonnée est une fonction continue de l'abscisse ; elles n'ont pas de points saillants puisque, si l'on élimine y entre l'équation de la courbe et l'équation

$$f'_x + y' f'_y = o,$$

qui fait connaître le coefficient angulaire y' de la tangente, on obtient une équation algébrique entre x et y', d'où il résulte que ce coefficient angulaire est une fonction continue de l'abscisse.

3° Considérons enfin la courbe représentée par l'équation

$$y = \sqrt{1 - x^2},$$

le radical ayant sa valeur arithmétique. C'est une demi-circonférence dont le centre est à l'origine et dont le diamètre limite est sur ox; les extrémités de ce diamètre pourraient être prises comme points d'arrêt de la courbe. Mais, en réalité, nous n'avons là qu'une portion de la circonférence

$$x^2 + y^2 = 1,$$

et si, pour l'aspect géométrique, on a des points d'arrêt, ces points sont évidemment d'une nature tout autre que ceux considérés dans les deux premiers exemples. Dans le premier exemple, la fonction y éprouvait une véritable discontinuité; il en est de même pour la dérivée dans le second exemple.

Dans tout ce qui suivra, nous ne considérerons désormais que des fonctions continues, ou au moins nous ne considérerons les fonctions que dans les intervalles où elles sont continues; plus exactement nous supposerons toujours que ces fonctions peuvent être développées en série, dans ces intervalles, par la formule de Taylor.

308. D'après nos définitions, un point singulier est un point où la tangente n'a pas une équation unique et bien déterminée. Il est essentiel d'ajouter que cette définition suppose essentiellement les coordonnées rectilignes. Deux exemples feront mieux comprendre notre pensée.

1° La courbe

$$\rho = \frac{1 + 2\cos\omega}{1 - 2\sin\omega}$$

présente un point double. Mais ce point s'obtient par deux valeurs différentes de ω, savoir

$$\omega = \frac{7\pi}{12} \qquad \text{et} \qquad \omega = \frac{19\pi}{12}.$$

chacune de ces valeurs donne, comme l'on sait, une forme bien déterminée pour l'équation de la tangente. Si l'on cherchait l'équation de cette courbe en coordonnées rectilignes, les deux points, provenant de ces valeurs de ω, seraient confondus, et pour ce point l'on aurait

$$f(x, y) = 0, \qquad f'_x = 0, \qquad f'_y = 0.$$

$2°$ Le même incident se présente avec la courbe déterminée par les deux équations

$$\left. \begin{aligned} x &= \frac{1 + t}{1 + t^2} \\ y &= \frac{2t}{1 - t^2} \end{aligned} \right\} . \tag{31}$$

Si l'on donne à t les deux valeurs

$$t' = \frac{1 + \sqrt{5}}{2}, \qquad t'' = \frac{1 - \sqrt{5}}{2},$$

les deux coordonnées du point M prennent les valeurs

$$x = 0, \qquad y = -2.$$

Lorsque t varie de $-\infty$ à $+\infty$, la courbe passe donc deux fois au point dont les coordonnées viennent d'être données; mais les valeurs de dx et de dy sont parfaitement déterminées pour t' et pour t''; les deux tangentes au point double sont donc bien déterminées et indépendamment l'une de l'autre. Formons, au contraire, l'équation en coordonnées rectilignes de la courbe, par l'élimination de t entre les équations (31); on trouve

$$f(x, y) = x^2 y^2 + 2x(y + 2) - (y + 2)^2 = 0,$$

et au point

$$x = 0, \qquad y = -2,$$

on a évidemment

$$f(x, y) = 0, \qquad f'_x = 0, \qquad f''_y = 0.$$

En coordonnées rectilignes, l'équation ordinaire de la tangente est indéterminée.

C'est un des problèmes les plus intéressants et les plus importants de l'analyse que celui qui consiste à séparer les branches qui se croisent aux points multiples, ou encore à ramener l'étude des fonctions à singularités à celle des fonctions sans singularités. Cette étude se rattache à une notion nouvelle relative aux courbes, celle du *genre*, dont nous parlerons plus loin.

Le problème que nous traitons ici est plus simple; nous voulions seulement faire observer que la difficulté que nous avions à lever peut souvent tenir au choix des coordonnées et ne pas être inhérente au problème de géométrie, auquel le calcul a été appliqué.

309. Une dernière remarque préliminaire sera utile. Nous avons déjà vu que l'étude des branches infinies se ramène à la recherche des solutions infiniment petites d'une certaine équation (26). Il en est de même pour les branches des courbes qui passent en un point singulier. L'équation (19) fait connaître les valeurs de h, qui correspondent à chaque valeur de λ, et le problème qui se pose est de savoir si, pour des valeurs de λ infiniment voisines des racines de l'équation (20), il existe des valeurs infiniment petites de h, et quelle est la nature de ces valeurs. Soit λ_i une racine de l'équation (20); si l'on pose

$$\lambda = \lambda_i + \varepsilon,$$

on obtient une équation entre ε et h, dont il faut, comme pour l'équation (26), trouver les solutions infiniment petites.

La méthode que nous allons employer est donc absolument générale et s'applique toutes les fois qu'on a à chercher les solutions infiniment petites d'une équation de la forme

$$\Sigma A_{\alpha\beta}x^{\alpha}y^{\beta} = 0,$$

où le premier membre désigne une série convergente, sans terme constant, ordonnée suivant les puissances ascendantes des variables. On suppose, de plus, qu'il y a toujours un terme indépendant de x et un terme indépendant de y; sans quoi y ou x serait en facteur et devrait être supprimé. La méthode est fondée sur ce principe que l'égalité ne peut s'établir qu'entre infiniment petits de même ordre; il s'ensuit évidemment qu'il y aura toujours deux termes, au moins, de chaque ordre, et en particulier de l'ordre moindre. En écrivant cela, et en prenant y comme infiniment petit principal, on obtiendra les valeurs principales de l'infiniment petit x; mais, comme plusieurs racines différentes x', x'', x''', peuvent avoir la même valeur principale x_1, il faudra poser de nouveau

$$x = x_1 + \eta,$$

η étant un nouvel infiniment petit, dont la valeur principale se déterminera comme ci-dessus.

Nous admettrons comme démontré le théorème suivant : Soit l'équation

$$\Sigma A_{\alpha\beta}x^{\alpha}y^{\beta} = 0,$$

dont le premier membre de la quelle S est une série convergente ordonnée suivant les puissances ascendantes des variables; si, pour $x = 0$, cette équation admet p racines nulles en y, pour x infiniment petit, l'équation admettra p racines infiniment petites en y, développables en séries convergentes suivant les puissances ascendantes de x.

310. Pour plus de clarté, je resterai dans les termes du problème posé, n° 296, en simplifiant seulement les notations. Supposons d'abord les axes transportés parallèlement à eux-mêmes, de manière que l'origine se trouve au point x_0, y_0, ce qui revient à supposer

$$x_0 = 0, \qquad y_0 = 0.$$

L'équation (17) représente maintenant une droite passant par l'origine

$$y = \lambda x, \qquad (32)$$

et l'équation (19) aux abscisses de ses points de rencontre avec la courbe pourra s'écrire

$$\varphi(\lambda) + x\psi(\lambda) + x^2\chi(\lambda) + \ldots = 0. \qquad (33)$$

λ étant donnée, à une valeur de x correspondra par l'équation (32), une seule valeur de y, donc un seul point de rencontre et le nombre des racines réelles de l'équation (33) sera le nombre exact des points réels communs à la sécante et à la courbe.

L'équation (20), aux coefficients angulaires des tangentes, s'écrit ici

$$\varphi(\lambda) = 0 ; \qquad (34)$$

elle est, par hypothèse, de degré p, et l'étude qui nous reste à faire est différente, suivant qu'il s'agit de racines simples ou multiples de $\varphi(\lambda)$.

311. 1° Soit λ_1 une racine réelle *simple* de cette équation correspondant à la tangente OT ; cette racine peut aussi annuler un certain nombre de coefficients des puissances de x ; soit $x^\alpha g(\lambda)$ le premier des coefficients qui ne s'annule pas, et soit enfin

$$\lambda - \lambda_1 = \varepsilon, \qquad \varphi(\lambda) = \varepsilon\varphi_1(\lambda),$$

ε désignant un infiniment petit, et $\varphi_1(\lambda)$ ne s'annulant pas pour $\lambda = \lambda_1$. L'équation (33), réduite à ses termes d'ordre moindre, s'écrira

$$\varepsilon\varphi_1(\lambda_1) + x^\alpha g(\lambda_1) = 0 ; \qquad (35)$$

en effet tous les termes négligés contiennent soit des puissances de x ou de ε supérieures à celles conservées, soit des produits de puissances moindres de x, par des termes qui contiennent ε en facteur. C'est cette équation qui fait connaître les points de rencontre de la courbe et de la sécante $y = (\lambda_1 + \varepsilon)\, x$, infiniment voisine de OT. Deux cas sont à distinguer : si α est impair, l'équation (35) fait connaître, pour toute valeur de ε, une seule valeur réelle de x, et cette valeur change de signe avec ε, c'est-à-dire lorsque la sécante passe d'un côté à l'autre de la tangente. Si, par exemple, $\varphi_1(\lambda_1)$ et $g(\lambda_1)$ sont de signes contraires, ε et x sont de mêmes signes, et l'on a la disposition de figure ci-dessous

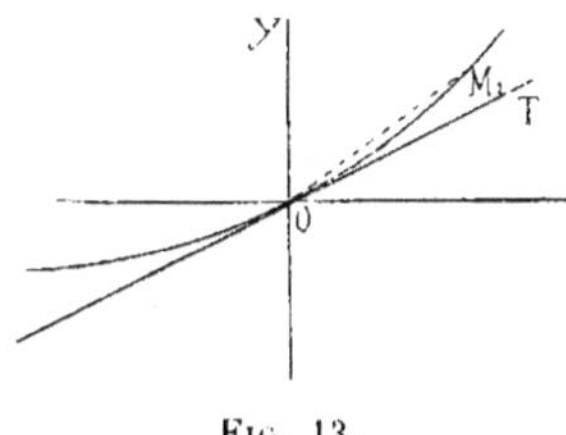

Fig. 13.

Si $\varphi_1(\lambda_1)$ et $g(\lambda_1)$ sont de mêmes signes, la courbe est au-dessous de sa tangente.

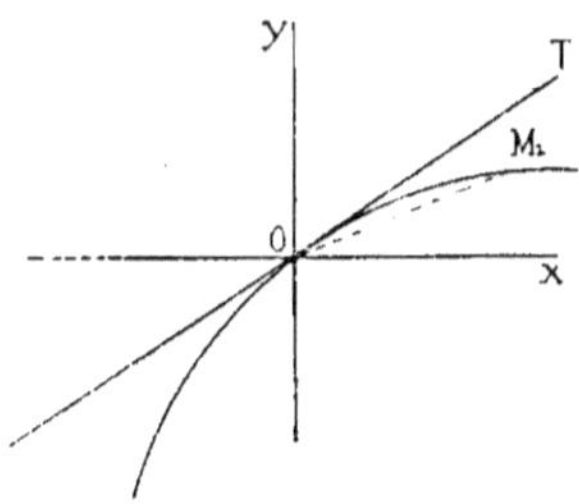

Fig. 14.

Soit maintenant α pair. Pour que l'équation (35) donne des racines réelles, il faut que $\varepsilon\varphi_1(\lambda_1)$ et $g(\lambda_1)$ soient de signes contraires, ce qui ne pourra arriver que pour un des deux signes possibles de ε. Si c'est pour ε positif, les sécantes qui, à droite de l'origine, sont au-dessus de la tangente, couperont la courbe en deux points situés de part et d'autre de l'origine, et la branche de courbe présentera la disposition suivante

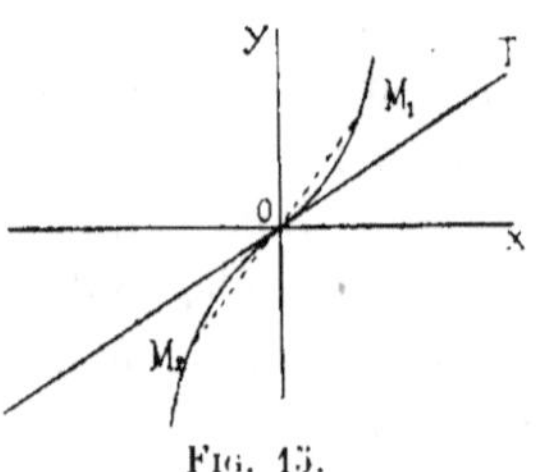

Fig. 15.

Si les deux valeurs réelles de x correspondent à ε négatif,
la branche de courbe se présente comme ci-dessous.

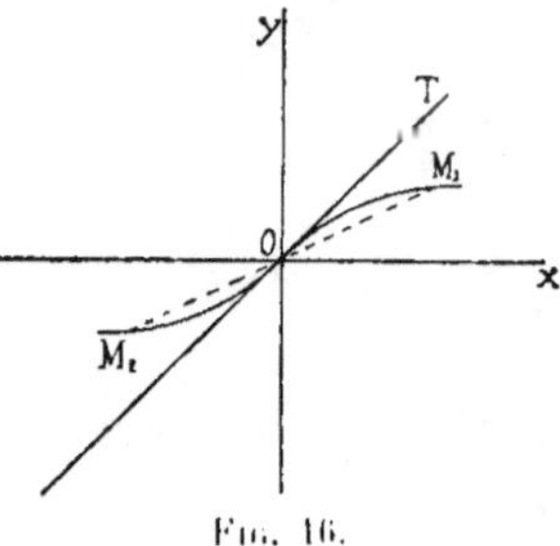

Fig. 16.

Lorsqu'on obtient cette disposition de figure et que la
branche de courbe M_1OM_2 est la seule réelle passant en O,
on dit que le point O est un *point d'inflexion*. La courbe
traverse sa tangente ; trois points d'intersections de la sécante
M_2OM_1 avec la courbe sont confondus en un seul O. Ce point
peut d'ailleurs être simple ou multiple.

312. 2° Soit maintenant λ_2 une racine *double* de l'équation (34). Nous poserons encore

$$\lambda = \lambda_2 + \varepsilon, \qquad \varphi(\lambda) = \varepsilon^2 \varphi_2(\lambda).$$

$\varphi_2(\lambda)$ n'étant pas divisible par $\lambda - \lambda_2 = \varepsilon$. Ici l'équation
qu'on obtient en prenant dans (33) les termes de degrés
moindres est un peu plus compliquée que (35), parce qu'on
ignore de quel ordre est x par rapport à ε ; il faut donc

conserver, outre les termes conservés dans (35), le terme de degré moindre qui contient ε multiplié par une puissance de x. L'équation aux valeurs principales des infiniment petits sera donc

$$\varepsilon^2 \varphi_2(\lambda_2) + x^\beta \varepsilon\, \pi(\lambda_2) + x^\alpha g(\lambda_2) = 0, \qquad (36)$$

et nécessairement l'on a

$$\beta < \alpha,$$

sans quoi le terme du milieu n'aurait pas été conservé.

Les termes de l'équation (36) sont infiniment grands, par rapport à ceux de l'équation (33) que nous avons négligés ; mais rien ne prouve qu'ils soient tous les trois d'un même ordre. Tout ce qu'on sait, c'est qu'il y en a au moins deux de l'ordre moindre, et que, s'il n'y en a que deux, le troisième est d'ordre supérieur et doit être négligé. D'où plusieurs essais à faire pour grouper ces trois termes ; la discussion conduit aux trois hypothèses suivantes :

Première hypothèse : $\alpha < 2\beta$. — Le seul groupement possible est celui où le premier et le dernier terme sont de même ordre (x de l'ordre $\dfrac{2}{\alpha}$ par rapport à ε) ; l'équation (36) se réduit à

$$\varepsilon^2 \varphi_2(\lambda_2) + x^\alpha g(\lambda_2) = 0,$$

d'où l'on tire pour x une valeur de la forme

$$x = (A\varepsilon^2)^{\frac{1}{\alpha}}.$$

Si α est pair et A négatif, il n'existe de valeurs réelles de x pour aucune valeur de ε, c'est-à-dire que, pour aucune sécante passant par O et voisine de la tangente de coefficient λ_2, il n'existe de point réel ; les α racines et les deux branches correspondantes sont imaginaires. Si α est pair et A positif, pour toute valeur de ε, x a deux valeurs réelles égales et de signe contraire, et la branche présente la disposi tion ci-dessous

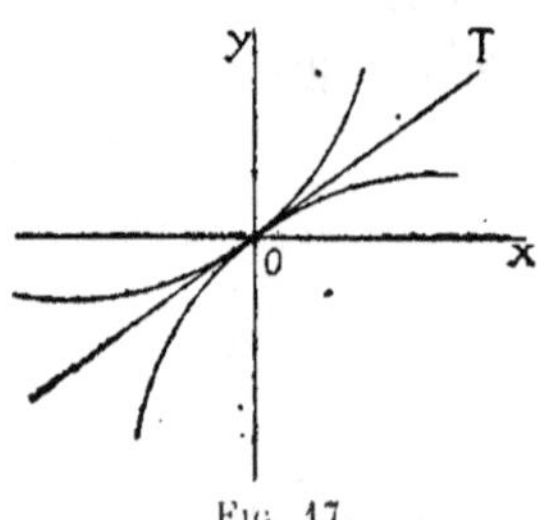

Fig. 17.

Si α est impair, quel que soit le signe de ε, on trouve une valeur réelle pour x, positive si A est positif, négative dans le cas contraire. C'est le cas du rebroussement de première espèce

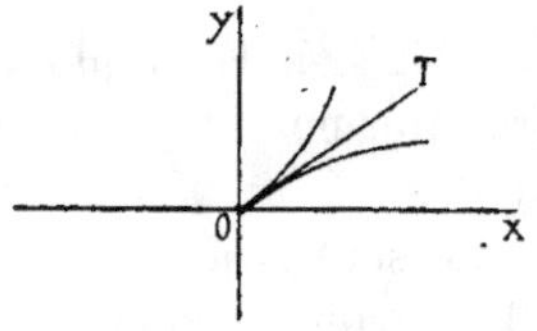

Fig. 18.

Deuxième hypothèse : $\alpha > 2\beta$. — Les deux groupements exclus dans l'hypothèse contraire deviennent ici les seuls possibles, savoir : premier et deuxième termes de même ordre ; l'équation (36) se réduit à

$$\varepsilon\varphi_2(\lambda_2) + x^\beta\pi(\lambda_2) = 0 ; \qquad (37)$$

deuxième et troisième termes de même ordre, l'équation se réduit à

$$\varepsilon\pi(\lambda_2) + x^{\alpha-\beta}\psi(\lambda_2) = 0 ; \qquad (38)$$

et chacune de ces équations étant analogue à l'équation (35) fournit une branche avec une des quatre dispositions dessinées figures 13 à 16. La juxtaposition des branches fournies par ces deux équations conduira à une des sept dispositions que voici

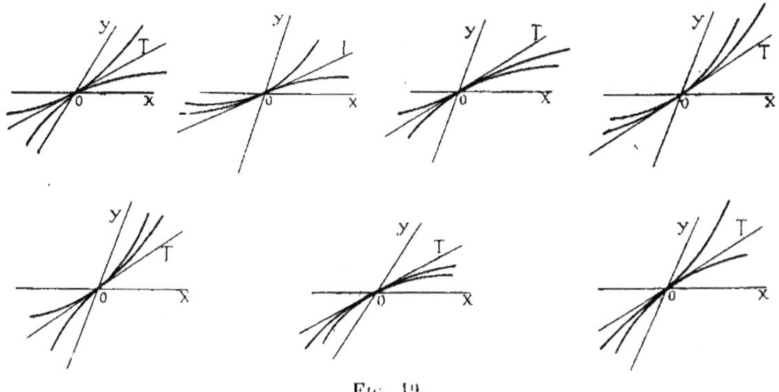

Fig. 19.

Troisième hypothèse : $\alpha = 2\beta$. — Les trois termes sont ici de même ordre, et l'équation (36) s'écrit en remplaçant α par 2β et divisant par ε^β

$$\varphi_2(\lambda_2) + \frac{x^\beta}{\varepsilon}\,\pi(\lambda_2) + \left(\frac{x^\beta}{\varepsilon}\right)^2 \psi(\lambda_2) = 0. \qquad (39)$$

Cette équation peut avoir ses racines soit imaginaires, auquel cas il n'existe aucune branche réelle tangente à OT, soit réelles et distinctes, auquel cas l'équation se décompose en deux de la forme $x^\beta = \varepsilon\mathrm{B}$, ce qui conduit, comme dans le cas précédent, à l'une des sept figures 19, soit enfin confondues.

Dans ce dernier cas, l'équation (39) peut s'écrire

$$\left(\frac{x^\beta}{\varepsilon} - c\right)^2 = 0, \qquad (40)$$

et il semble qu'il n'y ait plus qu'une seule branche réelle tangente à OT. Mais il importe de remarquer que, jusqu'à présent, nous n'avons considéré que les parties principales des infiniment petits ; or deux infiniment petits différents peuvent avoir la même partie principale. La question ne s'était pas posée jusqu'ici, parce que les infiniment petits s'étaient trouvés distingués par leurs parties principales et que nous avions trouvé dans chaque cas deux branches différentes correspondant à la racine λ_2. Ici, les infiniment petits ne sont pas séparés, et le nouveau problème qui se pose est de savoir s'il existe effectivement deux infiniment petits ayant la même partie principale fournie par l'équation (40). Pour cela, considérant toujours ε comme l'infiniment petit principal, nous poserons

$$x = x' + x'',$$

x' étant la partie principale donnée par l'équation (40) et $x_{\prime\prime}$ infiniment petit par rapport à x'. Portons cette valeur de x dans l'équation (33), où nous remplacerons aussi λ par $\lambda_2 + \varepsilon$; nous avons une nouvelle équation entre les infiniment petits x'' et ε, qu'on traitera comme l'équation (33). En général, les deux branches se sépareront dans le cours de cette nouvelle étude; mais, si l'on était acculé à la troisième hypothèse que nous venons d'étudier et au cas particulier où l'équation (39) a ses racines égales, il faudrait poser

$$x'' = x''' + \zeta,$$

x''' étant la valeur principale de x'', et ainsi de suite. Les deux infiniment petits finiront toujours par se séparer, à moins que la fonction donnée $f(x, y)$ ne contienne un facteur carré qui correspondrait à une courbe double faisant partie de la courbe étudiée.

Il ne faudrait pas s'empresser de conclure de la réalité de x' donnée par l'équation (40), à la réalité d'une branche correspondante pour toute valeur de ε; car il reste à trouver x'' et peut-être d'autres termes de cet infiniment petit

Soit, par exemple, la courbe

$$(y - x)^2 - 2(y - x)x^2 + x^4 - x^5 - y^6 = 0.$$

On est conduit en posant

$$y = 1 + \varepsilon\, x$$

à la première valeur approchée $x' = \varepsilon$. Soit ensuite

$$x = x' + x'';$$

on trouve

$$x''^2 = x'^3 = \varepsilon^3,$$

et l'on voit que ε doit être positif. On a donc deux valeurs pour x'', d'où résultent deux points sur toute sécante passant à l'origine au-dessus de la tangente. Les valeurs de x sont

$$x = \varepsilon \pm \sqrt{\varepsilon^3}$$

et sont positives toutes les deux. On a un rebroussement de seconde espèce.

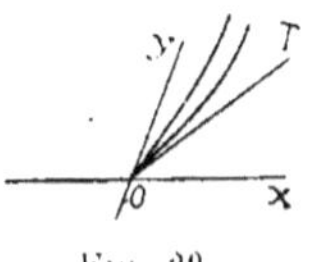

Fig. 20.

313. 3° Il faut maintenant considérer les racines *multiples* de l'équation (34), d'ordre de multiplicité supérieur au deuxième. La marche suivie jusqu'ici devient de plus en plus pénible, parce qu'au lieu d'une équation à trois termes, comme l'équation (36), on aura à grouper les termes d'une équation à $\mu + 1$ termes, si μ est le degré de multiplicité de la racine considérée. En pratique, cette équation sera, la plupart du temps, incomplète, et l'on pourra procéder comme précédemment; mais il importe d'avoir une règle générale pour le cas où le groupement des termes offrirait trop de difficultés. Cette règle, qui est due à Newton, est la suivante : soit λ' la racine multiple d'ordre μ de l'équation (34), on fait dans l'équation (33)

$$\lambda = \lambda' + \varepsilon :$$

soit encore

$$\varepsilon^\mu + A\varepsilon^{\mu-1}x + B\varepsilon^{\mu-2}x^3 + \ldots + K\varepsilon^{p}x^i + \ldots + Lx^j = 0 \quad (41)$$

l'équation contenant les termes principaux de l'équation (33), équation dans laquelle il s'agit de trouver les groupes de termes de l'ordre minimum d'infinitude. On trace dans le plan deux axes rectangulaires, et l'on marque dans ce plan les points qui ont pour coordonnées les deux exposants q et p de x et de z dans chaque terme. Comme ni $\lambda - \lambda'$, ni x, ne sont plus en facteur dans l'équation (33), l'équation (44) contiendra toujours un terme indépendant de x, et un autre de z, c'est-à-dire que, dans le tableau de points précédents, il y en aura toujours un au moins sur Oz et un autre sur Ox. Tous les autres sont, bien entendu, dans l'angle zOx.

Cela posé, concevons une droite mobile d'abord dirigée suivant Oz, et qui s'en détache de manière à pivoter autour de son point A, dans le sens trigonométrique. Arrêtons-la au moment où elle passe pour la première fois par un des points marqués; dans cette position, elle contient peut-être

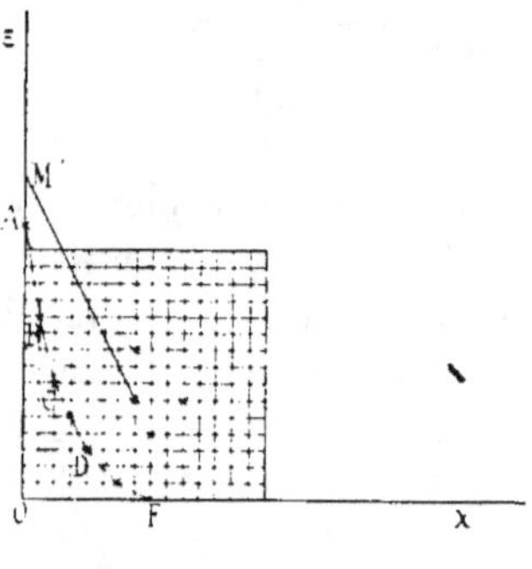

Fig. 21.

plusieurs de ces points : soit B le point le plus à droite. La droite AB laisse au-dessus d'elle tous les points qu'elle ne renferme pas. Faisons, de nouveau, pivoter la droite dans le même sens, mais cette fois autour de B, jusqu'à ce qu'elle rencontre un nouveau point; soit C le point le plus à droite parmi ceux qu'elle contient maintenant. Tous les points qui ne sont pas sur BC sont au dessus. Faisons, de nouveau, pivoter la droite autour de C, et ainsi de suite jusqu'à ce qu'elle passe par le point F sur Ox. Nous avons ainsi formé une ligne brisée ABCDEF, que nous appellerons *polygone de Newton*. Tous les points qui n'en font pas partie sont dans la région de l'angle zOx, qui ne contient pas l'origine.

Nous allons démontrer qu'*à chaque côté du polygone correspond un groupement acceptable de termes de l'équation (41), et qu'on aura ainsi tous les groupements; le coefficient angulaire d'un côté du polygone, changé de signe, est égal au degré d'infinitude de x, par rapport a z, dans le groupement considéré.*

Soit en effet m le degré d'infinitude de x par rapport à z, c'est-à-dire supposons que $\dfrac{x}{z^m}$ ait une limite finie M non nulle; un terme quelconque de l'équation (41), $Kz^p x^q$ sera de l'ordre $p + mq$ et, entre les termes de même ordre, on aura les égalités

$$p + mq = p_1 + mq_1 = p_2 + mq_2 = \ldots,$$

d'où l'on tire

$$m = \frac{p - p_1}{q_1 - q} = \frac{p - p_2}{q_2 - q} = \ldots,$$

Or $\dfrac{p - p_1}{q - q_1}$ est le coefficient angulaire de la droite qui joint le point p, q, au point p_1, q_1; donc tous les points représentatifs des termes d'un même ordre m seront sur une même droite de coefficient angulaire $-m$. De plus, si $-m$ est le coefficient angulaire d'un des côtés du polygone de Newton, tous les autres termes seront infiniment petits d'ordre supérieur. Soit en effet $Rz^s x^t$ un terme; il sera d'ordre $s + mt$, et la droite de coefficient angulaire $-m$ menée par ce point aura pour équation

$$z - s = -m(x - t),$$

elle coupe Oz au point M', dont l'ordonnée est

$$s + mt,$$

tandis que le côté du polygone qui a pour équation

$$\varepsilon - p = - m\,x - q$$

coupe l'axe $O\varepsilon$ en un point M ayant pour ordonnée

$$p + mq$$

et situé par construction au-dessous de M'. L'ordre $s + mt$, du terme $R\varepsilon^s x^t$, est donc plus grand que celui du terme $K\varepsilon^p x^q$. On voit en même temps que si, au contraire, on avait laissé des points au-dessous du polygone de Newton, il leur aurait correspondu des termes d'ordre inférieur à ceux conservés. Le théorème est donc démontré.

314. Il faut maintenant trouver la limite M du rapport $\dfrac{x}{\varepsilon^m}$ pour le groupement considéré, c'est-à-dire pour la valeur de m considérée. A chaque point q, p, situé sur le côté du polygone de coefficient angulaire $- m$, correspondra un terme dans l'équation : soit

$$K\varepsilon^p x^q + K_1\varepsilon^{p_1} x^{q_1} + \ldots + K_z\varepsilon^{p_z} x^{q_z}$$

l'ensemble de ces termes ; en y remplaçant x par $M\varepsilon^m$, l'équation (41) se réduit à

$$KM^q + K_1 M^{q_1} + \ldots + K_z M^{q_z} = 0, \qquad (42)$$

après suppression du facteur commun $\varepsilon^{p + mq}$. Dans l'équation (42), les exposants sont rangés en croissant ; on peut donc encore diviser par la quantité finie non nulle M^q, et l'on a enfin l'équation

$$K + K_1 M^{q_1-q} + \ldots + K_z M^{q_z-q} = 0, \qquad (43)$$

qui donnera, pour M, $q_z - q$ valeurs, en général distinctes, à chacune desquelles correspondra une branche réelle ou imaginaire tangente à la droite ayant pour coefficient angulaire λ'.

Remarquons que $q_2 - q$ est précisément la projection sur Oz, du côté considéré du polygone de Newton ; l'ensemble des équations analogues à l'équation (43) fera donc connaître, en appelant λ, λ_1, ..., q_2, q, ..., ν, les abscisses des différents sommets du polygone.

$$\lambda - \lambda_1 + \lambda_1 - \lambda_2 + \ldots + q_2 - q + \ldots + \nu = 0,$$

c'est-à-dire λ valeurs de x pour la valeur donnée de z. On verrait de même qu'à une valeur donnée de x correspondent μ valeurs de z, c'est-à-dire qu'il correspond μ branches à la racine multiple d'ordre μ. Chacune de ces branches peut toucher la tangente en plusieurs points confondus.

Ce qui précède suppose que l'équation (43) ait toutes ses racines distinctes. S'il n'en est pas ainsi, on opérera comme au n° 312 sur l'équation (40) : on posera

$$x = x' + x'',$$

x'' étant infiniment petit par rapport à la valeur principale $x' = Mz^m$, qui vient d'être calculée. On substituera cette valeur de x dans l'équation (33) où λ aura été remplacé par $\lambda' + z$, et, pour le calcul de x'', on sera ramené à un calcul analogue à celui qui vient d'être effectué.

On réussira donc toujours à séparer les valeurs infiniment petites, si l'équation ne renferme pas un facteur multiple.

315. Jusqu'à présent nous avons supposé que l'équation (34)

$$\varphi(\lambda) = 0$$

n'avait pas de racines infinies, c'est-à-dire qu'elle était d'un degré égal à l'ordre de multiplicité du point O, ou encore que la courbe n'avait pas de branche tangente à Oy. Si cet accident se produisait, on lèverait la difficulté par le procédé toujours employé, dans ce cas, en géométrie analytique, qui consiste à remplacer l'équation

$$y = \lambda x$$

soit par l'équation

$$x = \nu y,$$

soit de préférence par les équations

$$\frac{x}{\lambda} = \frac{y}{\mu} = \rho,$$

qui permettent dans tous les cas d'obtenir une équation en ρ d'un degré égal à l'ordre de multiplicité du point.

316. Dans ce qui précède, nous n'avons pas distingué le réel de l'imaginaire, et nous avons donné le moyen de séparer dans tous les cas les racines infiniment petites d'une équation.

Mais il est clair que les racines réelles seules donnent des branches de courbe.

317. Exemple. — Soit la courbe [1]

$$x(x^2 - y^2)^2 + 4xy(x - y)^2 - 4y(2y - 3x) = 0.$$

1° *Disposition à l'origine.* — Les termes du plus faible degré sont $-4y(2y - 3x)$, d'où deux tangentes : l'axe des x $(y = 0)$ et la droite OA, représentée par $(2y - 3x = 0)$. Pour voir comment la courbe se comporte dans le voisinage de Ox, coupons par

$$y = \varepsilon x.$$

En égalant à zéro les termes infiniment petits de l'ordre moindre, nous obtenons l'équation

$$x^3 + 12\varepsilon = 0;$$

d'où la disposition indiquée par la figure 22.

---

[1] L'étude de cette courbe a été proposée au concours d'admission à l'École normale en 1888.

Tangente OA. — Nous poserons $y = \left(\dfrac{3}{2} + \varepsilon\right) x$. Les termes infiniment petits à conserver sont ici

$$\frac{3x^3}{2} - 12\varepsilon = 0,$$

d'où la disposition représentée par la figure 23.

2° *Branches infinies.* — Les termes du plus haut degré étant $x\,(x^2 - y^2)^2$, nous trouvons, comme directions asymptotiques l'axe des y, qui est direction simple, et les bissectrices OF et OG, qui sont directions doubles.

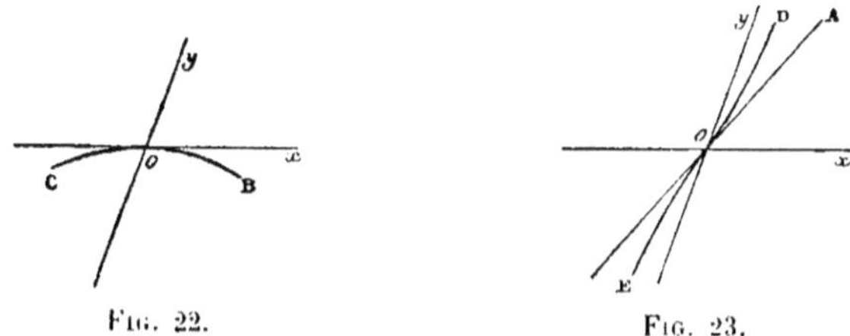

Fig. 22.   Fig. 23.

Direction asymptotique Oy. — Soit x infiniment petit ; comme y est infiniment grand. nous poserons $y = \dfrac{1}{y'}$ et y' sera infiniment petit. L'équation entre x et y' devient, en se bornant aux termes d'ordre moindre :

$$x - 8y'^2 = 0.$$

x doit être positif, et il lui correspond deux valeurs pour y', d'où deux valeurs infiniment grandes pour y. On a donc la disposition de la figure 25.

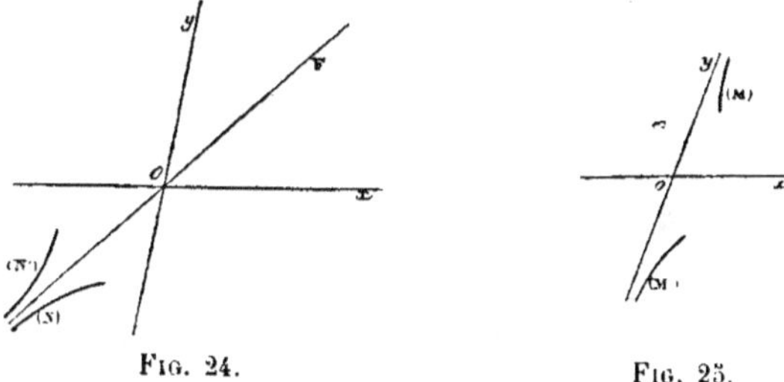

Fig. 24.   Fig. 25.

Direction de la première bissectrice OF. — Posons $y = x + \varepsilon$, ε doit être infiniment petit pour que x soit infiniment grand ; donc OF sera l'asymptote elle-même, et nous poserons

$$x = \frac{1}{x'},$$

x' étant infiniment petit : l'équation réduite entre x' et ε sera

$$\varepsilon^2 + x' = 0.$$

Donc x' est négatif, quelle que soit la valeur de ε, et l'on a la disposition représentée figure 24.

Direction de la deuxième bissectrice OG. — Après avoir constaté que l'asymptote correspondante est rejetée à l'infini, posons

$$y = -x + \frac{1}{\lambda},$$

λ étant un infiniment petit.

Le faisceau des droites qui vont de l'origine aux points de rencontre de la courbe avec la droite (A) a pour équation, après suppression du facteur $x + y$,

$$x(x + y)(x - y)^2 + 4xy\lambda(x - y)^2 - 4y(2y - 3x)\lambda^3(x + y)^2 = 0.$$

Une ou plusieurs de ces droites sont très peu inclinées sur la bissectrice ; posons donc

$$y = (-1 + \varepsilon)x.$$

L'équation, réduite à ses termes d'ordre moindre, devient

$$4\varepsilon - 8\lambda = 0.$$

Donc λ et ε sont de même signe : la droite OP, qui correspond à ε positif, rencontre la courbe sur une droite parallèle à la direction asymptotique qui a une ordonnée à l'origine $\frac{1}{\lambda}$, infiniment grande et positive. La droite OP', qui correspond à z négatif, rencontre la courbe à l'infini au-dessous de la bissectrice. D'où la disposition indiquée (*fig.* 26) (branche parabolique).

La courbe, représentée par la figure 27, s'achèvera aisément au moyen des quelques remarques suivantes : les axes, ni leurs bissectrices ne rencontrent la courbe en des points réels à distance finie : la droite OA rencontre la courbe au point dont l'abscisse est $x = -\dfrac{24}{25}$. Les branches de courbe ne peuvent donc, sauf la branche OE, sortir de l'angle où nous les avons amorcées. Nous représentons, en pointillé, les parties de courbe qui raccordent de la manière la plus simple celles qui sont déjà trouvées.

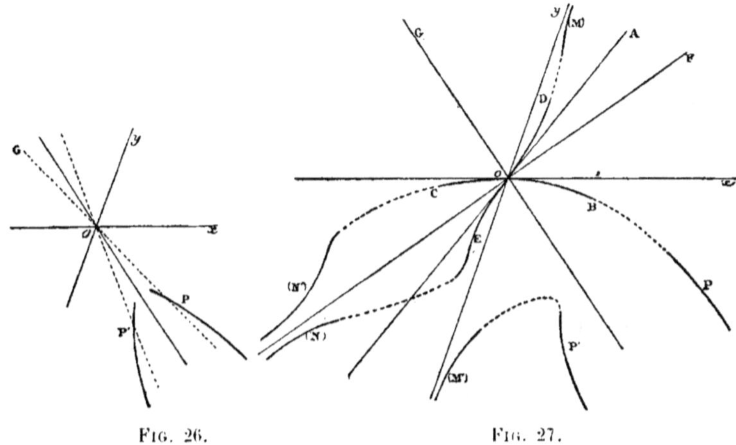

Fig. 26.   Fig. 27.

On peut d'ailleurs étudier complètement cette courbe en la coupant par des droites pivotant autour de l'origine ; mais cette discussion sortirait du cadre que nous nous sommes tracé.

Représentation parabolique de la courbe à l'origine

318. Toute l'étude que nous venons de faire des courbes dans le voisinage d'un point singulier est fondée sur ce théorème, que les valeurs de y peuvent, dans ce voisinage, être développées en séries ordonnées suivant les puissances ascendantes et positives de x. Il importe de donner les premiers termes de ces séries. Pour cela, remarquons que nous avons posé

$$y = \lambda_i + \varepsilon \, x \qquad (44)$$

λ_i étant une racine de l'équation (34), et que tout l'esprit de la méthode a consisté à trouver la limite du rapport $\dfrac{x}{\varepsilon^m} = \mathrm{M}$. On tire de là

$$\varepsilon = \left(\frac{x}{\mathrm{M}}\right)^{\frac{1}{m}}.$$

$$y = \lambda_i x + \frac{1}{\mathrm{M}^{\frac{1}{m}}} x^{1+\frac{1}{m}}, \qquad (45)$$

et c'est la solution du problème, lorsque les diverses valeurs de $y - \lambda_i x$ n'ont pas la même valeur principale. Dans le cas contraire, on pourra poser

$$\varepsilon = \varepsilon' + \varepsilon'',$$

ε' étant la valeur principale qui vient d'être calculée, et ε'' une nouvelle inconnue qui se déterminera en fonction de l'infiniment petit x, comme précédemment. En répétant cette opération autant de fois qu'il sera nécessaire, et substituant ε dans (44), on obtient finalement la valeur de y sous la forme

$$y = \lambda_i x + \mathrm{K}x^{\alpha} + \mathrm{L}x^{\beta} + \dots \qquad (46)$$

les exposants α, β, ..., étant positifs et croissants.

Ce calcul peut être traduit par l'énoncé géométrique suivant : « Dans le voisinage d'un point singulier, chaque branche de courbe peut être remplacée par un arc de parabole facile à construire ; l'équation de cet arc de parabole est l'équation (46). »

319. Ainsi, dans l'exemple du n° 312 *bis*, on trouve comme valeur principale de ε

$$\varepsilon' = x,$$

posant alors, parce que les deux branches ne sont pas encore séparées,

$$y = x + x^2 + \varepsilon'' x,$$

on trouve

$$\varepsilon'' = \pm x^{\frac{3}{2}},$$

d'où enfin les deux branches représentées par l'équation

$$y = x + x^2 \pm x^2 \sqrt{x}.$$

320. Enfin, dans l'exemple du n° 317, on a trouvé, pour la branche tangente à Ox,

$$\varepsilon = -\frac{x^3}{12},$$

et la parabole auxiliaire a pour équation

$$y = -\frac{x^4}{12}$$

Pour la branche tangente à la droite

$$y = \frac{3}{2} x,$$

on a posé

$$y = \left(\frac{3}{2} + \varepsilon\right) x,$$

d'où

$$\varepsilon = \frac{x^3}{8},$$

ce qui donne la parabole

$$y = \frac{3x}{2} + \frac{x^3}{8}.$$

Arc, tangente, asymptote et normale
en coordonnées polaires

321. Arc. — Pour obtenir la différentielle de l'arc en coordonnées polaires, il suffit de poser

$$x = \rho \cos \omega,$$
$$y = \rho \sin \omega,$$

d'où

$$dx = \cos \omega \, d\rho - \rho \sin \omega \, d\omega,$$
$$dy = \sin \omega \, d\rho + \rho \cos \omega \, d\omega.$$

Faisant la somme des carrés et ajoutant, on trouve

$$ds^2 = d\rho^2 + \rho^2 d\omega^2. \tag{47}$$

322. Tangente. — L'équation d'une droite en coordonnées polaires est

$$\frac{1}{\rho} = A \sin \omega + B \cos \omega. \tag{48}$$

Exprimons que cette droite passe par les deux points de la courbe infiniment voisins, qui ont pour coordonnées r, α et $r + dr$, $\alpha + d\alpha$; nous avons les conditions

$$\frac{1}{r} = A \sin \alpha + B \cos \alpha. \tag{49}$$

$$\frac{1}{r + dr} = A \sin(\alpha + d\alpha) + B \cos(\alpha + d\alpha),$$

dont la dernière peut être remplacée par celle qu'on en déduit en en retranchant l'équation (49), et divisant par $d\alpha$,

$$\frac{\frac{1}{r + dr} - \frac{1}{r}}{d\alpha} = A \frac{\sin(\alpha + d\alpha) - \sin \alpha}{d\alpha} + B \frac{\cos(\alpha + d\alpha) - \cos \alpha}{d\alpha},$$

ou encore

$$\frac{d\left(\dfrac{1}{r}\right)}{d\alpha} = A\cos\alpha - B\sin\alpha. \qquad (50)$$

Éliminant A et B entre (48), (49) et (50), nous obtenons l'équation de la tangente au point r, α :

$$\begin{vmatrix} \dfrac{1}{\rho} & \sin\omega & \cos\omega \\[1.5em] \dfrac{1}{r} & \sin\alpha & \cos\alpha \\[1.5em] \left(\dfrac{1}{r}\right)' & \cos\alpha & -\sin\alpha \end{vmatrix} = 0,$$

ou en développant

$$\frac{1}{\rho} = \frac{1}{r}\cos(\omega - \alpha) + \left(\frac{1}{r}\right)'\sin(\omega - \alpha). \qquad (51)$$

On déduit de là la sous-tangente en faisant $\omega = \alpha + \dfrac{\pi}{2}$, d'où

$$\frac{1}{\text{sous-tang}} = \left(\frac{1}{r}\right)'.$$

En faisant $\rho = \infty$, on aura la valeur ω_1 de ω, qui définit la direction de la tangente

$$\operatorname{tang}(\omega_1 - \alpha) = -\frac{\dfrac{1}{r}}{\left(\dfrac{1}{r}\right)'} = \frac{r'}{r}.$$

Appelons V l'angle de la tangente et du rayon vecteur mené au point de contact ; nous aurons

$$V = \omega_1 - \alpha,$$

d'où

$$\operatorname{tang} V = \frac{r}{r'}. \qquad (52)$$

323. Soit, par exemple, la *spirale logarithmique*, qui a pour équation

$$\rho = e^{m\omega}.$$

La formule (52) donne

$$\text{tang } V = \frac{1}{m}.$$

Donc la spirale logarithmique coupe tous les rayons vecteurs issus du pôle sous un angle constant.

324. Asymptote. — Soit α l'angle polaire qui définit une direction asymptotique, c'est-à-dire l'angle fait avec l'axe polaire Ox, par le rayon vecteur qui joint le pôle O au point rejeté à l'infini. L'asymptote correspondante peut être considérée comme une tangente dont le point de contact est rejeté à l'infini ; l'équation (51) donnera donc immédiatement, en y faisant $\frac{1}{r} = o$, l'équation de l'asymptote

$$\frac{1}{\rho} = \left(\frac{1}{r}\right)'_{\alpha} \sin(\omega - \alpha). \tag{52}$$

Mais nous avons vu qu'il n'est pas toujours permis de considérer l'asymptote comme limite des positions d'une tangente. Revenons donc à la définition de l'asymptote.

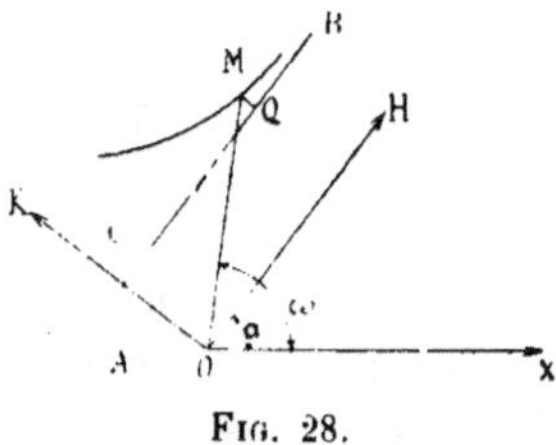

Fig. 28.

Soit toujours α l'angle polaire définissant la parallèle OH, menée par le pôle à l'asymptote AB. Par définition, la distance MQ, du point M à AB, doit tendre vers zéro. Menons par O une droite qui fasse avec Ox l'angle $\alpha + \frac{\pi}{2}$; cette droite coupe l'asymptote en un point C, qu'il suffit de connaître, et que nous définirons par le segment dirigé $\overrightarrow{OC} = d$. Puisque MQ tend vers zéro, d sera la limite de la projection du rayon vecteur $\overrightarrow{OM}$ ou ρ sur OK, c'est-à-dire qu'on aura

$$d = \lim \rho \cos\left(\alpha + \frac{\pi}{2} - \omega\right),$$

ou

$$d = \lim \rho \sin(\omega - \alpha), \qquad (53)$$

et pour équation de l'asymptote

$$\frac{1}{\rho} = \frac{1}{d} \sin(\omega - \alpha).$$

325. Il est intéressant de montrer que les formules (52) et (53) conduisent bien au même résultat, en général. En effet, remarquons que si, dans la formule (52), nous faisons $\omega = \alpha + \frac{\pi}{2}$, nous obtenons la valeur de d, c'est l'inverse de $\left(\frac{1}{r}\right)'_\alpha$; tout revient donc à démontrer que

$$\lim \rho \sin(\omega - \alpha) = \frac{1}{\left(\dfrac{1}{r}\right)'_\alpha}.$$

Or on peut écrire, puisque $\dfrac{1}{r} = 0$,

$$\rho \sin(\omega - \alpha) = \frac{\sin(\omega - \alpha)}{\dfrac{1}{\rho}} = \frac{\dfrac{\sin(\omega - \alpha)}{\omega - \alpha}}{\dfrac{\dfrac{1}{\rho} - \dfrac{1}{r}}{\omega - \alpha}}.$$

et la limite du second membre est bien $\left(\dfrac{1}{r}\right)'_\alpha$. La seule condition pour que cette démonstration soit acceptable est que $\left(\dfrac{1}{\rho}\right)'$ ait une limite bien déterminée lorsque ω tend vers α, c'est-à-dire que la tangente ait une position limite. C'est la condition déjà trouvée (n° 302).

326. On pourrait se demander ici ce qu'il advient lorsque l'équation de la courbe

$$F(\rho, \omega) = 0,$$

dont la différentiation est nécessaire pour obtenir la dérivée $\dfrac{d\rho}{d\omega}$, donne pour cette dérivée une expression indéterminée.

Mais cette étude, peut-être intéressante comme exercice de géométrie, ne révélerait pas d'autres faits analytiques que ceux auxquels nous a conduits l'étude d'une courbe autour d'un point singulier en coordonnées rectilignes. Il n'y a donc pas lieu d'insister.

327. NORMALE. — L'équation de la normale s'obtient en cherchant la droite passant par le point r, α, et qui est perpendiculaire à la tangente. On trouve aisément

$$\frac{1}{\rho} = \frac{1}{r} \cos(\omega - \alpha) + \frac{1}{r'} \sin(\omega - \alpha).$$

Pour avoir la *sous-normale*, on fera $\omega = \alpha + \dfrac{\pi}{2}$, ce qui donne

$$\rho = r'.$$

Ainsi, dans la *spirale d'Archimède*,

$$\rho = a\omega,$$

la sous-normale est constante.

Coordonnées tangentielles

328. La remarque du n° 326 s'applique textuellement à l'équation tangentielle

$$\varphi(u, v) = 0.$$

La différentiation de cette équation, qu'amènera nécessairement l'interprétation géométrique, conduira à des distinctions dans les propriétés de la courbe représentative; mais les faits analytiques concernant la fonction $\varphi(u, v)$ ne seront pas nouveaux. — Je montrerai seulement, par un exemple, combien les mêmes faits analytiques peuvent donner lieu à des interprétations géométriques différentes. En coordonnées cartésiennes, le fait qu'un système de valeurs x_0, y_0 annule simultanément la fonction $f(x, y)$, ainsi que ses dérivées partielles jusqu'à l'ordre p exclusivement, s'est traduit par le langage suivant : En un point singulier, la courbe a p tangentes distinctes ou confondues, distinctes ou imaginaires. En coordonnées tangentielles, si u_0, v_0 annulent simultanément la fonction $\varphi(u, v)$ et ses dérivées jusqu'à l'ordre p exclusivement, voici, en admettant que les droites de coordonnées u, v soient les tangentes d'une courbe, quelle sera l'interprétation géométrique : toute tangente singulière est touchée par la courbe en p points distincts ou confondus. réels ou imaginaires. Ainsi, tandis qu'un point d'inflexion n'est pas, au point de vue cartésien, un point singulier, la tangente au point d'inflexion, en coordonnées tangentielles, est une tangente singulière. Au contraire, si le point de rebroussement de première espèce est, en coordonnées cartésiennes, un point singulier, la tangente de ce point, en coordonnées tangentielles, est, en général, une tangente ordinaire.

329. D'ailleurs on verra, dans le chapitre suivant (n° 361), que l'équation tangentielle d'une courbe n'est pas autre chose que l'équation ponctuelle d'une courbe intimement associée à la première et que les propriétés de l'une se déduisent aisément des propriétés de l'autre; en particulier, les faits à apparence un peu paradoxale que nous venons d'énoncer se trouveront expliqués.

CHAPITRE XVII

COURBES PLANES (suite) : CONTACT, ENVELOPPES OSCULATION, COURBURE

Définitions

330. On dit que deux courbes ont en un point un *contact du n^{me} ordre* si elles ont, outre ce point, n autres points communs infiniment voisins du premier.

331. Une courbe d'ordre m est dite *osculatrice* en un point à une courbe d'ordre p $(p > m)$, lorsqu'elle a avec cette courbe un contact de l'ordre le plus grand possible compatible avec le nombre d'arbitraires que son équation renferme.

Ainsi une tangente doit être considérée comme osculatrice à la courbe en un point ordinaire, parce que deux points (infiniment voisins, ici) suffisent à déterminer une droite. Il peut d'ailleurs arriver que le contact de la tangente et de la courbe, au point simple, soit d'ordre supérieur au second : c'est ce qui arrive aux *points d'inflexion*.

Pour déterminer un cercle, il faut trois points : donc, en un point d'une courbe, il y a toujours un cercle osculateur. Ce cercle a avec la courbe un contact du second ordre. Exceptionnellement ce contact peut être d'ordre plus élevé ; ainsi, au sommet A d'une ellipse, un cercle tangent en A, qui passe par un point B infiniment voisin de A sur l'ellipse, passera aussi par le symétrique B' de B par rapport à l'axe ;

il aura donc avec l'ellipse quatre points communs, deux en A, plus B et B'; le contact sera du troisième ordre.

Par contre, s'il y a inflexion, le cercle osculateur dégénère en ligne droite. La parabole osculatrice, en un point d'une courbe, sera déterminée par quatre points infiniment voisins, c'est-à-dire aura avec la courbe un contact du troisième ordre; l'ellipse osculatrice présentera un contact du quatrième ordre, et ainsi de suite.

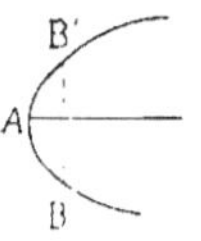

Fig. 29.

332. L'objet du chapitre actuel est de chercher les conditions analytiques de contact et d'osculation et d'étudier quelques questions se rattachant à ce problème.

Conditions de contact

333. Soit une courbe C

$$f(x, y) = 0,\qquad(1)$$

et une seconde courbe C' dont nous supposerons les coordonnées exprimées en fonction d'un paramètre t

$$\begin{aligned}x &= \varphi(t)\\ y &= \psi(t)\end{aligned}\qquad(2)$$

Nous allons exprimer que les $n+1$ points qui correspondent aux valeurs du paramètre

$$t_0,\ t_0 + \Delta_1 t_0,\qquad t_0 + \Delta_2 t_0,\qquad \ldots,\qquad t_0 + \Delta_n t_0,$$

sont sur la courbe C. Posons

$$F(t) = f\left[\varphi(t),\ \psi(t)\right],$$

les conditions seront

$$F(t_0) = 0$$

$$F(t_0 + \Delta_1 t_0) = F(t_0) + \Delta_1 t_0 F'(t_0) + \ldots + \frac{\Delta_1 t_0{}^n}{1.2.3\ldots n} F^{(n)}(t_0) + \ldots = 0,$$

$$F(t_0 + \Delta_2 t_0) = F(t_0) + \Delta_2 t_0 F'(t_0) + \ldots + \frac{\Delta_2 t_0{}^n}{1.2.3\ldots n} F^{(n)}(t_0) + \ldots = 0,$$

$$\ldots \ldots \ldots \ldots \ldots$$

$$F(t_0 + \Delta_n t_0) = F(t_0) + \Delta_n t_0 F'(t_0) + \ldots + \frac{\Delta_n t_0{}^n}{1.2.3\ldots n} F^{(n)}(t_0) + \ldots = 0.$$

Retranchons la première équation des suivantes et divisons-les respectivement par $\Delta_1 t_0$, $\Delta_2 t_0$, ... : puis faisons tendre, dans la seconde, $\Delta_1 t_0$ vers zéro, de manière qu'elle se réduise à

$$F'(t_0) = 0 ;$$

retranchons alors $F'(t_0)$ des $n - 2$ équations restantes, et divisons-les respectivement par $\dfrac{\Delta_2 t_0}{2}$, $\dfrac{\Delta_3 t_0}{2}$, ... : puis faisons tendre $\Delta_2 t_0$ vers zéro de manière à réduire la première de ces équations à

$$F''(t_0) = 0 :$$

répétons cette opération jusqu'à épuisement des $n + 1$ équations ; nous aurons finalement les conditions cherchées

$$F(t_0) = 0, \quad F'(t_0) = 0, \quad F''(t_0) = 0, \quad ..., \quad F^{(n)}(t_0) = 0. \quad (3)$$

334. Si maintenant la courbe C et la courbe C' sont données par des équations telles que

$$y = f(x), \qquad (4)$$
$$y = f_1(x). \qquad (5)$$

En remplaçant la seconde par

$$x = t,$$
$$y = f_1(t),$$

on rentrera dans le cas précédent. Ici l'on aura

$$\varphi(t) = f_1(t) - f(t),$$

et par conséquent les conditions cherchées seront

$$\left. \begin{array}{l} f(x_0) = f_1(x_0) \\ f'(x_0) = f_1'(x_0) \\ f''(x_0) = f_1''(x_0) \\ \cdot \cdot \cdot \cdot \cdot \cdot \cdot \cdot \\ f^{(n)}(x_0) = f_1^{(n)}(x_0) \end{array} \right\}, \qquad (5)$$

335. Enfin si les deux courbes sont données par les équations

$$f(x, y) = 0 \quad , \\ f_1(x, Y) = 0 \quad , \tag{6}$$

il faudra d'abord quele point $(x_0, y_0 = Y_0)$ satisfasse aux conditions

$$f(x_0, y_0) = 0, \qquad f_1(x_0, Y_0) = 0 ;$$

il faudra ensuite, en considérant x comme la variable indépendante, exprimer que

$$y'_0 = Y'_0 \\ y''_0 = Y''_0 \\ \cdots \cdots \cdots \\ y_0^{(n)} = Y_0^{(n)}.$$

Or on a, en différentiant les équations (6) n fois,

$$\frac{\partial f}{\partial x} + y' \frac{\partial f}{\partial y} = 0, \qquad \frac{\partial f_1}{\partial x} + Y' \frac{\partial f_1}{\partial Y} = 0,$$

$$\frac{\partial^2 f}{\partial x^2} + 2y' \frac{\partial^2 f}{\partial x \partial y} + y'^2 \frac{\partial^2 f}{\partial y^2} + y'' \frac{\partial f}{\partial y} = 0,$$

$$\frac{\partial^2 f_1}{\partial x^2} + 2Y' \frac{\partial^2 f_1}{\partial x \partial Y} + Y'^2 \frac{\partial^2 f_1}{\partial Y^2} Y'' + \frac{\partial f_1}{\partial Y} = 0.$$

$$\cdots \cdots \cdots \cdots \cdots \cdots \cdots$$

Entre les deux premières, on pourra éliminer y'_0, qui est égale à Y'_0 ; y' étant donnée par une de ces deux équations, on portera sa valeur dans les deux suivantes, et l'on éliminera entre ces deux équations $y''_0 = Y''_0$. De proche en proche, on obtiendra les conditions cherchées

$$\frac{\partial f_1}{\partial x_0} \frac{\partial f}{\partial y_0} - \frac{\partial f}{\partial x_0} \frac{\partial f_1}{\partial y_0} = 0.$$

$$\cdots \cdots \cdots \cdots \cdots \cdots \\ \cdots \cdots \cdots \cdots \cdots \cdots$$

REMARQUE. — Tout ce qui précède suppose les dérivées non toutes nulles, c'est-à-dire le point simple sur chacune des courbes.

336. Théorème. — *Si deux courbes ont un contact d'ordre n en un point ordinaire* M, *on peut trouver deux points* N, N_1, *infiniment voisins de* M, *pris l'un sur la première courbe, l'autre sur la deuxième, et tels que leur distance soit d'ordre $n+1$ au moins par rapport à* MN.

Soient en effet

$$y = f(x), \qquad \text{(C)}$$
$$y = f_1(x), \qquad \text{(C}_1)$$

les équations des deux courbes; x_0, y_0, les coordonnées du point M de contact; x, y, celles d'un point N de (C), x_1, y_1, celles d'un point N_1 de (C_1). On peut toujours supposer les axes choisis de manière que l'axe des y fasse un angle fini avec la tangente commune en M. Alors la distance MN se projette suivant un infiniment petit $x - x_0$, de même ordre que MN. Nous choisirons N_1, tel que

$$x = x_1.$$

La distance NN_1 sera ainsi égale au module de $y - y_1$, c'est-à-dire à

$$\left| f(x) - f_1(x_1) \right|.$$

Or on a, par la formule de Taylor,

$$f(x) = f(x_0) + (x - x_0) f'(x_0) + \ldots + \frac{(x - x_0)^n}{1 \cdot 2 \ldots n} f^{(n)}(x_0)$$
$$+ \frac{(x - x_0)^{n+1}}{1 \cdot 2 \ldots (n+1)} f^{(n+1)}(x_0) + \ldots \quad (7)$$

$$f_1(x_1) = f_1(x_0) + (x_1 - x_0) f_1'(x_0) + \ldots + \frac{(x_1 - x_0)^n}{1 \cdot 2 \ldots n} f_1^{(n)}(x_0)$$
$$+ \frac{(x_1 - x_0)^{n+1}}{1 \cdot 2 \ldots (n+1)} f_1^{(n+1)}(x_0) + \ldots \quad (8)$$

Comme

$$x = x_1$$

et que les conditions de contact sont

$$f(x_0) = f_1(x_0),$$
$$f'(x_0) = f'_1(x_0),$$
$$\cdots \cdots \cdots \cdots$$
$$f^{(n)}(x_0) = f_1^{(n)}(x_0),$$
$$f^{(n+1)}(x_0) \neq f_1^{(n+1)}(x_0),$$

la soustraction des équations (7) et (8) donnera

$$f(x) - f_1(x) = \frac{(x - x_0)^{n+1}}{1 \cdot 2 \cdot 3 \ldots n + 1} [f^{(n+1)}(x_0) - f_1^{(n+1)}(x_0)] + \ldots,$$

ce qui démontre le théorème.

Il faut remarquer que le second membre change de signe avec $x - x_0$, si n est pair. Donc les courbes se traversent au point M si leur contact est d'ordre pair, et ne se traversent pas dans le cas contraire.

337. Réciproquement, *si l'on peut trouver sur deux courbes, qui ont un point commun ordinaire* M, *deux points* N *et* N_1, *infiniment voisins de* M, *et tels que leur distance* NN_1 *soit d'ordre* $n + 1$, *par rapport à* MN, *les deux courbes ont un contact d'ordre* n. Pour le démontrer, on prendra l'axe des y parallèle à NN_1; on supposera les équations des courbes sous la forme (4) et (5), et il restera à exprimer que $f(x) - f_1(x)$, c'est-à-dire à cause de (7) et (8),

$$f(x_0) - f_1(x_0) + (x - x_0) [f'(x_0) - f'_1(x_0)] + \ldots$$
$$+ \frac{(x - x_0)^n}{1 \cdot 2 \ldots n} [f^{(n)}(x_0) - f_1^{(n)}(x_0)] + \ldots$$

est du $(n + 1)^{\text{me}}$ ordre par rapport à $x - x_0$, ce qui exige que

$$f(x_0) = f_1(x_0),$$
$$f'(x_0) = f'_1(x_0),$$
$$\cdots \cdots \cdots \cdots$$
$$f^{(n)}(x_0) = f_1^{(n)}(x_0).$$

Ce sont bien les conditions nécessaires et suffisantes pour qu'il y ait contact du n^{me} ordre.

338. Par exemple, la distance d'un point M' d'une courbe à la tangente au point M infiniment voisin est infiniment petite du second ordre, si l'on prend comme infiniment petit principal **la distance des deux points de la courbe.**

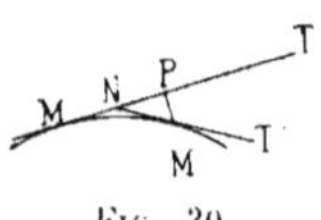

Fig. 30.

On peut voir géométriquement que cette distance est, en tout cas, d'ordre supérieur au premier. En effet, soit M'P la perpendiculaire abaissée de M', sur la tangente; dans le triangle MM'P, on a

$$M'P = MM' \sin \widehat{M'MP},$$

et comme le sinus est infiniment petit, le théorème est démontré.

Soit N le point d'intersection de MT et de M'T'. Les deux angles en M et M' du triangle NMM' sont en général de même ordre, ainsi que l'angle TNT', qui est égal à leur somme. On verra bientôt que ce dernier angle est généralement du premier ordre; il en est de même de TMM', et M'P est du second ordre.

339. Il est essentiel d'insister sur ce que le point doit être ordinaire sur chacune des courbes. Ainsi, dans le voisinage de l'origine, pour la courbe

$$y^2 = x^3,$$

la distance d'un point M de la courbe à la tangente en O, c'est-à-dire à l'axe des x, est représentée par l'ordonnée y. L'élément d'arc ds a pour différentielle $\sqrt{x^2 + y^2} = \sqrt{x^2 + x^3} = x$, en se bornant à la valeur principale; or l'équation de la courbe donne

$$y = x^{\frac{3}{2}}.$$

Donc la distance à la tangente est d'ordre $\frac{3}{2}$ et non d'ordre 2.

Les démonstrations données au commencement du chapitre ne conviennent plus ici ; la formule de Taylor ne s'applique plus, la dérivée seconde de l'ordonnée étant infinie à l'origine.

340. Comme application, cherchons les tangentes aux podaires. On sait qu'on appelle ainsi les courbes, lieux des projections orthogonales d'un point fixe O sur les tangentes à une courbe (C). Soient MT, M'T', deux tangentes à la courbe (C), M, M', leurs points de contact, P, P', les projections de O sur ces tangentes. Il faut trouver la position limite de PP', lorsque M' tend vers M. Mais PP' est évidemment du premier ordre par rapport à MM'. Soit MP" la parallèle à M'P' menée par M, P" son point d'intersection avec OM'; P'P" est du second ordre, d'après ce qui précède, et il en est de même de l'angle P'PP". La position limite de PP" est donc la même que celle de PP'; c'est la tangente en P à la circonférence décrite sur OM comme diamètre.

Cercle osculateur

341. Proposons-nous de déterminer le cercle osculateur à une courbe définie par les équations

$$x = f(t) \atop y = \varphi(t) \Big\} \qquad (9)$$

Soit

$$(X - \alpha)^2 + (y - \beta)^2 = R^2$$

l'équation du cercle osculateur ; les conditions (3), prises en nombre égal au nombre des inconnues α, β, R, seront ici, en écrivant x, y, au lieu de $f(t_0)$, $\varphi(t_0)$, et désignant les dérivées par des lettres accentuées,

$$\begin{aligned} (x - \alpha)^2 + (y - \beta)^2 &= R^2 \\ (x - \alpha)\,x' + (y - \beta)\,y' &= 0 \\ (x - \alpha)\,x'' + (y - \beta)\,y'' + x'^2 + y'^2 &= 0 \end{aligned} \Bigg\} \qquad (10)$$

La seconde de ces équations montre que le centre (α, β) du cercle se trouve sur la normale à la courbe, en x et y, et la troisième, que ce centre se trouve aussi sur la normale au point infiniment voisin.

On tire des équations (10)

$$x - \alpha = y' \, \frac{x'^2 + y'^2}{x'y'' - y'x''} \left. \right\}$$
$$y - \beta = -\, x' \, \frac{x'^2 + y'^2}{x'y'' - y'x''} \left. \right\} \qquad (11)$$
$$R^2 = \frac{(x'^2 + y'^2)^3}{(x'y'' - y'x'')^2},$$
$$R = \frac{(x'^2 + y'^2)^{\frac{3}{2}}}{x'y'' - y'x''} \qquad (12)$$

Si x est pris comme variable indépendante, la dernière formule s'écrit

$$R = \frac{\left[1 + \left(\frac{dy}{dx}\right)^2 \right]^{\frac{3}{2}}}{\frac{d^2y}{dx^2}}. \qquad (13)$$

Le centre du cercle osculateur s'appelle aussi *centre de courbure*; et l'on désigne souvent son rayon sous le nom de *rayon de courbure*. On verra bientôt la raison de ces dénominations, et nous admettrons provisoirement que les signes des seconds membres dans les formules (12) et (13) **sont** positifs.

Des développées

342. On appelle *développée d'une courbe plane* le lieu de ses centres de courbure. Voici quelques exemples importants.

343. Soit à chercher l'équation de la développée de la *parabole*

$$y^2 = 2px.$$

Prenons x comme variable indépendante, et calculons y', y'' :

$$y' = \frac{dy}{dx} = \frac{p}{y},$$

$$y'' = \frac{d^2y}{dx^2} = -\frac{p^2}{y^3}.$$

En portant ces valeurs dans les formules (11), on obtient, pour les coordonnées du centre L de courbure,

$$\begin{cases} \alpha = 3x + p, \\ \beta = -\dfrac{y^3}{p^2}. \end{cases}$$

En éliminant x, y, entre ces deux équations et celle de la parabole, on trouve l'équation cherchée

$$\beta^2 = \frac{8}{27} \frac{(\alpha - p)^3}{p}.$$

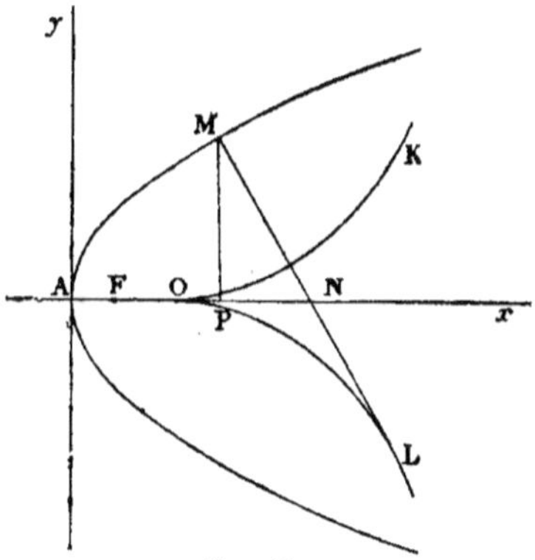

Fig. 31.

344. On trouverait de même, pour la développée de l'*ellipse*,

$$\frac{x^2}{a^2} + \frac{y^2}{b^2} = 1,$$

la courbe (*fig.* 22) qui a pour équation

$$\left(\frac{a\alpha}{c^2}\right)^{\frac{2}{3}} + \left(\frac{b\beta}{c^2}\right)^{\frac{2}{3}} = 1,$$

et pour la développée de l'hyperbole

$$\frac{x^2}{a^2} - \frac{y^2}{b^2} = 1,$$

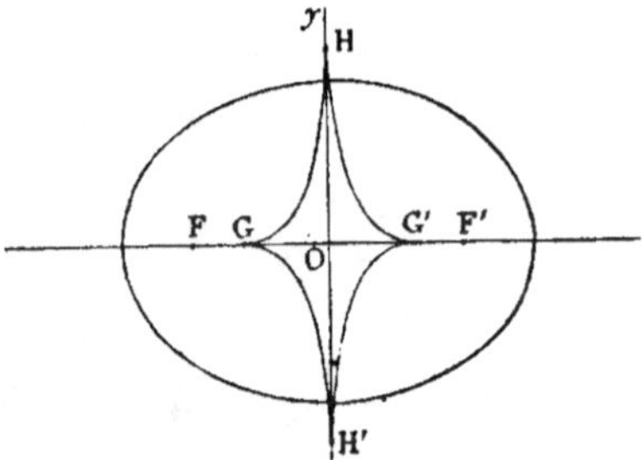

Fig. 32.

la courbe (*fig.* 33), qui a pour équation

$$\left(\frac{ax}{c^2}\right)^{\frac{2}{3}} - \left(\frac{by}{c^2}\right)^{\frac{2}{3}} = 1.$$

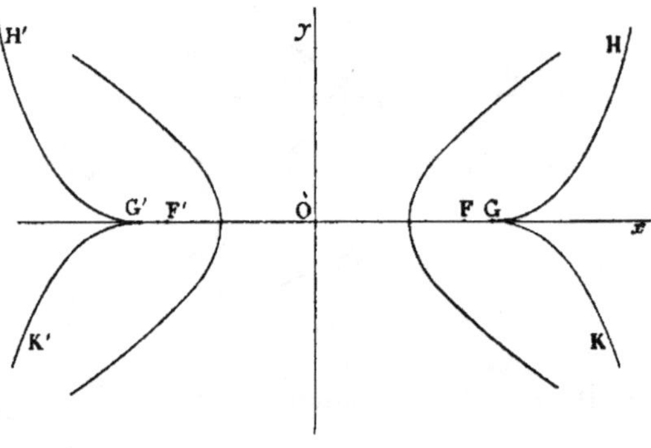

Fig. 33.

345. Cherchons enfin la développée de la *cycloïde*
(n° 286)

$$\begin{cases} x = a\,(t - \sin t), \\ y = a\,(1 - \cos t). \end{cases}$$

on a successivement

$$\begin{cases} x' = a\,(1 - \cos t), \\ y' = a \sin t\,; \\ x'' = a \sin t, \\ y'' = a \cos t. \end{cases}$$

Portons ces valeurs dans les formules (11) ; les coordonnées du centre N de courbure deviennent

$$\begin{cases} \alpha = x + 2a \sin t = a\,(t + \sin t), \\ \beta = y - 2a\,(1 - \cos t) = - a\,(1 - \cos t). \end{cases}$$

Posons

$$\begin{aligned} t &= T + \pi, \\ \alpha &= X + a\pi, \\ \beta &= Y - 2a. \end{aligned}$$

La développée se trouve définie par les équations

$$\begin{aligned} X &= a\,(T - \sin T), \\ Y &= a\,(1 - \cos T)\,; \end{aligned}$$

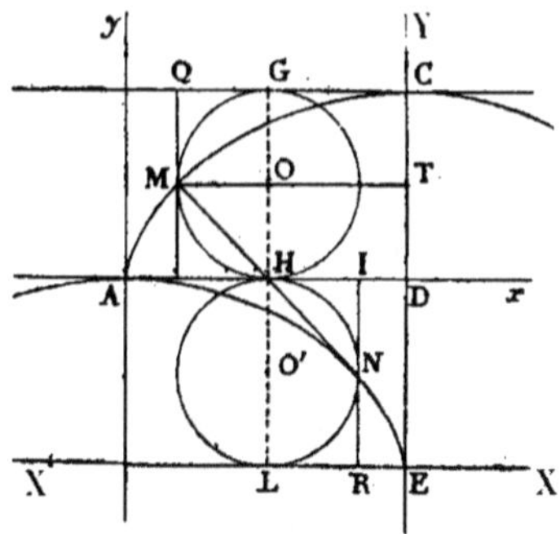

Fig. 34.

c'est donc une cycloïde égale à la cycloïde proposée, et l'on voit aisément que MH = HN.

346. Théorème. — *La développée d'une courbe touche toutes les normales de la courbe au centre de courbure correspondant.*

En effet différentions la deuxième équation (10) en y considérant x, y, α, β comme des fonctions de t, et désignons toujours par des lettres accentuées les dérivées par rapport à t. Nous obtenons, en divisant par dt,

$$(x - \alpha)\, x'' + (y - \beta)\, y'' + (x' - \alpha')\, x' + (y' - \beta')\, y' = 0, \quad (14)$$

et en retranchant cette équation de la troisième équation (10)

$$\alpha' x' + \beta' y' = 0. \quad (15)$$

Cette équation exprime que la tangente au point $\mathbf{M}(x, y)$ de la courbe, dont l'équation est (n° 287)

$$\frac{Y - y}{\dfrac{dy}{dt}} = \frac{X - x}{\dfrac{dx}{dt}},$$

est perpendiculaire à la tangente au point α, β de la développée, qui a pour équation

$$\frac{Y - \beta}{\dfrac{d\beta}{dt}} = \frac{X - \alpha}{\dfrac{d\alpha}{dt}}.$$

Comme on a déjà prouvé que le point α, β est situé sur la normale au point $\mathbf{M}$, le théorème est démontré.

347. Théorème. — *La longueur d'un arc quelconque de la développée d'une courbe plane est égale à la différence des rayons de courbure de la courbe donnée, qui aboutissent aux extrémités de l'arc de la développée.*

En effet la combinaison de la deuxième équation (10), avec la dérivée de la première équation (10), fournit l'équation

$$\alpha'(x - \alpha) + \beta'(y - \beta) = -\, RR'. \quad (16)$$

L'élimination de x' et de y' entre les deux équations (15) et (10), où ces quantités figurent d'une manière homogène, conduit à l'équation

$$\alpha'(y - \beta) - \beta'(x - \alpha) = 0. \qquad (17)$$

Élevons les équations (16) et (17) au carré, ajoutons-les, et tenons compte de la première équation (10); il vient

$$\alpha'^2 + \beta'^2 = R'^2.$$

Or soit σ la longueur d'un arc de développée, compté à partir d'une origine arbitraire; on aura (n° 283)

$$\left(\frac{d\sigma}{dt}\right)^2 = \left(\frac{d\alpha}{dt}\right)^2 + \left(\frac{d\beta}{dt}\right)^2,$$

ou

$$\left(\frac{d\sigma}{dt}\right)^2 = R'^2,$$
$$\frac{d\sigma}{dt} = \pm R'.$$

Si R' ne s'annule pas, on peut fixer un signe (qui dépend du sens dans lequel on compte les arcs croissants) et écrire par exemple

$$\frac{d\sigma}{dt} = R'.$$

D'où

$$\sigma - \sigma_0 = R - R_0.$$

Cette dernière égalité démontre le théorème énoncé.

Remarque. — Si le rayon de courbure est constant, l'arc de développée est nul et se réduit à un point. La circonférence est donc la seule courbe dont le rayon de courbure soit constant.

349. Le théorème précédent explique le nom de développée, donné au lieu des centres de courbure. Enroulons en effet un fil sur la développée, de manière qu'un de ses points soit fixé en C, et tendons-le de manière qu'il se détache

de la courbe en C_0, par exemple ; il a à ce moment un point
en M_0, et sa longueur est

$$M_0 C_0 + \text{arc } C_0 C_1.$$

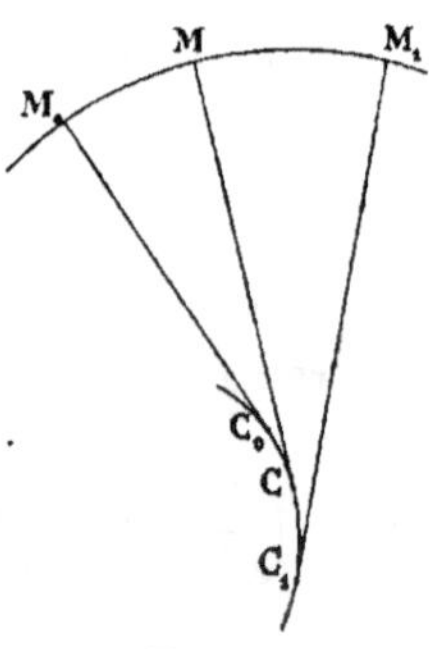

Fig. 35.

Développons le fil : je dis que son point M_0 décrira la
courbe proposée. En effet, lorsque son point de contact est
en C, on a, d'après ce qui précède, et en appelant M le point
où le fil tendu coupe la courbe,

$$MC - M_0 C_0 = \text{arc } C_0 C_1 - \text{arc } CC_1,$$

ou

$$MC + \text{arc } CC_1 = M_0 C_0 + \text{arc } C_0 C_1 ;$$

la longueur totale du fil n'a pas changé.

La courbe lieu de M prend, par rapport à l'autre, le nom
de *développante*. Ce qui précède fournit le moyen mécanique
de tracer les développantes d'une courbe quelconque ; géométriquement, ce sont les trajectoires orthogonales des tangentes à cette courbe.

Des enveloppes

350. Lorsque, dans l'équation d'une courbe, figure un
paramètre susceptible de recevoir une infinité de valeurs,
toutes les courbes obtenues en faisant varier le paramètre

constituent une *famille de courbes*. Ainsi l'équation

$$ax + by + c + \lambda (a'x + b'y + c') = 0, \qquad (18)$$

où λ désigne un paramètre variable, représente la famille des droites qui passent par le point commun aux droites

$$ax + by + c = 0, \qquad a'x + b'y + c' = 0. \qquad (19)$$

De même l'équation

$$y = mx + R \sqrt{m^2 + 1}, \qquad (20)$$

où m désigne un paramètre variable, représente la famille des tangentes au cercle dont l'équation est

$$x^2 + y^2 = R^2. \qquad (21)$$

351. Cela posé, considérons une équation

$$f(x, y, \lambda) = 0, \qquad (22)$$

dont le premier membre soit une fonction *bien déterminée* des coordonnées cartésiennes x et y, et d'un paramètre variable λ.

Pour une valeur particulière λ de ce paramètre, l'équation (22) représentera une courbe particulière C; et, si on attribue ensuite au paramètre une autre valeur $\lambda + \Delta\lambda$, on obtiendra une nouvelle courbe C′, dont l'équation est

$$f(x, y, \lambda + \Delta\lambda) = 0. \qquad (23)$$

Désignons par m, m', ..., les points où la seconde courbe coupe la première ; on nomme *points caractéristiques* de la courbe c' les positions limites M, M′, ..., que prennent les points m, m', ..., lorsque λ tend vers zéro.

Il est aisé de prouver l'existence des points caractéristiques. En effet, les coordonnées des points m, m', ..., vérifiant à la fois les équations (22) et (23), satisferont aussi à l'équation

$$\frac{f(y, x, \lambda + \Delta\lambda) - f(x, y, \lambda)}{\Delta\lambda}. \qquad (24)$$

Si l'on fait tendre $\Delta\lambda$ vers zéro, cette dernière équation deviendra

$$\frac{\partial f(x, y, \lambda)}{\partial \lambda} = 0, \qquad (25)$$

et les solutions communes aux équations (22) et (25) seront les coordonnées des points caractéristiques M, M', ...

Sur chaque courbe de la famille représentée par l'équation (22), il y a donc un ou plusieurs points caractéristiques, et l'équation

$$F(x, y) = 0 \qquad (26)$$

du lieu de tous ces points s'obtiendra en éliminant le paramètre λ entre les relations (22) et (25). On donne à ce lieu le nom d'*enveloppe des courbes* (22), lesquelles reçoivent la dénomination d'*enveloppées*.

Il est essentiel de remarquer que ce lieu peut ne pas exister, ce qui arrive si λ figure au premier degré dans l'équation (22). Cette équation prend alors la forme

$$P + \lambda Q = 0, \qquad (22')$$

P et Q étant deux fonctions données d'x et d'y. L'équation (25) se réduit à

$$Q = 0,$$

et les points caractéristiques sont donnés par les deux équations

$$P = 0, \qquad Q = 0.$$

Ils sont fixes et non mobiles. On peut encore, si l'on veut, considérer, par extension, l'ensemble de ces points, comme l'*enveloppe* des courbes de la famille (22'), ou réserver cette dernière appellation pour le cas des points caractéristiques mobiles.

352. Nous donnerons deux exemples d'enveloppes. Considérons d'abord l'équation

$$y = \lambda x - \frac{1 + \lambda^2}{2p} x^2,$$

qui représente la parabole que décrirait un corps pesant lancé dans le vide, avec une vitesse constante, sous une inclinaison variable dont la tangente trigonométrique est λ. L'élimination de ce paramètre entre l'équation précédente et sa dérivée $1 - \lambda \dfrac{x}{p} = 0$, donne pour l'enveloppe une autre parabole

$$x^2 + 2py - p^2 = 0.$$

Ce problème, résolu par Jean Bernouilli (à la fin du XVIe siècle), est le premier exemple de la détermination de l'enveloppe d'une famille de courbes.

Le second exemple sera traité par des considérations de géométrie pure.

Le sommet A d'un angle droit parcourt une courbe donnée (A); un des côtés de l'angle droit passe par un point fixe F. Trouver le point caractéristique sur l'autre côté AB, et le lieu de ce point (enveloppe de AB).

Appelons μ le point de rencontre de deux côtés successifs AB, A'B'; il s'agit de trouver la position limite de μ. Le milieu ω de Fμ est sur la perpendiculaire élevée au milieu de AF, et sur la perpendiculaire au milieu de AA', puisque AA' est une corde du cercle décrit sur Fμ comme diamètre ; cette dernière perpendiculaire a pour position limite la normale en A à la courbe (A), lorsque A' tend vers A. La position O, limite de ω, est donc au point de rencontre de cette normale avec la

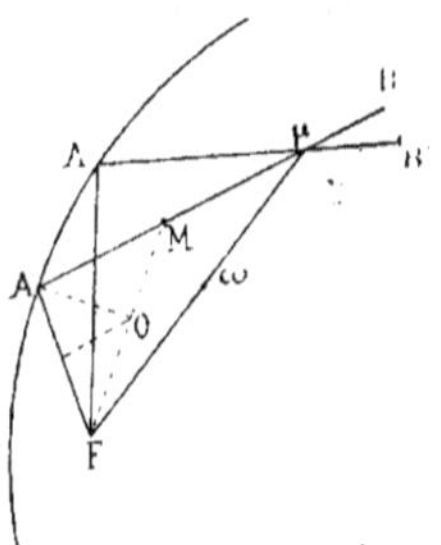

Fig. 36.

perpendiculaire au milieu de AF ; et la limite M du point μ s'obtient en prolongeant FO jusqu'à son intersection avec AB. C'est le point caractéristique cherché. Le lieu du point O est une courbe, dont tous les points sont à égale distance de F et de la courbe (A); donc le lieu des points caractéristiques M est une courbe, dont tous les points sont équidistants de F, et d'une courbe homothétique de (A) par rapport à F, le rapport d'homothétie étant égal à 2.

En particulier, si la courbe (A) est une droite ou une circonférence, le lieu obtenu est une parabole ou une conique à centre ayant F pour foyer, et l'on voit, dans ce cas, que les droites AB touchent la conique au point M : c'est une propriété bien connue de la projection du foyer sur les tangentes.

353. La proposition que nous venons de vérifier sur un exemple est générale.

L'enveloppe (26) *est tangente à chacune des enveloppées, aux points caractéristiques.*

En effet, remarquons d'abord que $F(x, y)$ est identique à la fonction $f(x, y, \lambda)$, dans laquelle λ est remplacée par sa valeur tirée de (25), ce que nous indiquerons ainsi

$$F(x, y) \equiv f(x, y, \bar{\lambda}). \tag{27}$$

Cela posé, soit x_1, y_1, les coordonnées d'un des points carac, téristiques de (C) ; la tangente à la courbe (C) au point x_1, y_1, aura pour équation

$$(x - x_1)\, \frac{\partial f(x_1, y_1, \lambda)}{\partial x_1} + (y - y_1)\, \frac{\partial f(x_1, y_1, \lambda)}{\partial y_1} = 0. \tag{28}$$

La tangente à la courbe (26) au même point

$$(x - x_1)\, \frac{\partial F}{\partial x_1} + (y - y_1)\, \frac{\partial F}{\partial y_1} = 0,$$

ce qui peut s'écrire, en vertu de l'identité (27) et en désignant par $\bar{\lambda}_1$ la valeur prise par $\bar{\lambda}$ quand on y remplace les coordonnées courantes par x_1, y_1,

$$(x - x_1)\left[\frac{\partial f(x_1, y_1, \bar{\lambda}_1)}{\partial x_1} + \frac{\partial f(x_1, y_1, \bar{\lambda}_1)}{\partial \bar{\lambda}_1}\frac{\partial \bar{\lambda}_1}{\partial x_1}\right]$$
$$+ (y - y_1)\left[\frac{\partial f(x_1, y_1, \bar{\lambda}_1)}{\partial y_1} + \frac{\partial f(x_1, y_1, \bar{\lambda}_1)}{\partial \bar{\lambda}_1}\frac{\partial \bar{\lambda}_1}{\partial y_1}\right] = 0. \tag{29}$$

Or, λ étant déterminé par l'équation (25), on a identiquement

$$\frac{\partial f(x_1, y_1, \overline{\lambda}_1)}{\partial \overline{\lambda}_1} = 0,$$

et l'équation (29) se réduit à

$$(x - x_1) \frac{\partial f(x_1, y_1, \overline{\lambda}_1)}{\partial x_1} + (y - y_1) \frac{\partial f(x_1, y_1, \overline{\lambda}_1)}{\partial y_1} = 0. \quad (30)$$

Mais le point x_1, y_1, satisfaisant à l'équation (26), λ_1 est solution commune aux deux équations

$$f(x_1, y_1, \lambda) = 0,$$
$$\frac{\partial f(x_1, y_1, \lambda)}{\partial \lambda} = 0,$$

c'est-à-dire qu'il a précisément pour valeur celle du paramètre qui détermine la courbe (C). Les deux équations (28)
et (30) sont donc identiques, et les courbes (22) et (26),
ayant même tangente au point (x_1, y_1), sont tangentes entre
elles.

354. *Lorsque toutes les courbes d'une même famille
passent par des points fixes, ces points fixes font partie de
l'enveloppe.* En effet, s'il y a des points fixes communs à
toutes les courbes de la famille, les coordonnées de ces
points, satisfaisant à l'équation (22), quelle que soit la
valeur de λ, vérifieront l'équation (26), qui comprend tous
les points pour lesquels les équations (22) et (25) ont une
racine commune en λ.

355. *La développée d'une courbe est l'enveloppe de ses
normales.* Supposons, en effet, que les coordonnées x, y
d'un point d'une courbe soient exprimées en fonctions d'un
paramètre t, et désignons toujours par des lettres accentuées les dérivées par rapport à t. L'équation de la normale au point x, y aura pour équation

$$(X - x) x' + (Y - y) y' = 0.$$

L'enveloppe de la normale s'obtiendra en adjoignant à l'équation précédente sa dérivée par rapport à t

$$(X - x)\, x'' + (Y - y)\, y'' - x'^2 - y'^2 = 0,$$

et l'on retrouve ainsi les deux dernières équations (10). Le point caractéristique de la normale est donc le centre de courbure, et l'enveloppe des normales est la développée. C'est, sous une autre forme, la remarque faite au moment où nous avons écrit les équations (10).

356. Il arrive souvent que l'équation de la courbe renferme n paramètres liés par $n - 1$ conditions. Voici comment, dans ce cas, on trouvera l'enveloppe :

Soit d'abord $n = 2$; l'équation de la courbe est alors

$$f(x, y, u, v) = 0, \tag{31}$$

les paramètres u et v satisfaisant à la condition

$$\varphi(u, v) = 0. \tag{32}$$

On peut concevoir v comme une fonction de u, définie par l'équation (32); l'équation (31) ne contient alors que le paramètre u, et, pour avoir l'enveloppe, il faut à l'équation (31) adjoindre la suivante

$$\frac{\partial f}{\partial u} + \frac{\partial f}{\partial v}\frac{dv}{du} = 0. \tag{33}$$

Mais $\dfrac{dv}{du}$ est donné par la dérivée de l'équation (32)

$$\frac{\partial \varphi}{\partial u} + \frac{\partial \varphi}{\partial v}\frac{dv}{du} = 0. \tag{34}$$

Éliminons $\dfrac{dv}{du}$ entre les deux dernières équations, il vient

$$\frac{\dfrac{\partial f}{\partial u}}{\dfrac{\partial \varphi}{\partial u}} = \frac{\dfrac{\partial f}{\partial v}}{\dfrac{\partial \varphi}{\partial v}}. \tag{35}$$

L'enveloppe s'obtiendra en éliminant u et v entre les équations (31), (32) et (35).

357. On opère de même pour $n > 2$. Soit, par exemple,

$$f(x, y, u, v, w) = 0, \qquad (37)$$

l'équation de la courbe, les trois paramètres u, v, w, étant liés par les deux conditions

$$\varphi(u, v, w) = 0 \qquad (37)$$
$$\psi(u, v, w) = 0, \qquad (38)$$

Considérons toujours u comme le paramètre variable; aux équations précédentes il faudra joindre

$$\frac{\partial f}{\partial u} + \frac{\partial f}{\partial v} v' + \frac{\partial f}{\partial w} w' = 0,$$

$$\frac{\partial \varphi}{\partial u} + \frac{\partial \varphi}{\partial v} v' + \frac{\partial \varphi}{\partial w} w' = 0,$$

$$\frac{\partial \psi}{\partial u} + \frac{\partial \psi}{\partial v} v' + \frac{\partial \psi}{\partial w} w' = 0,$$

qui, par l'élimination des dérivées v', w', donnent

$$\begin{vmatrix} \dfrac{\partial f}{\partial u} & \dfrac{\partial f}{\partial v} & \dfrac{\partial f}{\partial w} \\[2mm] \dfrac{\partial \varphi}{\partial u} & \dfrac{\partial \varphi}{\partial v} & \dfrac{\partial \varphi}{\partial w} \\[2mm] \dfrac{\partial \psi}{\partial u} & \dfrac{\partial \psi}{\partial v} & \dfrac{\partial \psi}{\partial w} \end{vmatrix} = 0. \qquad (39)$$

L'enveloppe s'obtiendra en éliminant u, v, w, entre les équations (36), (37), (38) et (39).

Passage de l'équation cartésienne à l'équation tangentielle

358. Cherchons l'enveloppe de la droite

$$ux + vy - 1 = 0, \qquad (40)$$

sachant que

$$\varphi(u, v) = 0. \qquad (41)$$

L'équation (35), qu'il faut adjoindre aux deux précédentes, est ici

$$\frac{\dfrac{\partial z}{\partial u}}{x} = \frac{\dfrac{\partial z}{\partial v}}{y}. \qquad (42)$$

L'élimination de u, v, entre ces trois équations, conduira à l'équation de l'enveloppe

$$f(x, y) = 0. \qquad (43)$$

Cette dernière équation est l'équation cartésienne de la courbe dont (41) est l'équation tangentielle (n° 279).

359. Ce qui précède donne le moyen de passer de l'équation tangentielle d'une courbe à son équation cartésienne (43). Le problème inverse est aussi aisé à résoudre. Il suffit pour cela d'exprimer que la droite (40), en un de ses points d'intersection avec la courbe (43), est parallèle à la tangente en ce point, dont l'équation est

$$(X - x)\frac{\partial f}{\partial x} + (Y - y)\frac{\partial f}{\partial y} = 0;$$

la condition de parallélisme est

$$\frac{\dfrac{\partial f}{\partial x}}{u} = \frac{\dfrac{\partial f}{\partial y}}{v}. \qquad (44)$$

Les coordonnées du point de contact satisfont aux équations (40), (43) et (44); en les éliminant, on retrouvera l'équation tangentielle (41).

On remarquera l'analogie complète entre les deux calculs qui viennent d'être exposés.

On peut simplifier ce calcul. Posons dans toutes les équations précédentes

$$u = -\frac{u_1}{w_1}, \qquad v = -\frac{v_1}{w_1},$$

$$x = \frac{x_1}{z_1}, \qquad y = \frac{y_1}{x_1},$$

puis effaçons les indices. Remarquons ensuite que, si l'on appelle m le degré d'homogénéité de $f(x,\ y,\ z)$, on a identiquement

$$xf'_x + yf'_y + zf'_z \equiv mf(x,\ y,\ z),$$

et par conséquent, si le point est sur la courbe.

$$f(x,\ y,\ z) = 0,$$
$$xf'_x + yf'_y + zf'_z \equiv 0,$$

ou

$$xf'_x + yf'_y \equiv -zf'_z.$$

Cela posé, le système des deux équations (43) et (44) peut être évidemment remplacé par le suivant

$$\frac{f'_x}{u} = \frac{f'_y}{v} = \frac{f'_z}{w}. \tag{45}$$

On verrait de même que le système des équations (41) et (42) peut être remplacé par

$$\frac{\varphi'_u}{x} = \frac{\varphi'_v}{y} = \frac{\varphi'_w}{z}. \tag{46}$$

360. Cherchons, par exemple, l'équation tangentielle des coniques

$$f(x,y,z) \equiv Ax^2 + A'y^2 + A''z^2 + 2B''xy + 2B'zx + 2Byz = 0. \tag{47}$$

ou, ce qui revient au même, la condition pour que la droite

$$ux + vy + wz = 0 \qquad (48)$$

touche la conique (47).

D'après le paragraphe précédent, il faut éliminer x, y, z, entre l'équation (48) et les deux suivantes

$$\frac{Ax + B''y + B'z}{u} = \frac{B''x + A'y + Bz}{v} = \frac{B'x + By + A''z}{w}. \qquad (49)$$

Si on égale la valeur commune de ces rapports à $-\lambda$, et qu'on chasse les dénominateurs, on aura quatre équations homogènes entre lesquelles on éliminera x, y, z et λ; **le résultat est**

$$\begin{vmatrix} A & B'' & B' & u \\ B'' & A' & B & v \\ B' & B & A'' & w \\ u & v & w & 0 \end{vmatrix} = 0.$$

Cette équation est du deuxième degré en u, v, w.

361. Nous avons dit, en terminant le chapitre précédent, que l'équation tangentielle d'une courbe est susceptible d'une explication ponctuelle. Nous sommes maintenant en mesure d'éclaircir ce point.

On sait que, si

$$F(x, y) = 0$$

est l'équation d'une conique (Γ), la droite

$$\alpha F'_x + \beta F'_y + \gamma F'_z = 0$$

s'appelle la *polaire* du point α, β, γ, par rapport à la conique. Si cette polaire reste tangente à une courbe donnée (C), son pôle décrit une courbe (C'), qu'on appelle la *polaire réciproque* de (C) par rapport à (Γ), et réciproquement les tangentes de (C') ont leurs pôles sur (C); (C') est l'enveloppe des polaires des points de (C). Cela posé, prenons pour conique (Γ), le cercle

$$x^2 + y^2 - 1 = 0, \qquad (50)$$

et soit

$$\varphi(x, y) = 0, \qquad (51)$$

l'équation de la courbe (C), dont on veut chercher la polaire réciproque par rapport au cercle.

A cet effet, soit α, β, un point de (C), c'est-à-dire supposons

$$\varphi(\alpha, \beta) = 0. \qquad (52)$$

Sa polaire aura pour équation

$$\alpha x + \beta y - 1 = 0, \qquad (53)$$

et nous avons à chercher l'enveloppe de cette droite. On sait qu'il faut adjoindre à ces deux équations la suivante

$$\frac{\dfrac{\partial \varphi}{\partial \alpha}}{x} = \frac{\dfrac{\partial \varphi}{\partial \beta}}{y}, \qquad (54)$$

puis éliminer α, β, entre les trois dernières équations. On reconnaît le calcul qu'il a fallu faire pour passer de l'équation tangentielle (41) à l'équation ponctuelle (43). Donc si, dans l'équation (41), on considère u, v comme les coordonnées d'un point, cette équation représentera la polaire réciproque de (43), par rapport au cercle représenté par l'équation (50).

Ainsi s'expliquent certains faits à apparence paradoxale, signalés dans le chapitre précédent. A un point multiple muni de p tangentes, correspond, dans la polaire réciproque, une tangente multiple à p points de contact. A un point d'inflexion où la tangente a trois points confondus, communs avec (C), correspond une tangente du point de contact (point de rebroussement) de laquelle on peut mener trois tangentes confondues à la polaire réciproque (C'), et ainsi de suite.

Concavité et convexité

362. Soit M un point ordinaire d'une courbe, MT la tangente en ce point, M_1, M_2, deux points très voisins de M sur la courbe, et situés de part et d'autre de M. On dit que la courbe est *concave* vers les y positifs, dans le voisinage de M, lorsque tous les points de l'arc M_2MM_1 se trouvent, par rapport à la tangente, dans la même région que la parallèle à Oy menée du point M vers les y positifs. Dans le cas contraire, la courbe est concave vers les y négatifs, ou *convexe* vers les y positifs. Enfin, si des deux arcs MM_1, MM_2, l'un est au-dessus, l'autre au-dessous de la tangente, le point M est dit *point d'inflexion*.

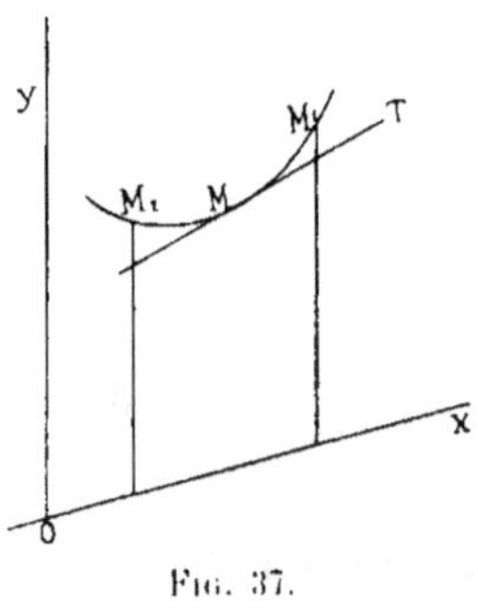

Fig. 37.

Il est facile d'exprimer les conditions pour que telle ou telle forme se produise.

Supposons que, dans le voisinage du point M, l'ordonnée de la courbe puisse être représentée en fonction de l'abscisse, par une série de Taylor

$$y = f(x_0) + (x - x_0) f'(x_0) + \ldots + \frac{(x - x_0)^n}{1 \cdot 2 \cdot 3 \ldots n} f^n [x_0 + \theta (x - x_0)].$$

L'ordonnée de la tangente se tire de l'équation de la tangente

$$Y = f(x_0) + (x - x_0) f'(x_0).$$

La courbe sera concave vers les y positifs, si l'on a, de part et d'autre du point M_1,

$$y - Y > 0.$$

Soit $f^p(x)$, la première dérivée de y d'ordre supérieur au premier, qui ne s'annule pas pour $x = x_0$: on aura

$$y - Y = \frac{(x - x_0)^p}{1 \cdot 2 \ldots p} f^{(p)} [x_0 + \theta (x - x_0)].$$

Si p est pair, le premier facteur du deuxième membre sera positif, quel que soit le signe de $x - x_0$. Et comme $f^p(x)$ est supposée non nulle au point M et continue, le signe de

y — Y sera celui de $f^{(p)}(x_0)$, c'est-à-dire qu'on aura, vers les y positifs,

$$\text{concavité si} \qquad f^p(x_0) > 0,$$
$$\text{convexité si} \qquad f^{(p)}(x_0) < 0.$$

Au contraire, si p est impair, y — Y change de signe avec $x - x_0$, et la courbe traverse sa tangente ; le point est un *point d'inflexion*. Par conséquent, pour qu'il y ait inflexion, il est nécessaire que

$$f''(x_0) = 0 ; \qquad (55)$$

mais l'analyse précédente montre que cette condition n'est pas suffisante.

363. Nous avons supposé, pour la facilité du raisonnement, l'ordonnée exprimée explicitement en fonction de l'abscisse. Il importe de savoir écrire la condition (55), lorsque l'équation de la courbe se présente sous la forme

$$F(x, y) = 0.$$

Il suffit, pour cela, de prendre deux fois de suite la dérivée par rapport à x, puis d'éliminer y'_x entre les deux équations ainsi obtenues, en faisant en même temps $y'' = 0$. On trouve

$$(F'_y)^2 F''_{x^2} - 2F'_x F'_y F''_{xy} + (F'_x)^2 F''_{y^2} = 0. \qquad (56$$

Telle est la condition nécessaire pour que la courbe traverse sa tangente au point M. Il est essentiel de remarquer que la méthode suivie pour arriver à cette équation a supposé $F'_y \neq 0$, c'est-à-dire la tangente en M non parallèle à Oy. Cette restriction n'avait aucun inconvénient dans l'étude de la concavité vers les y positifs, puisque la question ne se pose pas dans le cas particulier d'une tangente parallèle à Oy. Mais le problème de l'inflexion subsiste.

Remarquons d'abord que le problème de la concavité vers les abscisses positives se traiterait comme le précédent : ce n'est qu'un changement de notations. Si maintenant on veut en déduire la recherche des points d'inflexion, on procédera comme ci-dessus, et la symétrie parfaite de l'équation (56), par rapport aux lettres x et y, prouve que l'on retombera sur la même équation ; (56) est donc l'équation à laquelle satisfont, dans tous les cas, les coordonnées des points d'inflexion.

De la Hessienne

364. Si, dans l'équation (56), on considère x et y comme des coordonnées courantes, elle représente une courbe qui passe par les points d'inflexion. On voit immédiatement qu'elle passe aussi par les points multiples, puisque les coordonnées de ces points annulent F'_x et F'_y. Le lecteur vérifiera aisément le théorème suivant : introduisons les coordonnées homogènes et appliquons le théorème d'Euler aux dérivées rendues homogènes de $F(x, y, z)$, c'est-à-dire remplaçons

$$
\begin{aligned}
(m-1)\, F'_x \quad &\text{par} \quad xF''_{x^2} + yF''_{xy} + zF''_{xz}, \\
(m-1)\, F'_y \quad &\text{par} \quad xF''_{xy} + yF''_{y^2} + zF''_{yz}, \\
(m-1)\, F'_z \quad &\text{par} \quad xF''_{xz} + yF''_{yz} + zF''_{z^2}.
\end{aligned}
$$

Les points communs à la courbe proposée et à la courbe (56) se trouvent aussi sur la courbe qui a pour équation

$$
\begin{vmatrix}
F''_{x^2} & F''_{xy} & F''_{xz} \\
F''_{yx} & F''_{y^2} & F''_{yz} \\
F''_{zx} & F''_{zy} & F''_{z^2}
\end{vmatrix} = 0. \qquad (57)
$$

Cette courbe s'appelle la *Hessienne* de la courbe proposée, et le déterminant du premier terme s'appelle le *Hessien* de la fonction homogène $F(x, y, z)$.

Théorème. — *La Hessienne est le lieu des points doubles des premières polaires.*

On a vu (n° 293) que la première polaire d'un point α, β, γ, a pour équation

$$
\alpha F'_x + \beta F'_y + \gamma F'_z = 0.
$$

Les coordonnées d'un point double de cette polaire vérifieront, en même temps que l'équation précédente, les deux suivantes, obtenues en prenant les dérivées par rapport à x et par rapport à y :

$$\alpha F''_{xz} + \beta F''_{xy} + \gamma F''_{xz} = 0,$$
$$\alpha F''_{yx} + \beta F''_{yz} + \gamma S''_{yz} = 0.$$

En éliminant α, β, γ, on trouve bien la Hessienne.

Voici encore deux propriétés de la Hessienne faciles à vérifier en prenant pour axes de coordonnées, dans le premier cas, les tangentes au point double; dans le second, la tangente au point de rebroussement et une droite quelconque passant par ce point :

En un point double de la courbe originaire, la Hessienne a également un point double, et les tangentes des deux courbes au point double sont précisément les mêmes.

En un point de rebroussement de la courbe originaire, la Hessienne a un point triple, et deux de ses branches y touchent la tangente de rebroussement, tandis que la troisième a une tangente séparée.

Courbure

365. Nous avons vu, dans les paragraphes précédents, que les singularités d'une courbe ne sont pas les mêmes, suivant qu'on se place au point de vue ponctuel ou au point de vue tangentiel. La notion de courbure que nous avons maintenant à étudier constitue un lien entre les deux points de vue.

Démontrons d'abord que *l'angle de deux tangentes infiniment voisines est généralement du même ordre que l'arc qui unit leurs points de contact.*

Soit ε l'angle de deux tangentes, qui font avec ox respectivement les angles V et $V + dV$; on a

$$\varepsilon = dV.$$

et ε s'appelle *l'angle de contingence.*

Or

$$\tang V = \frac{dy}{dx}.$$

On déduit de là en différentiant

$$\frac{1}{\cos^2 V}\, dV = \frac{dx\, d^2 y - dy\, d^2 x}{dx^2},$$

ou

$$\varepsilon = dV = \frac{dx\, d^2 y - dy\, d^2 x}{dx^2}\; \frac{1}{1 + \left(\dfrac{dy}{dx}\right)^2}.$$

Donc, enfin

$$\varepsilon = \frac{dx\, d^2 y - dy\, d^2 x}{dx^2 + dy^2}. \tag{58}$$

Soit t la variable indépendante

$$dx = x'dt, \qquad d^2 x = x''dt^2,$$
$$dy = y'dt. \qquad d^2 y = y''dt^2;$$

la formule précédente devient

$$\varepsilon = \frac{x'y'' - y'x''}{x'^2 + y'^2}\, dt. \tag{59}$$

Or la différentielle de l'arc a pour valeur principale

$$ds = \sqrt{dx^2 + dy^2} = \sqrt{x'^2 + y'^2}\, dt. \tag{60}$$

Le théorème est donc démontré.

366. On appelle *courbure* le rapport des deux infiniment petits précédents, c'est-à-dire le rapport de l'angle de deux tangentes infiniment voisines à la différentielle de l'arc. Nous désignerons cette quantité qui n'est, en général, ni nulle, ni infinie, par la lettre k.

$$k = \frac{x'y'' - y'x''}{(x'^2 + y'^2)^{\frac{3}{2}}}. \tag{61}$$

Si x est prise comme variable indépendante, la formule
devient

$$k = \frac{\dfrac{d^2y}{dx^2}}{\left[1 + \left(\dfrac{dy}{dx}\right)^2\right]^{\frac{3}{2}}}. \qquad (62)$$

En comparant la formule (61) et la formule (12), on voit
que la courbure est l'inverse du rayon du cercle osculateur ;
ainsi se trouvent justifiés les noms de rayon de courbure et
de centre de courbure, donnés au rayon et au centre du
cercle osculateur. Une remarque est cependant essentielle :
le signe de la courbure est parfaitement déterminé, au moins
une fois fixé le signe du radical dans la formule (60), c'est-
à-dire une fois qu'on a convenu de faire croître les arcs,
soit dans le même sens que la variable indépendante, soit
en sens inverse. Au contraire, le signe du rayon de courbure n'a pas été fixé dans les formules (12) et (13). Nous
conviendrons d'appeler expressément *rayon de courbure*
l'inverse de la courbure ; la valeur absolue de ce rayon est
le rayon du cercle osculateur.

Il nous reste à montrer que le centre de courbure est du
côté concave de la courbe. Les formules (10), qui nous ont
servi à le déterminer, s'écrivent en y prenant x comme
variable indépendante

$$\begin{aligned}
x - \alpha + (y - \beta)\frac{dy}{dx} &= 0 \\[2mm]
(y - \beta)\frac{d^2y}{dx^2} + 1 + \left(\frac{dy}{dx}\right)^2 &= 0
\end{aligned} \qquad (63)$$

et la dernière nous montre que $y - \beta$ et $\dfrac{d^2y}{dx^2}$ sont de signes

contraires. Or nous avons vu (n° 362) que, si $\dfrac{d^2y}{dx^2}$ est > 0,

il y a concavité vers les y positifs, c'est-à-dire que la courbe
est au-dessus de sa tangente ; mais $y - \beta$ étant négatif, le

centre de courbure est plus haut que le point de contact, c'est-à-dire également au-dessus de la tangente. Même conclusion si $\dfrac{d^2y}{dx^2}$ est négative : le cercle osculateur est du même côté que la courbe par rapport à la tangente. La définition géométrique rendait cela évident.

367. Soit $\dfrac{d^2y}{dx^2} = 0$: le point est un point d'inflexion. Les formules (63) montrent que, dans ce cas, $y - \beta$ et $x - \alpha$ sont infinies, pourvu que $\dfrac{dy}{dx}$ ne soit ni nulle, ni indéterminée. Donc, en un point d'inflexion simple, la courbure est **nulle** et le rayon de courbure infini.

La corrélation que nous avons constatée, entre le point d'inflexion, qui est un point ordinaire à tangente singulière, et le point de rebroussement de première espèce qui est, en général, un point singulier à tangente ordinaire, nous amène à rechercher comment se comporte la courbure en un point de rebroussement.

Pour cela, reportons-nous à l'étude que nous avons faite d'une courbe autour d'un point singulier (chapitre XVI, point de rebroussement et formule 45) : nous avons vu que, dans ce cas, la courbe peut être assimilée, au voisinage de l'origine, avec la courbe

$$(y - \lambda x)^2 = M x^{2+m},$$

m étant égal ou supérieur à l'unité et M étant une quantité finie. On pourra donc exprimer les deux coordonnées en fonction d'un paramètre, en posant

$$x = t^2,$$
$$y = \lambda t^2 + M t^{2+m}.$$

Ces deux expressions substituées dans les formules (40) donnent pour la deuxième, en divisant par t et faisant ensuite

$t = 0$, d'où $x = y = 0$,

$$\alpha + \lambda\beta = 0,$$

et, en tenant compte de cette équation, pour la troisième, divisée par t^m :

$$M\beta = 0.$$

On voit ainsi que le centre de courbure est aussi à l'origine : *le rayon de courbure est nul et la courbure infinie en un point de rebroussement de première espèce.* Comme, en un point ordinaire, $\dfrac{dy}{dx}$ et $\dfrac{d^2y}{dx^2}$ ont des valeurs finies, non nulles, et bien déterminées, le rayon de courbure ne peut être nul qu'aux points de rebroussement.

Il en résulte que la développée d'une courbe passe par ses points de rebroussements de première espèce.

368. Relation entre la courbure d'une courbe et celle de la développée. — Les angles de contingence aux deux points correspondants sont évidemment égaux ; on aura donc, en conservant les notations ordinaires et appelant en outre ρ le rayon de courbure de la développée

$$\left| \frac{ds}{R} \right| = \left| \frac{d\sigma}{\rho} \right|.$$

Comme $|\, d\sigma \,| = |\, dR \,|$, nous pourrons écrire

$$|\, \rho \,| = \left| R \frac{dR}{ds} \right|.$$

Si le rayon de courbure passe par un maximum

$$\frac{dR}{ds} = 0,$$

donc

$$\rho = 0 ;$$

le point de la développée est un point de rebroussement de première espèce. C'est ce qu'on peut vérifier sur les exemples que nous avons traités ; aux sommets de l'ellipse, de l'hyperbole, de la parabole, de la cycloïde, correspondent des points de rebroussement de la développée et, de plus, pour cette dernière courbe, ses points de rebroussements sont bien sur sa développée.

369. Considérons, comme seconde application, la courbe qui a pour équation

$$y^2 = x^3.$$

Cette courbe, symétrique par rapport à Ox, offre, à l'origine, un point de rebroussement et, à l'infini, un point d'inflexion parabolique.

Posons, pour calculer les coordonnées α, β du centre de courbure et le rayon R de courbure,

$$x = t^2, \qquad y = t^3.$$

On trouve sans peine

$$\alpha = -\frac{2t^2 + 9t^4}{2},$$

$$\beta = \frac{4t + 12t^3}{3},$$

$$R = \frac{t}{9}(4 + 9t^2).$$

A l'origine, $t = 0$, le rayon de courbure est bien nul ; au point d'inflexion à l'infini, $R = \infty$, ce qui est conforme aux prévisions.

370. Démontrons maintenant une formule élégante, relative au rayon de courbure et déjà obtenue autrement n° 105.

Appelons α l'angle que fait avec ox la tangente au point M, comptée dans le sens des arcs croissants. L'arc s étant pris pour variable indépendante, et l'élément d'arc ds ayant pour projection dx, on a immédiatement

$$\begin{aligned}
\cos \alpha &= \frac{dx}{ds} \\
\sin \alpha &= \frac{dy}{ds}
\end{aligned} \right\} \qquad (64)$$

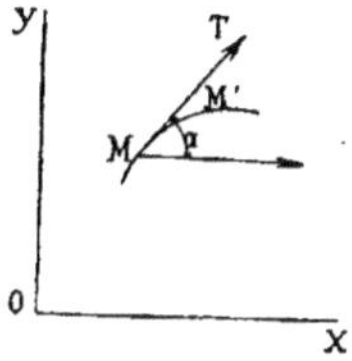

d'où, en différentiant,

$$-\sin \alpha \, d\alpha = \frac{d^2x}{ds^2} \, ds$$
$$\cos \alpha \, d\alpha = \frac{d^2y}{ds^2} \, ds.$$

Élevons au carré et ajoutons, il vient

$$d\alpha^2 = \left[\left(\frac{d^2x}{ds^2}\right)^2 + \left(\frac{d^2y}{ds^2}\right)^2 \right] ds^2.$$

Or $d\alpha$ est précisément l'angle de contingence dont la valeur est, comme on sait, $\frac{ds}{R}$; on a donc finalement

$$\frac{1}{R^2} = \left(\frac{d^2x}{ds^2}\right)^2 + \left(\frac{d^2y}{ds^2}\right)^2. \qquad (65)$$

371. Différence entre un arc infiniment petit et sa corde.
— Cette question est une application immédiate de la théorie de la courbure.

Si l'on prend l'arc pour variable indépendante, la dernière formule du paragraphe 283 devient

$$1 = x'^2 + y'^2,$$

d'où en différentiant deux fois de suite

$$o = x'x'' + y'y'',$$
$$o = x''^2 + y''^2 + x'x''' + y'y'''.$$

Cette dernière formule peut s'écrire, à cause de (65),

$$x''^2 + y''^2 = -(x'x''' + y'y''') = k^2.$$

Cela posé, la différence δ entre l'arc Δs et la corde, dont les extrémités sont aux points x, y et $x + \Delta x$, $y + \Delta y$ est

$$\delta = \Delta s - \sqrt{\Delta x^2 + \Delta y^2}.$$

Or la formule de Taylor donne

$$\Delta x = x'ds + \frac{1}{2}x''ds^2 + \frac{1}{6}x'''ds^3 + \dots$$
$$\Delta y = y'ds + \frac{1}{2}y''ds^2 + \frac{1}{6}y'''ds^3 + \dots;$$

d'où, puisque $ds = \Delta s$,

$$\delta = ds - \left\{ (x'^2 + y'^2\,ds^2 + (x'x'' + y'y'')ds^3 + \left(\frac{x''^2 + y''^2}{4} + \frac{x'x''' + y'y'''}{3} \right)ds^4 + \dots \right\}^{\frac{1}{2}}.$$

Si l'on tient compte des égalités établies au début de ce paragraphe, et si on développe l'accolade suivant la formule du binôme généralisée, il vient, toutes réductions faites, pour valeur principale de δ.

$$\delta = \frac{1}{24} k^2 ds^3.$$

Donc la différence entre un arc infiniment petit et sa corde est un infiniment petit du troisième ordre par rapport à l'arc, et son rapport au cube de l'arc est égal au vingt-quatrième du carré de la courbure.

372. On démontrerait de même les formules suivantes[1] :

La longueur d'une tangente comprise entre le point de contact et la tangente infiniment voisine a pour valeur principale

$$\frac{1}{2}\,ds.$$

La différence entre les longueurs des deux tangentes menées aux extrémités d'un arc infiniment petit, et terminées à leur point de rencontre, a pour valeur principale

$$\frac{1}{6}\frac{k'}{k}\,ds,$$

k' désignant $\dfrac{dk}{ds}$.

L'angle de la corde et de la tangente a pour valeur principale

$$\frac{1}{2}\,kds\,;$$

c'est la moitié de la valeur principale de l'angle de contingence.

La différence entre cette moitié et l'angle précédent a pour valeur principale $\dfrac{1}{12}\,k'ds^3$.

Enfin la différence entre les angles que fait la corde de l'arc avec les tangentes à ses extrémités a pour valeur principale

$$\frac{1}{6}\,k'ds^2.$$

Équation intrinsèque

373. Dans le calcul différentiel et intégral, les courbes interviennent surtout pour faciliter la conception ou

---

[1] Voir une note de M. Rouché, qui fait suite au *Traité de Géométrie descriptive* d'OLIVIER (3ᵉ édition).

l'énoncé des propriétés relatives aux fonctions de deux variables. Cependant, tant au point de vue mécanique qu'au point de vue géométrique, l'étude des formes de courbes a en soi tant d'intérêt que nous insisterons encore un peu sur ce sujet.

Un des premiers efforts des géomètres consiste à s'affranchir de la sujétion des systèmes spéciaux de coordonnées, pour concentrer leur attention sur les propriétés qui ne tiennent pas à la situation de la courbe par rapport aux axes de référence. Il est naturel dans cet ordre d'idées, et c'est précisément ce que nous avons fait dans le paragraphe précédent, de considérer la longueur de l'arc comme la variable indépendante : si l'on connaît, pour chaque point, la courbure, la courbe pourra être construite. En effet, la connaissance de la courbure entraîne celle de l'angle de contingence. Or, si nous assimilons la courbe à un polygone inscrit de côtés égaux à ds, on pourra, en vertu du théorème démontré n° 289, considérer le supplément de l'angle de deux côtés consécutifs, comme égal à l'angle de contingence en leur point de rencontre, et le polygone sera entièrement déterminé par la connaissance de ses côtés et de ses angles.

On appelle *équation intrinsèque* de la courbe la relation entre le rayon de courbure et l'arc

$$f(R, s) = 0. \tag{66}$$

374. Nous allons vérifier que cette équation suffit pour déterminer la courbe.

En effet on en tirera d'abord

$$R = F(s).$$

Puis, α étant l'angle de la tangente avec ox, nous avons vu que l'angle de contingence avait pour valeur

$$d\alpha = \frac{ds}{R}.$$

Si donc φ est la fonction déterminée de s, qui a $\dfrac{ds}{R}$ pour différentielle, on aura

$$\alpha = \varphi - \varphi_0.$$

Les coordonnées x, y du point M se déduiront des formules (64)

$$dx = \cos \alpha\, ds,$$
$$dy = \sin \alpha\, ds.$$

Les seconds membres sont connus; on déterminera leurs intégrales X, Y, et l'on aura

$$x = X + x_0$$
$$y = Y + y_0.$$

375. Supposons, par exemple, que l'équation (66) se réduise à

$$R = a,$$

a étant une constante. La fonction φ a pour valeur

$$\frac{s}{a}.$$

D'où

$$\alpha = \frac{s - s_0}{a},$$
$$dx = \cos \frac{s - s_0}{a}\, ds,$$
$$dy = \sin \frac{s - s_0}{a}\, ds,$$
$$X = a \sin (s - s_0),$$
$$Y = - a \cos (s - s_0),$$
$$x - x_0 = a \sin (s - s_0),$$
$$y - y_0 = - a \cos (s - s_0).$$

L'élimination de s s'obtient en ajoutant les deux dernières relations préalablement élevées au carré; le résultat

$$(x - x_0)^2 + (y - y_0)^2 = a^2$$

montre que la circonférence est la seule courbe à courbure constante. Nous avions déjà démontré ce théorème dans la théorie des développées.

Ordre, Classe, Genre des courbes algébriques
Formules de Plücker

376. On appelle *ordre* d'une courbe plane le nombre total de ses points d'intersection avec une droite quelconque, ou encore le degré de son équation en coordonnées rectilignes. Ce nombre sera désigné par la lettre n.

On appelle *classe* d'une courbe plane le nombre total des tangentes que l'on peut mener à la courbe d'un point quelconque, ou encore le degré de son équation tangentielle. Ce nombre sera désigné par la lettre k.

Nous introduirons encore les notations suivantes

d, nombre des points doubles,
t, nombre des tangentes doubles,
r, nombre des points de rebroussement,
w, nombre des points d'inflexion ;

et l'objet de l'étude actuelle est de trouver les relations entre ces différents nombres.

377. Nous commencerons par observer que nous n'avons pas introduit de multiplicités d'ordres supérieurs au second. C'est qu'on peut, à l'aide des considérations suivantes, toujours remplacer un point multiple d'ordre h par un certain nombre de points doubles : bornons-nous, pour faire comprendre la méthode, au point triple. Il suffit de concevoir trois branches de courbes passant dans le voisinage d'un même point o ; elles déterminent, par leurs intersections mutuelles, trois points doubles. Si on les déforme de manière à les amener à passer en O, le point triple ainsi

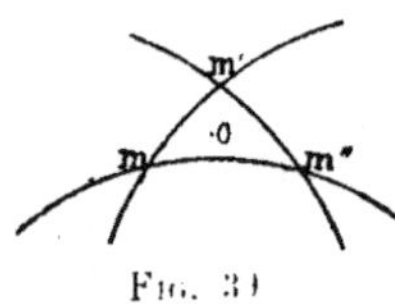

Fig. 31

obtenu sera la réunion de trois points doubles. On verrait de même qu'un point multiple d'ordre h peut être considéré comme absorbant $\dfrac{h(h-1)}{2}$ points doubles.

378. Il a été établi (n° 293) que les points de contact des tangentes issues d'un point P à une courbe d'ordre n sont à l'intersection de cette courbe et de la première polaire de P, qui est du degré $n-1$; ils sont par conséquent en général au nombre de $n(n-1)$. Il en résulterait l'égalité

$$k = n(n-1),$$

si tous les points communs à la courbe et à la polaire de P étaient effectivement des points de contact de tangente issus de P. Mais on a déjà vu que les points doubles étaient aussi sur la première polaire, et, en faisant passer cette polaire dans le voisinage du point double, avant de la faire exactement passer à ce point, on voit qu'un point double absorbe deux intersections de la courbe et de la polaire.

Pour avoir les tangentes effectives issues de P, il faut donc déjà diminuer $\dfrac{n(n-1)}{2}$ de $2d$. Ce raisonnement suppose que la polaire passe au point double sans y avoir, avec la courbe, aucune tangente commune. Il faut donc chercher la tangente de la polaire au point double.

Nous prendrons ce point pour origine, et les deux tangentes au point double pour axes de coordonnées. La courbe a alors pour équation

$$o = xy + \varphi_3(x, y) + \dots \tag{67}$$

et la polaire du point P (α, β) (n° 293)

$$o = \alpha y + \beta x + \text{termes du } 2^e \text{ degré au moins.}$$

La tangente, à l'origine,

$$\alpha y + \beta x = o,$$

forme, avec les axes et la droite OP, un faisceau harmonique. Elle est donc distincte des tangentes au point double. Cette conclusion, à son tour, se trouve en défaut, si les tangentes au point double sont confondues (point de rebroussement); alors la tangente à la polaire se confond avec la tangente au point de rebroussement. Soit dans ce cas, ox, la tangente, de rebroussement; la courbe proposée aura pour équation

$$0 = y^2 + \varphi_3(x, y) + \cdots \tag{68}$$

et la première polaire

$$0 = 2\beta y + \text{termes du } 2^e \text{ degré au moins.}$$

Multipliant cette dernière équation par y, et la précédente par -2β, on obtient, en ajoutant membre à membre, une courbe qui a un point triple à l'origine et qui a, avec la polaire, les mêmes points communs que cette dernière avec la courbe proposée. Or, en développant les calculs, on voit aisément que, dans le cas général, cette courbe n'est pas tangente à ox: ses trois branches en o coupent donc la polaire (qui, elle, touche ox) en trois points simples, et le point de rebroussement absorbe trois des points de rencontre de la courbe avec la première. Finalement, il reste pour la classe k d'une courbe d'ordre n

$$k = n(n-1) - 2d - 3r. \tag{69}$$

379. En considérant la polaire réciproque pour interpréter l'équation tangentielle, comme nous l'avons indiqué n° 361, on obtient immédiatement la formule corrélative

$$n = k(k-1) - 2t - 3w. \tag{70}$$

380. Des considérations analogues permettent de relier le nombre w des points d'inflexion à l'ordre et au nombre des points doubles ou de rebroussement. Les points d'inflexion sont à l'intersection de la courbe et de la hessienne (57);

comme cette dernière est du degré $2(n-2)$, on aurait

$$w = 3n(n-2),$$

s'il n'y avait pas de points singuliers.

Mais on a vu, n° 364, que les points doubles et de rebroussement de la courbe originaire sont aussi sur la hessienne, et on a donné les tangentes de la hessienne en ces points. Il en résulte immédiatement deux conséquences : 1° un point double absorbe six des points communs de la courbe et de la hessienne ; 2° en appliquant un raisonnement analogue à celui que nous venons de faire dans la recherche de la classe et que, pour ce motif, nous nous dispenserons de reproduire, on voit qu'un point de rebroussement absorbe huit des points communs de la courbe et de la hessienne. Finalement la formule cherchée est donc

$$w = 3n(n-2) - 6d - 8r. \qquad (71)$$

381. En considérant la polaire réciproque, on obtient la dernière formule

$$r = 3k(k-2) - 6t - 8w. \qquad (72)$$

382. Les formules (69), (70), (71) et (72), sont appelées formules de Plücker, du nom de leur inventeur. Elles ne sont pas indépendantes. En effet, la soustraction permet, appliquée au groupe (69), (71), ou au groupe (70), (72), d'écrire l'équation unique

$$3(k-n) = w - r, \qquad (73)$$

qui peut remplacer (70) et (72). Il reste donc trois équations distinctes, qui permettront de calculer trois quantités, connaissant les trois autres. Comme application, cherchons les nombres de Plücker, pour une courbe d'ordre n, sans point double ni rebroussement. Les données sont n, $d = 0$, $r = 0$;

et les résultats sont les suivants

$$k = n(n - 1),$$
$$w = 3n(n - 2),$$
$$t = \frac{1}{2} n(n - 2)(n^2 - 9).$$

Les mêmes formules permettent aussi d'expliquer un paradoxe apparent. Concevons une courbe, en apparence la plus simple, c'est-à-dire sans singularités; on a $d = r = t = w = 0$, et les formules donnent les égalités

$$k = n(n - 1),$$
$$n = k(k - 1),$$

évidemment incompatibles, sauf si $k = n = 2$. Mais il n'y a pas paradoxe, et il se trouve simplement démontré qu'il n'y a aucune courbe d'ordre supérieur au second qui soit dépourvue de singularités.

Nous allons énumérer les diverses espèces de courbes que peut fournir le troisième ordre

d	r	k	w	t
0	0	6	9	0
1	0	4	3	0
0	1	3	1	0

Il n'y a jamais de tangente double, ce qui était évident, puisqu'une pareille droite aurait quatre points communs avec la cubique.

383. Les formules de Plücker suggèrent une dernière remarque. Les nombres qui sont dans les premiers membres étant toujours positifs ou nuls, il en résulte que le nombre d des points doubles ne peut jamais, en vertu de la formule (69), dépasser $\frac{n(n-1)}{2}$, ni même $\frac{n(n-2)}{2}$, si l'on se reporte à la formule (71). Ces deux limites sont trop élevées, et nous allons démontrer que *le nombre maximum des points doubles d'une courbe d'ordre n ne peut pas sur-*

passer $\dfrac{(n-1)(n-2)}{2}$. Il peut atteindre ce maximum, comme on le voit, en prenant, par exemple, une cubique à point double.

En effet, on sait que, pour déterminer une courbe d'ordre n, il faut se donner $\dfrac{n(n+3)}{2}$ points. Cela posé, nous allons, montrer que, s'il y a plus de $\dfrac{(n-1)(n-2)}{2}$ points doubles, soit au moins

$$\frac{(n-1)(n-2)}{2} + 1 = d,$$

la courbe comprend une courbe d'ordre moindre, et par conséquent se décompose. A cet effet, déterminons une courbe d'ordre $n-1$, en l'assujettissant à passer par d points doubles et par $2n-3$ autres points, pris sur la courbe proposée, soit en tout par

$$\frac{(n-1)(n-2)}{2} + 1 + 2n - 3 = \frac{(n-1)(n+2)}{2}$$

points. Les deux courbes se couperont en $2n-3+2d$ points, parce que les points doubles doivent être comptés pour deux dans l'intersection ; cela fait

$$n(n-1) + 1,$$

points communs, c'est-à-dire un de plus que le théorème de Bezont n'en permet à deux courbes d'ordre n et $n-1$, qui n'ont pas une infinité de points communs. La courbe d'ordre n doit donc se décomposer, ou n'avoir pas plus de $\dfrac{(n-1)(n-2)}{2}$ points doubles.

384. Genre d'une courbe. — On appelle *genre* d'une courbe, l'excès du nombre maximum de points doubles que comporte son ordre, sur le nombre de points doubles qu'elle possède effectivement. Nous désignerons cet excès par la lettre p.

Son introduction dans les formules de Plücker leur donne un aspect plus symétrique.

$$
\begin{aligned}
2p - 2 &= k + r - 2n \\
&= n + w - 2k \\
&= n(n-3) - 2(d+r) \\
&= k(k-3) - 2(t+w)
\end{aligned}
\qquad (74)
$$

385. On appelle courbes *unicursales*, celles pour lesquelles les deux coordonnées rectilignes peuvent s'exprimer *rationnellement* en fonction d'un même paramètre.

Théorème. — *Les courbes de genre zéro sont unicursales ou se décomposent.*

En effet, par les points doubles de la courbe donnée (C), et par $n-3$ autres points fixes de (C), faisons passer une courbe (C') d'ordre $n-2$, ce qui est toujours possible et d'une infinité de manières, puisque l'on n'a fixé que

$$
\frac{(n-1)(n-2)}{2} + n - 3 = \frac{(n-2)(n+1)}{2} - 1,
$$

points de la courbe d'ordre $n-2$, c'est-à-dire un de moins qu'il n'est nécessaire pour déterminer la courbe. Les conditions qui expriment qu'une courbe passe par des points donnés étant linéaires par rapport aux coefficients inconnus de cette courbe, on aura

$$
\frac{(n-2)(n+1)}{2} - 1,
$$

équations linéaires entre

$$
\frac{(n-2)(n+1)}{2},
$$

coefficients qui permettront d'exprimer tous ces coefficients en fonctions linéaires d'un seul, et finalement l'équation de (C′) se présentera sous la forme

$$S + \lambda S' = 0, \qquad\qquad (73)$$

λ étant un paramètre arbitraire, et S, S′, des fonctions de degré $n - 2$, au plus.

Les courbes (C) et (C′) se coupent en

$$n - 3 + 2d = n - 3 + (n - 1)(n - 2) = n(n - 2) - 1.$$

points fixes. Elles ont donc en plus un point commun, et l'on peut profiter de l'indétermination de λ pour que ce dernier point commun soit un point quelconque de (C). Cherchons les coordonnées de ce point M. Des opérations, purement algébriques, permettront d'éliminer une des coordonnées, y par exemple, et l'on obtiendra ainsi une équation de degré $n(n - 2)$ en x; de cette équation, on connaîtra toutes les racines, sauf une, savoir les abscisses x_1, x_2, ..., x_d, des points doubles, et celles x'_1, x'_2, ..., x'_{n-3} des points fixes donnés. Donc, en divisant le premier membre de l'équation par

$$(x - x_1)^2 (x - x_2)^2 \ldots (x - x_d)^2 (x - x'_1) \ldots (x - x'_{n-3}),$$

il restera une équation du premier degré en x, qui fera connaître l'abscisse du point M, en fonction rationnelle de λ. On aura de même l'ordonnée, ce qui démontre le théorème.

On pourrait craindre que le dernier point commun, laissé indéterminé entre (C) et (C′), ne fût fixe lui-même; mais, dans ce cas, l'indétermination de λ permettrait de faire passer (C′) encore par un point de (C). Les deux courbes auraient alors

$$n(n - 2) + 1,$$

points communs, et auraient une courbe plane commune; (C) se décomposerait.

386. *Réciproquement*, toute courbe unicursale a son maximum de points doubles, c'est-à-dire est de genre zéro.

Supposons, en effet, que les coordonnées s'expriment rationnellement en fonctions d'un paramètre t par les formules

$$x = \frac{\theta_1(t)}{\theta(t)}, \qquad y = \frac{\theta_2(t)}{\theta(t)} \tag{76}$$

dans lesquelles une, au moins, des fonctions θ, θ_1, θ_2, est de degré n, et où l'on peut évidemment supposer les fractions irréductibles.

D'abord la courbe est bien de degré n, car ses points de rencontre avec une droite quelconque

$$ux + vy + w = 0$$

sont donnés par l'équation de degré n

$$u\,\theta_1(t) + v\,\theta_2(t) + w\,\theta(t) = 0.$$

L'équation de la courbe s'obtiendra en éliminant t entre les deux équations (76); ce sera

$$F(x, y) = 0, \tag{77}$$

et l'on sait que, en général, si cette équation résultante est vérifiée par un système de valeurs x_0, y_0, les équations (76) ont une et une seule racine commune. Donc, à tout point de la courbe (77), correspond une seule valeur de t, en général.

Le contraire pourrait cependant arriver : par exemple, si

$$\begin{vmatrix} a & b & c \\ a' & b' & c' \\ a'' & b'' & c'' \end{vmatrix} = 0,$$

les équations

$$x = \frac{at^2 + bt + c}{a''t^2 + b''t + c''}, \qquad y = \frac{a't^2 + b't + c'}{a''t^2 + b''t + c''}$$

ne représentent pas une conique, mais une droite parcourue deux fois, et à tout point de la droite correspondent deux valeurs de t, reliées par l'égalité

$$(ab'' - ba'') t_1 t_2 + (ac'' - ca'') (t_1 + t_2) + bc'' - cb'' = 0.$$

Mais nous allons montrer que, si *tous* les points d'une courbe peuvent être obtenus par plusieurs valeurs du paramètre t, on peut toujours trouver un nouveau paramètre T, tel que, à tout point de la courbe, corresponde une seule valeur de T (exception faite pour les points multiples).

Si un même point est obtenu par deux valeurs t_1 et t_2 du paramètre, on aura les deux conditions

$$\frac{\theta_1(t_1)}{\theta(t_1)} = \frac{\theta_1(t_2)}{\theta(t_2)}, \qquad \frac{\theta_2(t_1)}{\theta(t_1)} = \frac{\theta_2(t_2)}{\theta(t_2)}.$$

ou

$$\begin{aligned}
R(t_1, t_2) &= \theta_1(t_1)\,\theta(t_2) - \theta(t_1)\,\theta_1(t_2) = 0 \\
R_1(t_1, t_2) &= \theta_2(t_1)\,\theta(t_2) - \theta_2(t_2)\,\theta(t_1) = 0
\end{aligned} \qquad (78)$$

Les deux fonctions R et R_1 admettent évidemment le diviseur $t_1 - t_2$, mais il peut y avoir un diviseur de degré plus élevé. Soit $D(t_1, t_2)$, le plus grand commun diviseur, en sorte que

$$\begin{aligned}
R(t_1, t_2) &= D(t_1, t_2)\, Q(t_1, t_2) \\
R_1(t_1, t_2) &= D(t_1, t_2)\, Q_1(t_1, t_2)
\end{aligned} \qquad (79)$$

Q et Q_1 ne peuvent plus s'annuler que pour des systèmes isolés de valeurs de t_1 et t_2, ce qui donnera des points doubles avec branches distinctes, puisque les valeurs de t, infiniment voisines de t_1 et de t_2, n'annulent plus R et R_1.

Ordonnons le polynôme D par rapport à t_2 :

$$D = A t_2^m + A_1 t_2^{m-1} + \dots + A_\alpha t_2^{m-\alpha} + \dots + A_m.$$

L'un, au moins, des coefficients A_α est de degré m en t_1 : car, si l'on échange les lettres t_1 et t_2, les polynômes R et R_1 changent de signe, sans changer de valeur absolue, et par conséquent leur plus grand commun diviseur D reste le même, à un facteur constant près. Soit A_α l'un des coefficients de degré m en t_1; les autres coefficients seront de même degré, ou de degré moindre; A sera certainement de **degré** moindre, parce que D, devant s'annuler pour $t_2 = t_1$, **ne** peut pas contenir le terme $t_1^m\, t_2^m$. Maintenant, si l'on remplace dans D, soit t_2, soit t_1, par une quelconque t_i des m racines de l'équation

$$D = o,$$

cette équation sera évidemment encore vérifiée, et les deux équations

$$D(t_1, t_2) = A(t_1)t_2^m + A_1(t_1)t_2^{m-1} + \ldots + A_\alpha(t_1)t_2^{m-\alpha} + \ldots + A_m(t_1) = o,$$

et

$$D(t_i, t_2) = A(t_i)t_2^m + A_1(t_i)t_2^{m-1} + \ldots + A_\alpha(t_i)t_2^{m-\alpha} + \ldots + A_m(t_i) = o$$

dans les coefficients desquelles nous avons mis en évidence la variable, auront les mêmes racines en t_2; leurs coefficients seront proportionnels, et l'on aura

$$\frac{A_\alpha(t_1)}{A(t_1)} = \frac{A_\alpha(t_i)}{A(t_i)}$$

pour $i = 1, 2, \ldots, m$. Si donc on pose

$$T = \frac{A_\alpha(t_j)}{A(t_j)}, \tag{80}$$

le paramètre T prendra une valeur unique pour les m valeurs $t_1, t_2, \ldots, t_m$, c'est-à-dire pour le point de la courbe considérée.

387. Nous pouvons maintenant aborder la démonstration du théorème énoncé au numéro précédent et supposer qu'à un point quelconque de la courbe définie par les équations (76) correspond une seule valeur du paramètre t (exception faite des points multiples que nous allons rechercher). Ces points seront donnés par les solutions communes aux équations (78) : divisons R et R_1 par $t_1 - t_2$, pour exclure la solution parasite $t_2 = t_1$, nous obtenons deux nouvelles équations

$$S(t_1, t_2) = 0 \quad \Big\}$$
$$S_1(t_1, t_2) = 0 \quad \Big\rvert \qquad (81)$$

symétriques en t_1 et t_2, et de degré $n - 1$, par rapport à ces deux lettres.

Posons alors

$$t_1 + t_2 = u, \qquad t_1 t_2 = v. \qquad (82)$$

Comme les deux équations (81) sont composées avec des termes de la forme

$$A_{\alpha\beta}(t_1^\alpha t_2^\beta + t_2^\alpha t_1^\beta) = A_{\alpha\beta}(t_1 t_2)^\beta (t_1^{\alpha-\beta} + t_2^{\alpha-\beta}),$$
$$(\alpha > \beta),$$

et que les sommes $t_1^k + t_2^k$ s'expriment, à cause de la formule de récurrence

$$t_1^k + t_2^k = (t_1^{k-1} + t_2^{k-1})u - v(t_1^{k-2} + t_2^{k-2}),$$

par des fonctions de degré k en u, v, la substitution (82) dans les équations (81) conduira à des équations de degré $n - 1$, qui auront $(n - 1)^2$ groupes de solutions communes. Mais tous ces groupes ne conviendront pas. En effet, pour obtenir les équations (78), nous avons dû multiplier par $\theta(t_1)$, $\theta(t_2)$, et si t_1 et t_2 annulent $\theta(t)$, le groupe correspondant doit être rejeté. Or il y a de ces groupes autant qu'il y a de combinaisons des n racines de $\theta(t)$ deux à deux, savoir

$$\frac{n(n-1)}{2}.$$

Il restera donc

$$(n-1)^2 - \frac{n(n-1)}{2} = \frac{(n-1)(n-2)}{2}$$

groupes de solutions utiles, à chacun desquels correspond un point double. La courbe a donc son maximum de points doubles; elle est de genre zéro.

388. Dans tout ce qui précède, nous avons supposé que la courbe n'avait pas d'autres singularités que des points doubles. Nous avons déjà eu l'occasion de dire qu'un point multiple d'ordre k, à tangentes distinctes, peut être considéré comme remplaçant $\frac{k(k-1)}{2}$ points doubles ordinaires, et qu'un point de rebroussement de première espèce équivalait à trois points doubles dans la diminution de la classe ou du genre. On pourrait aller plus loin; mais nous nous bornerons à énoncer le résultat suivant : toute courbe algébrique, quelle que soit la nature de ses singularités, peut, par une transformation birationnelle, être remplacée, sans que le genre soit altéré, par une courbe algébrique n'ayant que des points multiples à tangentes séparées[1]. (On appelle transformations birationnelles celles qui donnent les coordonnées d'un point quelconque de chacune des deux courbes, à l'exception de certains points isolés, en fonctions rationnelles des coordonnées d'un point de l'autre courbe.) Par de pareilles transformations, deux courbes quelconques d'un même genre peuvent se correspondre point par point. Nous allons en donner deux exemples.

389. Soit d'abord une courbe (C) indécomposable de *genre zéro*. Par ses points doubles et par $n-4$ autres points fixes de (C), faisons passer une courbe (C') d'ordre $n-2$; comme nous avons fixé seulement $\frac{(n-2)(n+1)}{2} - 2$

---

[1] Voir, par exemple, JORDAN, *Cours d'analyse de l'École Polytechnique*, deuxième édition, t. I, chap. v. La possibilité du problème résulte de l'étude que nous avons faite d'une courbe autour d'un point singulier, étude dans laquelle nous avons réussi à séparer toutes les branches.

points, il restera deux paramètres arbitraires, et l'équation
de la courbe (C') sera de la forme

$$\alpha_1 \varphi_1(x, y) + \alpha_2 \varphi_2(x, y) + \alpha_3 \varphi_3(x, y) = 0, \qquad (82)$$

φ_1, φ_2, φ_3, étant des fonctions déterminées. La courbe (82) a,
comme cela résulte du n° 385, $n(n-2) - 2$ points fixes
communs avec (C). Comme (C) et (C') se coupent en
$n(n-2)$ points, il en reste deux seulement, dont les coordonnées dépendent de α_1, α_2, α_3.

Posons

$$X = \frac{\varphi_1}{\varphi_3}, \qquad Y = \frac{\varphi_2}{\varphi_3}. \qquad (83)$$

Si x, y, est un point donné, X, Y, est déterminé d'une
manière univoque par ces formules. Eliminons x, y, entre
les équations (83) et celle de (C), c'est-à-dire exprimons que
les équations

$$\begin{aligned}
\varphi_1 - X\varphi_3 &= 0 \\
\varphi_2 - Y\varphi_3 &= 0 \\
f(x, y) &= 0
\end{aligned} \right\} \qquad (84)$$

ont au moins une solution commune de plus que celles
déjà existantes. Le résultat de l'élimination sera

$$F(X, Y) = 0. \qquad (85)$$

A tout point M de (85) correspondra, au moins, un nouveau point $m(x, y)$ de (C), commun aux trois courbes (84);
mais les deux premières de ces courbes appartiennent au
type (82), et, par conséquent, avaient déjà $n(n-2) - 2$
points communs avec (C). Elles ont donc, si le point X, Y, est
sur la courbe (85), $n(n-2) - 1$ points communs avec (C),
et elles ne peuvent en avoir davantage, sans quoi la courbe

$$\varphi_1 - X\varphi + \lambda(\varphi_2 - Y\varphi_3) = 0,$$

qui aurait aussi $n(n-2)$ points communs avec (C), pourrait,
par un choix convenable de λ, avoir $n(n-2) + 1$ points

sur (C), et par conséquent faire partie de (C), qui serait décomposable, ce qui est contre l'hypothèse. Donc, à un point M de (85) correspond un point unique m de (C).

Il est essentiel de remarquer que l'équation (85) est celle d'une conique ; il suffit, pour le prouver, de montrer qu'à toute valeur donnée de X correspondent deux valeurs de Y, et réciproquement. Or, si l'on se donne X, la première équation (84) détermine une courbe du réseau (82), c'est-à-dire une courbe qui coupe (C) en deux points seulement, dont les coordonnées dépendent de X. A chacun de ces points correspondent par (83) une seule valeur de Y, donc en tout deux.

D'ailleurs, une transformation homographique, suivie d'une inversion [1], permet de faire correspondre à une conique un cercle, puis une droite. Il se trouve donc établi que, par une transformation birationnelle, on peut toujours faire correspondre, point par point, une courbe quelconque de genre zéro à une droite.

390. Lorsqu'un procédé quelconque permet de faire correspondre, d'une manière univoque, les points d'une figure aux points d'une autre figure, on dit qu'on a obtenu une *représentation conforme* de la première sur la seconde. Les résultats acquis dans le paragraphe précédent peuvent donc s'énoncer ainsi : « On peut toujours obtenir d'une manière rationnelle la représentation conforme d'une courbe de genre zéro sur une ligne droite. »

391. Comme second exemple, nous allons montrer qu'on peut obtenir d'une manière analogue, la représentation d'une forme courbe (C) de *genre un*, non décomposable, sur

---

[1] La transformation qui permettra de passer d'une conique au cercle sera, par exemple, une perspective conique, quant aux formules d'inversion un peu moins usuelles. les voici, en mettant le pôle sur le cercle,

$$\frac{x}{\xi} = \frac{y}{\eta} = \frac{k}{\xi^2 + \eta^2} = \frac{x^2 + y^2}{k}.$$

k est la puissance d'inversion. et ces formules sont bien birationnelles.

une cubique sans point double. La méthode étant identique
à celle qui vient d'être employée, nous n'insisterons pas sur
les détails.

Par les

$$\frac{(n-1)(n-2)}{2} - 1$$

points doubles et par $n - 3$ autres points fixes de (C),
faisons passer une courbe (C') d'ordre $n - 2$. Son équation
sera de la forme (82)

$$\alpha_1\varphi_1(x, y) + \alpha_2\varphi_2(x, y) + \alpha_3\varphi_3(x, y) = 0, \qquad (82)$$

et elle coupera (C) en

$$2\left[\frac{(n-1)(n-2)}{2} - 1\right] + n - 3 = n(n-2) - 3$$

points fixes et en *trois* autres points dont les coordonnées
dépendront de α_1, α_2, α_3. Posons encore

$$X = \frac{\varphi_1}{\varphi_3}, \qquad Y = \frac{\varphi_2}{\varphi_3}; \qquad (83)$$

et, entre ces deux équations et

$$f(x, y) = 0, \qquad (84)$$

éliminons x, y. Nous obtenons l'équation

$$F(X, Y) = 0. \qquad (85)$$

A un point m de (C) correspond évidemment un seul
point M de cette nouvelle courbe (Γ). Réciproquement, si
X, Y satisfont à l'équation (85), les trois équations (83) et (84)
acquièrent une nouvelle solution commune en x, y, ce qui
fait en tout

$$n(n-2) - 2;$$

et elles ne peuvent en avoir une de plus, sans quoi la

courbe

$$\varphi_1 - X\varphi_3 + \lambda(\varphi_2 - Y\varphi_3) = 0$$

n'aurait plus avec (C) qu'un seul point d'intersection dont les coordonnées dépendraient de λ; les coordonnées de ce point s'exprimeraient rationnellement en fonction du paramètre λ; la courbe (C) serait de genre zéro, ce qui est contraire à l'hypothèse.

Ainsi, à tout point de la courbe Γ, correspond bien un seul point de (C). D'ailleurs (Γ) est une cubique. **En effet se** donner X, c'est prendre pour valeurs des paramètres

$$\alpha_1 = 1, \qquad \alpha_2 = 0, \qquad \alpha_3 = X,$$

et l'on sait que trois seulement des systèmes de valeurs correspondantes de x et de y dépendent de α_1, α_2, α_3. **Par** suite, Y prend au plus trois valeurs différentes pour une valeur donnée à X, et réciproquement : Γ est donc une cubique. Cette cubique n'a pas de point double, sans quoi elle serait unicursale; les coordonnées de ses points s'exprimeraient rationnellement en fonction d'un paramètre, et il en serait de même pour (C), ce qui est contre l'hypothèse. Le théorème est donc démontré.

Corollaire. — Projetons la courbe Γ de manière qu'un de ses points d'inflexion soit à l'infini et que la tangente en ce point soit également rejetée à l'infini; $z = 0$ doit donner trois points confondus. L'équation sera donc, en coordonnées homogènes, de la forme

$$P_1^3 + zP_2 = 0,$$

P_1 étant une fonction linéaire, P_2 un polygone du second degré. Un changement de coordonnées permettra d'écrire l'équation précédente sous la forme

$$x^3 + P_2 = 0,$$

et P_2 contient nécessairement un terme en y^2, sans quoi y

s'exprimerait en fonction rationnelle de l'abscisse, et la courbe serait unicursale. P_2 pourra alors se mettre sous la forme

$$(ay + bx + c)^2 + dx^2 + ex + f$$

$a \gtrless 0$. Prenons la droite

$$ay + bx + c = 0$$

pour axe des x, l'équation de la cubique devient

$$y^2 = \alpha x^3 + \beta x^2 + \gamma x + \delta.$$

Une dernière substitution, qui remplacera x par $\lambda x + \mu$, donnera enfin la forme la plus réduite

$$y^2 = 4x^3 - g_2 x - g_3 \qquad (86)$$

d'une courbe sur laquelle on puisse obtenir la représentation conforme de toutes les courbes de genre un.

Quelques formules en coordonnées polaires

392. Les formules que nous avons à donner dans ce paragraphe s'obtiennent par de simples changements de variables. Soit

$$x = \rho \cos \omega, \qquad y = \rho \sin \omega.$$

On en tire, si ω est pris comme variable indépendante,

$$dx = - \rho \sin \omega\, d\omega + \cos \omega\, d\rho,$$
$$dy = \rho \cos \omega\, d\omega + \sin \omega\, d\rho,$$
$$d^2x = - \rho \cos \omega\, d\omega^2 - 2 \sin \omega\, d\omega d\rho + \cos \omega\, d^2\rho,$$
$$d^2y = - \rho \sin \omega\, d\omega^2 + 2 \cos \omega\, d\omega d\rho + \sin \omega\, d^2\rho,$$

et par suite, comme on l'a déjà vu, pour la différentielle de l'arc

$$ds^2 = d\rho^2 + \rho^2 d\omega^2$$

et pour le rayon de courbure (n° 104)

$$R = \frac{(\rho^2 + \rho'^2)^{\frac{3}{2}}}{\rho^2 - \rho\rho'' + 2\rho'^2}. \qquad (87)$$

Si l'on pose $\rho = \dfrac{1}{u}$, cette formule devient

$$R = \frac{(u^2 + u'^2)^{\frac{3}{2}}}{u^3(u + u'')}.$$

et l'on voit que les points d'inflexion s'obtiendront en faisant le rayon de courbure infini, ce qui donne l'équation

$$u + u'' = o,$$

qu'on peut écrire

$$\frac{1}{\rho} + \left(\frac{1}{\rho}\right)'' = o.$$

393. Concavité vers le pôle. — Nous allons retrouver ce résultat en cherchant directement la condition pour que la courbe tourne sa concavité vers le pôle, c'est-à-dire pour qu'elle soit située dans le voisinage du point M, entre le pôle et la tangente en M.

Soit MT la tangente au point ρ_0, ω_0. Si la courbe est concave vers le pôle, en menant un rayon vecteur, voisin de OM, qui coupe la courbe en M′, et la tangente en M″, il sera nécessaire que l'on ait

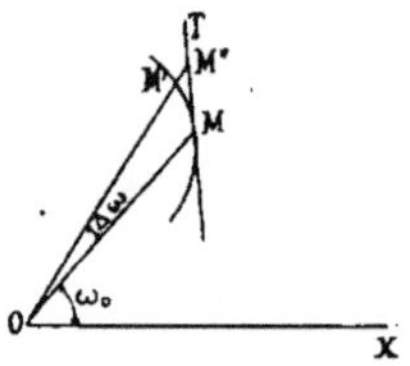

$$OM'' - OM' > o.$$

Fig. 40.

Si ρ est positif au point M, et par conséquent dans le voisinage, en appelant r le rayon vecteur OM″ de la tangente, et ρ celui OM′ de la courbe, l'inégalité précédente s'écrira

$$r - \rho > o;$$

si ρ est négatif en M, il faudra écrire

$$r - \rho < 0.$$

Pour traiter simultanément ces deux cas, nous emploierons la formule unique qui convient toujours

$$\rho(r - \rho) > 0.$$

Étudions donc le signe de la quantité $r - \rho$, ou celui de $\frac{1}{\rho} - \frac{1}{r}$, qui est le même.

On a vu, au chapitre précédent (formule 51), que

$$\frac{1}{r} = \frac{1}{\rho} \cos(\omega - \omega_0) + \left(\frac{1}{\rho_0}\right)' \sin(\omega - \omega_0),$$

ou ici

$$\frac{1}{r} = \frac{1}{\rho} \cos \Delta\omega + \left(\frac{1}{\rho_0}\right)' \sin \Delta\omega.$$

De plus, si l'équation de la courbe est

$$\frac{1}{\rho} = f(\omega),$$

on aura, dans le voisinage du point M,

$$\frac{1}{\rho} = f(\omega_0 + \Delta\omega) = f(\omega_0) + \Delta\omega f'(\omega_0) + \frac{\Delta\omega^2}{2} f''(\omega_0 + \theta\Delta\omega).$$

Si l'on remplace $\cos \Delta\omega$ et $\sin \Delta\omega$ par leurs développements en série, on voit que la valeur principale de la différence $\frac{1}{\rho} - \frac{1}{r}$ sera

$$\frac{\Delta\omega^2}{2} \left[f''(\omega_0) + f(\omega_0) \right],$$

si la quantité entre crochets n'est pas nulle. Par conséquent, pour que la courbe soit, dans le voisinage du point M, concave vers le pôle, il sera nécessaire et suffisant que l'on ait en ce point

$$\frac{1}{\rho}\left[\frac{1}{\rho} + \left(\frac{1}{\rho}\right)''\right] > 0.$$

Si

$$\frac{1}{\rho} + \left(\frac{1}{\rho}\right)'' = 0,$$

la valeur principale de $\dfrac{1}{\rho} - \dfrac{1}{r}$ sera de troisième ordre et changera de signe avec $\Delta\omega$, il y aura inflexion. Le lecteur verra lui-même ce qu'il faudrait dire, si la valeur principale de $\dfrac{1}{\rho} - \dfrac{1}{r}$ était d'ordre supérieur au troisième.

CHAPITRE XVIII

COURBES GAUCHES. — SURFACES
CONGRUENCES. — COMPLEXES DE DROITES

Courbes gauches

394. Dans ce chapitre et dans le suivant, nous supposerons les axes de coordonnées rectangulaires, pour toutes les questions qui concernent les angles ou les distances.

Une courbe gauche peut être définie soit comme intersection de deux surfaces dont on donne les équations

$$F (x, y, z) = 0, \qquad F_1 (x, y, z) = 0,$$

soit comme lieu d'un point, dont les cordonnées x, y, z sont données en fonction d'un paramètre t variable, par les formules

$$x = f_1 (t), \qquad y = f_2 (t), \qquad z = f_3 (t). \qquad (1)$$

L'élimination du paramètre t donnerait les équations de deux surfaces contenant la courbe, et, d'ailleurs, le second mode de représentation comprend le premier, en supposant $f_3(t) = t$.

Nous pourrons donc, dans ce qui suit, supposer toujours la courbe représentée par les équations (1). En particulier, sauf avis contraire, les différentielles

$$dx, \qquad dy, \qquad dz$$

auront pour valeurs respectives

$$\frac{\partial x}{\partial t}\, dt, \quad \frac{\partial y}{\partial t}\, dt, \quad \frac{\partial z}{\partial t}\, dt.$$

De même $d^2x = \dfrac{\partial^2 x}{\partial t^2}\, dt^2,\ d^2y = \dots$ etc.

On appelle *ordre* d'une courbe gauche le nombre de ses points d'intersection avec un plan quelconque.

Un grand nombre des considérations relatives aux courbes planes s'étend, sans modifications, aux courbes gauches; nous commencerons par les passer en revue.

395. Différentielle de l'arc. — La longueur d'un arc de courbe se définit exactement comme nous l'avons fait pour le plan; il n'y a qu'une variable de plus. Il en résulte immédiatement, pour la différentielle de l'arc, la formule

$$ds^2 = dx^2 + dy^2 + dz^2. \tag{2}$$

396. Tangente. — La droite qui passe par un point $M(x, y, z)$ de la courbe et par un point $M'(x + \Delta x, y + \Delta y, z + \Delta z)$ très voisin, pris sur la même courbe, a pour équations

$$\frac{X - x}{\Delta x} = \frac{Y - y}{\Delta y} = \frac{Z - z}{\Delta z}.$$

Lorsque M' tend vers M, la sécante a pour position limite la tangente en M, cette dernière droite a donc pour équations

$$\frac{X - x}{dx} = \frac{Y - y}{dy} = \frac{Z - z}{dz}. \tag{3}$$

Ces deux équations peuvent aussi s'écrire

$$\frac{X - x}{\dfrac{\partial x}{\partial t}} = \frac{Y - y}{\dfrac{\partial y}{\partial t}} = \frac{Z - z}{\dfrac{\partial z}{\partial t}}. \tag{3'}$$

Si la courbe était donnée par les deux équations

$$F(x, y, z) = 0,$$
$$F_1(x, y, z) = 0,$$

il faudrait différentier, pour avoir dx, dy, dz, ce qui donnerait

$$\frac{\partial F}{\partial x} dx + \frac{\partial F}{\partial y} dy + \frac{\partial F}{\partial z} dz = 0 \quad \Big\rangle \qquad (4)$$
$$\frac{\partial F_1}{\partial x} dx + \frac{\partial F_1}{\partial y} dy + \frac{\partial F_1}{\partial z} dz = 0 \quad \Big\rangle$$

L'élimination de dx, dy, dz, entre ces équations et les équations (3), se fait en remplaçant dans (4) les différentielles, par les valeurs proportionnelles tirées de (3); on trouve ainsi immédiatement

$$\frac{\partial F}{\partial x}(X - x) + \frac{\partial F}{\partial y}(Y - y) + \frac{\partial F}{\partial z}(Z - z) = 0 \quad \Big\rangle$$
$$\frac{\partial F_1}{\partial x}(X - x) + \frac{\partial F_1}{\partial y}(Y - y) + \frac{\partial F_1}{\partial z}(Z - z) = 0 \quad \Big\rangle \quad (5)$$

Chacune de ces équations représente un plan, et l'intersection de ces deux plans est la tangente à la courbe. Si

$$\frac{\dfrac{\partial F}{\partial x}}{\dfrac{\partial F_1}{\partial x}} = \frac{\dfrac{\partial F}{\partial y}}{\dfrac{\partial F_1}{\partial y}} = \frac{\dfrac{\partial F}{\partial z}}{\dfrac{\partial F_1}{\partial z}}$$

la tangente est indéterminée, et le point de la courbe est dit *singulier*. Nous n'étudierons pas les points singuliers dans les courbes gauches ; le lecteur trouvera sur ce sujet des indications utiles dans le tome I du *Traité d'analyse* de M. Emile Picard.

397. Les cosinus directeurs de la tangente, c'est-à-dire les cosinus des angles, que fait la tangente avec trois axes rectangulaires, sont proportionnels aux dénominateurs qui ligurent dans les formules (3). On a donc :

$$\frac{\cos\alpha}{dx} = \frac{\cos\beta}{dy} = \frac{\cos\gamma}{dz} = \pm \frac{\sqrt{\cos^2\alpha + \cos^2\beta + \cos^2\gamma}}{\sqrt{dx^2 + dy^2 + dz^2}} = \pm \frac{1}{ds},$$

ou, en choisissant pour sens positif, sur la tangente, celui dans lequel croissent les arcs

$$\cos\alpha = \frac{dx}{ds}, \qquad \cos\beta = \frac{dy}{ds}, \qquad \cos\gamma = \frac{dz}{ds}. \qquad (6)$$

Ces formules pouvaient aussi s'obtenir par des considérations géométriques, comme les formules (64) du chapitre précédent.

398. PLAN NORMAL. — On appelle *plan normal* à une courbe gauche en un point le plan perpendiculaire à la tangente en ce point. Comme, lorsque les axes sont rectangulaires, la perpendiculaire à un plan a ses cosinus directeurs proportionnels aux coefficients de X, Y, Z dans l'équation du plan, on voit que l'équation du plan normal au point $M(x, y, z)$ est

$$P \equiv (X - x)\,dx + (Y - y)\,dy + (Z - z)\,dz = 0. \qquad (7)$$

L'intersection de ce plan et du plan normal infiniment voisin s'appelle la *droite polaire* ; elle est déterminée par l'équation (7) et par l'équation

$$P + dP = 0,$$

ou encore

$$dP \equiv (X - x)\,d^2x + (Y - y)\,d^2y + (Z - z)\,d^2z - ds^2 = 0. \qquad (8)$$

Si on appelle ξ, η, ζ, les angles que fait cette droite avec les axes de coordonnées, on aura

$$\frac{\cos\xi}{dy\,d^2z - dz\,d^2y} = \frac{\cos\eta}{dz\,d^2x - dx\,d^2z} = \frac{\cos\zeta}{dx\,d^2y - dy\,d^2z}. \qquad (9)$$

Le lieu des droites polaires d'une courbe s'appelle la *surface polaire*.

399. Courbure. — *L'angle de contingence* est encore ici l'angle de deux tangentes infiniment voisines, et la *courbure*, la limite du rapport de cet angle à l'arc. Calculons ces éléments.

La tangente au point $x + dx$, $y + dy$, $z + dz$, a pour équations

$$\frac{X - x - dx}{dx + d^2x} = \frac{Y - y - dy}{dy + d^2y} = \frac{Z - z - dz}{dz + d^2z}. \quad (10)$$

Or, si deux droites ont pour équation

$$\frac{X - \alpha}{a} = \frac{Y - \beta}{b} = \frac{Z - \gamma}{c},$$

$$\frac{X - \alpha'}{a'} = \frac{Y - \beta'}{b'} = \frac{Z - \gamma'}{c'},$$

leur angle V s'obtient par la formule

$$\sin V = \frac{\sqrt{(bc' - cb')^2 + (ca' - ac')^2 + (ab' - ba')^2}}{\sqrt{(a^2 + b^2 + c^2)(a'^2 + b'^2 + c'^2)}}.$$

On aura donc, en appliquant la formule précédente aux équations (3) et (10)

$$\sin V = \frac{\sqrt{(dy\,d^2z - dz\,d^2y)^2 + (dz\,d^2x - dx\,d^2x)^2 + (dx\,d^2y - dy\,d^2x)^2}}{\sqrt{(dx^2 + dy^2 + dz^2)\,[(dx + d^2x)^2 + (dy + d^2y)^2 + (dz + d^2z)^2]}}$$

Si l'on remarque que $\sin V$ et V ont la même valeur principale, et qu'au dénominateur d^2x est négligeable devant dx, d^2y devant dy, d^2z devant dz, on trouve pour la courbure

$$k = \frac{V}{ds} = \frac{\sqrt{(dy\,d^2z - dz\,d^2y)^2 + (dz\,d^2x - dx\,d^2z)^2 + (dx\,d^2y - dy\,d^2x)^2}}{\sqrt{(dx^2 + dy^2 + dz^2)^3}} \quad (11)$$

On retrouve au numérateur des binômes déjà rencontrés (9); nous adopterons, pour désigner ces binômes ou plutôt leurs quotients par dt^3, une notation spéciale. Nous poserons

$$A = y'z'' - z'y'', \qquad B = z'x'' - x'z'', \qquad C = x'y'' - y'x''. \quad (12)$$

La courbure s'écrira ainsi

$$k = \frac{(A^2 + B^2 + C^2)^{\frac{1}{2}}}{(x'^2 + y'^2 + z'^2)^{\frac{3}{2}}}, \quad (13)$$

et son inverse, que nous appellerons encore *rayon de courbure*, aura pour expression

$$R = \frac{(x'^2 + y'^2 + z'^2)^{\frac{3}{2}}}{(A^2 + B^2 + C^2)^{\frac{1}{2}}}; \quad (14)$$

enfin les équations (9), qui définissent la direction de la droite polaire, deviendront

$$\frac{\cos \xi}{A} = \frac{\cos \eta}{B} = \frac{\cos \zeta}{C} = \frac{1}{(A^2 + B^2 + C^2)^{\frac{1}{2}}}. \quad (15)$$

Remarquons en passant que la formule (14) est tout à fait l'analogue de la formule (65) du chapitre xvii, si l'on prend s comme variable indépendante. On a en effet, dans ce cas

$$x'^2 + y'^2 + z'^2 = 1,$$

et en différentiant

$$x'x'' + y'y'' + z'z'' = 0.$$

Puis, à cause d'une identité connue,

$$A^2 + B^2 + C^2$$
$$= (x'^2 + y'^2 + z'^2)(x''^2 + y''^2 + z''^2) - (x'x'' + y'y'' + z'z'')^2$$
$$= x''^2 + y''^2 + z''^2.$$

D'où

$$\frac{1}{R^2} = \left(\frac{d^2x}{ds^2}\right)^2 + \left(\frac{d^2y}{ds^2}\right)^2 + \left(\frac{d^2z}{ds^2}\right)^2. \qquad (16)$$

400. Différence entre un arc infiniment petit et sa corde.
— Le calcul fait au n° 371 pourrait être reproduit ici textuellement; il n'y aurait qu'à écrire une variable de plus. Le résultat est donc le même :

$$\delta = \frac{1}{24}\, k^2 ds^3. \qquad (17)$$

Du plan tangent et de la normale à une surface

401. Sur une surface (S) qui a pour équation

$$F(X, Y, Z) = 0,$$

traçons une courbe quelconque; il suffira, pour la déterminer, d'adjoindre à l'équation précédente la suivante

$$F_1(X, Y, Z) = 0,$$

et la tangente à cette courbe en un point $M(x, y, z)$ sera donnée par les équations (5). Quelle que soit $F_1(X, Y, Z)$, cette tangente sera toujours dans le plan

$$\frac{\partial F}{\partial x}(X - x) + \frac{\partial F}{\partial y}(Y - y) + \frac{\partial F}{\partial z}(Z - z) = 0, \quad (18)$$

qu'on appelle le *plan tangent* en M à la surface (S) : c'est le lieu des tangentes à toutes les courbes tracées sur la surface et qui passent en M.

402. La perpendiculaire à ce plan, au point M, s'appelle la *normale;* elle a pour équations

$$\frac{X - x}{\dfrac{\partial F}{\partial x}} = \frac{Y - y}{\dfrac{\partial F}{\partial y}} = \frac{Z - z}{\dfrac{\partial F}{\partial z}}.$$

403. Si l'on prend x et y comme variables indépendantes, et si l'on pose

$$p = \frac{\partial z}{\partial x}, \qquad q = \frac{\partial z}{\partial y},$$

la différentiation de l'identité

$$F(x, y, z) = 0,$$

faite en supposant successivement y et x constants, donne

$$\frac{\partial F}{\partial x} + p \frac{\partial F}{\partial z} = 0, \qquad \frac{\partial F}{\partial y} + q \frac{\partial F}{\partial z} = 0.$$

et l'équation du plan tangent devient

$$Z - z = p(X - x) + q(Y - y). \tag{19}$$

Les équations de la normale sont dans le même cas

$$X - x + p(Z - z) = 0,$$
$$Y - y + q(Z - z) = 0.$$

404. Enfin on peut, en introduisant des coordonnées homogènes, obtenir une dernière forme utile. L'équation de la surface peut s'écrire, en multipliant au besoin par une puissance de t,

$$f(x, y, z, t) = 0,$$

le premier membre étant une fonction homogène en x, y, z, t de degré m; il en résulte, en vertu de l'identité d'Euler relative aux fonctions homogènes,

$$x \frac{\partial f}{\partial x} + y \frac{\partial f}{\partial y} + z \frac{\partial f}{\partial z} + t \frac{\partial f}{\partial t} = 0.$$

Or le plan tangent au point dont les coordonnées sont $\frac{x}{t}$, $\frac{y}{t}$, $\frac{z}{t}$ a pour équation

$$\left(\frac{X}{T} - \frac{x}{t}\right) \frac{\partial f}{\partial x} + \left(\frac{Y}{T} - \frac{y}{t}\right) \frac{\partial f}{\partial y} + \left(\frac{Z}{T} - \frac{z}{t}\right) \frac{\partial f}{\partial z} = 0,$$

où à cause de l'identité précédente,

$$X \frac{\partial f}{\partial x} + Y \frac{\partial f}{\partial y} + Z \frac{\partial f}{\partial z} + T \frac{\partial f}{\partial t} = 0. \qquad (20)$$

405. Le plan tangent devient indéterminé, si les trois dérivées $\frac{\partial f}{\partial x}, \frac{\partial f}{\partial y}, \frac{\partial f}{\partial z}$ sont nulles au point x, y, z, t. Ce point est alors dit *point singulier*. On peut encore se proposer de trouver le lieu géométrique des tangentes en ce point. La méthode que nous allons employer nous donnera directement l'équation du plan tangent sous la forme (20).

On sait qu'une tangente au point M est la limite des positions d'une sécante qui passe en ce point, lorsqu'un deuxième point d'intersection de la sécante avec la surface vient se confondre avec le premier, suivant une loi déterminée, d'ailleurs arbitraire. Soient alors x, y, z, t les coordonnées homogènes du point M et X, Y, Z, T celles d'un point courant de la sécante qui passe en M; on sait qu'un autre point M' quelconque de la sécante pourra être considéré comme ayant pour coordonnées

$$x' = x + \lambda X, \quad y' = y + \lambda Y, \quad \dots, \quad t' = t + \lambda T,$$

et, si ce point est sur la surface, on aura identiquement

$$f(x + \lambda X, \quad y + \lambda Y, \quad z + \lambda Z, \quad t + \lambda T) = 0.$$

Développons cette équation par la formule de Taylor :

$$f(x, y, z, t) + \lambda \left(X \frac{\partial f}{\partial x} + Y \frac{\partial f}{\partial y} + Z \frac{\partial f}{\partial z} + T \frac{\partial f}{\partial t} \right) + \dots$$
$$+ \frac{\lambda^n}{1 . 2 \dots n} \left(X \frac{\partial f}{\partial x} + Y \frac{\partial f}{\partial y} + Z \frac{\partial f}{\partial z} + T \frac{\partial f}{\partial t} \right)^{(n)} + \dots = 0.$$

Le premier terme est nul par hypothèse; l'équation précédente, considérée comme déterminant les valeurs de λ d'où résulteront les coordonnées x', y', z', t' des points M' communs à la surface et à la sécante, a une racine nulle en λ, ce qui était facile à prévoir. Pour qu'une seconde racine soit nulle, il sera nécessaire et suffisant que le coefficient de λ soit nul; on retrouve ainsi l'équation (20) du plan tangent. Si ce plan est indéterminé, le point sera singulier. Supposons toutes les dérivées partielles nulles jusqu'à l'ordre n exclusivement; λ^n se trouve en facteur; toute sécante qui passe en M coupe la surface en n points confondus avec M; le point M est dit *multiple d'ordre n*. Pour qu'un nouveau point vienne se confondre avec les précédents, il faut et il suffit que

$$\left(X \frac{\partial f}{\partial x} + Y \frac{\partial f}{\partial y} + Z \frac{\partial f}{\partial z} + T \frac{\partial f}{\partial t} \right)^{(n)} = 0.$$

Cette équation symbolique est celle d'un cône de degré n contenant toutes les tangentes au point M.

Théorie du contact

406. Le principe de la théorie est le même que pour les courbes planes. Nous laisserons de côté le contact de deux surfaces.

Deux courbes planes ou gauches, ou une courbe et une surface, ont un contact de n^{me} ordre, lorsqu'elles ont en commun $n + 1$ points infiniment voisins. Si t_0, $t_0 + \Delta_1 t_0$, $t_0 + \Delta_2 t_0$, ..., $t_0 + \Delta_n t_0$ définissent $n + 1$ points de la courbe gauche (C), il faudra exprimer que les points ainsi définis sont sur la deuxième courbe (C') ou sur la surface (S).

Examinons d'abord le cas de deux courbes (C) et (C'), et supposons (C) donnée par les équations (1), (C') par les relations

$$\begin{aligned} F(x, y, z) &= 0 \\ F_1(x, y, z) &= 0 \end{aligned} \qquad (21)$$

En remplaçant dans ces équations x, y, z par $f_1(t)$, $f_2(t)$, $f_3(t)$ respectivement, on obtient deux équations

$$\begin{aligned} \varphi(t) &= 0 \\ \varphi_1(t) &= 0 \end{aligned} \qquad (22)$$

et les conditions

$$\psi(t_0) = 0, \quad \psi_i(t_0) = 0,$$
$$\psi(t_0 + \Delta_i t_0) = 0, \quad \psi_i(t_0 + \Delta_i t_0) = 0, \quad (i = 1, 2, \dots n)$$

se transforment, comme dans la théorie du contact des courbes planes, en

$$\left. \begin{aligned} \psi\ \ (t_0) &= 0, & \psi_i\ (t_0) &= 0 \\ \psi'\ (t_0) &= 0, & \psi_i'(t_0) &= 0 \\ \psi''(t_0) &= 0, & \psi_i''(t_0) &= 0 \\ \cdot\ \ \cdot\ \ \cdot\ \ \cdot\ \ &\ \ \cdot\ \ \cdot\ \ \cdot\ \ \cdot \\ \psi^{(n)}(t_0) &= 0, & \psi_i^{n}(t_0) &= 0 \end{aligned} \right\} \quad . \qquad (23)$$

S'il s'agit du contact de la courbe (C) et de la surface (S)

$$F(x, y, z) = 0,$$

il est évident que la même méthode s'appliquera et que les conditions seront

$$\psi(t_0) = 0, \quad \psi'(t_0) = 0, \quad \dots, \quad \psi^{(n)}(t_0) = 0.$$

Il résulte de là que, si x_1, y_1, z_1, sont des valeurs des variables déterminées par une valeur t_1 du paramètre, infiniment voisine de t_0, l'expression $F(x_1, y_1, z_1)$ sera infiniment petite d'ordre $n + 1$, par rapport à l'accroissement de t. On aura en effet identiquement, à cause des relations précédentes,

$$F(x_1, y_1, z_1) = \psi(t_1) = \psi(t_0 + \Delta t)$$
$$= \frac{\Delta t^{n+1}}{1 \cdot 2 \cdot 3 \dots (n+1)} \psi^{(n+1)}(t_0 + \theta \Delta t) \cdot (0 < \theta < 1).$$

Il faut remarquer que, si le point est ordinaire sur la courbe gauche, Δt est du même ordre que l'arc infiniment petit de cette courbe.

407. Nous démontrerons encore que, par analogie avec le cas des courbes planes, lorsqu'il y a, en un point ordinaire M, contact du n^{me} ordre entre deux courbes gauches, ou entre une courbe et une surface, on peut trouver sur les deux figures correspondantes deux points N et N_1, infiniment voisins de M, et tels que leur distance soit d'ordre $n+1$ au moins par rapport à MN. Nous distinguerons deux cas :

1° Cas de deux courbes (C) et (C$_1$)

$$y = f(x), \qquad z = \varphi(x), \qquad\qquad (C)$$
$$y = f_1(x), \qquad z = \varphi_1(x). \qquad\qquad (C_1)$$

Soient x_0, y_0, les coordonnées du point M de contact, x, y, z, celles d'un point N de (C), x_1, y_1, z_1, celles d'un point N$_1$ de (C$_1$). Nous supposerons que la tangente au point **M** ne soit pas parallèle au plan zoy ; MN se projette alors suivant un infiniment petit $x - x_0$ de même ordre. Prenons le point N$_1$, de manière que

$$x_1 = x.$$

On aura évidemment

$$NN_1 \leqq |y - y_1| + |z - z_1|$$

Or on voit, comme au chapitre précédent, n° 336, que

$$y - y_1 = f(x) - f(x_1) = \frac{(x - x_0)^{n+1}}{1 . 2 \ldots (n+1)} \left[f^{(n+1)}(x_0) - f_1^{(n+1)}(x_0) \right] + \ldots$$
$$z - z_1 = \varphi(x) - \varphi(x_1) = \frac{(x - x_0)^{n+1}}{1 . 2 \ldots (n+1)} \left[\varphi^{(n+1)}(x_0) - \varphi_1^{(n+1)}(x_0) \right] + \ldots$$

Donc NN$_1$ est bien du $(n+1)^{\text{me}}$ ordre au moins par rapport à $x - x_0$ ou à **MN**.

La réciproque se démontre comme pour les courbes planes.

2° Cas d'une courbe (C) et d'une surface (S), ayant pour équations respectivement

$$y = f(x), \qquad z = \varphi(x), \qquad\qquad (C)$$
$$z = F(x, y). \qquad\qquad (S)$$

Soient encore x_0, y_0, z_0, les coordonnées du point M commun aux deux figures ; x, y, z, celles d'un point N de (C) ; x_1, y_1, z_1, celles d'un point N$_1$ de (S). Nous pouvons encore supposer que la tangente au point M à (C) n'est pas parallèle au plan zoy, et, par suite, que MN est de même ordre que $x - x_0$. D'ailleurs les équations de (C) donnent

$$y - y_0 = (x - x_0) f'(x_0) + \vartheta (x - x_0)^2,$$
$$z - z_0 = (x - x_0) \varphi'(x_0) + \vartheta_1 (x - x_0)^2,$$

d'où il résulte que $y - y_0$ et $z - z_0$ sont de l'ordre de $x - x_0$, si les dérivées $f'(x_0)$ et $\varphi'(x_0)$ ne sont pas nulles, ce que nous supposerons. Prenons le point N_1 de manière que

$$x_1 = x, \qquad y_1 = y.$$

Alors

$$NN_1 = |z - z_1|.$$

Or

$$z - z_1 = z - F(x_1, y_1) = \varphi(x) - F(x, y)$$
$$= \varphi(x) - F[x, f(x)] = \psi(x) = \psi(x_0 + \overline{x - x_0})$$

et

$$\psi(x_0 + \overline{x - x_0}) = \psi(x_0) + (x - x_0) \psi'(x_0) + \ldots + \frac{(x - x_0)^n}{1.2.3 \ldots n} \psi^{(n)}(x_0) + \ldots$$

Par hypothèse, il y a contact du n^{me} ordre, c'est-à-dire que

$$\psi(x_0) = 0, \quad \psi'(x_0) = 0, \quad \ldots, \quad \psi^{(n)}(x_0) = 0.$$

La différence $z - z_1$ est donc d'ordre $n + 1$, au moins par rapport à $x - x_0$, ce qui démontre le théorème.

La réciproque est évidemment vraie : si une courbe (C) et une surface (S) ont un point M commun, et s'il existe sur (C) un point N, sur (S) un point N_1, tel que NN_1 soit infiniment petit d'ordre $n + 1$, par rapport à MN, la courbe et la surface ont un contact du n^{me} ordre. Il suffit, pour le voir, de prendre oz parallèle à NN_1.

408. Ce qui précède suppose, comme dans le contact des courbes planes, que le point M soit un point ordinaire sur (C) et sur (S).

Osculation

409. On dit qu'une courbe ou qu'une surface sont osculatrices avec une courbe gauche donnée lorsqu'elles ont avec cette courbe gauche le contact de l'ordre le plus élevé compatible avec le nombre d'arbitraires qui figurent dans leur définition. Comme application de la théorie du contact, nous allons chercher les figures les plus simples osculatrices à la courbe gauche (1).

410. Droite osculatrice ou tangente. — Les équations d'une droite renferment quatre paramètres; on pourra donc l'assujettir à quatre des conditions (23). La droite a pour équations

$$X = az + \alpha,$$
$$Y = bz + \beta;$$

si elle doit être osculatrice à (C), au point x, y, z, on aura les conditions suivantes, dans lesquelles x', y', z', désignent toujours les dérivées par rapport à t:

$$x = az + \alpha,$$
$$y = bz + \beta,$$
$$x' = az',$$
$$y' = bz'.$$

On en tire

$$\frac{X - x}{x'} = \frac{Y - y}{y'} = \frac{Z - z}{z'}.$$

Ce sont bien les équations de la tangente (3).

Plan osculateur

411. Le plan

$$aX + bY + cZ + d = 0,$$

renfermant dans son équation trois paramètres, pourra être

assujetti à trois conditions (contact du second ordre), savoir

$$ax + by + cz + d = 0,$$
$$ax' + by' + cz' = 0,$$
$$ax'' + by'' + cz'' = 0.$$

L'équation du plan osculateur sera donc

$$\begin{vmatrix} X - x & Y - y & Z - z \\ x' & y' & z' \\ x'' & y'' & z'' \end{vmatrix} = 0, \qquad (24)$$

ou, en désignant par A, B, C, les mêmes quantités qu'au n° 399,

$$A(X - x) + B(Y - y) + C(Z - z) = 0. \qquad (25)$$

Par définition, le plan osculateur passe par trois points infiniment voisins, ou, ce qui revient au même, par la tangente et un point infiniment voisin. On peut montrer facilement qu'il est encore le plan mené par une tangente parallèlement à la tangente au point infiniment voisin. En effet la condition pour que le plan

$$A(X - x) + B(Y - y) + C(Z - z) = 0$$

passe par la tangente

$$\frac{X - x}{x'} = \frac{Y - y}{y'} = \frac{Z - z}{z'}$$

est

$$Ax' + By' + Cz' = 0.$$

Elle est identiquement vérifiée à cause de la signification de A, B, C. La tangente au point infiniment voisin a pour paramètres directeurs $x' + dx'$, $y' + dy'$, $z' + dz'$, ou $x' + x''dt$, $y' + y''dt$, $z' + z''dt$, et elle sera parallèle au plan osculateur si

$$A(x' + x''dt) + B(y' + y''dt) + C(z' + z''dt) = 0.$$

Cette condition, qui se réduit à

$$Ax'' + By'' + Cz'' = 0,$$

est encore identiquement vérifiée.

Cercle osculateur

412. Les équations d'une circonférence

$$(X - \alpha)^2 + (Y - \beta)^2 + (Z - \gamma)^2 = R^2,$$
$$a(X - \alpha) + b(Y - \beta) + c(Z - \gamma) = 0,$$

contiennent six paramètres; on pourra donc écrire les **six** premières conditions (20), ce qui établit un contact du second ordre,

$$\left. \begin{aligned} (x - \alpha)^2 + (y - \beta)^2 + (z - \gamma)^2 &= R^2 \\ x'(x - \alpha) + y'(y - \beta) + z'(z - \gamma) &= 0 \\ x''(x - \alpha) + y''(y - \beta) + z''(z - \gamma) + x'^2 + y'^2 + z'^2 &= 0 \\ a(x - \alpha) + b(y - \beta) + c(z - \gamma) &= 0 \\ ax' + by' + cz' &= 0 \\ ax'' + by'' + cz'' &= 0 \end{aligned} \right\} . \ (26)$$

Les deux dernières montrent que a, b, c ont précisément pour valeurs A, B, C, c'est-à-dire que le plan du cercle osculateur est le plan osculateur; les trois précédentes détermineront α, β, γ; les deux premières d'entre elles expriment que le point α, β, γ, se trouve sur la droite polaire. On peut donc énoncer en passant ce théorème : *Le centre du cercle osculateur est à l'intersection du plan osculateur et de la droite polaire.* Il résulte aussi des formules (15) que la droite polaire est perpendiculaire au plan osculateur : *la droite polaire est l'axe du cercle osculateur;* on l'appelle souvent *axe de courbure.* Calculons maintenant α, β, γ; on tire aisément des équations (26) :

$$\frac{x - \alpha}{Cy' - Bz'} = \frac{y - \beta}{Az' - Cx'} = \frac{z - \gamma}{Bx' - Ay'}$$
$$= - \frac{x'^2 + y'^2 + z'^2}{x''(Cy' - Bz') + y''(Az' - Cx') + z''(Bx' - Ay')}.$$

Le dernier membre est égal à

$$\frac{x'^2 + y'^2 + z'^2}{A^2 + B^2 + C^2}$$

Le centre du cercle osculateur est donc donné par des formules relativement simples, qui se déduisent par permutation de la première

$$x - \alpha = \frac{x'(x'x'' + y'y'' + z'z'') - x''(x'^2 + y'^2 + z'^2)}{A^2 + B^2 + C^2} \cdot x'^2 + y'^2 + z'^2. \quad (27)$$

On en déduit

$$R^2 = \frac{(x'^2 + y'^2 + z'^2)^3}{A^2 + B^2 + C^2},$$

c'est-à-dire la même valeur que pour le rayon de courbure (14). Le cercle osculateur peut donc encore être appelé cercle de courbure, son rayon, *rayon de courbure*, et son centre, *centre de courbure*.

Trièdre mobile

113. On appelle *normale principale* en un point d'une courbe gauche, celle des normales à la courbe qui est située dans le plan osculateur en ce point. La normale principale passe donc au centre de courbure.

Nous pouvons maintenant définir trois droites deux à deux rectangulaires et parfaitement déterminées en chaque point de (C), que nous prendrons comme axes de coordonnées mobiles avec le point de la courbe : l'axe des x sera la tangente à la courbe comptée dans le sens des arcs croissants ; l'axe des y, la normale principale comptée vers le centre de courbure ; l'axe des z, la perpendiculaire aux deux premiers ; cette perpendiculaire est parallèle à la droite polaire et a reçu le nom de *binormale*.

On définit le sens de cette dernière droite par la condition que le trièdre mobile puisse être amené à coïncider avec le trièdre des axes fixes : en d'autres termes, la binormale est orientée par rapport à la tangente et à la normale principale comme Oz l'est par rapport à Ox et à Oy.

Nous avons déjà calculé par les formules (6) les angles α, β, γ, de la tangente avec les axes fixes, et par les formules (9), (15), les angles ξ, η, ζ, de la binormale avec les mêmes axes. On en déduira facilement les angles directeurs λ, μ, ν, de la normale principale [qui d'ailleurs résulteraient aussi des formules (27)], par les formules

$$\cos \lambda = \cos \eta \cos \gamma - \cos \zeta \cos \beta,$$
$$\cos \mu = \cos \zeta \cos \alpha - \cos \xi \cos \gamma,$$
$$\cos \nu = \cos \xi \cos \beta - \cos \eta \cos \alpha.$$

Torsion

414. Il existe, entre les différentielles de ces divers angles, des relations que nous établirons bientôt ; mais il importe de définir d'abord un dernier élément capital dans l'étude des courbes gauches. Nous voulons parler de la *torsion* ou *seconde courbure*.

On comprend, en effet, que la courbure ne peut servir à différentier les courbes planes des courbes gauches ; le caractère de ces dernières étant d'avoir, en chaque point, un nouveau plan osculateur, il était naturel d'introduire, comme élément fondamental, l'angle de deux plans osculateurs infiniment voisins, ou mieux le rapport de cet angle ψ à l'arc infiniment petit correspondant. C'est ce rapport que nous appellerons *torsion* et que nous désignerons par la lettre τ : nous allons la calculer.

Soient (25)

$$A(X-x) + B(Y-y) + C(Z-z) = 0,$$
$$(A+dA)(X-x-dx)+(B+dB)(Y-y-dy)+(C+dC)(Z-z-dz)=0,$$

les équations de deux plans osculateurs infiniment voisins.
Leur angle ψ sera donné par la formule

$$\sin^2\psi = \frac{(BdC - CdB)^2 + (CdA - AdC)^2 + (AdB - BdA)^2}{(A^2+B^2+C^2)[(A+dA)^2+(B+dB)^2+(C+dC)^2]}.$$

ou comme ψ et $\sin\psi$ ont la même valeur principale

$$\psi^2 = \frac{\Sigma(BdC - CdB)^2}{(A^2 + B^2 + C^2)^2}.$$

Or

$$A = y'z'' - z'y'',$$
$$dA = (y'z''' - z'y''')\,dt.$$

Si donc on pose

$$D = \begin{vmatrix} x' & y' & z' \\ x'' & y'' & z'' \\ x''' & y''' & z''' \end{vmatrix}, \qquad (28)$$

on voit que les binômes qui figurent au numérateur de ψ^2
seront, au facteur dt près, les mineurs du déterminant adjoint
de D ; leurs valeurs seront donc. d'après un théorème connu,

$$BdC - CdB = x'Ddt,$$
$$CdA - AdC = y'Ddt,$$
$$AdB - BdA = z'Ddt.$$

On en déduit

$$\psi^2 = \frac{(x'^2 + y'^2 + z'^2)\,D^2dt^2}{(A^2 + B^2 + C^2)^2},$$
$$\tau = \frac{\psi}{ds} = \pm\frac{D}{A^2 + B^2 + C^2}. \qquad (29)$$

Remarquons que les équations des deux plans osculateurs
infiniment voisins peuvent s'écrire

$$\frac{X - x}{BdC - CdB} = \frac{Y - y}{CdA - AdC} = \frac{Z - z}{AdB - BdA},$$

ou, d'après ce qui précède,

$$\frac{X-x}{x'} = \frac{Y-y}{y'} = \frac{Z-z}{z'}.$$

La tangente en un point est donc l'intersection du plan osculateur en ce point et du plan osculateur infiniment voisin.

415. Les courbes planes ont pour plan osculateur leur plan : leur torsion est donc nulle. Mais sont-ce les seules courbes pour lesquelles on a

$$D = o?$$

Pour répondre à cette question, je supposerai que la variable indépendante soit x :

$$x' = 1, \qquad x'' = o, \qquad x''' = o.$$

La condition précédente se réduit donc à

$$\frac{d^2y}{dx^2}\frac{d^3z}{dx^3} - \frac{d^3y}{dx^3}\frac{d^2z}{dx^2} = o,$$

ce qui peut s'écrire :

$$\frac{\dfrac{d^3y}{dx^3}}{\dfrac{d^2y}{dx^2}} = \frac{\dfrac{d^3z}{dx^3}}{\dfrac{d^2z}{dx^2}}.$$

En remontant aux fonctions primitives, on trouve

$$\log\frac{d^2y}{dx^2} = \log\frac{d^2z}{dx^2} + \log C,$$

$$\frac{d^2y}{dx^2} = C\,\frac{d^2z}{dx^2};$$

puis

$$\frac{dy}{dx} = C\,\frac{dz}{dx} + C_1,$$

$$y = Cz + C_1 x + C_2.$$

Les courbes planes sont donc les seules pour lesquelles la torsion soit nulle en tous les points. Les points d'une courbe gauche pour lesquels la torsion est nulle sont dits *points où le plan osculateur est stationnaire*. Ils sont les analogues des points d'inflexion dans les courbes planes.

416. En général, la distance d'un point M' d'une courbe gauche au plan osculateur en un point M infiniment voisin, est un infiniment petit de troisième ordre par rapport à l'arc MM'. En effet, soient $x + \Delta x$, $y + \Delta y$, $z + \Delta z$, les coordonnées du point M'; sa distance au plan osculateur, dont l'équation est

$$A(X - x) + B(Y - y) + C(Z - z) = 0,$$

sera

$$\delta = \frac{|\, A\Delta x + B\Delta y + C\Delta z \,|}{\sqrt{A^2 + B^2 + C^2}}.$$

Or la formule de Taylor donne

$$\Delta x = dx + \frac{1}{2} d^2x + \frac{1}{6} d^3x + \ldots$$
$$\Delta y = dy + \ldots$$
$$\Delta z = dz + \ldots$$

et comme par hypothèse

$$A\,dx + B\,dy + C\,dz = 0,$$
$$A\,d^2x + B\,d^2y + C\,d^2z = 0,$$

il reste

$$\delta = \frac{1}{6} \frac{|\, A\,d^3x + B\,d^3y + C\,d^3z + \ldots \,|}{\sqrt{A^2 + B^2 + C^2}}.$$

Mais

$$d^3x = x'''dt^3, \qquad d^3y = y'''dt^3, \qquad d^3z = z'''dt^3;$$

la valeur principale de δ est donc

$$\delta = \frac{1}{6} \frac{|\, Ax''' + By''' + Cz''' \,|}{\sqrt{A^2 + B^2 + C^2}}\, dt^3 = \frac{1}{6} \frac{|\, D \,|}{\sqrt{A^2 + B^2 + C^2}}\, dt^3.$$

Elle est bien du troisième ordre. Aux points où le plan osculateur est stationnaire, sa distance au point infiniment voisin devient d'ordre supérieur au troisième.

Pour les points ordinaires, on peut donner un aspect plus géométrique à la dernière formule, en introduisant dans δ la courbure et la torsion. Un calcul immédiat montre que

$$\delta = \frac{1}{6} \mid k\tau \mid ds^3.$$

Cette distance changeant de signe avec ds, la courbe traverse le plan osculateur.

Représentation sphérique
Relations entre les différentielles des cosinus directeurs du trièdre mobile

417. Dans ce qui va suivre, nous désignerons par α, β, γ, λ, μ, ν, ξ, η, ζ, *les cosinus* des angles, qui étaient jusqu'ici (n° 414) représentés par les mêmes lettres, c'est-à-dire que nous écrirons α au lieu de cos α, et ainsi de suite.

Les formules de Frenet[1], que nous allons établir, se démontrent très aisément à l'aide de la *représentation sphérique*. Soit o le centre d'une sphère de rayon *un*; par ce centre menons une parallèle à la tangente MT au point M de (C), et dans le sens choisi comme positif sur la tangente. Cette parallèle percera la sphère en un point m qui est déterminé par la tangente en M et qui la détermine sans ambiguïté. Ce point m est la *représentation sphérique* de MT, et le lieu de m s'appelle l'*indicatrice sphérique*[2]; les coordonnées de m sont évidemment α, β, γ. La tangente au point M' infiniment voisin sera représentée par le point m' de coordonnées $\alpha + d\alpha$, $\beta + d\beta$, $\gamma + d\gamma$, de sorte qu'on a

---

. [1] On donne aussi parfois à ces formules le nom de *Serret*, ce géomètre les ayant obtenues, de son côté, peu de temps après Frenet.

[2] L'indicatrice sphérique d'une courbe plane est un grand cercle, et réciproquement.

immédiatement pour la courbure

$$\frac{1}{R} = k = \frac{\text{arc } mm'}{\text{arc } MM'}.$$

Remarquons, en outre, que la droite mm' est à la limite perpendiculaire à om, et qu'elle est dans un plan parallèle à om et à om', c'est-à-dire à deux tangentes infiniment voisines : mm' est parallèle au plan osculateur et, par suite, à la normale principale. Écrivons cela, en prenant pour sens de la normale celui de m vers m',

$$\frac{d\alpha}{\lambda} = \frac{d\beta}{\mu} = \frac{d\gamma}{\nu} = \frac{ds}{R};$$

d'où

$$d\alpha = \lambda\,\frac{ds}{R}, \qquad d\beta = \mu\,\frac{ds}{R}, \qquad d\gamma = \nu\,\frac{ds}{R}. \qquad (30)$$

Ce sont les premières formules de Frenet.

Représentons maintenant sphériquement les droites polaires en menant on, on' parallèles à ces droites : nn' mesurera l'angle de deux droites polaires, et l'on aura

$$\tau = \frac{nn'}{MM'}.$$

De plus le plan onn', étant parallèle aux deux axes de courbure, est perpendiculaire aux deux plans osculateurs infiniment voisins et, par suite, à leur intersection, c'est-à-dire (n° 414, Remarque). à la tangente, et comme nn' est perpendiculaire à la droite polaire, ou parallèle au plan osculateur, elle est encore parallèle à la normale principale. Les coordonnées de n étant ξ, η, ζ, et celles de n' $\xi + d\xi$, $\eta + d\eta$, $\zeta + d\zeta$, le parallélisme dont il vient d'être question se traduira par les conditions

$$\frac{d\xi}{\lambda} = \frac{d\eta}{\mu} = \frac{d\zeta}{\nu} = \tau \, . \, ds. \qquad (31)$$

C'est le second groupe des formules de Frenet, et il en

résulte, pour le signe de τ, une détermination précise que n'avait pas fournie la formule (29). Il reste à calculer $d\lambda$, $d\mu$, $d\nu$.

Or le trièdre mobile ayant l'orientation convenue, on a

$$\left.\begin{aligned}\lambda &= \gamma\eta - \beta\zeta \\ \mu &= \alpha\zeta - \gamma\xi \\ \nu &= \beta\xi - \alpha\eta\end{aligned}\right\} \tag{32}$$

Nous en déduirons les différentielles; il suffit de faire le calcul pour la première

$$d\lambda = \eta\, d\gamma + \gamma\, d\eta - \beta\, d\zeta - \zeta\, d\beta.$$

Cette égalité devient, à cause des formules (30) et (31),

$$d\lambda = \eta\nu\frac{ds}{R} + \gamma\mu\tau\, ds - \beta\nu\tau\, ds - \zeta\mu\frac{ds}{R},$$

ou

$$d\lambda = \frac{\eta\nu - \mu\zeta}{R}\, ds + (\gamma\mu - \beta\nu)\,\tau\, ds. \tag{33}$$

Mais on sait que dans le déterminant

$$\begin{vmatrix} \alpha & \beta & \gamma \\ \lambda & \mu & \nu \\ \xi & \eta & \zeta \end{vmatrix}$$

chaque élément est égal au mineur correspondant, pris avec son signe; c'est ainsi, par exemple, qu'ont été écrites les équations (32). On aura donc aussi

$$\alpha = \mu\zeta - \nu\eta, \qquad \xi = \beta\nu - \gamma\mu, \tag{32 \emph{bis}}$$

ce qui permet de simplifier la formule (33) et d'écrire définitivement (en écrivant aussi par analogie les valeurs de $d\mu$ et de $d\nu$)

$$\left.\begin{aligned}d\lambda &= \left(-\frac{\alpha}{R} - \xi\tau\right) ds \\ d\mu &= \left(-\frac{\beta}{R} - \eta\tau\right) ds \\ d\nu &= \left(-\frac{\gamma}{R} - \zeta\tau\right) ds\end{aligned}\right\} \tag{34}$$

Ces équations avec (30) et (31) constituent le groupe complet des *formules de Frenet*.

118. Ces formules offrent certaines commodités pour le calcul. Proposons-nous, par exemple, de calculer les cosinus directeurs de la normale principale en fonction de l'arc. Comme $\alpha = \dfrac{dx}{ds}$, $\beta = \dfrac{dy}{ds}$, $\gamma = \dfrac{dz}{ds}$, les formules (30) donnent sous la forme la plus simple

$$\lambda = R\,\frac{d^2x}{ds^2}, \qquad \mu = R\,\frac{d^2y}{ds^2}, \qquad \nu = R\,\frac{d^2z}{ds^2};$$

et les formules de changements de variables permettraient d'exprimer λ, μ, ν, en fonction d'une variable quelconque.

Mais le calcul que nous venons de faire a une plus haute portée; en effet, nous avons obtenu, en fonction des quantités α, β, γ, λ, μ, ν, et des courbures, les dérivées premières et secondes des coordonnées d'un point courant de (C), par rapport à l'arc s. En prenant, de nouveau, les dérivées par rapport à s, dans les équations précédentes, on introduira les dérivées troisièmes des coordonnées, et, dans les premiers membres, les dérivées de λ, μ, ν; mais ces dernières s'expriment (31) en fonction des cosinus α, β, γ, ξ, η, ζ, et l'on pourra de même obtenir successivement toutes les dérivées des coordonnées en fonction des cosinus directeurs du trièdre mobile. Par suite, dès qu'on connaîtra la courbure et la torsion en fonction de l'arc

$$k = f(s), \qquad \tau = \varphi(s),$$

et qu'on aura de plus, pour une valeur s_0 donnée de s, les valeurs initiales des coordonnées et des cosinus, x_0, y_0, z_0, α_0, β_0, γ_0, λ_0, μ_0, ν_0 (d'où ξ_0, η_0, ζ_0), la courbe gauche sera déterminée, et les coordonnées d'un point quelconque s'obtiendront, sans intégration, par des séries de Taylor, telles que

$$x = x_0 + (s - s_0)\left(\frac{dx}{ds}\right)_0 + \frac{(s-s_0)^2}{2}\left(\frac{d^2x}{ds_0^2}\right) + \cdots$$

Si on suppose, par exemple, les axes fixes coïncidant à l'origine des arcs avec le trièdre mobile, on aura

$$\alpha = 1, \qquad \beta = 0, \qquad \gamma = 0,$$
$$\lambda = 0, \qquad \mu = 1, \qquad \nu = 0,$$
$$\xi = 0, \qquad \eta = 0, \qquad \zeta = 1.$$

$$\alpha = \left(\frac{dx}{ds}\right)_0 = 1, \qquad \left(\frac{d\alpha}{ds}\right)_0 = \left(\frac{d^2x}{ds^2}\right)_0 = 0, \qquad \left(\frac{d^3x}{ds^3}\right)_0 = -k, \text{ etc.,}$$

et les développements en séries dont il vient d'être question donneront pour les premiers termes des coordonnées d'un point de la courbe infiniment voisin de l'origine M des coordonnées du trièdre mobile

$$x = s - k\frac{s^3}{6}$$
$$y = \frac{ks^2}{2} + k's^3$$
$$z = -k\tau\frac{s^3}{6}$$

Dans ces formules, k et τ sont les valeurs de la courbure et de la torsion au point M; k' la valeur au même point de la dérivée de la courbure par rapport à l'arc. La dernière de ces formules constitue une nouvelle démonstration de celle donnée au n° 416.

Ces trois formules ont été données, dès 1869, par M. Rouché, dans une note placée à la suite du *Traité de Géométrie descriptive*, de Th. Olivier; nous empruntons à la même note les valeurs principales d'un certain nombre de quantités infiniment petites, qu'il peut être utile de connaître, et dont l'établissement n'est plus alors qu'un exercice de géométrie analytique.

La distance d'un point à la tangente au point infiniment voisin a pour valeur principale

$$\delta = \frac{1}{2}\,kds^2.$$

L'angle du plan osculateur en un point avec la tangente

au point infiniment voisin a pour valeur principale

$$\frac{1}{2} \mid k\tau \mid ds^2.$$

La plus courte distance des tangentes en deux points infiniment voisins a pour valeur principale

$$\frac{1}{12} \mid k\tau \mid ds^3.$$

L'angle de la tangente en un point et de la trace, sur le plan osculateur en ce point, du plan osculateur au point infiniment voisin a pour valeur principale

$$\frac{1}{2} k ds;$$

c'est la moitié de l'angle de contingence.

L'angle et la plus courte distance de deux normales principales infiniment voisines ont pour valeurs principales respectivement

$$ds \sqrt{k^2 + \tau^2},$$
$$\frac{\tau ds}{\sqrt{k^2 + \tau^2}}.$$

Le plan osculateur en un point M *fait avec le plan mené par la tangente en ce point* M *et par un point* M' *infiniment voisin un angle dont la valeur principale est*

$$\frac{1}{3} \tau ds,$$

c'est-à-dire le tiers de l'angle de torsion.

La perpendiculaire commune aux tangentes en deux points infiniment voisins, M *et* M', *fait avec la binormale un angle dont la valeur principale est*

$$\frac{1}{2} \tau ds.$$

Considérations géométriques

419. Par un point O, menons des parallèles Om, Om', Oc, aux tangentes MT, M'T', et à la corde MM', d'une courbe gauche (C). Si le point M est ordinaire, les angles de MT et de M'T' avec MM' sont évidemment de même nature; en d'autres termes, dans le trièdre O$mm'c$, les deux faces $\widehat{cOm}$, $\widehat{cOm'}$, sont des infiniment petits de même ordre; elles sont donc aussi du même ordre que $\widehat{mOm'}$, qui est l'angle de contingence de (C); elles sont du premier ordre par rapport à l'arc MM'. Il en résulte que la démonstration donnée n° 338, pour les courbes planes, subsiste, et que, *sauf aux points singuliers, la distance d'un point d'une courbe à la tangente au point infiniment voisin est du second ordre par rapport à l'arc qui unit les deux points.*

Par la tangente en M, menons un plan P quelconque, et soit M'A la perpendiculaire abaissée de M' sur ce plan, M'B la perpendiculaire à la tangente MT. L'angle ABM' n'est pas infiniment petit, et, comme dans le triangle ABM', on a

$$M'A = M'B \sin \widehat{ABM'},$$

la distance du point M' au plan P est du deuxième ordre. Il y a exception si le plan P fait avec le plan MBM' un angle infiniment petit, c'est-à-dire si le plan P occupe la position limite du plan MBM' (plan osculateur). La distance du point M' au plan osculateur est donc d'ordre supérieur au second.

Il résulte de la définition de la torsion et de considérations analogues à celles développées au commencement de ce paragraphe que l'angle $\widehat{ABM'}$ est, en général, du premier ordre, et, par suite, que la distance d'un point au plan osculateur est du troisième ordre en général.

Le cercle osculateur, limite d'un cercle qui touche MT

en M et qui passe en M′, est dans le plan osculateur. Soit dans le plan de ce dernier cercle, M′C perpendiculaire sur le diamètre qui passe en M, et R_1 le rayon du cercle, on a

$$\overline{MM'}^2 = MC \times 2R_1 ;$$

d'où, pour valeur principale de la distance de M′ à la tangente en M,

$$MC = \delta = \frac{1}{2R} \, ds^2.$$

C'est la formule donnée sans démonstration au n° 418.

Sphère osculatrice

420. Considérons une sphère quelconque passant par le cercle osculateur en M. La distance M′H du point M′ à la circonférence osculatrice est du troisième ordre ; par conséquent la distance de M′ à la sphère qui est inférieure, mais, en général, comparable à M′H, est aussi du troisième ordre. Il y a exception pour une sphère limite de celle qui passe en M′ : c'est la sphère osculatrice.

Etablissons son existence par le calcul, et calculons son rayon. Soit

$$(X - x_0)^2 + (Y - y_0)^2 + (Z - z_0)^2 - R^2 = 0$$

l'équation de cette sphère ; d'après la théorie de l'osculation, on doit remplacer X, Y, Z, par les coordonnées x, y, z, du point M, puis différentier trois fois. Nous prendrons l'arc s comme variable indépendante ; on aura

$$(x - x_0)^2 + (y - y_0)^2 + (z - z_0)^2 - R_0^2 = 0, \quad (35)$$

puis

$$(x - x_0) \frac{dx}{ds} + (y - y_0) \frac{dy}{ds} + (z - z_0) \frac{dz}{ds} = 0,$$

ou, en employant les notations du n° 447,

$$(x - x_0) \alpha + (y - y_0) \beta + (z - z_0) \gamma = 0. \qquad (36)$$

Différentions de nouveau; nous obtenons l'équation

$$(x - x_0) \frac{d\alpha}{ds} + (y - y_0) \frac{d\beta}{ds} + (z - z_0) \frac{d\gamma}{ds} + 1 = 0,$$

que les formules de Frenet (30) permettent d'écrire

$$(x - x_0) \lambda + (y - y_0) \mu + (z - z_0) \nu + R = 0. \qquad (37)$$

Différentions une troisième fois; il vient

$$(x - x_0) \frac{d\lambda}{ds} + (y - y_0) \frac{d\mu}{ds} + (z - z_0) \frac{d\nu}{ds} + \frac{dR}{ds} = 0,$$

parce que

$$\alpha\lambda + \beta\mu + \gamma\nu = 0.$$

Remplaçons encore les dérivées de λ, μ, ν par leurs valeurs (34). Nous obtenons enfin l'équation

$$(x - x_0)\left(\frac{\alpha}{R} + \xi\tau\right) + (y - y_0)\left(\frac{\beta}{R} + \eta\tau\right) + (z - z_0)\left(\frac{\gamma}{R} + \zeta\tau\right) - \frac{dR}{ds} = 0,$$

ou plus simplement à cause de (36)

$$(x - x_0) \xi + (y - y_0) \beta + (z - z_0) \gamma - \frac{1}{\tau}\frac{dR}{ds} = 0. \qquad (38)$$

Les équations (36), (37), (38) déterminent x_0, y_0, z_0 et (35) donne R_0; mais il suffit d'élever au carré les trois premières équations, après avoir isolé les quantités connues dans les seconds membres et de les ajouter membre à membre, pour obtenir, en vertu des relations bien connues qui lient les cosinus directeurs d'un trièdre trirectangle,

$$(x - x_0)^2 + (y - y_0)^2 + (z - z_0)^2 = R_0^2 = R^2 + \frac{1}{\tau^2}\left(\frac{dR}{ds}\right)^2. \quad (39)$$

Il est à remarquer que les équations (36) et (37) coïncident, aux notations près, avec la deuxième et avec la troisième équation (26). Le centre de la sphère osculatrice se trouve donc sur la droite polaire, et cette sphère contient le cercle osculateur.

421. La formule précédente montre que le rayon de la sphère osculatrice ne peut être égal au rayon de courbure que si

$$\frac{1}{\tau^2}\left(\frac{dR}{ds}\right)^2 = 0,$$

L'annulation du facteur $\dfrac{1}{\tau}$ n'offre pas d'intérêt; elle ne donne comme courbes réelles que des droites. Au contraire, les courbes définies par l'équation

$$\frac{dR}{ds} = 0,$$

méritent d'être étudiées. Dans ce cas

$$R_0 = R,$$

le centre de la sphère osculatrice coïncide avec le centre de courbure, et c'est le seul cas où la coïncidence des deux centres soit possible.

Cherchons, dans ce cas, le lieu du centre de courbure. En différentiant totalement les équations (36) et (37) où x_0, y_0, z_0 sont maintenant considérées aussi comme des fonctions de s, on trouve, *dans tous les cas*,

$$\alpha\,\frac{dx_0}{ds} + \beta\,\frac{dy_0}{ds} + \gamma\,\frac{dz_0}{ds} = 0,$$

$$\lambda\,\frac{dx_0}{ds} + \mu\,\frac{dy_0}{ds} + \nu\,\frac{dz_0}{ds} = 0.$$

Le centre de la sphère osculatrice décrit donc toujours une courbe dont la tangente, perpendiculaire à la tangente

MT de (C), et à sa normale principale, n'est autre que la droite polaire. Donc, dans les courbes à courbure constante, le lieu du centre de courbure est une courbe (C_0) tangente à toutes les droites polaires, et l'on peut déjà remarquer en passant que, contrairement à ce qui se passe dans les courbes planes, le lieu des centres de courbure de (C) n'est pas tangent ici aux normales principales. Le plan osculateur de (C_0), mené par une droite polaire parallèlement à la droite polaire infiniment voisine, se trouve perpendiculaire à deux plans osculateurs successifs de (C) ou à leur intersection, c'est-à-dire à la tangente MT. Comme, d'autre part, le plan normal de (C_0) n'est autre que le plan osculateur de (C), la droite polaire de (C_0) se confond avec la tangente de (C). Il y a réciprocité complète entre les deux courbes.

Application des théories précédentes à l'hélice

122. On sait que l'hélice est une courbe tracée sur un cylindre et telle que l'ordonnée d'un point est proportionnelle à son abscisse curviligne. (On appelle *ordonnée* d'un point la portion de génératrice du cylindre comprise entre le point et le plan d'une section droite fixé arbitrairement, *abscisse curviligne*, l'arc de cette section droite, compté depuis une origine donnée jusqu'au pied de l'ordonnée.) Il résulte immédiatement de la définition que la tangente à l'hélice fait un angle constant avec les génératrices du cylindre. Nous allons, dans ce numéro, retrouver cette propriété et quelques autres, en nous bornant au cas du cylindre de révolution ; les équations de l'hélice sont alors

$$x = a \cos \varphi, \qquad y = a \sin \varphi, \qquad z = ma\varphi.$$

On en tire

$$dx = -a \sin \varphi \, d\varphi, \qquad dy = a \cos \varphi \, d\varphi, \qquad dz = ma\, d\varphi,$$
$$ds = a \sqrt{1 + m^2} \, d\varphi = \frac{a}{\cos \vartheta} \, d\varphi,$$

en posant

$$m = \tang \theta.$$

Comme $\dfrac{dz}{ds} = m \cdot \cos\theta = \sin\theta$, *la tangente à l'hélice fait un angle constant avec l'axe du cylindre.*

D'ailleurs les cosinus directeurs de la tangente auront pour valeurs

$$\alpha = -\sin\varphi\cos\theta, \qquad \beta = \cos\varphi\cos\theta, \qquad \gamma = \sin\theta.$$

Les quantités A, B, C (12), qui figurent si fréquemment dans la théorie des courbes gauches, se calculent aisément

$$A = ma^2\sin\varphi, \qquad B = -ma^2\cos\varphi, \qquad C = a^2$$

On en tire

$$A^2 + B^2 + C^2 = a^4(m^2 + 1) = \frac{a^4}{\cos^2\theta}.$$

La courbure (13) et le rayon de courbure auront donc pour expression

$$k = \frac{\dfrac{a^2}{\cos\theta}}{\dfrac{a^3}{\cos^3\theta}} = \frac{\cos^2\theta}{a},$$

$$R = \frac{a}{\cos^2\theta};$$

le rayon de courbure de l'hélice est constant.

Les cosinus directeurs de la droite polaire peuvent s'écrire immédiatement

$$\xi = \sin\varphi\sin\theta, \qquad \eta = -\sin\theta\cos\varphi, \qquad \zeta = \cos\theta.$$

Cette droite est perpendiculaire au rayon du cylindre dont les cosinus directeurs sont

$$\cos\varphi, \qquad \sin\varphi, \qquad 0.$$

Donc le plan osculateur en un point de l'hélice, qui est perpendiculaire à la droite polaire, contient le rayon du cylindre, ou encore est perpendiculaire au plan tangent du cylindre ; la normale principale de l'hélice se confond avec le rayon du cylindre.

Nous verrons plus loin qu'on appelle *lignes géodésiques* d'une surface les courbes dont le plan osculateur contient la normale à la surface ; l'hélice est donc une ligne géodésique du cylindre. Si l'on admet, ce que nous démontrerons, que, sous certaines réserves, une ligne géodésique est le plus court chemin qu'on puisse tracer sur la surface, entre deux points de cette ligne, la propriété, qui vient d'être énoncée, était évidente puisque l'hélice, dans le développement du cylindre, devient une ligne droite.

Cherchons enfin la torsion ; le déterminant (25), qui figure au numérateur, a pour expression

$$D = Ax''' + By''' + Cz''' = ma^3.$$

Donc

$$\tau = \frac{m \cos^2 \theta}{a} = \frac{\sin \theta \cos \theta}{a}.$$

La torsion est constante.

423. L'hélice est la seule courbe qui ait sa courbure et sa torsion constantes. Nous allons même démontrer que les seules courbes, pour lesquelles le rapport de la courbure à la torsion est constant, sont des hélices tracées sur un cylindre à base quelconque.

Les formules de Frenet (30) et (31) donnent

$$\frac{d\alpha}{d\xi} = \frac{d\beta}{d\eta} = \frac{d\gamma}{d\zeta} = \frac{\frac{1}{R}}{\tau} = a,$$

a étant une constante. On en déduit

$$\begin{aligned}
\alpha &= a\xi + A \\
\beta &= a\eta + B \\
\gamma &= a\zeta + C
\end{aligned} \right\}, \qquad (40)$$

A, B, C, étant de nouvelles constantes. Multiplions ces trois équations respectivement par α, β, γ, et tenons compte des relations connues

$$\left.\begin{array}{l} \alpha^2 + \beta^2 + \gamma^2 = 1 \\ \alpha\xi + \beta^2 + \gamma\zeta = 0 \end{array}\right\}.$$

Nous obtenons l'équation

$$A\alpha + B\beta + C\gamma = 1, \qquad (41)$$

qui exprime que la tangente à la courbe fait un angle constant avec la droite

$$\frac{x}{A} = \frac{y}{B} = \frac{z}{c}.$$

Le théorème est donc démontré ; mais nous allons prouver en outre que, si la courbure et la torsion sont constantes, le cylindre, sur lequel est tracée l'hélice, est à base circulaire.

Nous prendrons la direction des génératrices du cylindre pour axe des z ($A = o$, $B = o$). L'équation (41) devient

$$\frac{dz}{ds} = \gamma = \frac{1}{C}, \qquad \text{d'où :} \qquad z = \frac{s}{C} + z_0, \qquad (42)$$

et la troisième équation (40) donne, pour ζ, une valeur constante, qu'il est inutile de calculer. La dernière équation (30) donne, puisque $d\gamma = o$,

$$\nu = o,$$

c'est-à-dire que la normale principale, pour toute hélice, est perpendiculaire aux génératrices du cylindre. La première formule (32 *bis*) devient alors

$$\alpha = \mu\zeta,$$

et de même on a

$$\beta = -\lambda\zeta.$$

Mais les formules (30) donnent encore

$$\lambda = \mathrm{R}\,\frac{d\alpha}{ds}, \qquad \mu = \mathrm{R}\,\frac{d\beta}{ds}.$$

de sorte que les équations précédentes peuvent s'écrire

$$\alpha = \mathrm{R}\zeta\,\frac{d\beta}{ds}, \qquad \beta = - \mathrm{R}\zeta\,\frac{d\alpha}{ds}.$$

On en déduit sans peine

$$\alpha\,\frac{d\alpha}{ds} + \beta\,\frac{d\beta}{ds} = 0, \qquad \alpha^2 + \beta^2 = m^2, \tag{43}$$

$$\frac{\alpha\,\dfrac{d\beta}{ds} - \beta\,\dfrac{d\alpha}{ds}}{\alpha^2 + \beta^2} = \frac{1}{\mathrm{R}\zeta}, \qquad \operatorname{arc\,tang}\frac{\beta}{\alpha} = \frac{s - s_0}{\mathrm{R}\zeta},$$

m et s_0 étant des constantes. La dernière équation donne

$$\frac{\beta}{\alpha} = \operatorname{tang}\frac{s - s_0}{\mathrm{R}\zeta},$$

et en combinant avec l'équation (43)

$$\alpha^2 = m^2 \cos^2\frac{s - s_0}{\mathrm{R}\zeta}, \qquad \beta^2 = m^2 \sin^2\frac{s - s_0}{\mathrm{R}\zeta}.$$

On peut évidemment choisir le signe en extrayant les racines carrées et poser

$$\alpha = \frac{dx}{ds} = m \cos\frac{s - s_0}{\mathrm{R}\zeta}, \qquad \beta = \frac{dy}{ds} = m \sin\frac{s - s_0}{\mathrm{R}\zeta}.$$

On en déduit

$$x = m\mathrm{R}\zeta \sin\frac{s - s_0}{\mathrm{R}\zeta} + x_0, \qquad y = - m\mathrm{R}\zeta \cos\frac{s - s_0}{\mathrm{R}\zeta} + y_0.$$

Ces deux équations, jointes à l'équation (42), délinissent une hélice tracée sur le cylindre de révolution, qui a pour équation

$$(x - x_0)^2 + (y - y_0)^2 = m^2 R^2 \zeta^2.$$

424. Les raisonnements faits dans le paragraphe précédent ont supposé essentiellement les constantes réelles ; c'est sous cette réserve que l'équation (41) a pu être considérée comme équivalente à la suivante

$$\frac{A\alpha + B\beta + C\gamma}{\sqrt{A^2 + B^2 + C^2}} = \frac{1}{\sqrt{A^2 + B^2 + C^2}},$$

dont nous avons donné l'interprétation géométrique.

Examinons le cas où l'on aurait

$$A^2 + B^2 + C^2 = 0,$$

et supposons toujours la courbure et la torsion constantes.

Les formules (40) donnent alors

$$(\alpha - a\xi)^2 + (\beta - a\eta)^2 + (\gamma - a\zeta)^2 = 0$$

ou

$$1 + a^2 = 0.$$

Prenons

$$a = \sqrt{-1} = i,$$

d'où

$$\alpha = i\xi + A,$$

et, en portant la valeur de ξ dans la première équation (34),

$$d\lambda = -\left(\frac{\alpha}{R} + \frac{\alpha - A}{i} \tau \right) ds.$$

Mais

$$\lambda = R \frac{d\alpha}{ds},$$

$$d\lambda = R \frac{d^2\alpha}{ds^2} ds.$$

L'équation qui définit α est donc

$$R \frac{d^2\alpha}{ds^2} + \frac{\alpha}{R} + \frac{\alpha - A}{i} \tau = 0.$$

Mais, par définition (n° 423), on a

$$R\tau = \frac{1}{a},$$

ou en tenant compte de la valeur actuelle de a

$$R\tau = -i.$$

L'équation en z est donc simplement

$$R\frac{d^2z}{ds^2} = \frac{A}{i}\tau.$$

Elle donne pour z un polynôme du second degré en s, et pour x un polynôme du troisième degré. Il en serait de même pour y et pour z, et la courbe est une *cubique gauche imaginaire* (M. Lyon, *Thèse sur les courbes à torsion constante*).

425. Nous avons envisagé plus haut les courbes à courbure constante. Les courbes à torsion constante ont fait, depuis quelques années, l'objet d'intéressants travaux dont les auteurs se sont efforcés d'obtenir des courbes algébriques[1].

Enveloppes des courbes

126. Lorsque les équations d'une courbe renferment un paramètre variable, en faisant varier ce paramètre, on obtient une *famille de courbes*, et l'élimination de ce paramètre conduit à l'équation d'une surface contenant toutes ces courbes. *Il n'existe pas en général de courbe tangente à toutes les courbes d'une même famille*; en d'autres termes,

---

[1] Nous venons de parler de la thèse de M. Lyon. M. Fouché, par une élégante méthode, a donné de nombreuses solutions, en général imaginaires (*Annales de l'École Normale*, 1890, p. 335). M. Fabry a déterminé (*Annales de l'École Normale*, 1892, p. 177) un certain nombre de courbes algébriques réelles à torsion constante. On peut encore consulter un mémoire de M. Koenigs dans les *Annales de la Faculté de Toulouse* (1887), et une note de M. E. Cosserat (*C. R.*, 1895, p. 1252). Mais la question est loin d'être élucidée, même en se bornant aux courbes algébriques.

une famille de courbes n'a pas d'enveloppe. C'est ce qui a lieu, par exemple, pour les génératrices d'un hyperboloïde.

Le contraire peut cependant se produire : ainsi les droites polaires d'une courbe gauche sont tangentes au lieu des centres des sphères osculatrices.

427. Nous chercherons d'abord à quelle condition une famille de droites a une enveloppe (la surface réglée, lieu de ces droites, est dite alors *surface développable*).

Soient

$$\frac{x - x_0}{\alpha} = \frac{y - y_0}{\beta} = \frac{z - z_0}{\gamma} = \rho \qquad (44)$$

les équations d'une droite. Les quantités x_0, y_0, z_0, α, β, γ, dépendent d'un paramètre t et, pour une valeur de t donnée, à chaque valeur de ρ correspondra un point de x, y, z de la droite par les équations précédentes. Si l'on considère ρ comme une fonction de t, il y aura, sur chaque droite, un point déterminé dont le lieu s'obtiendra en éliminant t entre les équations (44) ; ce sera une courbe. Dans le cas où les droites ont une enveloppe, une des courbes qui viennent d'être définies sera tangente à toutes les droites ; la tangente en un point x, y, z de cette enveloppe se confondra avec la droite donnée, et les cosinus directeurs de cette tangente qui sont proportionnels à dx, dy, dz, devront vérifier la relation

$$\frac{dx}{\alpha} = \frac{dy}{\beta} = \frac{dz}{\gamma} = \lambda dt. \qquad (45)$$

Or les équations (44) donnent x, y, z, et par suite

$$dx = dx_0 + \rho d\alpha + \alpha d\rho,$$
$$dy = dy_0 + \rho d\beta + \beta d\rho,$$
$$dz = dz_0 + \rho d\gamma + \gamma d\rho.$$

Les égalités précédentes peuvent s'écrire, à cause de (45),

$$\left. \begin{array}{l} dx_0 + \rho d\alpha + (d\rho - \lambda dt)\,\alpha = 0 \\ dy_0 + \rho d\beta + (d\rho - \lambda dt)\,\beta = 0 \\ dz_0 + \rho d\gamma + (d\rho \quad \lambda dt)\,\gamma = 0 \end{array} \right\} ; \qquad (46)$$

et elles n'admettent de solutions en ρ et $d\rho - \lambda dt$ que si

$$\begin{vmatrix} dx_0 & d\alpha & \alpha \\ dy_0 & d\beta & \beta \\ dz_0 & d\gamma & \gamma \end{vmatrix} = 0. \tag{47}$$

Cette condition, nécessaire, est suffisante en général ; car on peut alors déterminer ρ et $d\rho - \lambda dt$. Nous laisserons au lecteur le soin de faire la discussion complète des équations linéaires (46).

Si les équations de la droite sont sous la forme plus maniable

$$\left. \begin{aligned} x &= \alpha z + x_0 \\ y &= \beta z + y_0 \end{aligned} \right\}, \tag{48}$$

la condition (47) devient

$$dx_0 d\beta - d\alpha dy_0 = 0, \tag{49}$$

et cette condition aurait pu être obtenue directement, en exprimant que la droite (48) a un point commun (aux infiniment petits du second ordre près) avec la droite infiniment voisine. En effet la différentiation des équations (48) donne

$$\begin{aligned} z\,d\alpha + dx_0 &= 0, \\ z\,d\beta + dy_0 &= 0, \end{aligned}$$

et la condition pour que ces équations soient compatibles avec les équations (48) s'obtient immédiatement en éliminant z entre les deux dernières. On retrouve ainsi l'équation (49).

128. Vérifions, par exemple, que *les droites polaires ont une enveloppe*. Pour cela, nous devons d'abord tirer des équations (27) les coordonnées du centre de courbure que je désignerai par x_0, y_0, z_0 au lieu des lettres α, β, γ ; on trouve, en prenant s comme variable indépendante,

$$\left. \begin{aligned} x_0 &= x + \frac{\dfrac{d^2x}{ds^2}}{A^2 + B^2 + C^2} \\ y_0 &= \ldots \\ z_0 &= \ldots \end{aligned} \right\} \tag{50}$$

et les équations de la droite polaire sont

$$\frac{x - x_0}{A} = \frac{y - y_0}{B} = \frac{z - z_0}{C}.$$

C'est la forme (44); la condition (47) peut donc être employée

$$\begin{vmatrix} dx_0, & dA, & A \\ dy_0, & dB, & B \\ dz_0, & dC, & C \end{vmatrix} = 0.$$

En développant ce déterminant et se reportant aux formules (28) et suivantes, on trouve l'équation

$$\frac{dx}{ds}\frac{dx_0}{ds} + \frac{dy}{ds}\frac{dy_0}{ds} + \frac{dz}{ds}\frac{dz_0}{ds} = 0,$$

qui à cause de (50) s'écrit

$$\sum\left(\frac{dx}{ds}\right)^2 + \sum\frac{dx}{ds}\frac{d^3x}{ds^3}\frac{1}{A^2+B^2+C^2} - \frac{d}{ds}\frac{1}{A^2+B^2+C^2}\sum\frac{dx}{ds}\frac{d^2x}{ds^2} = 0. \quad (51)$$

Mais

$$\sum\left(\frac{dx}{ds}\right)^2 = 1.$$

On en déduit, en différentiant,

$$\sum\frac{dx}{ds}\frac{d^2x}{ds^2} = 0,$$

$$\sum\frac{dx}{dx}\frac{d^3x}{ds^3} = -\sum\left(\frac{d^2x}{ds^2}\right)^2 = -(A^2 + B^2 + C^2),$$

comme on l'a déjà vu (16). L'égalité (51) est donc une identité.

429. Au contraire, *les normales principales d'une courbe gauche n'ont pas d'enveloppe.* En effet les équations de la normale étant

$$\frac{X - x}{\lambda} = \frac{Y - y}{\mu} = \frac{Z - z}{\nu},$$

la condition (47) s'écrit

$$\begin{vmatrix} \dfrac{dx}{ds} & \dfrac{d\lambda}{ds} & \lambda \\[2mm] \dfrac{dy}{ds} & \dfrac{d\mu}{ds} & \mu \\[2mm] \dfrac{dz}{ds} & \dfrac{d\nu}{ds} & \nu \end{vmatrix} = 0;$$

or

$$\frac{dx}{ds} = \alpha, \qquad \frac{dy}{ds} = \beta, \qquad \frac{dz}{ds} = \gamma,$$

$$\frac{d\lambda}{ds} = -\frac{R}{\alpha} - \xi\tau, \ \dots$$

On a donc

$$\begin{vmatrix} \alpha & -\dfrac{\alpha}{R} - \xi\tau & \lambda \\[2mm] \beta & -\dfrac{\beta}{R} - \eta\tau & \mu \\[2mm] \gamma & -\dfrac{\gamma}{R} - \zeta\tau & \nu \end{vmatrix} = 0.$$

En ajoutant à la seconde colonne la première multipliée par $\dfrac{1}{R}$, changeant les signes et mettant τ en facteur, on trouve

$$\tau \begin{vmatrix} \alpha & \xi & \lambda \\ \beta & \eta & \mu \\ \gamma & \zeta & \nu \end{vmatrix} = 0.$$

Mais le déterminant a pour valeur ± 1; la condition pour que les normales principales aient une enveloppe est

$$\tau = 0,$$

c'est-à-dire que la courbe doit être plane.

430. On traitera le problème général d'une manière analogue. Définissons par les équations

$$\left\{ \begin{aligned} x &= f(u, v) \\ y &= \varphi(u, v) \\ z &= \psi(u, v) \end{aligned} \right.$$

les courbes d'une famille. Si v reste constant, en faisant varier u, on aura une courbe particulière (C) de la famille, et la tangente en un point de cette courbe aura pour équations

$$\frac{X - x}{\dfrac{\partial f}{\partial u}} = \frac{Y - y}{\dfrac{\partial \varphi}{\partial u}} = \frac{Z - z}{\dfrac{\partial \psi}{\partial u}}.$$

Considérons maintenant u comme une fonction de v; si on se donne v, on déterminera simultanément une courbe et un point de cette courbe, et le lieu de ce point s'obtiendra en éliminant v, ce qui donnera une courbe (C'). S'il existe une courbe (C') tangente à toutes les courbes (C), on devra pouvoir déterminer u en fonction de v, de manière que la tangente à (C) se confonde avec la tangente à (C'), dont les équations sont

$$\frac{X - x}{\dfrac{\partial f}{\partial u}\dfrac{du}{dv} + \dfrac{\partial f}{\partial v}} = \frac{Y - y}{\dfrac{\partial \varphi}{\partial u}\dfrac{du}{dv} + \dfrac{\partial \varphi}{\partial v}} = \frac{Z - z}{\dfrac{\partial \psi}{\partial u}\dfrac{\partial u}{\partial v} + \dfrac{\partial \psi}{\partial v}}.$$

Pour que ce soit possible, il faut et il suffit que

$$\frac{\dfrac{\partial f}{\partial u}}{\dfrac{\partial f}{\partial v}} = \frac{\dfrac{\partial \varphi}{\partial u}}{\dfrac{\partial \varphi}{\partial v}} = \frac{\dfrac{\partial \psi}{\partial u}}{\dfrac{\partial \psi}{\partial v}}; \tag{52}$$

$\dfrac{du}{dv}$ a disparu. Le problème n'est donc pas possible en général, puisque les équations (52), jointes aux équations de la courbe, déterminent un certain nombre de points, et non une courbe. Les équations (52) expriment les conditions de possibilité du problème.

En posant

$$f(u, v) = \alpha u + x_0,$$
$$\varphi(u, v) = \beta u + y_0,$$
$$\psi(u, v) = \gamma u + z_0,$$

et faisant l'hypothèse que α, β, λ, x_0, y_0, z_0 sont des fonctions de v seulement, on obtient les équations d'une famille de droites; les équations (52) deviennent

$$\frac{a}{a'u + x_0'} = \frac{b}{b'u + y_0'} = \frac{c}{c'u + z_0'},$$

et il suffit d'éliminer u pour retrouver la condition (47).

Il est évident qu'on pourrait aussi, dans le cas général, éliminer u tant dans les données qu'entre les conditions (52); nous rencontrerons plus loin ce procédé de calcul. Nous n'y insisterons donc pas pour le moment.

431. Les mêmes résultats peuvent être retrouvés par des considérations tout à fait différentes. On sait, en effet, que la plus courte distance δ de deux droites dont les équations sont

$$\frac{x - x_0}{\alpha} = \frac{y - y_0}{\beta} = \frac{z - z_0}{\gamma}$$

et

$$\frac{x - x_1}{\alpha_1} = \frac{y - y_1}{\beta_1} = \frac{z - z_1}{\gamma_1},$$

a pour valeur, au signe près,

$$\frac{\begin{vmatrix} x_1 - x_0 & y_1 - y_0 & z_1 - z_0 \\ \alpha & \beta & \gamma \\ \alpha_1 & \beta_1 & \gamma_1 \end{vmatrix}}{\sqrt{(\alpha\beta_1 - \beta\alpha_1)^2 + (\beta\gamma_1 - \gamma\beta_1)^2 + (\gamma\alpha_1 - \alpha\gamma_1)^2}}.$$

Or, si les deux droites sont deux positions successives des

droites d'une même famille, on aura

$$x_1 = x_0 + \Delta x_0 = x_0 + dx_0 + \frac{1}{2} d_2 x_0 + \frac{1}{6} d_3 x_0 + \dots$$

$$y_1 = y_0 + \Delta y_0 = \dots$$

$$\cdot \quad \cdot \quad \cdot \quad \cdot \quad \cdot \quad \cdot \quad \cdot \quad \cdot \quad \cdot \quad \cdot \quad \cdot \quad \cdot$$

$$\gamma_1 = \gamma + \Delta\gamma = \gamma + d\gamma + \frac{1}{2} d_2\gamma + \frac{1}{6} d_3\gamma + \dots$$

et la valeur principale de δ sera

$$\frac{\begin{vmatrix} dx_0 & dy_0 & dz_0 \\ \alpha & \beta & \gamma \\ d\alpha & d\beta & d\gamma \end{vmatrix}}{\sqrt{(\alpha d\beta - \beta d\alpha)^2 + \dots}}.$$

Cette expression est du premier ordre. Pour qu'elle soit
d'ordre supérieur au premier, il faut que

$$\begin{vmatrix} dx_0 & dy_0 & dz_0 \\ \alpha & \beta & \gamma \\ d\alpha & d\beta & d\gamma \end{vmatrix} = 0.$$

C'est la condition (47). Ainsi *la plus courte distance δ de
deux droites infiniment voisines est, en général, du premier
ordre : pour qu'elle soit d'ordre supérieur, il est nécessaire
et suffisant que les droites de la famille soient les tangentes
d'une même courbe.* Nous allons montrer que, dans ce cas,
comme nous l'avons énoncé, nº 418, δ est, en général, du
troisième ordre. Les termes du second ordre sont

$$\frac{\Sigma\alpha\,(d\gamma d^2 y_0 + dy_0 d^2\gamma - d\beta d^2 z_0 - dz_0 d^2\beta)}{\sqrt{\Sigma\,(\alpha d\beta - \beta d\alpha)^2}};$$

le numérateur, étant la dérivée du déterminant qui précède,
est nul, ce qui démontre la proposition.

432. M. Darboux a étendu le théorème précédent, qui
est dû à Bouquet, au cas de deux courbes infiniment voisines d'une même famille : leur plus courte distance est du

premier ordre, à moins qu'elles n'aient une enveloppe, auquel cas cette distance est du troisième ordre au moins.

Enveloppes de surfaces à un paramètre

433. Lorsque l'équation d'une surface (S) renferme un paramètre variable λ, en faisant varier ce paramètre, on obtient une famille de surfaces. Chaque surface coupe la surface infiniment voisine, suivant une courbe qu'on appelle la *caractéristique* de la première surface; nous démontrerons que le lieu géométrique de ces caractéristiques est une surface (Σ), tangente à toutes les surfaces (S), et que les caractéristiques ont elles-mêmes une enveloppe. La surface (Σ) est dite l'*enveloppe* des surfaces (S), qui sont les *enveloppées*; l'enveloppe des caractéristiques s'appelle l'*arête de rebroussement*.

434. Soit

$$f(x, y, z, \lambda) = 0 \tag{53}$$

l'équation d'une surface (S).

Une surface voisine aura pour équation

$$f(x, y, z, \lambda + \Delta\lambda) = 0$$

et son intersection avec (S) sera déterminée par l'équation (53) et par

$$\frac{f(x, y, z, \lambda + \Delta\lambda) - f(x, y, z)}{\Delta\lambda} = 0.$$

En faisant tendre $\Delta\lambda$ vers zéro, on obtient les équations de la caractéristique

$$\left.\begin{array}{l} f(x, y, z, \lambda) = 0 \\ \dfrac{\partial f(x, y, z, \lambda)}{\partial\lambda} = 0 \end{array}\right\} \tag{54}$$

Le lieu des caractéristiques s'obtiendra en éliminant λ entre ces deux équations; nous écrirons le résultat de l'élimination

$$f(x, y, z, \overline{\lambda}) = 0 \qquad (55)$$

en indiquant par la notation $\overline{\lambda}$ que λ a été remplacé par sa valeur tirée de la seconde équation (54).

Le plan tangent à l'enveloppée, définie par la valeur λ, en un point (x_0, y_0, z_0) commun avec l'enveloppe, a pour équation

$$(x - x_0) \frac{\partial f(x_0, y_0, z_0, \lambda)}{\partial x} + (y - y_0) \frac{\partial f}{\partial y} + (z - z_0) \frac{\partial f}{\partial z} = 0. \quad (56)$$

Le plan tangent à l'enveloppe au même point a pour équation

$$(x - x_0) \left[\frac{\partial f(x_0, y_0, z_0, \overline{\lambda}_0)}{\partial x_0} + \frac{\partial f(x_0, y_0, z_0, \lambda_0)}{\partial \overline{\lambda}} \frac{\partial \overline{\lambda}}{\partial x_0} \right]$$
$$+ (y - y_0) \left(\frac{\partial f}{\partial y_0} + \frac{\partial f}{\partial \overline{\lambda}} \frac{\partial \overline{\lambda}}{\partial y_0} \right) + (z - z_0) \left(\frac{\partial f}{\partial z_0} + \frac{\partial f}{\partial \overline{\lambda}} \frac{\partial \overline{\lambda}}{\partial z_0} \right) = 0. \quad (57)$$

Or, par hypothèse,

$$\frac{\partial f(x_0, y_0, z_0, \overline{\lambda}_0)}{\partial \overline{\lambda}} = 0\;;$$

l'équation (57) se réduit donc à

$$(x - x_0) \frac{\partial f(x_0, y_0, z_0, \overline{\lambda}_0)}{\partial x_0} + (y - y_0) \frac{\partial f}{\partial y_0} + (z - z_0) \frac{\partial f}{\partial x_0} = 0\;;$$

et, comme $\overline{\lambda}_0$ est égal à λ (on le démontrerait exactement comme au n° 354), le plan représenté par l'équation précédente se confond avec le plan tangent à l'enveloppée.

435. Démontrons maintenant l'existence de l'arête de rebroussement. La caractéristique est définie par les équations (54), que nous reproduisons

$$
\left.\begin{array}{l}
f(x, y, z, \lambda) = 0 \\
\dfrac{\partial f}{\partial \lambda}(x, y, z, \lambda) = 0
\end{array}\right\} . \tag{45}
$$

S'il existe sur cette courbe un point qui se déplace tangentiellement à la courbe, il sera possible de déterminer z en fonction de λ, de manière que les différentielles prises dans cette dernière hypothèse coïncident avec celles prises en supposant λ constant.

Les équations qui donnent ces différentielles s'obtiennent, dans les deux cas, par la différentiation des équations (54), ce qui donne :

1° Si λ est constant,

$$
\left.\begin{array}{l}
\dfrac{\partial f}{\partial x}\, dx + \dfrac{\partial f}{\partial y}\, dy + \dfrac{\partial f}{\partial z}\, dz = 0 \\[2mm]
\dfrac{\partial^2 f}{\partial \lambda \partial x}\, dx + \dfrac{\partial^2 f}{\partial \lambda \partial y}\, dy + \dfrac{\partial^2 f}{\partial \lambda \partial z}\, dz = 0
\end{array}\right\} ; \tag{58}
$$

2° Si λ est variable,

$$
\left.\begin{array}{l}
\dfrac{\partial f}{\partial x}\, dx + \dfrac{\partial f}{\partial y}\, dy + \left(\dfrac{\partial f}{\partial z}\dfrac{\partial z}{\partial \lambda} + \dfrac{\partial f}{\partial \lambda}\right) d\lambda = 0 \\[2mm]
\dfrac{\partial^2 f}{\partial \lambda \partial x}\, dx + \dfrac{\partial^2 f}{\partial \lambda \partial y}\, dy + \left(\dfrac{\partial^2 f}{\partial \lambda \partial z}\dfrac{\partial z}{\partial \lambda} + \dfrac{\partial^2 f}{\partial \lambda^2}\right) d\lambda = 0
\end{array}\right\} . \tag{59}
$$

La première équation (59) coïncide avec la première équation (58), parce que, par hypothèse,

$$
\frac{\partial f}{\partial \lambda} = 0 .
$$

Il est donc nécessaire que la deuxième équation (59) coïncide avec la deuxième équation (58), ce qui exige

$$
\frac{\partial^2 f}{\partial \lambda^2} = 0 .
$$

Les trois équations

$$
\left.
\begin{aligned}
f(x, y, z, \lambda) &= 0 \\
\frac{\partial f}{\partial \lambda} &= 0 \\
\frac{\partial^2 f}{\partial \lambda^2} &= 0
\end{aligned}
\right\}
\qquad (60)
$$

permettent d'exprimer x, y, z en fonction de λ, et par conséquent définissent une courbe tangente à toutes les caractéristiques. C'est l'arête de rebroussement.

436. Les équations (60) sont susceptibles d'une autre interprétation.

L'équation

$$f(x, y, z, \lambda + \Delta\lambda) = 0$$

d'une surface infiniment voisine de la surface (S) peut s'écrire, si la formule de Taylor est applicable,

$$f(x, y, z, \lambda) + \Delta\lambda \frac{\partial f}{\partial \lambda} + \frac{\Delta\lambda^2}{2} \frac{\partial^2 f}{\partial \lambda^2} + M\Delta\lambda^3 = 0.$$

Cette surface coupe la caractéristique en des points qui, à la limite, se trouvent aussi sur la surface

$$\frac{\partial^2 f}{\partial \lambda^2} = 0.$$

Les points caractéristiques de cette caractéristique sont donc les points communs à cette caractéristique et à la surface infiniment voisine.

437. Théorème. — *L'arête de rebroussement a, avec chaque enveloppée, un contact du deuxième ordre.*

Soit M (x, y, z) un point de l'arête de rebroussement sur l'enveloppée, qui a pour équation

$$f(x, y, z, \lambda_0) = 0. \qquad (61)$$

Soit $Q(x_1, y_1, z_1)$ un point de l'arête de rebroussement infiniment voisin de M. Il suffit (n° 407, 2°) de démontrer que $f(x_1, y_1, z_1, \lambda_0)$ est infiniment petit du troisième ordre par rapport à MQ. Or

$$MQ = \sqrt{(x - x_1)^2 + (y - y_1)^2 + (z - z_1)^2}$$

et comme x, y, z sont des fonctions de λ, $x - x_1$, $y - y_1$, $z - z_1$ sont, en général, du premier ordre par rapport à $\Delta\lambda$; il en est de même de MQ[1].

Il ne reste donc plus à démontrer que $f(x_1, y_1, z_1, \lambda_0)$ est du troisième ordre par rapport à $\Delta\lambda$. Cela résulte de ce que l'on a identiquement, en posant $\lambda_0 = \lambda_1 + \Delta\lambda$.

$$f(x_1, y_1, z_1, \lambda_1 + \Delta\lambda) = f(x_1, y_1, z_1, \lambda_1) + \Delta\lambda \frac{\partial f}{\partial \lambda_1} + \frac{\Delta\lambda^2}{1.2} \frac{\partial^2 f}{\partial \lambda_1^2} + M\Delta\lambda^3$$

et de ce que, dans cette identité, les trois premiers termes sont nuls en vertu des équations (60).

438. THÉORÈME. — *L'arête de rebroussement a, avec chaque caractéristique, un contact du premier ordre.*

Soient

$$f(x, y, z, \lambda_0) = 0,$$
$$\frac{\partial f}{\partial \lambda_0} = 0,$$

les équations d'une caractéristique; x_0, y_0, z_0, les coordonnées

[1] Posons $\varphi(x, y, z, \lambda) = \dfrac{\partial^2 f(x, y, z, \lambda)}{\partial \lambda^2}$. Le point (x_1, y_1, z_1) appartenant à l'arête de rebroussement, on aura, en appelant λ_1 la valeur du paramètre infiniment voisine de λ_0 :

$$0 = \varphi(x_1, y_1, z_1, \lambda_1) = \varphi(x + x_1 - x, \ldots, \lambda_0 + \lambda_1 - \lambda_0)$$
$$= \varphi(x, y, z, \lambda_1) + (x_1 - x)\frac{\partial \varphi}{\partial x} + \ldots + (\lambda_1 - \lambda_0)\frac{\partial \varphi}{\partial \lambda_0} + R.$$

Le premier terme est nul par hypothèse (61) : l'équation précédente définit $\lambda_1 - \lambda_0$ en fonction des binômes $x_1 - x$, $y_1 - y$, $z_1 - z$ ou de MQ.

Si $\dfrac{\partial \varphi}{\partial \lambda_0} = \dfrac{\partial^3 f}{\partial \lambda_0^3}$ est différent de zéro, $\lambda_0 - \lambda_1 = \Delta\lambda$ est d'ordre égal ou supérieur à celui de MQ.

d'un point de cette caractéristique situé sur l'arête de rebroussement ; x_1, y_1, z_1 un point de l'arête de rebroussement infiniment voisin du premier, c'est-à-dire tel que

$$\begin{aligned} &f(x_1, y_1, z_1, \lambda_1) = 0 \\ &\frac{\partial f(x_1, y_1, z_1, \lambda_1)}{\partial \lambda_1} = 0 \\ &\frac{\partial^2 f(x_1, y_1, z_1, \lambda_1)}{\partial^2 \lambda_1} = 0 \end{aligned} \qquad (62)$$

λ_1 étant égal à $\lambda_0 - \Delta\lambda$.

Il suffit évidemment de démontrer que $\dfrac{\partial f(x_1, y_1, z_1, \lambda_0)}{\partial \lambda_0}$ est infiniment petit du second ordre par rapport à $\Delta\lambda$; or on a identiquement

$$\frac{\partial f(x_1, y_1, z_1, \lambda_1 + \Delta\lambda)}{\partial \lambda} = \frac{\partial f(x_1, y_1, z_1, \lambda_1)}{\partial \lambda} + \Delta\lambda \frac{\partial^2 f(x_1, y_1, z_1, \lambda_1)}{\partial \lambda^2} + M\Delta\lambda^2.$$

et les deux premiers termes du second membre sont nuls. parce que le point x_1, y_1, z_1. λ_1 satisfait aux équations (62). Le théorème est donc démontré.

139. Il est clair que l'enveloppe des caractéristiques peut. comme toutes les enveloppes, se réduire à un système de points. Considérons, par exemple, un tore, enveloppe d'une famille de sphères égales dont les centres parcourent une circonférence donnée. Les caractéristiques sont ici les circonférences méridiennes, et l'arête de rebroussement se réduit aux deux points où toutes ces circonférences coupent l'axe du tore.

Surfaces développables

140. On appelle *surfaces développables* les surfaces enveloppes de plans. Dans ce cas, les caractéristiques sont des lignes droites, et l'arête de rebroussement est une courbe dont toutes ces caractéristiques sont les tangentes, ce qui s'accorde avec la définition déjà donnée n° 127.

Nous avons déjà remarqué, en étudiant les courbes gauches, que la plus courte distance de deux tangentes était du troisième ordre par rapport à l'arc de courbe qui unit leurs points de contact, et qu'une tangente pouvait être considérée comme intersection de deux plans osculateurs infiniment voisins. Il se trouve de nouveau démontré ici, comme application des deux théorèmes précédents :

1° que la distance d'un point de la courbe gauche au plan osculateur en un point infiniment voisin est du troisième ordre par rapport à l'arc de courbe qui unit les deux points ;

2° que la distance d'un point de la courbe à la tangente au point infiniment voisin est du deuxième ordre.

Dans les applications, le calcul se présentera souvent sous la forme suivante. Soit

$$z = px + qy + r,$$

l'équation d'un plan ; on doit d'abord supposer que les trois coefficients sont fonctions d'un même paramètre, du premier, p, par exemple. On a donc

$$q = \varphi(p), \qquad r = \psi(p),$$

et l'équation du plan s'écrit alors

$$z = px + y\varphi(p) + \psi(p). \tag{63}$$

Celles de la caractéristique sont

$$\begin{aligned} z &= px + y\varphi(p) + \psi(p) \\ o &= x + y\varphi'(p) + \psi'(p) \end{aligned} \tag{64}$$

et en éliminant p entre ces équations, on aurait l'équation de la développable.

Enfin les équations de l'arête de rebroussement sont

$$\begin{aligned} z &= px + y\varphi(p) + \psi(p) \\ o &= x + y\varphi'(p) + \psi'(p) \\ o &= \quad\; y\varphi''(p) + \psi''(p) \end{aligned} \tag{65}$$

141. Les surfaces développables satisfont à une équation aux dérivées partielles qui les caractérise. Considérons en effet z comme fonction des deux variables x et y, et posons

$$p = \frac{\partial z}{\partial x}, \qquad q = \frac{\partial z}{\partial y},$$

$$r = \frac{\partial^2 z}{\partial x^2}, \qquad s = \frac{\partial^2 z}{\partial x \partial y}, \qquad t = \frac{\partial^2 z}{\partial y^2}.$$

L'équation du plan tangent à une surface en un point x, y, z, étant

$$Z - z = p(X - x) + q(Y - y),$$

comme p et q doivent être fonctions d'un même paramètre si la surface est développable, on aura en premier lieu

$$q = \varphi(p).$$

Prenons les dérivées des deux membres de cette équation, successivement par rapport à x et par rapport à y; nous aurons

$$s = r\varphi'(p),$$
$$t = s\varphi'(p),$$

d'où, en éliminant $\varphi'(p)$,

$$rt - s^2 = 0. \qquad\qquad (66)$$

Réciproquement cette dernière équation peut s'écrire

$$\frac{\partial p}{\partial x}\frac{\partial q}{\partial y} - \frac{\partial q}{\partial x}\frac{\partial p}{\partial y} = 0;$$

le déterminant fonctionnel de p et de q est donc nul, et par suite

$$q = \varphi(p). \qquad\qquad (67)$$

Le terme constant de l'équation du plan tangent est

$$px + qy - z,$$

et le déterminant de ce terme et de p, c'est-à-dire

$$(rt - s^2)\, y,$$

est aussi nul. Donc

$$px + qy - z = \psi(p). \tag{68}$$

Cela posé, cherchons de quelle nature est, sur la surface, la courbe le long de laquelle p conserve une valeur constante. L'identité (68) différentiée nous donne la nouvelle identité

$$x\,dp + y\,dq = \psi'(p)\,dp,$$

ou, en tenant compte de (67),

$$x + y\varphi'(p) = \psi'(p).$$

Les points, pour lesquels p est constant, vérifieront par suite les deux identités

$$\begin{aligned} px + y\varphi(p) - z &= \psi(p),\\ x + y\varphi'(p) &= \psi'(p). \end{aligned}$$

Leur lieu géométrique sera donc une ligne droite, et l'on retrouve bien les équations (64).

412. On sait qu'on appelle *surface réglée* toute surface engendrée par le mouvement d'une droite dont les équations renferment un paramètre mobile. Ainsi les équations (44) définissent une surface réglée dont l'équation s'obtiendra par l'élimination du paramètre t entre les deux équations (44). L'équation (47) exprime la condition pour que cette surface réglée soit développable. Nous allons retrouver cette condition, ou, ce qui revient au même, la condition (49), par une autre considération.

Soient

$$\begin{aligned} X - \alpha Z - x_0 &= 0,\\ Y - \beta Z - y_0 &= 0, \end{aligned}$$

les équations de la droite dont les coefficients dépendent du paramètre t. Le plan tangent en un point x, y, z, de cette droite sera de la forme

$$X - \alpha Z - x_0 + \lambda (y - \beta Z - y_0) = 0,$$

et, pour déterminer λ, il suffit d'exprimer qu'il passe par le point $x + dx$, $y + dy$, $z + dz$, pris sur la génératrice infiniment voisine de la première. On trouve ainsi, en désignant toujours les dérivées par des lettres accentuées,

$$\frac{X - \alpha Z - x_0}{Y - \beta Z - y_0} = \frac{\alpha' z + x_0'}{\beta' z + y_0'},$$

et l'on voit que cette équation sera indépendante de z, c'est-à-dire que le plan tangent sera le même tout le long de la génératrice, si

$$\frac{\alpha'}{\beta'} = \frac{x_0'}{y_0'} ;$$

c'est bien la condition (49).

Lorsque cette condition n'est pas remplie, la surface réglée n'est pas développable; elle est dite *gauche*. On a alors par hypothèse

$$\alpha' y_0' - \beta' x_0' \neq 0.$$

Étudions dans ce cas le mouvement du plan tangent, lorsque le point de contact parcourt la génératrice. Supposons pour cela que, pour la valeur du paramètre t considérée, la génératrice coïncide avec Oz

$$\alpha = 0, \qquad \beta = 0, \qquad x_0 = 0, \qquad y_0 = 0 ;$$

supposons, de plus, que le plan zoy coïncide avec le plan tangent à l'infini, dont l'équation générale serait

$$\frac{X - \alpha Z - x_0}{Y - \beta Z - y_0} = \frac{\alpha'}{\beta'} ;$$

il faut que

$$\alpha' = 0.$$

L'équation du plan tangent est maintenant

$$\frac{X}{Y} = \frac{x_0'}{\beta' z + y_0'},$$

et il suffit de porter sur oz l'origine au point qui a pour z la valeur $-\dfrac{y'_0}{z'}$, finie par hypothèse, pour obtenir la forme définitive

$$\frac{Y}{X} = \frac{z'}{x'_0} z.$$

Pour $z = o$, on a $Y = o$. Supposons les axes rectangulaires : le plan zox, tangent à l'origine, est le plan perpendiculaire au plan tangent à l'infini; on l'appelle le plan central, et son point de contact est dit le *point central* de la génératrice. Dans l'équation précédente, le premier membre représente la tangente de l'angle que fait le plan tangent avec le plan central; elle est proportionnelle à z, c'est-à-dire à la distance du point central au point de contact.

Lorsque z varie de $-\infty$ à $+\infty$, le plan tangent tourne autour de oz comme charnière, toujours dans le même sens.

443. On vérifie sans peine que la génératrice infiniment voisine de oz est dans un plan parallèle à yoz; la perpendiculaire commune à ces deux génératrices se confond donc avec ox, et l'on voit que le point central est la limite du pied de la perpendiculaire commune à la génératrice donnée et à la génératrice infiniment voisine. Le plan central est la limite du plan mené par la génératrice et par la perpendiculaire commune. Le lieu des points centraux s'appelle *ligne de striction* de la surface; on peut observer que ce n'est pas, en général, une trajectoire orthogonale des génératrices.

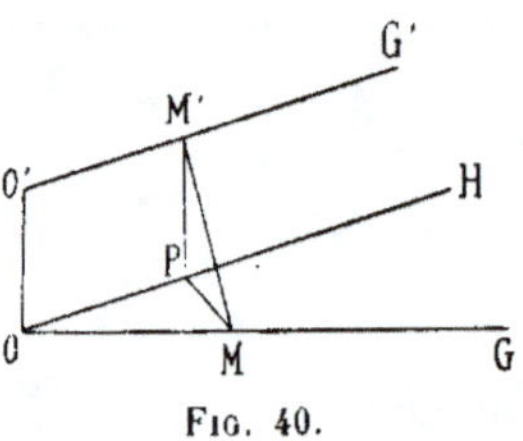

Fig. 40.

Figurons la génératrice OG, la génératrice infiniment voisine O'G', et soit OO' leur perpendiculaire commune. OH la parallèle à O'G' menée par O. Pour avoir le plan tangent en un point M de OG, on peut couper par un plan perpendiculaire à O'G' : il coupe O'G' en M', O'H en P. L'angle du plan tangent avec le plan central O'OP est mesuré, aux infiniment petits du second ordre près, par $\widehat{MMP}$, et l'on a

$$\operatorname{tang} \widehat{MMP} = \frac{PM}{PM'} = \frac{\sin i}{oo'} \times OM = \frac{1}{k} \cdot OM,$$

en appelant i l'angle des deux génératrices. Le théorème précédent est donc de nouveau démontré, et l'on voit de plus que la plus courte distance des deux génératrices et leur angle sont des infiniment petits de même ordre. Leur rapport k s'appelle le *paramètre de distribution*. Ce paramètre est constamment infini dans les cylindres, et constamment nul dans les autres surfaces développables.

Enveloppes de surfaces à deux paramètres

444. Lorsque l'équation d'une surface renferme deux paramètres

$$f(x, y, z, a, b) = 0, \tag{69}$$

on peut encore trouver une surface S, à laquelle elle demeure tangente, quelles que soient les valeurs prises par a et b, et qu'on appellera encore l'*enveloppe* de la surface variable. Pour y arriver, supposons d'abord

$$b = \varphi(a);$$

on aura alors une caractéristique définie par l'équation (69) et par

$$\frac{\partial f}{\partial a} + \frac{\partial f}{\partial b} \varphi'(a) = 0. \tag{70}$$

Quelle que soit la fonction $\varphi(a)$, les courbes définies par (69) et (70) auront un ou plusieurs points communs définis par les équations

$$\left. \begin{array}{l} f(x, y, z, a, b) = 0 \\[4pt] \dfrac{\partial f}{\partial a} = 0 \\[4pt] \dfrac{\partial f}{\partial b} = 0 \end{array} \right\}, \tag{71}$$

Le lieu de ces points s'obtiendra en éliminant a, b, entre ces trois équations. On obtiendra une surface S, qu'on peut supposer représentée par la première équation (71), à condition d'y remplacer a et b par leurs valeurs tirées des deux dernières équations. Le plan tangent à la surface (S) aura pour équation

$$(X - x) \left[\frac{\partial f}{\partial x} + \frac{\partial f}{\partial a} \frac{\partial a}{\partial x} + \frac{\partial f}{\partial b} \frac{\partial b}{\partial x} \right] \\ + (Y - y) \left[\frac{\partial f}{\partial y} + \frac{\partial f}{\partial a} \frac{\partial a}{\partial y} + \frac{\partial f}{\partial b} \frac{\partial b}{\partial y} \right] \\ + (Z - z) \left[\frac{\partial f}{\partial z} + \frac{\partial f}{\partial a} \frac{\partial a}{\partial z} + \frac{\partial f}{\partial b} \frac{\partial b}{\partial z} \right] \Bigg\} = 0,$$

et cette équation se réduit à

$$(X - x) \frac{\partial f}{\partial x} + (Y - y) \frac{\partial f}{\partial y} + (Z - z) \frac{\partial f}{\partial z} = 0,$$

qui est celle du plan tangent à la surface donnée. Le théorème est démontré.

445. Exemple. — Le plan

$$ux + vy + wz = \sqrt{a^2 u^2 + b^2 v^2 + c^2 w^2}$$

a pour enveloppe l'ellipsoïde

$$\frac{x^2}{a^2} + \frac{y^2}{b^2} + \frac{z^2}{c^2} - 1 = 0.$$

Pour le voir, il suffit de considérer comme paramètres variables $\frac{u}{w}$, $\frac{v}{w}$, et d'appliquer la règle précédente.

Théorie des développées

446. Nous avons vu que les normales *principales* d'une courbe gauche n'ont pas d'enveloppe. Mais on peut se pro-

poser d'associer les normales d'une courbe, de manière
qu'elles forment une surface développable. Ce problème a
une infinité de solutions que nous allons rechercher : les
enveloppes des normales s'appellent encore des *développées*. Nous emploierons une méthode très féconde pour la
résolution des problèmes relatifs aux courbes, et dont nous
avons déjà dit quelques mots; nous voulons parler du trièdre
mobile.

Soient OX, OY, OZ, les axes de coordonnées rectangulaires fixes, X, Y, Z, les coordonnées d'un point P quelconque de l'espace, par rapport à ces axes; soient a, b, c,
les coordonnées d'un point M, de la courbe, Mx, My, Mz,
les axes mobiles attachés au point M, savoir, la tangente,
la normale principale et la binormale. Soient enfin, x, y, z,
les coordonnées du point P par rapport au trièdre mobile.

Les formules connues de la transformation de coordonnées sont, en conservant toujours, pour désigner les cosinus
directeurs des axes mobiles, les notations des paragraphes
précédents,

$$\left. \begin{array}{l} X = a + \alpha x + \lambda y + \xi z \\ Y = b + \beta x + \mu y + \eta z \\ Z = c + \gamma x + \nu y + \zeta z \end{array} \right\} . \qquad (72)$$

Ces formules, jointes à celles de Frenet, renferment toute
la théorie des courbes gauches.

117. Si, par exemple, le point M est le point d'une normale dont le déplacement infiniment petit est tangent à la
normale, il satisfera aux trois conditions suivantes : 1° il
sera dans le plan des yz, ce qui donne

$$x = 0 ;$$

2° son déplacement étant perpendiculaire à Ox, on aura

$$\alpha \frac{dX}{ds} + \beta \frac{dY}{ds} + \gamma \frac{dZ}{ds} = 0 ; \qquad (73)$$

3° ce déplacement sera dirigé vers le point M.

Or, des équations (69) on tire, par la différentiation, trois équations, dont la première sera

$$dX = da + \lambda dy + \xi dz + yd\lambda + zd\xi,$$

ou, en remarquant que $da = \alpha ds$ et en utilisant les formules de Frenet (31, 34),

$$dX = \lambda dy + \xi dz + [\alpha - (k\alpha + \tau\xi)\,y + \lambda\tau z]\,ds.$$

Multiplions cette équation par α, les deux analogues par β et γ, puis ajoutons membre à membre. Il vient

$$\alpha dX + \beta dY + \gamma dZ = (1 - ky)\,ds,$$

ou, à cause de (70),

$$1 - ky = 0,$$
$$y = \frac{1}{k} = R.$$

Cette équation montre que le point de la normale, qui décrit la développée, est sur l'axe de courbure. Donc *toutes les développées sont sur la surface polaire.*

Il reste à exprimer que le déplacement du 'point P est dirigé vers M; pour cela, je remarque que les projections de ce déplacement sur Oy et sur Oz auront respectivement pour valeurs

$$\lambda dX + \mu dY + \nu dZ = dy + z\tau ds,$$
$$\xi dX + \eta dY + \zeta dZ = dz - y\tau ds.$$

Ces projections devant être proportionnelles à y et à z, on a

$$\frac{dy + z\tau ds}{y} = \frac{dz - y\tau ds}{z}.$$

Cette équation peut s'écrire

$$\frac{ydz - zdy}{y^2 + z^2} = \tau ds,$$

ou

$$d \,.\, \text{arc tang} \, \frac{y}{z} = \tau ds.$$

Appelons V l'angle de la normale considérée avec la normale principale; l'équation précédente devient

$$dV = \tau ds.$$

Pour une seconde normale faisant un angle V_1 avec la normale principale, on aura aussi, si elle enveloppe une courbe,

$$dV_1 = \tau ds;$$

d'où

$$d(V_1 - V) = 0,$$
$$V_1 - V = C^{te}.$$

Donc *les normales de la courbe qui enveloppent deux développées différentes font, entre elles, un angle constant.*

448. Les développées des courbes gauches jouissent encore d'une propriété analogue à celles des courbes planes. Leur arc est égal à la différence des longueurs des normales qui aboutissent aux extrémités de cet arc. On pourrait donner de ce théorème une démonstration analytique analogue à celle que nous avons donnée pour les courbes planes. Nous préférons faire connaître une méthode géométrique fondée sur un lemme qui est d'un usage fréquent.

449. Soit $l = AB$ un segment de droite qui se déplace suivant une loi donnée; soit $l' = A'B'$ une deuxième position de ce segment infiniment voisine de la première. Nous allons évaluer la partie principale de la variation du segment. Appelons α l'angle de AB et de A'B'; le théorème des projections appliqué au contour AA'B'B projeté sur AB donne l'égalité

$$l = AB = AA' \cos \widehat{A'AB} + A'B' \cos \alpha + B'B \cos(\pi - \widehat{B'BA})$$

$$= AA' \cos \widehat{A'AB} + l' \cos \alpha + BB' \cos \widehat{B'BA}.$$

α est infiniment petit. Donc, en négligeant les infiniment petits du second ordre, on peut remplacer $\cos \alpha$ par 1, et écrire

$$- dl = l' - l = \mathrm{AA}' \cos \widehat{\mathrm{A'AB}} + \mathrm{BB}' \cos \widehat{\mathrm{B'BA}}. \quad (74)$$

C'est la formule cherchée.

450. Appliquons-la au problème des développées. Soit AB une normale à la courbe gauche en A, B son point de contact avec la développée. Le déplacement de A étant normal à AB, $\cos \widehat{\mathrm{A'AB}}$ est infiniment petit; le déplacement de B est tangent à AB, donc $\cos \widehat{\mathrm{B'BA}}$ est infiniment voisin de ± 1. La formule (74) se réduit donc à

$$dl = \pm \mathrm{BB}'.$$

Mais, toujours avec la même approximation, on peut, si l'on appelle σ l'arc de développée, remplacer la corde BB' par la différentielle de l'arc $d\sigma$, et l'on a enfin

$$dl = \pm d\sigma.$$

Supposons, par exemple, une portion d'arc sur laquelle les arcs croissent en même temps que les normales. On aura

$$dl = d\sigma,$$
$$l - l_0 = \sigma - \sigma_0.$$

et cette dernière égalité exprime la propriété qu'il s'agissait de démontrer.

451. La notion de développante en résulte. Si l'on fixe un fil en un point d'une courbe gauche (Γ), et qu'on enroule le fil sur la courbe, puis qu'on déroule le fil en le tendant à chaque instant suivant une tangente, un point quelconque du fil décrira une trajectoire orthogonale des tangentes. Cette trajectoire est dite *développante* de la courbe (Γ), et (Γ) est une développée de cette développante. La démonstration résulte encore de la formule (74). Ici, par hypothèse, $\cos \widehat{B'BA}$ est infiniment voisin de zéro, $dl =$ arc BB': il en résulte que $\cos \widehat{A'AB}$ est infiniment petit, c'est-à-dire que le déplacement de A est normal au fil AB.

452. Les normales qui enveloppent une développée décrivent, comme on sait, une surface développable. Le plan tangent à cette développable est le plan osculateur de la développée; mais la courbe gauche donnée (C) étant évidemment sur la développable, le plan tangent contient la tangente à (C). Cette tangente étant perpendiculaire au plan tangent de la surface polaire, le plan osculateur de la développée est normal à cette surface polaire. Donc *les développées sont des géodésiques* (p. 430) *de la surface polaire.*

453. A l'étude des développées se rattache une intéressante question de minimum. Soit x_0, y_0, z_0, un point P de l'espace; sa distance l au point M (x, y, z) de la courbe gauche sera minimum, si son carré

$$l^2 = (x - x_0)^2 + (y - y_0)^2 + (z - z_0)^2 = \psi(t),$$

a une dérivée nulle, par rapport au paramètre t

$$\psi'(t) = (x - x_0)\,x' + (y - y_0)\,y' + (z - z_0)\,z' = 0. \quad (75)$$

Mais il faut, de plus, que la dérivée seconde

$$\psi''(t) = x'^2 + y'^2 + z'^2 + (x - x_0)\,x'' + (y - y_0)\,y'' + (z - z_0)\,z''$$

soit positive.

L'équation (75) exprime que le point M est le pied d'une normale issue de P. Supposons que, M restant fixe, le point P parcourt la normale en M, en partant du point M. Les binômes $x - x_0$, $y - y_0$, $z - z_0$, commencent par être très petits, et la dérivée seconde $\psi''(t)$ commence par être positive : MP est donc minimum. Puis le point P, s'éloignant dans la direction de l'axe de courbure, la fonction $\psi''(t)$ s'annule au moment où le point P est sur l'axe de courbure, ou, ce qui revient au même, au moment où P est au point de contact C de la normale avec sa développée. $\psi''(t)$ devient ensuite négative, et MP est un maximum au lieu d'être un minimum.

Mais il est essentiel de remarquer que le minimum, dont il vient d'être question, est un minimum relatif, c'est-à-dire par comparaison avec les chemins voisins. On peut même démontrer que la distance MP a cessé d'être un minimum absolu, avant que le point M ne soit arrivé au point C. Soit, en effet, une seconde normale M'C' touchant la même développée au point C'. Il résulte des propriétés de la développée qu'on a

$$\mathrm{MC} = \mathrm{M'C'} + \text{arc } C'C ;$$

donc

$$\mathrm{MC} > \mathrm{M'C'} + \text{corde } C'C.$$

Comment la distance MP a-t-elle donc pu cesser d'être minimum? Cala n'a pu se produire évidemment qu'à un moment où, du point P, on a pu mener à la courbe gauche deux normales égales. Il convient donc, dans ce problème, de faire intervenir en même temps que l'étude des développées celle des points d'où l'on peut mener à la courbe deux normales égales.

454. Un exemple éclaircira ce qui précède. Dans l'ellipse, la normale en M rencontre l'axe en H, avant son point de contact C avec la développée. Or le lieu des points du plan d'où l'on peut mener à l'ellipse deux normales égales se compose des deux axes. Donc, lorsque P sera entre M et H, PM sera un minimum absolu ; entre H et C, PM n'est plus le chemin le plus court ; il n'est minimum que par rapport aux chemins infiniment voisins. Enfin, au-delà de C, PM n'est plus minimum par rapport à aucun chemin.

Des congruences

455. Lorsque les équations d'une courbe contiennent deux paramètres

$$\left. \begin{array}{l} f(x, y, z, a, b) = 0 \\ \varphi(x, y, z, a, b) = 0 \end{array} \right\}, \qquad (76)$$

on obtient, en faisant varier ces paramètres, une double infinité de courbes, dont l'ensemble constitue ce qu'on appelle une *congruence* de courbes. Par un point de l'espace, il passe, en général, une ou un nombre limité de courbes de la congruence; elles sont déterminées par les équations (76), où x, y, z, ont reçu des valeurs données.

Mais il peut arriver que, pour certains points, les deux équations (76) se réduisent à une, ou même soient entièrement indéterminées; par exemple, dans la congruence des droites qui rencontrent deux courbes données, en un point P quelconque d'une de ces courbes, il y a une infinité de solutions : ce sont les génératrices du cône, de sommet P, qui contient l'autre courbe. Les cercles qui passent par deux points forment une congruence, telle qu'aux deux points il y a indétermination absolue.

Si les courbes de la congruence sont des lignes droites, la congruence est dite *rectiligne*, et lorsque, par tout point de l'espace, il passe une et une seule droite de la congruence, la congruence rectiligne est dite *linéaire*.

456. Dans le cas d'une congruence rectiligne et linéaire, en résolvant les équations (76) par rapport aux deux paramètres, on peut évidemment les mettre sous la forme

$$P + aQ = 0,$$
$$P' + bQ' = 0,$$

et l'on voit que *toutes les droites de la congruence linéaire s'appuient sur deux droites fixes*, savoir

$$P = o, \qquad Q = o,$$

et

$$P' = o, \qquad Q' = o.$$

Il est évident, réciproquement, que toutes les droites qui rencontrent deux droites fixes, non situées dans un même plan, forment une congruence linéaire. On voit immédiatement que, dans tout plan, il existe une et une seule droite de la congruence, celle qui joint les traces des deux droites fixes sur le plan. Nous n'insisterons pas davantage sur les congruences linéaires qui ont été l'objet d'une étude méthodique, publiée par M. Fouret, à la suite de la traduction de la *Géométrie du mouvement* du Dr Schœnflies.

157. Revenons aux congruences rectilignes quelconques. Si l'on établit une relation entre les paramètres a et b, les droites correspondantes décrivent une surface, qu'on appelle une *surface de la congruence*. Nous allons démontrer que toutes les surfaces de la congruence, qui contiennent une même droite de la congruence, se touchent en deux points de cette droite.

Soient en effet

$$\begin{aligned} x &= \alpha z + x_0 \\ y &= \beta z + y_0 \end{aligned} \quad \Big\} \qquad (77)$$

les équations d'une des droites. α, x_0, β, y_0, dépendant des paramètres a et b; de plus

$$b = \varphi(a).$$

L'équation différentielle de la surface engendrée s'obtiendra en différentiant les équations (77)

$$dx = \alpha\, dz + z\left[\frac{d\alpha}{da} + \frac{d\alpha}{db}\varphi'(a)\right]da + \left[\frac{dx_0}{da} + \frac{dx_0}{db}\varphi'(a)\right]da,$$

$$dy = \beta\, dz + z\left[\frac{d\beta}{da} + \frac{d\beta}{db}\varphi'(a)\right]da + \left[\frac{dy_0}{da} + \frac{dy_0}{db}\varphi'(a)\right]da,$$

et en éliminant da. Le plan tangent à la surface s'obtiendra en remplaçant dx, dy, dz, par $X - x$, $Y - y$, $Z - z$. On trouve ainsi

$$\frac{X - x - \alpha(Z - z)}{Y - y - \beta(Z - z)} = \frac{z\left[\dfrac{d\alpha}{da} + \dfrac{d\alpha}{db}\varphi'(a)\right] + \dfrac{dx_0}{da} + \dfrac{dx_0}{db}\varphi'(a)}{z\left[\dfrac{d\beta}{da} + \dfrac{d\beta}{db}\varphi'(a)\right] + \dfrac{dy_0}{da} + \dfrac{dy_0}{db}\varphi'(a)}. \qquad (78)$$

Le second membre sera indépendant de $\varphi'(a)$, si

$$\frac{z\dfrac{d\alpha}{da} + \dfrac{dx_0}{da}}{z\dfrac{d\beta}{da} + \dfrac{dy_0}{da}} = \frac{z\dfrac{d\alpha}{db} + \dfrac{dx_0}{db}}{z\dfrac{d\beta}{db} + \dfrac{dy_0}{db}}. \qquad (79)$$

Cette équation, du second degré en z, détermine, sur la droite de la congruence, deux points F et F_1, où se touchent toutes les surfaces de la congruence. On les appelle *points focaux* ou *foyers* de la droite. Les plans tangents en ces points, donnés par l'équation (78), où z, x, y, sont déterminés par les équations (79) et (77), sont les *plans focaux*.

158. On retrouve les mêmes résultats autrement. Cherchons la condition pour que les droites (77) aient une enveloppe. La formule (49) devient ici

$$\left(\frac{dx_0}{da}\,da + \frac{dx_0}{db}\,db\right)\left(\frac{d\beta}{da}\,da + \frac{d\beta}{db}\,db\right)$$
$$- \left(\frac{d\alpha}{da}\,da + \frac{d\alpha}{db}\,db\right)\left(\frac{dy_0}{da}\,da + \frac{dy_0}{db}\,db\right) = 0, \qquad (80)$$

équation du second degré homogène en da, db, d'où l'on tirera

$$\frac{db}{da} = M, \qquad \frac{db}{da} = M_1. \qquad (81)$$

On démontrera, dans le second tome, que chacune de ces équations détermine une fonction b de a, satisfaisant à la condition de prendre une valeur donnée pour une valeur donnée de a, c'est-à-dire de correspondre à une droite donnée. Donc toute droite de la congruence peut, de deux manières différentes, se déplacer de manière à décrire une développable ; les surfaces, ainsi obtenues, sont les *développables de la congruence*. Elles se groupent en deux familles, suivant qu'on part de l'une ou l'autre des équations (81).

Considérons une des développables : son arête de rebroussement touchera la droite génératrice en un point A ; je dis que ce point sera un des deux foyers, F ou F_1. En effet, on a vu, n° 427, que le z du point A est donné par l'équation

$$z = -\frac{dx_0}{dz} = -\frac{\dfrac{dx_0}{da}\,da + \dfrac{dx_0}{db}\,db}{\dfrac{dz}{da}\,da + \dfrac{dz}{db}\,db}, \qquad (82)$$

et il suffit de remplacer z par cette valeur dans l'équation (79), pour constater qu'elle se réduit à l'équation (80), qui est vérifiée par hypothèse.

459. D'ailleurs, on peut très bien se rendre compte géométriquement de ce qui vient d'être établi. Définissons d'abord la *surface focale* de la congruence : c'est le lieu des foyers, ou encore des arêtes de rebroussement des développables. Il y a bien, en apparence, deux nappes de cette surface focale, correspondant aux deux équations (81) ; mais il est évident qu'au point de vue analytique ces deux nappes se réunissent pour former une seule surface.

Cela posé, les droites sont toutes tangentes à ces deux nappes. Considérons une de ces droites D, et déplaçons-la de manière qu'elle reste tangente, en F, à l'arête de rebroussement, qui décrit la première nappe S ; elle touchera aussi la seconde nappe S_1 en F_1. Le lieu de F_1 sur S_1 sera une certaine courbe non tangente à D ; le plan tangent à la développable, le long de D, sera donc confondu avec le plan tangent à S_1 en F_1.

Une surface Σ quelconque de la congruence, passant par D, touchera S_1 en F_1, puisque la droite qui engendre Σ

reste tangente à S_1. Toutes les surfaces Σ se toucheront donc en F_1 ; de même en F.

Congruences de normales

460. Les normales à une surface donnée forment une congruence ; car une normale est déterminée par son pied, dont les coordonnées dépendent de deux paramètres.

Les congruences de normales jouissent d'une propriété remarquable : *pour chaque normale, les plans focaux sont perpendiculaires*. Soient en effet (n° 403)

$$X - x = - p\,(Z - z),$$
$$Y - y = - q\,(Z - z),$$

les équations d'une normale. La condition, pour que cette droite engendre une surface développable, est (47)

$$\begin{vmatrix} dx & -p & -dp \\ dy & -q & -dq \\ dz & 1 & 0 \end{vmatrix} = 0,$$

ou

$$\frac{dx + p\,dz}{dp} = \frac{dy + q\,dz}{dq}, \qquad (83)$$

ou, comme

$$dz = p\,dx + q\,dy,$$
$$dp = r\,dx + s\,dy,$$
$$dq = s\,dx + t\,dy,$$
$$[s\,(1 + p^2) - pqr]\,dx^2 + [t\,(1 + p^2) - r\,(1 + q^2)]\,dx\,dy$$
$$+ [pqt - s\,(1 + q^2)]\,dy^2 = 0. \quad (84)$$

Supposons les axes choisis de manière que la normale considérée coïncide avec oz, et le plan tangent à xoy ; on a alors

$$x = y = z = 0, \qquad p = q = 0,$$

et l'équation (84) se réduit à

$$s\,dx^2 + (t - r)\,dx\,dy - s\,dy^2 = 0,$$

ou en divisant par dx^2

$$s\left(\frac{dy}{dx}\right)^2 + (r - t)\frac{dy}{dx} - s = 0.$$

Cette équation définit deux directions dans le plan xoy; ces deux directions sont rectangulaires, et, comme elles forment le rectiligne du dièdre des plans focaux, le théorème est démontré.

161. Nous allons montrer que la propriété précédente caractérise bien les congruences de normales. Pour cela, il faut déterminer à quelles conditions une congruence rectiligne quelconque peut devenir une congruence de normales.

Il faut et il suffit qu'un point de la droite donnée (77) puisse décrire une surface trajectoire orthogonale; autrement dit qu'on puisse déterminer, en fonction des paramètres arbitraires a et b, les coordonnées d'un point de la droite, de manière que

$$\alpha dx + \beta dy + \gamma dz = 0,$$

ou, en tirant x et y des équations (77), que

$$(\alpha^2 + \beta^2 + 1)\, dz + z\,(\alpha d\alpha + \beta d\beta) + \alpha dx_0 + \beta dy_0 = 0.$$

Effectuons le changement de variables

$$z = \frac{\rho}{\sqrt{1 + \alpha^2 + \beta^2}};$$

nous obtenons la nouvelle équation

$$d\rho = -\frac{\alpha dx_0 + \beta dy_0}{\sqrt{\alpha^2 + \beta^2 + 1}}, \qquad (85)$$

Supposons, pour simplifier l'écriture, que les paramètres indépendants sont précisément x_0 et y_0; le second membre de (85) ne pourra être une différentielle exacte que si

$$\frac{d}{dy_0}\frac{\alpha}{\sqrt{\alpha^2 + \beta^2 + 1}} = \frac{d}{dx_0}\frac{\beta}{\sqrt{\alpha^2 + \beta^2 + 1}}, \qquad (86)$$

Telle est la condition cherchée. Elle n'est pas vérifiée identiquement, ce qui montre, de nouveau, que des droites remplissant l'espace suivant une loi arbitraire n'ont pas de surface orthogonale. Mais, si l'on a trouvé des fonctions satisfaisant à la condition (86), l'équation (85) déterminera, à une constante près, une fonction ρ et, par suite, z, et un point de la droite (77) décrivant une surface normale. La condition est donc nécessaire et suffisante. Elle exprime, comme nous allons le vérifier, que les deux plans focaux sont rectangulaires.

D'abord, pour que la droite donnée ait une enveloppe, il faut et il suffit (n° 427) que

$$dx_0\,d\beta - dy_0\,d\alpha = 0, \qquad (87)$$

ou que

$$\left(\frac{dx_0}{dy_0}\right)^2 \frac{\partial\beta}{\partial x_0} + \left(\frac{\partial\beta}{\partial y_0} - \frac{\partial\alpha}{\partial x_0}\right)\frac{dx_0}{dy_0} - \frac{\partial\alpha}{\partial y_0} = 0. \qquad (88)$$

Cela posé, un plan passant par la droite, qui a pour équation

$$x - \alpha z - x_0 - \lambda(y - \beta z - y_0) = 0 \qquad (89)$$

sera focal, s'il contient le point infiniment voisin $x + dx$, $y + dy$, $z + dz$, ce qui donne la condition

$$z\,d\alpha + dx_0 - \lambda(z\,d\beta + dy_0) = 0,$$

d'où l'on tire

$$\lambda = \frac{z\,d\alpha + dx_0}{z\,d\beta + dy_0},$$

ou, en tenant compte de (87),

$$\lambda = \frac{dx_0}{dy_0}.$$

Dans cette équation, $\dfrac{dx_0}{dy_0}$ est une racine de (88). Soient donc λ et λ' les deux racines de (88); les deux plans focaux correspondants seront perpendiculaires si

$$1 + \lambda\lambda' + (\alpha - \beta\lambda)(\alpha - \beta\lambda') = 0.$$

L'équation (88) fournit immédiatement les valeurs de $\lambda\lambda'$ et de $\lambda + \lambda'$; en les portant dans la dernière égalité, on retrouve la condition (86). Il est donc démontré que la propriété des congruences de normales, d'avoir leurs plans focaux rectangulaires, est bien caractéristique.

462. Considérons la surface focale d'une congruence de normales; elle se compose de deux nappes S et S_1. Les arêtes de rebroussement d'une des familles de développables de la congruence seront sur la première nappe S; celles de l'autre famille sur la deuxième nappe S_1. Le plan focal au foyer F, situé sur S, se confond avec le plan tangent en S_1, et le second plan focal est le plan tangent en F à S; mais, comme ces deux plans sont rectangulaires, le premier est normal à S, et comme il est le plan osculateur en F de l'arête de rebroussement tracée sur S, cette arête est une ligne géodésique de S. Ainsi les arêtes de rebroussement des *développables d'une congruence de normales sont des lignes géodésiques de la surface focale*.

Réciproquement, supposons tracée sur une surface quelconque une famille de lignes géodésiques. Les tangentes de ces courbes forment une congruence. Je dis que cette congruence est une congruence de normales. En effet les plans focaux d'une tangente sont évidemment le plan tangent à la surface et le plan osculateur de la ligne géodésique, et ces deux plans sont rectangulaires par définition.

463. Les congruences rectilignes, comme d'ailleurs les congruences quelconques dont nous dirons plus loin quelques mots, ont été l'objet de nombreux travaux exposés dans les remarquables *Leçons* de M. Darboux sur la géométrie des surfaces, auxquelles nous ne pouvons que renvoyer le lecteur. Nous emprunterons cependant encore à cet auteur la démonstration d'un célèbre théorème dû aux efforts combinés de Malus, Dupin, Gergonne et Quételet.

En voici l'énoncé : *Si des rayons lumineux sont normaux à une surface, ils ne cessent pas de conserver cette propriété après un nombre quelconque de réflexions et de réfractions.*

Démontrons d'abord un lemme : Soient

$$\frac{X - x}{u} = \frac{Y - y}{v} = \frac{Z - z}{w}, \qquad (90)$$

les équations d'une droite de la congruence, et u, v, w ses cosinus directeurs.

En posant dans l'égalité (85),

$$x_0 = x - \alpha z,$$
$$y_0 = y - \beta z,$$
$$\alpha = u \sqrt{\alpha^2 + \beta^2 + 1},$$
$$\beta = v \sqrt{\alpha^2 + \beta^2 + 1},$$
$$1 = w \sqrt{\alpha^2 + \beta^2 + 1},$$

on voit que le théorème fondamental de cette théorie peut s'énoncer ainsi : « Pour que les droites (90) soient normales à une même surface S, il faut et il suffit que

$$u\,dx + v\,dy + w\,dz,$$

soit la différentielle exacte d'une fonction des deux variables dont dépend la congruence. x, y, z sont les coordonnées du pied de la normale sur la surface S. »

Cela posé, sur le rayon incident, portons une longueur MA = 1 et, sur le rayon réfracté, une longueur MB = n, n désignant l'indice de réfraction. La loi de Descartes consiste en ce que la résultante géométrique

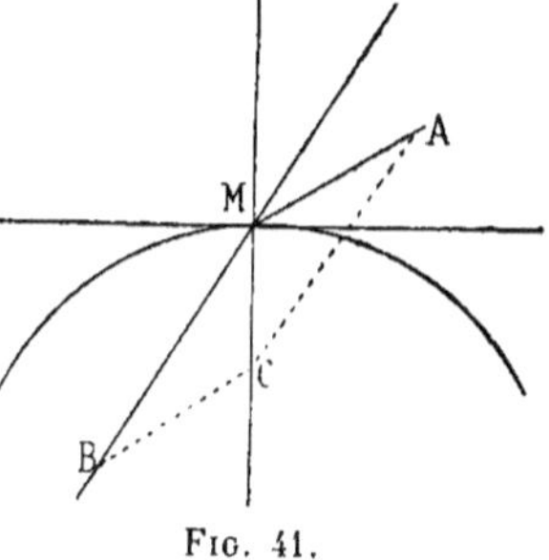

Fig. 41.

MC des deux vecteurs MA et MB est normale à la surface

dirimante ; en effet, dans le triangle MBC, on a

$$\frac{BC}{\sin BMC} = \frac{MB}{\sin MCB},$$

ou

$$\sin i = n \sin r.$$

Si l'on appelle l la longueur MC, α, β, γ, u, v, w, u', v', w', les cosinus directeurs de la normale à la surface, du rayon incident et du rayon réfléchi, le théorème des projections appliqué au parallélogramme AMBC donnera

$$pr . MC = pr . MB + pr . MA,$$

c'est-à-dire

$$\lambda\alpha = nu' + u,$$
$$\lambda\beta = nv' + v,$$
$$\lambda\gamma = nw' + w.$$

Or, pour tout déplacement du point M (x, y, z) sur la surface dirimante, on a

$$\alpha dx + \beta dy + \gamma dz = 0,$$

ce qui peut s'écrire, en éliminant α, β, γ au moyen des équations précédentes,

$$udx + vdy + wdz = - n(u'dx + v'dy + w'dz).$$

Si les rayons incidents sont normaux à une surface, il résulte du lemme que le premier membre de cette égalité sera une différentielle exacte ; il en sera donc de même du second, ce qui démontre le théorème.

Le cas de la réflexion s'obtient en faisant $n = - 1$.

Congruences de courbes

464. On peut étendre aux congruences de courbes les considérations que nous avons développées relativement aux congruences rectilignes.

Soient

$$f(x, y, z, a, b) = 0$$
$$\varphi(x, y, z, a, b) = 0$$

les équations d'une courbe de la congruence. Définissons une surface de la congruence par la relation

$$b = \mathrm{F}(a).$$

Le plan tangent à cette surface en un point x, y, z, sera défini par l'équation, analogue à (78) :

$$\frac{\frac{\partial f}{\partial x} dx + \frac{\partial f}{\partial y} dy + \frac{\partial f}{\partial z} dz}{\frac{\partial \varphi}{\partial x} dx + \frac{\partial \varphi}{\partial y} dy + \frac{\partial \varphi}{\partial z} dz} = \frac{\frac{\partial f}{\partial a} + \frac{\partial f}{\partial b} \mathrm{F}'(a)}{\frac{\partial \varphi}{\partial a} + \frac{\partial \varphi}{\partial b} \mathrm{F}'(a)}. \qquad (91)$$

On peut remarquer en passant que cette équation contient implicitement le théorème suivant : *Si l'on considère quatre surfaces quelconques contenant une même courbe de la congruence, le rapport anharmonique des plans tangents à ces surfaces en un point quelconque de la courbe demeure constant quand le point se déplace sur la courbe.*

Mais l'équation du plan tangent conduit, au point de vue où nous nous sommes placés, à une conséquence bien plus importante. En effet ce plan tangent devient indépendant de $\mathrm{F}'(a)$, et toutes les surfaces de la congruence qui passent par la courbe considérée sont tangentes entre elles aux points de la courbe pour lesquels on a

$$\frac{\frac{\partial f}{\partial a}}{\frac{\partial \varphi}{\partial a}} = \frac{\frac{\partial f}{\partial b}}{\frac{\partial \varphi}{\partial b}}.$$

ou

$$\frac{\partial f}{\partial a} \frac{\partial \varphi}{\partial b} - \frac{\partial f}{\partial b} \frac{\partial \varphi}{\partial a} = 0. \qquad (92)$$

Ces points sont dits les *points focaux*, et le lieu de ces points est la *surface focale* de la congruence.

465. On retrouve les points focaux en cherchant à assembler les courbes de la congruence, de manière qu'elles aient une enveloppe. En effet le point de contact d'une courbe avec son enveloppe doit satisfaire aux équations de la courbe

$$f = 0, \qquad \varphi = 0$$

et à ses dérivées par rapport à a

$$\frac{\partial f}{\partial a} + \frac{\partial f}{\partial b}\frac{db}{da} = 0, \qquad \frac{\partial \varphi}{\partial a} + \frac{\partial \varphi}{\partial b}\frac{db}{da} = 0.$$

L'élimination de $\dfrac{da}{db}$ conduit de nouveau à l'équation (92). On voit ainsi que les points focaux sont les points de contact des courbes de la congruence avec leur enveloppe, dans les différents modes de déplacement où ces courbes ont effectivement une enveloppe. Chaque point focal de la courbe décrit une nappe de la surface focale, et l'on voit, par un raisonnement identique à ceux que nous avons déjà faits dans la théorie des enveloppes, que cette surface focale a précisément pour plan tangent le plan tangent commun à toutes les surfaces de la congruence. En effet, pour avoir ce plan tangent, il faudrait différentier totalement les équations de la courbe donnée et (92), puis éliminer da et db; mais il suffit de différentier les deux premières et d'éliminer da. db s'élimine d'elle-même en vertu de (92), et l'on retombe bien sur l'équation (91).

466. Si $f(x, y, z, a, b)$ est algébrique du dégré m, φ du premier degré, l'équation (92) est de degré $m + 1$, et l'on voit que, dans une congruence de courbes planes d'ordre m, il y a en général sur chaque courbe $m\,(m + 1)$ points focaux. Ainsi, dans les congruences rectilignes, il y a deux foyers sur chaque droite, dans les congruences de coniques six points focaux sur chaque conique, dans les congruences de cercles, qui admettent les points cycliques comme points focaux, quatre points focaux sur chaque cercle, etc.

Nous donnerons, dans le chapitre suivant, l'extension aux

congruences quelconques de la propriété caractéristique des congruences de normales. Nous n'insisterons pas davantage sur ce sujet, renvoyant le lecteur à l'ouvrage de M. Darboux, pour l'étude des cas où quelques points focaux sont confondus, ainsi que pour l'étude des congruences de cercles.

Des complexes

467. Nous avons examiné successivement les systèmes de droites qui ne dépendent que d'un paramètre (génératrices d'une surface réglée), ceux qui dépendent de deux paramètres (congruences). Il nous reste à envisager ceux qui dépendent de trois paramètres et qui constituent ce qu'on appelle des *complexes*. Ici, par un point donné de l'espace, il passe encore une infinité de droites dont le lieu géométrique s'appelle le *cône du complexe* ; le degré de ce cône, lorsqu'il est algébrique, est l'*ordre* du complexe. De même, dans un plan donné, il y a encore une infinité de droites ; ces droites enveloppent la *courbe du complexe* relative au plan. La classe de cette courbe est égale à l'ordre du complexe : en effet, soit P un point du plan ; le nombre des droites du complexe qui passent par ce point et qui sont dans le plan s'obtiendra soit en menant du point des tangentes à la courbe du complexe, soit en coupant par le plan le cône du complexe qui a son sommet au point P.

468. Pour étudier commodément les complexes, il est bon de mettre les équations de la droite sous une forme symétrique, considérée d'abord par Plücker. Les trois plans

$$\begin{aligned}
\beta z - \gamma y &= \alpha' \\
\gamma x - \alpha z &= \beta' \\
\alpha y - \beta x &= \gamma'
\end{aligned} \qquad (93)$$

passeront par une même droite D, si

$$\alpha\alpha' + \beta\beta' + \gamma\gamma' = 0. \qquad (94)$$

Les équations (93) sont celles de la droite D, et les six constantes α, β, γ, α', β', γ' sont dites les *coordonnées Plückériennes* ou, plus simplement, les *six coordonnées* de la droite. A cause de (94) et parce qu'elles figurent dans toutes ces équations d'une manière homogène, elles se réduisent au fond à quatre, comme cela doit être.

469. Les droites D feront partie d'un complexe, s'il existe entre leurs coordonnées une relation homogène

$$f(\alpha, \beta, \gamma, \alpha', \beta', \gamma') = 0. \tag{95}$$

Pour obtenir une *surface du complexe*, il faudra joindre à la relation précédente deux nouvelles relations

$$f_1 = 0, \qquad f_2 = 0.$$

Si l'équation (95) est algébrique, son degré sera égal à l'ordre du complexe. En effet, soient x_0, y_0, z_0, les coordonnées d'un point M quelconque, on voit sans peine que l'équation du cône du complexe, qui a son sommet en M, s'obtient en remplaçant α, β, γ, α' ..., par les quantités proportionnelles $x - x_0$ ...

$$f(x - x_0, y - y_0, z - z_0, zy_0 - yz_0, xz_0 - zx_0, x_0y - y_0x) = 0. \tag{96}$$

L'équation du cône est du même degré que (95), ce qui démontre le théorème.

470. L'équation (95) permet d'établir très simplement une relation homographique entre les points d'une droite D du complexe et des plans passant par cette droite. Soit m un point de D; le cône du complexe qui a son sommet en m contient D, et nous prendrons le plan P tangent à ce cône le long de D, comme correspondant à m. La courbe du complexe située dans (P) touche évidemment D en m. Inversement, dans un plan (P) passant par D, il existe une courbe du complexe touchant D en un point m, et le cône du complexe qui a son sommet en m est évidemment tangent à (P).

le long de D. La correspondance homographique entre (P)
et m est donc bien établie. Si l'on considère une origine fixe
o sur D et si l'on pose $om = \rho$, si, d'autre part, on appelle θ
l'angle que fait avec un plan fixe passant par D le plan (P),
la relation homographique sera de la forme

$$\rho \, \text{tang}\,\theta + a\rho + b \, \text{tang}\,\theta + c = 0,$$

ou

$$(\rho + b)(\text{tang}\,\theta + a) + c - ab = 0, \qquad (97)$$

a, b, c sont des constantes qui dépendent de la position de D.
Un cas singulier se présentera si

$$ab - c = 0;$$

cette nouvelle relation ajoutée à la relation (95) particulari-
sera la droite et il y aura une congruence de pareilles droites.
On les appelle les *droites singulières* du complexe. Sur ces
droites, la relation (97) se réduit à

$$(\rho + b)(\text{tang}\,\theta + a) = 0.$$

On voit alors que, quel que soit ρ, θ est constant; à tous
les points d'une droite singulière, sauf au point $\rho = -b$,
correspond un plan fixe, qui est un *plan singulier*. Inversement, à tout plan passant par la droite singulière, sauf au
plan singulier, correspond un seul point $\rho = -b$: c'est
un *point singulier*. Les coordonnées du point singulier ne
dépendent que de deux paramètres; il y a donc une *surface
des singularités* du complexe, lieu des points singuliers. De
même les coefficients du plan singulier ne dépendent que
de deux paramètres; ces plans enveloppent donc une nouvelle surface. Mais il se trouve que cette surface coïncide
avec la première (Voir, pour la démonstration, la note déjà
citée de M. Fouret, au n° 456). Cette surface est une des
nappes de la surface focale de la congruence des droites singulières.

On peut encore remarquer que toutes les surfaces du complexe qui contiennent une droite singulière sont tangentes

entre elles au point singulier de cette droite. Mais nous arrêterons ici ces considérations sur les complexes **quelconques**, renvoyant, pour plus de détails, à **la note de** M. Fouret, et nous terminerons par l'exposé de quelques propriétés des complexes linéaires.

471. Complexes linéaires. — On appelle ainsi les complexes pour lesquels l'équation (95) est de premier degré :

$$A\alpha + B\beta + C\gamma + A'\alpha' + B'\beta' + C'\gamma' = 0. \qquad (98)$$

Le cône du complexe

$$A(x - x_0) + \dots + A'(z y_0 - y z_0) + \dots = 0 \qquad (99)$$

est ici un plan qu'on appelle le *plan polaire* du point.

Une discussion simple montre que ce plan est parfaitement déterminé pour tous les points de l'espace à moins que

$$AA' + BB' + CC' = 0. \qquad (100)$$

Dans ce cas exceptionnel, il existe une droite singulière, lieu des points dont le plan polaire est indéterminé ; le plan polaire de tout autre point est déterminé par ce point et **par** la droite singulière et le complexe, qu'on appelle dans ce cas *complexe spécial*, se compose de toutes les droites rencontrant la droite singulière.

Laissant les complexes spéciaux de côté, cherchons, dans les complexes linéaires quelconques, l'enveloppe des droites du complexe situées dans un plan quelconque. Cette enveloppe, étant de classe *m*, se réduit à un point qu'on appelle le *pôle* ou le *foyer* du plan.

Considérons encore les droites du complexe qui rencontrent une droite L quelconque ne faisant pas partie du complexe. Tout plan passant par L aura un foyer non situé sur L, puisque L ne fait pas partie du complexe ; je dis que le lieu de ces foyers sera une droite L′. En effet soient F et F′ deux foyers : un plan ϖ quelconque passant par FF′ aura pour foyer son point f de rencontre avec L ; car les droites fF et *f*F′ font partie du complexe. Mais alors, en joignant *f* à un point quelconque F″ de FF′, on a encore une droite du complexe, et si l'on fait pivoter le plan ϖ autour de FF′, la droite *f*F″ décrira un plan quelconque passant par L et dont le foyer sera en F″. Les deux droites L et L′ qui contiennent chacune les foyers des plans passant par l'autre sont dites *droites conjuguées*.

472. La théorie des complexes a de nombreuses applications en mécanique. Ainsi, dans un système de forces appliquées à un corps solide, les droites de moment nul forment un complexe linéaire ; dans le mouvement d'un solide, les droites normales aux trajectoires de tous leurs points font partie d'un complexe linéaire, etc.

CHAPITRE XIX

LIGNES TRACÉES SUR LES SURFACES

Définitions

173. Les coordonnées d'un point quelconque d'une surface S dépendent de deux paramètres arbitraires qui peuvent être, si l'on veut, deux de ces coordonnées. Pour plus de symétrie, nous ne fixerons pas, dès l'abord, ces deux paramètres, que nous désignerons par les lettres u et v, et nous écrirons

$$\left. \begin{aligned} x &= f_1(u, v) \\ y &= f_2(u, v) \\ z &= f_3(u, v) \end{aligned} \right\} . \tag{1}$$

Lorsqu'on voudra revenir à la forme ordinaire, il suffira de faire $u = x$, $v = y$; il en résultera que f_1 devra être remplacée par x, et f_2 par y. Nous poserons, pour abréger,

$$\left. \begin{aligned} A &= \frac{\partial f_2}{\partial u}\frac{\partial f_3}{\partial v} - \frac{\partial f_3}{\partial u}\frac{\partial f_2}{\partial v} = \frac{\partial y}{\partial u}\frac{\partial z}{\partial v} - \frac{\partial z}{\partial u}\frac{\partial y}{\partial v} \\ B &= \frac{\partial f_3}{\partial u}\frac{\partial f_1}{\partial v} - \frac{\partial f_1}{\partial u}\frac{\partial f_3}{\partial v} = \frac{\partial z}{\partial u}\frac{\partial x}{\partial v} - \frac{\partial x}{\partial u}\frac{\partial z}{\partial v} \\ C &= \frac{\partial f_1}{\partial u}\frac{\partial f_2}{\partial v} - \frac{\partial f_2}{\partial u}\frac{\partial f_1}{\partial v} = \frac{\partial x}{\partial u}\frac{\partial y}{\partial v} - \frac{\partial y}{\partial u}\frac{\partial x}{\partial v} \end{aligned} \right\}, \tag{2}$$

ces binômes devant se présenter fréquemment dans nos formules.

Si $v = C^{te}$, les équations (1) définissent une courbe tracée sur la surface (S). Lorsqu'on fait varier v, on a une famille de courbes. Il y a, de même, sur la surface S, une famille de courbes $u = C^{te}$. Ces deux familles découpent sur la surface un *réseau* (u, v). Si l'on a en chaque point de la surface

$$\frac{\partial f_1}{\partial u}\frac{\partial f_1}{\partial v} + \frac{\partial f_2}{\partial u}\frac{\partial f_2}{\partial v} + \frac{\partial f_3}{\partial u}\frac{\partial f_3}{\partial v} = 0, \qquad (3)$$

le réseau est *orthogonal*; les tangentes aux deux courbes en chaque point se coupent à angle droit.

Une courbe quelconque, tracée sur la surface, s'obtiendra en joignant aux équations (1) une nouvelle équation entre u et v; x, y, z, deviennent alors fonctions d'un seul paramètre.

Plan tangent et normale

474. Il importe de savoir écrire, avec les notations actuelles, l'équation du plan tangent. Pour cela, il suffira d'exprimer que le plan

$$l(X - x) + m(Y - y) + n(Z - z) = 0,$$

qui passe déjà au point x, y, z, passe aux deux points infiniment voisins pris sur les courbes (u) et (v), points qui ont pour coordonnées respectivement

$$x + \frac{\partial x}{\partial u}\,du, \qquad y + \frac{\partial y}{\partial u}\,du, \qquad z + \frac{\partial z}{\partial u}\,du,$$

$$x + \frac{\partial x}{\partial v}\,dv, \qquad y + \frac{\partial y}{\partial v}\,dv, \qquad z + \frac{\partial z}{\partial v}\,dv;$$

on a ainsi les conditions

$$l\frac{\partial x}{\partial u} + m\frac{\partial y}{\partial u} + n\frac{\partial z}{\partial u} = 0,$$

$$l\frac{\partial x}{\partial v} + m\frac{\partial y}{\partial v} + n\frac{\partial z}{\partial v} = 0,$$

d'où, en éliminant l, m, n, et se servant des notations (2),

$$A(X - x) + B(Y - y) + C(z - z) = 0. \qquad (4)$$

Les équations de la normale seront

$$\frac{X - x}{A} = \frac{Y - y}{B} = \frac{Z - z}{C}. \qquad (5)$$

Rappelons que, si x et y sont prises comme variables indépendantes, les équations ci-dessus sont respectivement, pour le plan tangent,

$$Z - z = p(X - x) + q(Y - y), \qquad (6)$$

et pour la normale

$$\left. \begin{aligned} X - x + p(Z - z) &= 0 \\ Y - y + q(Z - z) &= 0 \end{aligned} \right\} \qquad (7)$$

Réseaux conjugués

475. Lorsque les génératrices de la surface développable formée par les plans tangents le long d'une courbe $u = C^{te}$ sont les tangentes aux courbes $v = C^{te}$, et lorsque cela a lieu en chaque point de la surface, le réseau (u, v) est dit *conjugué*; on verra plus loin la raison de cette dénomination. Cherchons la condition pour qu'il en soit ainsi.

La caractéristique du plan tangent

$$A(X - x) + B(Y - y) + C(Z - z) = 0,$$

lorsque v varie, s'obtient en adjoignant à l'équation précédente sa dérivée, par rapport à v

$$(X - x)\frac{\partial A}{\partial v} + (Y - y)\frac{\partial B}{\partial v} + (Z - z)\frac{\partial C}{\partial v} - A\frac{\partial x}{\partial v} - B\frac{\partial y}{\partial v} - C\frac{\partial z}{\partial v} = 0.$$

La somme des trois derniers termes étant nulle identiquement, il reste, pour équations de la caractéristique,

$$\left\{ \begin{array}{l} A(X - x) + B(Y - y) + C(Z - z) = 0, \\ (X - x)\dfrac{\partial A}{\partial v} + (Y - y)\dfrac{\partial B}{\partial v} + (Z - z)\dfrac{\partial C}{\partial v} = 0, \end{array} \right.$$

Cette droite doit, par définition, contenir le point $x + \dfrac{dx}{du}\,du$, $y + \dfrac{dy}{du}\,du$, $z + \dfrac{dz}{dv}\,dv$, ce qui donne deux conditions dont la première est identiquement vérifiée; la seconde est

$$\frac{\partial A}{\partial v}\frac{\partial x}{\partial u} + \frac{\partial B}{\partial v}\frac{\partial y}{\partial u} + \frac{\partial C}{\partial v}\frac{\partial z}{\partial u} = 0. \qquad (8)$$

On vérifiera facilement que cette dernière condition peut s'écrire

$$\begin{vmatrix} \dfrac{\partial x}{\partial u} & \dfrac{\partial y}{\partial u} & \dfrac{\partial z}{\partial u} \\[2ex] \dfrac{\partial x}{\partial v} & \dfrac{\partial y}{\partial v} & \dfrac{\partial z}{\partial v} \\[2ex] \dfrac{\partial^2 x}{\partial u \partial v} & \dfrac{\partial^2 y}{\partial u \partial v} & \dfrac{\partial^2 z}{\partial u \partial v} \end{vmatrix} = 0. \qquad (9)$$

Sous cette forme, on voit qu'il y a symétrie entre u et v, c'est-à-dire que les caractéristiques des plans tangents, le long des courbes $v = C^{te}$, se trouvent, par la même condition, tangentes aux courbes $u = C^{te}$. Ce théorème est dû à Dupin.

Les réseaux qui sont en même temps conjugués et orthogonaux ont une importance capitale dans l'étude des surfaces.

476. On sait que, si un déterminant est nul, il existe une même relation linéaire entre les éléments d'une colonne, quelle que soit la colonne. Il existe donc, puisque le déterminant (9) est nul, deux fonctions α et β de u et de v telles que

$$\frac{\partial^2 x}{\partial u\, \partial v} + \alpha\, \frac{\partial x}{\partial u} + \beta\, \frac{\partial x}{\partial v} = 0,$$

$$\frac{\partial^2 y}{\partial u\, \partial v} + \alpha\, \frac{\partial y}{\partial u} + \beta\, \frac{\partial y}{\partial v} = 0,$$

$$\frac{\partial^2 z}{\partial u\, \partial v} + \alpha\, \frac{\partial z}{\partial u} + \beta\, \frac{\partial z}{\partial v} = 0;$$

en d'autres termes, *si le réseau (u, v) est conjugué, les trois coordonnées d'un point de la surface, exprimées en fonction de u et de v, vérifient une même équation linéaire de la forme*

$$\frac{\partial^2 \theta}{\partial u\, \partial v} + \alpha\, \frac{\partial \theta}{\partial u} + \beta\, \frac{\partial \theta}{\partial v} = 0.$$

La réciproque est vraie ; car l'élimination de α et de β entre les trois équations du système précédent donne l'équation (9).

A ce point de vue, la condition pour que le réseau soit en même temps orthogonal s'exprime ainsi : *la fonction* $\dfrac{x^2 + y^2 + z^2}{2}$ *est aussi solution de la même équation linéaire.* En effet, en substituant, dans l'équation aux dérivées partielles précédente, $\dfrac{x^2 + y^2 + z^2}{2}$, et en tenant compte de ce que x, y, z, vérifient cette équation, on trouve

$$\frac{\partial x}{\partial u}\frac{\partial x}{\partial v} + \frac{\partial y}{\partial u}\frac{\partial y}{\partial v} + \frac{\partial z}{\partial u}\frac{\partial z}{\partial v} = 0;$$

c'est bien l'équation (3) qui exprime l'orthogonalité des tangentes aux courbes $u = C^{te}$, $v = C^{te}$.

Élément d'arc d'une courbe
tracée sur la surface (S)

477. La distance de deux points infiniment voisins pris sur la surface s'obtient par la formule

$$ds^2 = dx^2 + dy^2 + dz^2,$$

dans laquelle il suffit de remplacer x, y, z, par leurs valeurs tirées de (1). On obtient ainsi, en posant avec Gauss,

$$
\left.
\begin{aligned}
\mathrm{E} &= \left(\frac{\partial x}{\partial u}\right)^2 + \left(\frac{\partial y}{\partial u}\right)^2 + \left(\frac{\partial z}{\partial u}\right)^2 \\
\mathrm{F} &= \frac{\partial x}{\partial u}\frac{\partial x}{\partial v} + \frac{\partial y}{\partial u}\frac{\partial y}{\partial v} + \frac{\partial z}{\partial u}\frac{\partial z}{\partial u} \\
\mathrm{G} &= \left(\frac{\partial x}{\partial v}\right)^2 + \left(\frac{\partial y}{\partial v}\right)^2 + \left(\frac{\partial z}{\partial v}\right)^2
\end{aligned}
\right\}
\qquad (10)
$$

$$ds^2 = \mathrm{E}\,du^2 + 2\mathrm{F}\,dudv + \mathrm{G}\,dv^2. \qquad (11)$$

On peut obtenir une autre expression de ds^2 par des considérations géométriques : soient MN, MP, deux courbes (u) et (v) se coupant en M sous l'angle α. Soient encore $\mathrm{MM}' = \mathrm{A}\,du$, $\mathrm{MM}'' = \mathrm{C}\,dv$, les éléments d'arcs des courbes (u) et (v). $\mathrm{M}'\mathrm{M}'' = ds$, un élément de courbe quelconque infiniment voisin de M. On peut, aux infiniment petits du troisième ordre près, assimiler

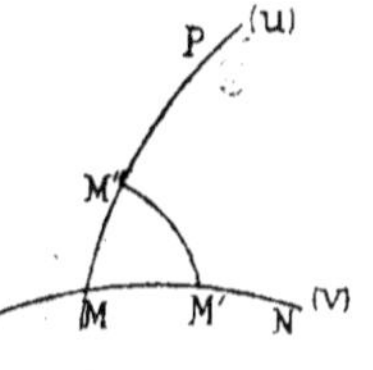

Fig. 42.

le triangle MM'M'' à un triangle rectiligne et écrire

$$\overline{\mathrm{M}'\mathrm{M}''}^2 = \overline{\mathrm{MM}'}^2 + \overline{\mathrm{MM}''}^2 - 2\mathrm{MM}'\cdot\mathrm{MM}''\cos\alpha,$$

ou

$$ds^2 = \mathrm{A}^2 du^2 + \mathrm{C}^2 dv^2 - 2\mathrm{AC}\cos\alpha\,dudv. \qquad (11')$$

C'est, avec d'autres notations, la formule (11); du rappro-

chement des formules (11) et (11'), on déduit immédiatement[1]

$$A^2 = E, \quad C^2 = G, \quad \cos \alpha = -\frac{F}{\sqrt{EG}}. \qquad (12)$$

qui montre bien que l'angle α est droit lorsque la condition
d'orthogonalité du réseau (u, v) est remplie.

Courbure des courbes tracées sur les surfaces : Théorèmes de Meusnier et d'Euler

478. Dans ce paragraphe et dans les deux suivants, nous
étudierons la courbure des courbes tracées sur les surfaces.

Soit M un point quelconque d'une ligne L tracée sur la
surface (S) : tout plan passant en M coupe la surface suivant
une section qui est dite *normale* ou *oblique* selon que ce plan
contient, ou non, la normale en M à (S). Un premier théorème, dû à Meusnier, ramène l'étude de la courbure de L à
celle de la section normale qui a même tangente que L au
point M.

Nous partirons de la formule, donnée dans le chapitre
précédent (n° 418).

$$\delta = \frac{1}{2} k \, ds^2.$$

dans laquelle δ représente la distance d'un point M' à la tangente au point M infiniment voisin sur la courbe ; $ds = $ MM'.
On en tire pour le rayon de courbure ρ

$$\rho = \frac{1}{k} = \frac{\overline{MM'}^2}{2\delta}.$$

Il en résulte immédiatement qu'une courbe quelconque a
la même courbure que la section faite dans la surface par

---

[1] Il importe de ne pas confondre les A et C actuels avec les lettres A. B, C,
définies au n° 473 : ces dernières sont telles que

$$A^2 + B^2 + C^2 = EG - F^2.$$

son plan osculateur puisque ce plan est déterminé par la tangente en M et par le point M′.

Pour continuer, nous particulariserons les axes, et nous prendrons pour plan des x, y, le plan tangent en M, pour axe des z, la normale en M. En supposant que x et y sont les variables indépendantes, et que z peut se développer en série suivant la formule de Maclaurin, l'équation de la surface se présentera sous la forme[1]

$$z = \frac{1}{2}(ax^2 + 2bxy + cy^2) + R(x, y), \qquad (13)$$

$R(x, y)$ contenant des termes qui seront, au moins, du troisième degré en x et y. Abaissons du point M′ la perpendiculaire M′P, sur la tangente en M, et la perpendiculaire $Mm' = z$ sur le plan tangent en M ; ces deux droites font entre elles l'angle γ égal à l'angle du plan osculateur de la courbe avec le plan de la section normale, qui contient la même tangente MT. On a d'une part

$$\overline{MM'}^2 = x^2 + y^2 + z^2 \text{ ou } x^2 + y^2,$$

en négligeant les infiniment petits d'ordre supérieur au second. D'autre part

$$\delta = M'P = \frac{z}{\cos \gamma} = \frac{1}{2}\frac{(ax^2 + 2bxy + cy^2)}{\cos \gamma}.$$

Il en résulte pour ρ la valeur

$$\rho = \frac{x^2 + y^2}{(ax^2 + 2bxy + cy^2)} \cos \gamma.$$

Mais m' est à une distance de P infiniment petite du second ordre, et la direction Mm' se confond avec celle de la

---

[1] Il résulte de ces hypothèses que la théorie exposée dans ce numéro, pas plus d'ailleurs que les résultats obtenus jusqu'au n° 296, ne s'appliqueront aux surfaces qui ne remplissent pas les conditions énoncées, telles, par exemple, que

$$z = x^3 + y^3,$$

ou

$$z = (x^2 + y^2) f\left(\frac{y}{x}\right).$$

tangente MT, à la limite, c'est-à-dire que, si l'on appelle φ l'angle de MT avec ox, on aura

$$y = x \tang \varphi;$$

d'où

$$\rho = \frac{1}{a \cos^2 \varphi + 2b \sin \varphi \cos \varphi + c \sin^2 \varphi} \cos \gamma.$$

Appelons ρ_0 le rayon de courbure de la section normale qui correspond à $\gamma = 0$, on aura

$$\rho_0 = \frac{1}{a \cos^2 \varphi + 2b \sin \varphi \cos \varphi + c \sin^2 \varphi} \tag{14}$$

et

$$\rho = \rho_0 \cos \gamma. \tag{15}$$

Donc, *le centre de courbure en un point quelconque d'une courbe tracée sur la surface s'obtient en projetant, sur son plan osculateur, le centre de courbure de la section normale qui a la même tangente au point considéré.*

On peut encore dire : *Si l'on fait pivoter un plan autour d'une tangente à la surface, le lieu des cercles de courbure des sections faites par le plan dans la surface est une sphère qui a pour grand cercle le cercle de courbure de la section normale.*

Ou encore : *Si l'on fait pivoter un plan autour d'une tangente à la surface, les axes de courbure des sections faites par ce plan dans la surface vont rencontrer la normale à la surface en un même point, qui est le centre de courbure de la section normale.*

Ces divers énoncés sont des formes différentes du théorème de Meusnier.

479. Le théorème d'Euler permet enfin de ramener l'étude des courbures des sections normales à celle des courbures de deux d'entre elles.

Remarquons d'abord que la formule (14) peut être simplifiée par un changement d'axes. Si l'on fait tourner les axes ox, oy, dans leur plan, d'un angle α, et si l'on pose

$$\varphi = \psi + \alpha,$$

on pourra toujours déterminer α de manière que la nouvelle expression de ρ_0 ne contienne plus de terme en $\sin\psi\cos\psi$, et se présente sous la forme

$$\rho_0 = \frac{1}{A\cos^2\psi + C\sin^2\psi}. \qquad (16)$$

Il suffira pour cela de poser

$$\tang 2\alpha = -\frac{2b}{a-c},$$

ce qui détermine pour l'angle α deux directions perpendiculaires entre elles.

Cela posé, écrivons

$$\rho_0 = \frac{1}{A + (C - A)\sin^2\psi}. \qquad (17)$$

Lorsque ψ varie de o à π, la variation de ρ_0 est facile à suivre : deux plans symétriques, par rapport aux plans de coordonnées, donnent la même valeur pour ρ_0; il y aura un maximum et un minimum entre lesquels, ou en dehors desquels, suivant les cas, seront comprises toutes les valeurs de ρ_0.

Si A et C sont de même signe, ρ_0 variera entre le maximum et le minimum, R et R_1, qu'on atteindra, pour $\psi = o$ et pour $\psi = \dfrac{\pi}{2}$

$$R = \frac{1}{A}. \qquad R_1 = \frac{1}{C}, \qquad (18)$$

et le rayon de courbure ne deviendra jamais infini. La surface est dans le voisinage du point M tout entière du même côté de son plan tangent.

Si A et C sont de signes contraires, ρ_0 variera du maximum jusqu'à $-\infty$, et de $+\infty$ jusqu'au minimum; le maximum et le minimum seront d'ailleurs toujours donnés par les formules (18). Le rayon de courbure sera infini, et la section normale présentera un point d'inflexion au point M, pour les valeurs de ψ données par l'équation

$$\tan \psi = \pm \sqrt{-\frac{A}{C}} = \pm \sqrt{-\frac{R_1}{R}}, \qquad (19)$$

ce qui donne deux directions symétriques, par rapport aux axes. Ces deux directions sont les tangentes à la section de la surface par son plan tangent; en effet, après le changement de coordonnées que nous avons effectué dans le plan des xy, l'équation (13) de la surface (S) est devenue

$$z = \frac{1}{2}(AX^2 + CY^2) + R'(X, Y),$$

$R'(X, Y)$ étant une série dans laquelle les termes sont au moins du troisième degré en X et Y, si l'on y fait $z = 0$, on obtient l'équation de la section par le plan tangent, qui a pour tangentes à l'origine les deux droites

$$AX^2 + CY^2 = 0.$$

Ce sont bien les droites définies par l'équation (19).

Dans le cas actuel, toutes les sections normales, comprises dans deux angles opposés par le sommet formés par les droites précédentes, tournent leur courbure, dans le voisinage de M, d'un même côté, par exemple, vers les z positifs; les sections normales comprises dans les deux autres angles tournent leur courbure vers les z négatifs, et la surface traverse son plan tangent. On dit, dans ce cas, qu'elle est à *courbures opposées*.

Dans tous les cas, les rayons de courbure maximum et minimum sont dits *rayons de courbure principaux* de la surface, les sections normales qui les donnent, *sections principales*, et, en introduisant ces rayons de courbure principaux dans la formule (16), elle prend la forme élégante

$$\frac{1}{\rho_0} = \frac{\cos^2\psi}{R} + \frac{\sin^2\psi}{R_1}, \qquad (20)$$

qui est due à Euler.

Nous signalerons deux cas particuliers : 1° $A = C$ ou $R = R_1$.

Dans ce cas $\rho_0 = R$ constamment, le point M prend le nom d'*ombilic*.

2° $AC = 0$. Dans ce cas, il n'y a plus qu'un maximum (ou un minimum) et qu'un rayon de courbure infini, qui est maximum (ou minimum). Le point de la surface est dit *point parabolique*.

180. La connaissance des centres de courbure principaux permet d'élucider un problème de maximum, dont il a déjà été parlé.

Soit P un point de la normale Mz à la surface (S); cherchons le point x, y, z, de la surface, le plus rapproché ou le plus éloigné de P. Si Z désigne le segment MP, on aura, les coordonnées ayant toujours M pour origine,

$$T = \overline{MP}^2 = x^2 + y^2 + (Z - z)^2,$$

et, pour que T soit un minimum, il est nécessaire que ses dérivées, par rapport à x et y, soient nulles

$$\frac{1}{2} T'_x = x - p(Z - z) = 0,$$

$$\frac{1}{2} T'_y = y - q(Z - z) = 0,$$

ou, en négligeant z infiniment petit devant Z,

$$x - pZ = 0,$$
$$y - qZ = 0.$$

Comme p et q sont nuls à l'origine, il en résulte $x = 0$, $y = 0$.

Il faut, de plus, que l'on ait

$$(T''_{xy})^2 - T''_{x^2} T''_{y^2} < 0.$$

Si l'on suppose les tangentes aux sections principales prises pour axes des x et des y, $s = 0$ à l'origine, et l'inégalité précédente s'écrit

$$- (1 - rZ)(1 - tZ) < 0,$$

ou encore en introduisant les rayons de courbure qui sont
donnés par les formules

$$R = \frac{1}{A} = \frac{1}{r}, \qquad R_1 = \frac{1}{C} = \frac{1}{t}$$

où r et t ont leurs valeurs à l'origine des coordonnées

$$-\frac{(R - z)(R_1 - z)}{RR_1} < o.$$

Deux cas sont donc à considérer :
1° La surface est convexe en M

$$RR_1 > o.$$

La condition précédente exprime que le point P ne doit
pas être compris entre les centres de courbure principaux.
Ainsi si l'on suppose le point P partant de M vers les centres
de courbure principaux, sa distance au point M sera d'abord
minimum, parmi toutes les distances aux points infiniment
voisins de M: lorsque P se trouve entre les deux centres de
courbure principaux, MP est plus grand que certaines distances voisines, et plus petit que d'autres ; en d'autres
termes, la sphère de centre P et de rayon PM traverse la
surface (S) en M, qui est un point double de l'intersection.
Enfin, lorsque le point P a dépassé le second centre de courbure principal, PM est maximum parmi les droites qui vont
de P aux points voisins de M. Sur la portion de normale
située de l'autre côté du point M, par rapport aux centres de
courbure, PM est minimum en valeur absolue.
2° La surface est à courbures opposées

$$RR_1 < o.$$

Les résultats sont renversés, et la distance MP n'est un
minimum que si P est compris entre les centres de courbure
principaux.

481. Il résulte du paragraphe précédent un moyen de déterminer les rayons de courbure principaux, les axes de coordonnées étant quelconques (nous les supposerons seulement rectangulaires).

Soient x, y, z, les coordonnées du point M, et X, Y, Z, celles du point P

$$\overline{MP}^2 = T = (X - x)^2 + (Y - y)^2 + (Z - z)^2.$$

Pour qu'il y ait maximum, il faut que

$$-\frac{1}{2} T'_x = X - x + p (Z - z) = 0 \\ -\frac{1}{2} T'_y = Y - y + q (Z - z) = 0 \right\} , \qquad (21)$$

ce qui exprime que P est sur la normale en M; il faut de plus que l'on ait

$$(T''_{xy})^2 - T''_{x^2} T''_{y^2} < 0, \qquad (22)$$

et l'équation aux centres de courbure principaux sera, à cause de l'invariance évidente du binôme précédent,

$$(T''_{xy})^2 - T''_{x^2} T''_{y^2} = 0. \qquad (23)$$

Or

$$\frac{1}{2} T''_{x^2} = 1 + p^2 - r (Z - z),$$

$$\frac{1}{2} T''_{xy} = pq - s (Z - z),$$

$$\frac{1}{2} T''_{y^2} = 1 + q^2 - t (Z - z).$$

Donc l'équation, qui donne les Z des centres de courbure principaux, sera

$$(T''_{xy})^2 - T''_{x^2} T''_{y^2} = (s^2 - rt) (Z - z)^2 \\ - [2pqs - t(1 + p^2) - r(1 + q^2)] (Z - z) \\ - 1 - p^2 - q^2 = 0 \right\} . \quad (24)$$

Si l'on tient compte des équations (21), l'on a

$$T = (1 + p^2 + q^2)(Z - z)^2,$$

ou

$$(Z - z)^2 = \frac{T}{1 + p^2 + q^2} = \frac{\overline{MP}^2}{1 + p^2 + q^2}.$$

L'équation aux rayons de courbure principaux s'écrira donc

$$(s^2 - rt)\,\overline{MP}^2 + \left[(1 + p^2)\,t + (1 + q^2)\,r - 2pqs\right]\sqrt{1 + p^2 + q^2}\,MP$$
$$- (1 + p^2 + q^2)^2 = 0. \quad (25)$$

Nous donnerons plus loin une seconde méthode pour former cette équation. Mais nous remarquerons immédiatement que, si le point est parabolique, on doit avoir $s^2 - rt = 0$. Cette équation, jointe à celle de la surface, donne la ligne des points paraboliques.

182. Il est possible de déterminer les directions principales en s'appuyant sur ce qui précède. En effet, la sphère de centre P et de rayon PM coupe la surface, avons-nous dit, suivant une courbe qui a, en M, un point double à tangentes distinctes, réelles ou imaginaires. Ces tangentes s'obtiendraient de la manière suivante : écrivons $T(x, y)$ la fonction que nous avons jusqu'à présent désignée par la lettre T, et développons-la par la formule de Taylor

$$T(x + h, y + k) = T(x, y) + hT'_x + kT'_y$$
$$+ \frac{1}{2}\left(h^2 T''_{x^2} + 2kh T''_{xy} + k^2 T''_{y^2}\right) + \ldots$$

S'il y a maximum ou minimum, $T'_x = 0$, $T'_y = 0$, et la différence $T(x + h, y + k) - T(x, y)$ a le signe de

$$\frac{1}{2}\left(h^2 T''_{x^2} + 2kh T''_{xy} + k^2 T''_{y^2}\right),$$

sauf pour les deux directions obtenues, en égalant à zéro

cette dernière parenthèse. Ce sont les directions suivant lesquelles il faut s'éloigner dans le plan tangent pour que la distance MP ne soit ni maximum, ni minimum, par rapport aux distances voisines. Ces directions sont, en général, distinctes ; mais si l'équation (23) est vérifiée, c'est-à-dire si le point P est en un des centres de courbure principaux, ces directions se confondent avec une des tangentes aux sections principales. La parenthèse qui vient d'être considérée étant un carré parfait, on a dans ce cas

$$hT''_{x^2} + hT''_{xy} = 0,$$

c'est-à-dire

$$[1 + p^2 - r(Z - z)] \, dx + [pq - s(Z - z)] \, dy = 0.$$

En tirant $Z - z$ de cette équation, et portant dans l'équation (24), on aura une équation homogène du second degré en dx, dy, qui donnera dans le plan tangent les directions principales. On trouve ainsi, après suppression du facteur $(1 + p^2) s - pqr$.

$$[(1 + p^2) s - pqr] \, dx^2 + [(1 + p^2) t - (1 + q^2) r] \, dx \, dy$$
$$+ [pqt - (1 + q^2) s] \, dy^2 = 0. \quad (26)$$

Indicatrice

483. Des considérations ingénieuses, dues à Dupin, permettent de synthétiser les résultats précédents et d'en présenter de nouveaux sous une forme simple. Coupons la surface par un plan parallèle au plan tangent en M et infiniment voisin de ce plan. La section s'obtiendra en faisant $z = h$ dans l'équation (13) ; on trouve ainsi, en négligeant les termes du troisième ordre,

$$h = \frac{1}{2} (ax^2 + 2bxy + cy^2). \quad (27)$$

Cette courbe est une conique ; rapportons-la à ses axes en faisant tourner les axes de coordonnées de l'angle α, déjà défini plus haut par la formule (n° 477)

$$\operatorname{tang} 2\alpha = -\frac{2b}{a - c}.$$

L'équation devient

$$h = AX^2 + CY^2,$$

les coefficients ayant les mêmes valeurs que dans les paragraphes précédents. La conique homothétique de la précédente, située dans le plan tangent en M, et qui a pour équation

$$\pm 1 = AX^2 + CY^2,$$

s'appelle l'*indicatrice de Dupin*. On voit déjà que ses axes coïncident avec les tangentes des sections principales et qu'elle sera une ellipse dans le cas d'une surface convexe, une hyperbole dans le cas d'une surface à courbures opposées. L'indicatrice devient un cercle aux ombilics ; elle dégénère en deux droites parallèles, symétriques par rapport au point M, pour un point parabolique.

Le signe ambigu, qui figure dans le premier membre, permet de s'arranger de manière à avoir toujours une courbe réelle, si la surface est réelle, c'est-à-dire si la surface admet, dans le voisinage du point M, des sections réelles. On peut, par exemple, convenir de toujours donner au premier membre le signe de A. Soit A positif ; nous écrirons donc

$$1 = AX^2 + CY^2. \tag{28}$$

Prenons maintenant des coordonnées polaires, le pôle étant en M, et l'axe polaire confondu avec MX. Il faut poser

$$X = \lambda \cos \psi,$$
$$Y = \lambda \sin \psi,$$

ce qui donne, pour le rayon vecteur λ,

$$\lambda^2 = \frac{1}{A \cos^2 \psi + C \sin^2 \psi}.$$

En rapprochant cette équation de l'équation (16), on voit que les rayons de courbure des sections normales sont proportionnels aux carrés des diamètres déterminés par les traces de leurs plans dans l'indicatrice. La variation de ces rayons de courbure en résulte immédiatement. Dans le cas de l'ellipse, le rayon de courbure maximum est celui de la section tangente au grand axe de l'indicatrice; le rayon minimum correspond au petit axe. Si l'indicatrice est une hyperbole, il faut, pour les sections normales qui ne rencontreraient pas cette courbe, la remplacer par l'hyperbole conjuguée.

184. La propriété précédente de l'indicatrice peut être établie par les considérations géométriques très simples qui suivent. Soit MN la normale en M à (S), MM'A une section

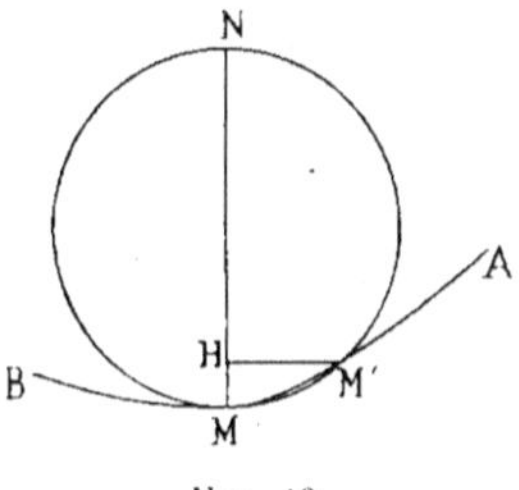

Fig. 43.

normale, MM'N le cercle qui a pour limite le cercle osculateur, M'H la perpendiculaire à MN menée par le point M' infiniment voisin de M. M'H est un rayon de l'indicatrice. Or, dans le cercle MM'H, on a

$$\overline{M'H}^2 = MH \times HM = h(2\rho - h).$$

On en tire

$$\rho = \frac{h}{2} + \frac{\overline{M'H}^2}{2h},$$

ou, aux infiniment petits du premier ordre près,

$$\rho_0 = \frac{\overline{M'H}^2}{2h}.$$

Le rayon de courbure ρ_0 est donc proportionnel à $\overline{M'H}^2$.

485. Soient deux sections normales correspondant à deux directions rectangulaires φ et $\varphi + \frac{\pi}{2}$; les diamètres λ et λ' de l'indicatrice, ou les rayons de courbure de ρ_0 et ρ_0' de ces sections, vérifieront la relation

$$\frac{1}{\lambda^2} + \frac{1}{\lambda'^2} = \frac{1}{\rho_0} + \frac{1}{\rho_0'} = A + C = \frac{1}{R} + \frac{1}{R_1}.$$

On appelle *courbure moyenne* d'une surface en un point, la demi-somme de ses courbures principales. L'égalité précédente peut donc s'énoncer ainsi : *La demi-somme des courbures de deux sections normales dont les plans sont perpendiculaires entre eux est constante et égale à la courbure moyenne de la surface au point considéré.*

Posons

$$L = \frac{p}{\sqrt{1 + p^2 + q^2}}, \qquad M = \frac{q}{\sqrt{1 + p^2 + q^2}};$$

il résulte de l'équation (25) que la courbure moyenne a pour expression, en fonction d'x et d'y,

$$\frac{\partial L}{\partial x} + \frac{\partial M}{\partial y}.$$

486. THÉORÈME. — *Les tangentes en un point à deux courbes d'un réseau conjugué sont deux diamètres conjugués de l'indicatrice de Dupin.*

Pour le démontrer, supposons toujours l'origine des coordonnées en M, et prenons pour axes obliques des coordonnées dans le plan des x, y les tangentes à deux courbes d'un réseau conjugué, l'axe des z restant quelconque. On a, au point M,

$$\frac{\partial z}{\partial x} = p = 0, \qquad \frac{\partial z}{\partial y} = q = 0.$$

L'équation du plan tangent en un point (x, y, z) infiniment voisin de M, qui serait en général

$$Z - z = (p + dp)(X - x) + (q + dq)(Y - y),$$

se réduit ici, si l'on prend le point sur la courbe tangente à oy $(x = 0, z = 0)$, à

$$Z = syX + tyY,$$

en tenant compte de ce que

$$dp = rx + sy,$$
$$dq = sx + ty.$$

Par définition des réseaux conjugués et à cause de notre choix des axes, ce plan doit contenir ox, ce qui exige qu'on ait, au point M,

$$sy = 0,$$

et comme y n'est pas nul.

$$s = 0 ;$$

or cette condition exprimée dans l'équation (13)

$$z = \frac{1}{2}(ax^2 + 2bxy + cy^2) + \dots$$

conduit à

$$b = 0.$$

L'indicatrice a alors pour équation

$$1 = \frac{1}{2}(ax^2 + cy^2);$$

c'est bien la forme que prend l'équation d'une conique rapportée à deux diamètres conjugués.

Ce théorème a reçu le nom de *théorème des tangentes con-*

juguées; il a une importance capitale dans l'*Art du trait,* car il permet de construire les tangentes aux courbes d'ombre ou de perspective, c'est-à-dire à la ligne de contact L d'une surface (S) et du cône ayant pour sommet le point lumineux ou le point de vue. Ce cône est la surface développable circonscrite à la surface (S) suivant la courbe L; la tangente à la courbe L en un quelconque M de ses points est donc le diamètre conjugué du rayon lumineux ou du rayon visuel correspondant par rapport à l'indicatrice au point M de la surface (S).

186 *bis.* Voici une autre proposition qui trouve aussi son application en Géométrie descriptive, et dont le théorème des tangentes conjuguées est une conséquence immédiate.

Lorsque deux surfaces (S) *et* (S$_1$) *se touchent en un point* **M,** *leur ligne d'intersection* L *a pour tangentes en ce point les diamètres communs aux indicatrices des deux surfaces.*

En effet, soit MZ la normale commune en M, M' un point de L infiniment voisin de M et P la projection de M' sur le plan tangent en M. Le plan ZMP donne dans les deux surfaces deux sections normales dont les rayons de courbure diffèrent l'un et l'autre infiniment peu de

$$\frac{\overline{MP}^2}{2 \cdot MM'},$$

A la limite, lorsque M' tend vers M, MP devient la tangente inconnue MT, et l'on voit que les sections par le plan normal ZMT ont la même courbure au point M. La droite MT rencontre donc les deux indicatrices aux mêmes points; cette tangente est donc un diamètre commun aux deux indicatrices. Comme il y a deux diamètres communs, on voit que la ligne d'intersection L a un point double au point M.

En particulier, si l'une (S) des surfaces est développable, son indicatrice consiste en deux droites parallèles symétriques par rapport au point M, et tangentes à l'indicatrice de l'autre surface (S_1). Les diamètres communs aux deux indicatrices se confondent donc avec la corde de contact, et l'on tombe sur le théorème des tangentes conjuguées qui se trouve ainsi démontré géométriquement.

Enfin, dans le cas plus particulier encore où l'une (S) des deux surfaces est un plan P, son indicatrice est la droite à l'infini et par suite *les tangentes à la ligne d'intersection de la surface (S_1) et de son plan tangent P sont les asymptotes de l'indicatrice de la surface (S_1)*. Ce résultat a déjà été trouvé sous une autre forme, à la page 488.

Des lignes de courbure

187. On appelle *ligne de courbure* d'une surface une ligne le long de laquelle les normales à la surface forment une surface développable. Cette définition a besoin d'être expliquée : les normales à une surface forment une congruence et, en général, comme l'on sait, la plus courte de deux droites d'une congruence est du premier ordre par rapport aux paramètres variables (u et v). Dans le cas spécial que nous examinons ici, les surfaces de la congruence prennent, d'après M. Mannheim, le nom de *normalies*, et ici, comme dans les congruences rectilignes quelconques, il y a deux manières de grouper les droites de la congruence, de manière à avoir des surfaces développables. Les lignes de courbure sont les traces sur la surface (S) des normalies développables et, lorsque nous disons, que le long d'une ligne de courbure deux normales se rencontrent, nous voulons simplement dire que la plus courte distance de ces droites est d'ordre supérieur au premier.

188. Formons l'équation différentielle des lignes de courbure. Soient

$$\begin{cases} X - x + p\,(Z - z) = 0 \\ Y - y + q\,(Z - z) = 0 \end{cases} \qquad (29)$$

les équations de la normale dont le pied sur (S) a pour coordonnées x, y, z ; soient

$$X - x - dx + (p + dp)(Z - z - dz) = 0 \quad \}$$
$$Y - y - dy + (q + dq)(Z - z - dz) = 0 \quad \}$$

les équations de la normale au point infiniment voisin. Pour que ces deux droites se rencontrent, aux infiniment petits du second ordre près, il faut et il suffit que

$$\frac{dx + pdz}{dp} = \frac{dy + qdz}{dq}. \tag{30}$$

Cette équation, développée après qu'on a remplacé dp, dq, dz par leurs valeurs en fonction de dx et de dy, s'écrit

$$[(1+p^2)q - pqr]dx^2 + [(1+p^2)t - (1+p^2)r]dxdy$$
$$+ [pqt - (1+q^2)s]dy^2 = 0. \tag{31}$$

L'équation (30) ou l'équation (31) donnent la solution du problème. Elles définissent les deux directions du plan tangent, suivant lesquelles il faut se déplacer pour obtenir des normalies développables. L'identité de cette équation et de l'équation (26) nous montre que :

Les lignes de courbure se coupent à angle droit ; elles sont tangentes aux sections principales. En d'autres termes, elles forment sur la surface un réseau conjugué orthogonal, et c'est évidemment le seul.

La démonstration directe de ce théorème est d'ailleurs des plus simples : il suffit de prendre les axes particuliers qui nous ont déjà servi, savoir la normale au point M pour axe des z et les axes de l'indicatrice pour axes des x et des y. On a alors à l'origine

$$p = 0, \qquad q = 0, \qquad s = 0,$$

et l'équation (31) devient

$$(t - r) \, dx \, dy = 0,$$

ce qui donne bien pour directions des tangentes aux lignes

de courbure

$$dx = 0, \qquad dy = 0,$$

c'est-à-dire les deux axes de coordonnées.

489. Aux ombilics

$$t = r,$$

et l'équation des lignes de courbure est indéterminée. Cela ne veut pas dire que toute ligne qui passe en un ombilic est une ligne de courbure, mais seulement qu'il y a, en un tel point, plus de deux lignes de courbure. Il peut n'y en avoir que trois, comme l'a démontré[1] M. Darboux.

Le fait que l'équation des lignes de courbure est indéterminée aux ombilics permet de former aisément deux équations qui, jointes à celle de la surface, détermineront les ombilics; ces points sont donc en nombre limité. Il suffit pour les trouver d'annuler les trois coefficients des différentielles dans l'équation (31). On trouve ainsi trois équations qui se réduisent à deux

$$\frac{r}{1 + p^2} = \frac{s}{pq} = \frac{t}{1 + q^2} \qquad (32)$$

490. Posons encore la question de savoir s'il existe des surfaces dont tous les points soient des ombilics, ou, ce qui revient au même, dont toutes les lignes soient lignes de courbure. Il faut pour cela que les équations (32) soient identiquement vérifiées. Voici comment Serret, dans son *Cours de calcul différentiel*, a obtenu l'équation de la surface : les cosinus directeurs A, B, C de la normale en un point sont donnés par les formules

$$A = \frac{-p}{\sqrt{1 + p^2 + q^2}}, \quad B = \frac{-q}{\sqrt{1 + p^2 + q^2}}, \quad C = \frac{1}{\sqrt{1 + p^2 + q^2}},$$

et les équations (32) expriment que

$$\frac{\partial A}{\partial y} = 0, \qquad \frac{\partial B}{\partial x} = 0, \qquad \frac{\partial A}{\partial x} = \frac{\partial B}{\partial y}.$$

[1] *Leçons générales sur la théorie des surfaces*, t. IV, note VII.

Donc A ne dépend que de x, B de y et, comme leurs dérivées sont égales, elles ne peuvent avoir qu'une valeur constante $\frac{1}{a}$. On a ainsi

$$A = \frac{x - x_0}{a}, \qquad B = \frac{y - y_0}{a}.$$

On en déduit

$$C = \sqrt{1 - \frac{(x - x_0)^2}{a^2} - \frac{(y - y_0)^2}{b^2}}.$$

Or

$$p = -\frac{A}{C}, \qquad q = -\frac{B}{C}.$$

Donc

$$dz = p\,dx + q\,dy = -\frac{(x - x_0)\,dx + (y - y_0)\,dy}{\sqrt{a^2 - (x - x_0)^2 - (y - y_0)^2}},$$

et enfin

$$z - z_0 = \sqrt{a^2 - (x - x_0)^2 - (y - y_0)^2}.$$

Cette dernière équation, rendue rationnelle,

$$(x - x_0)^2 + (y - y_0)^2 + (z - z_0)^2 = a^2,$$

est l'équation générale des sphères. La sphère (et comme cas particulier, le plan) est donc la seule surface dont toutes les lignes sont lignes de courbure.

491. Les lignes de courbure étant tangentes aux sections principales, l'équation (31) est, comme nous l'avons déjà dit, celle qui fait connaître les directions des tangentes aux sections principales. Mais il importe de remarquer que le **rayon de courbure** d'une ligne de courbure ne coïncide nullement avec la normale à la surface. Ainsi, dans les surfaces de révolution, les lignes de courbure en un point **M** sont le méridien et le parallèle, vu que les normales ayant ces lignes pour directrices sont respectivement un plan et un cône; or le centre d'une parallèle n'est pas situé sur la normale **MN** à la surface.

Ajoutons qu'en un point M d'une surface de révolution, les plans des sections principales sont le plan méridien et le plan mené par la normale MN et la tangente au parallèle. Par suite le centre de courbure du méridien est l'un des centres de courbure principaux; quant à l'autre, il doit, d'après le théorème de Meusnier, se projeter sur le plan du parallèle au centre même de ce cercle; c'est donc le point où la normale MN rencontre l'axe de la surface de révolution.

492. Vu l'importance des lignes de courbure, nous allons écrire leur équation différentielle avec des coordonnées curvilignes u, v quelconques.

Conservant les notations des paragraphes 473 et 474, nous aurons pour équation de deux normales infiniment voisines

$$\frac{X - x}{A} = \frac{Y - y}{B} = \frac{Z - z}{C} = \theta,$$

$$\frac{X - x - dx}{A + dA} = \frac{Y - y - dy}{B + dB} = \frac{Z - z - dz}{C + dC} = \theta + d\theta.$$

S'il existe un point X, Y, Z commun aux deux normales, on obtiendra, en égalant les valeurs de ces coordonnées tirées des deux groupes d'équations précédents, les égalités

$$\left.\begin{array}{l} dx + \theta dA + A d\theta = 0 \\ dy + \theta dB + B d\theta = 0 \\ dz + \theta dC + C d\theta = 0 \end{array}\right\} \qquad (33)$$

qui, par l'élimination de θ et de $d\theta$, donnent la condition cherchée

$$\begin{vmatrix} dx & dA & A \\ dy & dB & B \\ dz & dC & C \end{vmatrix} = 0. \qquad (34)$$

Il suffira de remplacer dx par $\dfrac{\partial x}{\partial u} du + \dfrac{\partial x}{\partial v} dv$, dA par $\dfrac{\partial A}{\partial u} du + \dfrac{\partial A}{\partial v} dv$, etc., pour avoir l'équation du second degré en du, dv, dont l'intégration fera connaître les lignes de courbure cherchées. Cette équation se décomposera en deux

$$\frac{du}{dv} = f_1(u, v).$$

$$\frac{du}{dv} = f_2(u, v).$$

Chacune de ces équations donnera par intégration, comme on le verra dans le second volume, une équation telle que

$$F(u, v, \lambda) = 0,$$

λ étant un paramètre variable, et cette équation, jointe aux équations (1), définira une famille de lignes de courbure tracées sur (S).

492. Équation aux rayons de courbures principaux. — Soit R l'un de ces deux rayons. On a

$$R = \sqrt{(X - x)^2 + (Y - y)^2 + (Z - z)^2} = \theta\sqrt{A^2 + B^2 + C^2},$$

or les équations (33) développées peuvent s'écrire

$$\left(\frac{\partial x}{\partial u} + \theta\,\frac{\partial A}{\partial u}\right) du + \left(\frac{\partial x}{\partial v} + \theta\,\frac{\partial A}{\partial v}\right) dv + A\,d\theta = 0.$$

$$\cdots \cdots \cdots \cdots \cdots$$
$$\cdots \cdots \cdots \cdots \cdots$$

Eliminons entre ces équations du, dv, $d\theta$ et remplaçons θ par sa valeur $\dfrac{R}{\sqrt{A^2 + B^2 + C^2}}$, nous obtenons l'équation du second degré

$$\begin{vmatrix} \dfrac{\partial x}{\partial u} + \dfrac{R}{\sqrt{A^2+B^2+C^2}}\dfrac{\partial A}{\partial u}, & \dfrac{\partial x}{\partial v} + \dfrac{R}{\sqrt{A^2+B^2+C^2}}\dfrac{\partial A}{\partial v}, & A \\[2ex] \dfrac{\partial y}{\partial u} + \dfrac{R}{\sqrt{A^2+B^2+C^2}}\dfrac{\partial B}{\partial u}, & \dfrac{\partial y}{\partial v} + \dfrac{R}{\sqrt{A^2+B^2+C^2}}\dfrac{\partial B}{\partial v}, & B \\[2ex] \dfrac{\partial z}{\partial u} + \dfrac{R}{\sqrt{A^2+B^2+C^2}}\dfrac{\partial C}{\partial u}, & \dfrac{\partial z}{\partial v} + \dfrac{R}{\sqrt{A^2+B^2+C^2}}\dfrac{\partial C}{\partial v}, & C \end{vmatrix} = 0. \qquad (35)$$

Pour retrouver l'équation (25) il suffira dans cette équation de faire

$$u = x, \qquad v = y,$$

$$\frac{\partial x}{\partial u} = 1, \qquad \frac{\partial x}{\partial v} = 0, \qquad \frac{\partial y}{\partial u} = 0, \qquad \frac{\partial y}{\partial v} = 1,$$

$$A = -p, \qquad B = -q, \qquad C = +1,$$

$$\frac{\partial A}{\partial u} = -r, \qquad \frac{\partial B}{\partial u} = -s, \qquad \frac{\partial C}{\partial u} = 0,$$

$$\frac{\partial A}{\partial v} = -s, \qquad \frac{\partial B}{\partial v} = -t, \qquad \frac{\partial C}{\partial v} = 0.$$

On trouve ainsi

$$\begin{vmatrix} 1 - \dfrac{Rr}{\sqrt{1+p^2+q^2}}, & -\dfrac{Rs}{\sqrt{1+p^2+q^2}}, & p \\[2ex] -\dfrac{Rs}{\sqrt{1+p^2+q^2}}, & 1 - \dfrac{Rt}{\sqrt{1+p^2+q^2}}, & q \\[2ex] p, & q, & -1 \end{vmatrix} = 0; \quad (36)$$

c'est l'équation (25).

193. Comme première application, nous chercherons les *lignes de courbure des surfaces de révolution.* Nous supposerons que l'axe de la surface ait été pris pour axe des z ; son équation sera alors

$$x^2 + y^2 = \varphi(z).$$

Le plan tangent en un point ayant pour équation

$$(X - x)\,2x + (Y - y)\,2y - (Z - z)\,\varphi'(z) = 0,$$

on aura

$$A = 2x, \qquad B = 2y, \qquad C = -\varphi'(z),$$
$$dA = 2dx, \qquad dB = 2dy, \qquad dC = -\varphi''(z)\,dz.$$

L'équation (34) est donc ici

$$\begin{vmatrix} dx, & 2x, & 2dx \\ dy, & 2y, & 2dy \\ dz, & -\varphi'(z), & -\varphi''(z)\,dz \end{vmatrix} = 0,$$

ou

$$2 + \varphi''(z) \, (y dx - x dy) \, dz = 0.$$

Le second facteur égalé à zéro donne les méridiens

$$y - Cx = 0 \, ;$$

le troisième, d'où l'on tire $z = C'$, correspond aux parallèles.
Enfin de

$$2 + \varphi''(z) = 0,$$

on déduit

$$\varphi'(z) + 2z = C'',$$
$$\varphi(z) + z^2 = C''z + C''' \, ;$$

et l'équation de la surface de révolution

$$x^2 + y^2 + z^2 = C''z + C'''$$

représente une sphère sur laquelle les lignes de courbure sont indéterminées ; on retrouve ainsi un résultat démontré d'une manière générale, n° 490.

494. Comme seconde application, nous chercherons encore les *lignes de courbure des surfaces développables*.

Une telle surface s'obtient par l'élimination du paramètre u entre les deux équations (n° 427)

$$\left. \begin{aligned} x &= az + \alpha \\ y &= bz + \beta \end{aligned} \right\}, \qquad (38)$$

dans lesquelles a, α, b, β désignent des fonctions de u ; soient a', α', b', β', leurs dérivées par rapport à u ; on a de plus, par hypothèse, entre ces quantités, la relation

$$a'\beta' - b'\alpha' = 0. \qquad (39)$$

En posant $z = r$, on aura

$$\frac{\partial x}{\partial u} = a'z + \alpha', \qquad \frac{\partial y}{\partial u} = b'z + \beta', \qquad \frac{\partial z}{\partial u} = 0.$$

$$\frac{\partial x}{\partial v} = a, \qquad \frac{\partial y}{\partial v} = b, \qquad \frac{\partial z}{\partial v} = 1,$$

$$A = b'z + \beta', \quad B = -(a'z + \alpha'), \quad C = (ba' - ab')z + b\alpha' - a\beta'.$$

Mais de l'équation (39), on tire

$$\frac{\alpha'}{a'} = \frac{\beta'}{b'} = \lambda, \qquad \lambda \text{ étant une fonction de } u :$$

D'où

$$A = b'(z + \lambda), \qquad B = -a'(z + \lambda), \qquad C = (ba' - ab')(z + \lambda),$$
$$\frac{\partial A}{\partial v} = b', \qquad \frac{\partial B}{\partial v} = -a', \qquad \frac{\partial C}{\partial v} = ba' - ab'.$$

Si l'on porte ces valeurs dans l'équation (34), on verra que le coefficient de dv^2, c'est-à-dire le déterminant.

$$\begin{vmatrix} a, & b'(z + \lambda), & b' \\ b, & -a'(z + \lambda), & -a' \\ 1, & (ba' - ab')(z + \lambda), & ba' - ab' \end{vmatrix}$$

a deux colonnes proportionnelles; il est donc nul, et l'équation (34) développée est de la forme

$$M\,du^2 + N\,du\,dv = 0;$$

on aperçoit immédiatement une solution

$$du = 0,$$
$$u = C^{te};$$

ce sont les génératrices rectilignes de la surface développable. La seconde famille de lignes de courbure serait donnée par l'intégration de l'équation

$$M\,du + N\,dv = 0,$$

qui ne peut pas être effectuée en général.

195. On peut enfin, par les mêmes formules, trouver les *lignes de courbure de l'ellipsoïde*.

$$\frac{x^2}{a^2} + \frac{y^2}{b^2} + \frac{z^2}{c^2} = 1. \qquad (40)$$

A cet effet nous poserons

$$\left.\begin{aligned}
x^2 &= a^2 \frac{(u - \alpha)(v - \alpha)}{f'(\alpha)} \\
y^2 &= b^2 \frac{(u - \beta)(v - \beta)}{f'(\beta)} \\
z^2 &= c^2 \frac{(u - \gamma)(v - \gamma)}{f'(\gamma)}
\end{aligned}\right\}, \qquad (41)$$

avec

$$f'(\xi) = (\xi - \alpha)(\xi - \beta)(\xi - \gamma).$$

Ces valeurs de x, y, z vérifieront bien l'équation de l'ellipsoïde, à cause des identités connues

$$\frac{1}{(\alpha - \beta)(\alpha - \gamma)} + \frac{1}{(\beta - \alpha)(\beta - \gamma)} + \frac{1}{(\gamma - \alpha)(\gamma - \beta)} = 0,$$

$$\frac{\alpha}{(\alpha - \beta)(\alpha - \gamma)} + \frac{\beta}{(\beta - \alpha)(\beta - \gamma)} + \frac{\gamma}{(\gamma - \alpha)(\gamma - \beta)} = 0,$$

$$\frac{\alpha^2}{(\alpha - \beta)(\alpha - \gamma)} + \frac{\beta^2}{(\beta - \alpha)(\beta - \gamma)} + \frac{\gamma^2}{(\gamma - \alpha)(\gamma - \beta)} = 1.$$

Il sera alors facile de calculer $\dfrac{\partial x}{\partial u}$, $\dfrac{\partial x}{\partial v}$, $\dfrac{\partial y}{\partial u}$, etc.; on trouvera ainsi pour les lignes de courbure, par un calcul un peu long, mais sans difficulté, une équation de la forme

$$M\,du\,dv = 0,$$

dans laquelle M est une quantité essentiellement différente de zéro.

Les lignes de courbure auront donc pour équations, soit

$$u = C^{te},$$

soit

$$v = C^{te}.$$

Leurs projections sur les plans de coordonnées, obtenues en éliminant le paramètre variable (v ou u) entre deux des équations (41), seront des coniques ayant pour axe respectivement ceux des ellipses principales de l'ellipsoïde.

496. Ce résultat est susceptible d'une intéressante interprétation géométrique; pour l'exposer rapidement, nous remplacerons dans l'ellipsoïde a^2, b^2, c^2 par $\alpha - w$, $\beta - w$, $\gamma - w$. L'ellipsoïde a ainsi pour équation

$$f(x, y, z) \equiv \frac{x^2}{\alpha - w} + \frac{y^2}{\beta - w} + \frac{z^2}{\gamma - w} - 1 = 0, \quad (42)$$

et les formules (41) contiennent u, v, w symétriquement. Les coordonnées de la ligne de courbure $u = C^{te}$ vérifieront donc aussi l'équation

$$\frac{x^2}{\alpha - u} + \frac{y^2}{\beta - u} + \frac{z^2}{\gamma - u} = 1.$$

c'est-à-dire que cette ligne de courbure sera l'intersection de l'ellipsoïde donné et de la quadrique homofocale

$$g(x, y, z) \equiv \frac{x^2}{\alpha - u} + \frac{y^2}{\beta - u} + \frac{z^2}{\gamma - u} - 1 = 0. \quad (43)$$

On sait que l'équation

$$\frac{x^2}{\alpha - \lambda} + \frac{y^2}{\beta - \lambda} + \frac{z^2}{\gamma - \lambda} = 1 \qquad (44)$$

représente une famille de quadriques dont les sections principales ont les mêmes foyers; suivant que λ est inférieur, supérieur aux quantités α, β, γ, ou compris entre les extrêmes, l'équation représentera un ellipsoïde réel, un ellipsoïde imaginaire, ou un des deux hyperboloïdes.

Restant dans le domaine réel, nous voyons que les lignes de courbure d'un système sur l'ellipsoïde proviennent de l'intersection de cette surface avec les hyperboloïdes homo-

focaux à une nappe ; le second système des lignes de courbure
proviendra des hyperboloïdes à deux nappes.

Chacune de ces surfaces est coupée orthogonalement par
les autres, c'est-à-dire qu'en chaque point de l'intersection
on a

$$\frac{\partial f}{\partial x}\frac{\partial g}{\partial x} + \frac{\partial f}{\partial y}\frac{\partial g}{\partial y} + \frac{\partial f}{\partial z}\frac{\partial g}{\partial z} = 0,$$

ou

$$\frac{x^2}{(\alpha - u)(\alpha - w)} + \frac{y^2}{(\beta - u)(\beta - w)} + \frac{z^2}{(\gamma - u)(\gamma - w)} = 0 ;$$

en effet cette dernière équation résulte de la soustraction des
équations (42) et (43).

L'équation (44) est du troisième degré en λ, c'est-à-dire
que, par chaque point de l'espace, il passe trois des quadriques de la famille. Voilà donc des surfaces telles que, par
chaque point de l'espace, il en passe trois ; ces surfaces se
coupent orthogonalement et forment ce qu'on appelle un
système triplement orthogonal. Leurs intersections mutuelles
sont lignes de courbure sur les surfaces auxquelles elles
appartiennent. C'est un cas particulier d'un célèbre théorème,
dû à Dupin, et que nous allons établir.

Théorème de Dupin
sur les systèmes triplement orthogonaux

497. *Trois familles de surfaces, deux à deux orthogonales,
se coupent mutuellement suivant leurs lignes de courbure.*

Les familles de surfaces dépendent chacune d'un paramètre qui reste constant sur une surface déterminée ; soient
u, v, w, ces paramètres. Nous supposerons que les équations
des trois surfaces aient été résolues par rapport à x, y, z, de
sorte que les coordonnées d'un point de l'espace s'expriment
par des formules de la forme

$$\left\{ \begin{aligned} x &= f_1(u, v, w), \\ y &= f_2(u, v, w), \\ z &= f_3(u, v, w). \end{aligned} \right.$$

Si w, par exemple, reste constante, ces formules expriment les coordonnées d'un point de la surface (w); si deux paramètres u, v, restent constants, elles représentent la courbe d'intersection des surfaces (u) et (v); sur cette courbe, w seule varie.

Une fois posés ces préliminaires, qui s'appliquent à toute représentation de l'espace en fonction de trois paramètres, c'est-à-dire à tout système de coordonnées, venons au théorème de Dupin.

Si les plans tangents aux trois surfaces qui se croisent en un point forment un trièdre trirectangle, il en sera évidemment de même des tangentes aux intersections mutuelles de ces surfaces prises deux à deux. On aura donc les conditions

$$\frac{\partial x}{\partial u}\frac{\partial x}{\partial v} + \frac{\partial y}{\partial u}\frac{\partial y}{\partial v} + \frac{\partial z}{\partial u}\frac{\partial z}{\partial w} = 0$$

et deux autres analogues; nous écrirons, par une abréviation facile à saisir,

$$\left. \begin{aligned} \sum \frac{\partial x}{\partial u}\frac{\partial x}{\partial v} &= 0 \\[4pt] \sum \frac{\partial x}{\partial v}\frac{\partial x}{\partial w} &= 0 \\[4pt] \sum \frac{\partial x}{\partial w}\frac{\partial x}{\partial u} &= 0 \end{aligned} \right\} \qquad (45)$$

Dérivons chacune de ces équations par rapport à la variable qui n'y entre pas; nous obtiendrons trois équations, telles que

$$\sum \frac{\partial^2 x}{\partial u\partial w}\frac{\partial x}{\partial v} + \sum \frac{\partial x}{\partial u}\frac{\partial^2 x}{\partial v\partial w} = 0.$$

Additionnant ces trois équations, et retranchant chacune de la somme, nous trouvons

$$\left. \begin{aligned} \sum \frac{\partial x}{\partial u}\frac{\partial^2 x}{\partial v\partial w} &= 0 \\[4pt] \sum \frac{\partial x}{\partial v}\frac{\partial^2 x}{\partial u\partial w} &= 0 \\[4pt] \sum \frac{\partial x}{\partial w}\frac{\partial^2 x}{\partial u\partial v} &= 0. \end{aligned} \right\} \qquad 46)$$

Éliminons $\frac{\partial x}{\partial w}$, $\frac{\partial y}{\partial w}$, $\frac{\partial z}{\partial w}$, par exemple, entre la dernière équation du système (46) et les deux dernières équations du système (45); nous trouvons

$$\begin{vmatrix} \dfrac{\partial x}{\partial u} & \dfrac{\partial y}{\partial u} & \dfrac{\partial z}{\partial u} \\[2ex] \dfrac{\partial x}{\partial v} & \dfrac{\partial y}{\partial v} & \dfrac{\partial z}{\partial v} \\[2ex] \dfrac{\partial^2 x}{\partial u \partial v} & \dfrac{\partial^2 y}{\partial u \partial v} & \dfrac{\partial^2 z}{\partial u \partial v} \end{vmatrix} = 0.$$

Cette condition exprime (n° 475) que les surfaces (u) et (v) découpent sur la surface (w) un réseau conjugué; or ce réseau est déjà orthogonal en vertu des hypothèses; c'est donc le réseau des lignes de courbure.

M. Darboux a complété ainsi le théorème de Dupin : *lorsqu'on a deux familles de surfaces se coupant mutuellement à angle droit, et suivant des lignes de courbure communes, il existe nécessairement une troisième famille de surfaces qui forme avec les deux premières un système triple orthogonal.*

La démonstration résulte immédiatement du théorème suivant, que nous nous bornerons à énoncer, et qui généralise un théorème, démontré au n° 460, sur les congruences rectilignes :

Les surfaces d'une congruence quelconque, qui sont assujetties à contenir une courbe de cette congruence, et à admettre en un de ses points M la tangente MT comme direction principale, forment deux séries distinctes et sont tangentes à deux plans différents passant par la droite MT; réciproquement, toute surface de la congruence, tangente en M à un de ces deux plans, satisfait à la condition proposée. Pour que les courbes de la congruence admettent des surfaces trajectoires orthogonales, il faut et il suffit que les deux plans précédents soient toujours rectangulaires.

498. Corollaire. — *La transformation par rayons vecteurs réciproques conserve les lignes de courbure.* — En effet complétons un système triplement orthogonal qui comprenne la surface (S), en adjoignant à ces surfaces les surfaces parallèles ; ce qui fait une première famille, et les normalies développables le long des lignes de courbure, ce qui constitue les deux autres familles. Dans l'inversion, ce système se transforme en un autre système triplement orthogonal, et les intersections mutuelles des surfaces restent lignes de courbure, en vertu du théorème de Dupin.

Formules d'Olinde Rodrigues

499. Ces formules résultent immédiatement des égalités (33). Supposons, en effet, que, dans les équations de la normale, A, B, C, au lieu de représenter des quantités proportionnelles aux cosinus directeurs de la normale, désignent ces cosinus eux-mêmes, c'est-à-dire que

$$A^2 + B^2 + C^2 = 1,$$

ou

$$A dA + B dB + C dC = 0;$$

on a alors (n° 492)

$$\theta = R.$$

De plus, en multipliant les équations (33) respectivement par A, B, C et ajoutant, on trouve

$$(A^2 + B^2 + C^2)\, d\theta = 0,$$

parce que, à cause de la perpendicularité de la normale et de l'élément dx, dy, dz, on a

$$A dx + B dy + C dz = 0.$$

Donc, en excluant les surfaces imaginaires qui satisferont à la condition

$$A^2 + B^2 + C^2 = 0,$$

on trouve

$$d\theta = dR = 0,$$

et les formules (33) se réduisent à

$$\begin{aligned} dx + RdA &= 0 \\ dy + RdB &= 0 \\ dz + RdC &= 0 \end{aligned} \Bigg\} . \tag{47}$$

Ce sont les formules d'Olinde Rodrigues. Elles supposent qu'on a fixé un sens sur la normale et que R est positif ou négatif.

On peut donner de ces formules la démonstration intuitive qui suit. Soit MM' un arc infiniment petit d'une ligne de courbure : les normales à la surface aux points M et M' se coupent (n° 487) en un point O qui est le centre de courbure de la section normale en M, et l'on a sensiblement MO = M'O = R.

Si A, B, C désignent les cosinus directeurs de la normale MO, et $A + dA$, $B + dB$, $C + dC$, ceux de M'O, on aura, en projetant le contour fermé OMM'O sur les trois axes

$$\text{pr. } OM + \text{pr. } MM' + \text{pr. } M'O = 0 ;$$

par exemple sur Ox

$$OM \times A + dx + M'O \,(A + dA) = 0,$$

ou

$$- R \times A + dx + R \,(A + dA) = 0,$$

ou enfin

$$dx + RdA = 0.$$

Lignes de courbure communes à deux surfaces

500. Les formules d'O. Rodrigues fournissent une démonstration aisée d'un beau théorème de Joachimstahl : *Deux surfaces qui ont une ligne de courbure commune se coupent en tous les points de cette ligne suivant le même angle.*

Soit un élément ds de la ligne commune, dont les projections sur les axes sont dx, dy, dz ; appelons R et R_1 les rayons de courbure principaux correspondants dans les deux surfaces, et A, B, C, A_1, B_1, C_1, leurs cosinus directeurs. On aura par les formules d'O. Rodrigues

$$dx + Rd A = 0, \qquad dy + Rd B = 0, \qquad dz + Rd C = 0,$$
$$dx + R_1 d A_1 = 0, \qquad dy + R_1 d B_1 = 0, \qquad dz + R_1 d C_1 = 0;$$

multiplions les égalités de la première ligne respectivement par $R_1 A_1$, $R_1 B_1$, $R_1 C_1$, membre à membre, celles de la seconde par RA, RB, RC, et ajoutons. Si l'on remarque que la perpendicularité des rayons de courbure aux lignes de courbure entraîne les égalités

$$A_1 dx + B_1 dy + C_1 dz = 0,$$
$$A dx + B dy + C dz = 0,$$

on trouve

$$Ad A_1 + Bd B_1 + Cd C_1 + A_1 d A + B_1 d A + C_1 d C = 0,$$

ou

$$d(A A_1 + B B_1 + C C_1) = 0.$$

Donc

$$A A_1 + B B_1 + C C_1 = C^{te},$$

c'est-à-dire que les normales aux deux surfaces font entre elles un angle constant.

501. Ce théorème résulte immédiatement de la théorie des développées. Nous avons en effet démontré (n° 447) que les normales d'une courbe L qui enveloppent deux développées différentes se coupent sur L, suivant un angle constant; cette propriété s'applique évidemment aux normales considérées dans le paragraphe précédent, qui, en vertu même de leur définition, enveloppent une développée de L.

Réciproquement, *si deux surfaces* (S) *et* (S') *se coupent suivant un angle constant le long d'une courbe* L, *et si cette courbe est ligne de courbure pour* (S), *elle est aussi ligne de courbure pour* (S'). En effet, par hypothèse, les normales de (S) enveloppent une développée de L; les normales de (S') le long de L, faisant un angle constant avec les précédentes, enveloppent aussi une développée de L, et, puisqu'elles forment une développable, L est une ligne de courbure de (S').

502. Par exemple, si un plan ou une sphère coupent une surface suivant un angle constant, l'intersection est une ligne de courbure de cette surface. Car toutes les courbes tracées sur un plan ou sur une sphère sont des lignes de courbure du plan ou de la sphère.

Surfaces-enveloppes de sphères. Cyclides

503. Parmi les surfaces à lignes de courbure planes, nous considérerons en particulier celles (S) pour lesquelles un des systèmes de lignes de courbure est formé de circonférences. Dans ce cas, les normales à la surface le long d'une des lignes de courbure circulaires vont rencontrer l'axe de cette circonférence en un même point O, et la sphère qui passe par la circonférence et qui a pour centre O touche la surface (S) le long de cette circonférence. (S) est donc une enveloppe de sphères.

Réciproquement toute enveloppe de sphères à un paramètre a un système de lignes de courbure circulaires. En effet la caractéristique d'une de ces sphères est évidemment une circonférence; les normales à la surface le long de cette circonférence sont les rayons de la sphère et, par suite, font un angle constant avec le plan de la circonférence, et comme celle-ci est ligne de courbure sur la sphère, elle est aussi ligne de courbure sur la surface-enveloppe.

504. Dupin a appelé *cyclides* les surfaces dont les lignes de courbure sont circulaires dans les deux systèmes. D'après ce qui précède, ces surfaces sont de deux manières enveloppes de sphères; leurs normales rencontrent deux courbes, auxquelles se réduisent les deux nappes de la surface des centres de courbure.

En un point d'une de ces courbes, centre d'une sphère enveloppée, les normales qui y passent forment un cône de révolution ; ces normales rencontrent la deuxième courbe, qui est ainsi située sur un cône de révolution et, de même, sur une infinité de cônes de révolution ayant leurs sommets sur l'autre courbe. On reconnaît le système de deux coniques focales, dont chacune est le lieu des sommets des cônes de révolution qui passent par l'autre. Les génératrices de ces cônes constituent la congruence des normales à une famille de cyclides parallèles.

On peut ici faire une application du théorème que nous avons démontré (n° 461) relativement aux congruences de normales. Les deux plans focaux sont en effet les plans tangents aux deux développables réduites aux cônes, dont les sommets S et S_1 sont sur les coniques focales ; or c'est une propriété bien connue de ces coniques que l'axe du cône de révolution de sommet S est précisément tangent à la conique qui renferme ce sommet. Le plan tangent au cône S_1 passe donc par l'axe du cône S et est perpendiculaire au second plan tangent. Les droites SS_1 sont donc bien normales à une surface.

505. Considérons trois sphères qui ont leurs centres sur la première conique ; une sphère quelconque de la seconde série touche les trois premières aux points où sa caractéristique touche les caractéristiques de ces trois sphères. La cyclide peut donc être considérée comme l'enveloppe d'une sphère tangente à trois sphères données.

Soient C, C', C″ les centres de ces trois sphères ; faisons de la figure une transformation par rayons vecteurs réciproques, en prenant le pôle d'inversion sur la circonférence qui passe par C, C', C″. Les trois sphères transformées auront leurs centres en ligne droite ; la surface nouvelle sera l'enveloppe d'une sphère tangente aux trois sphères précédentes, elle admettra évidemment la ligne des centres CC'C″ comme axe de symétrie. La caractéristique de la sphère enveloppée sera une circonférence Γ dont les points de contact avec les sphères fixes sont dans le plan de l'axe, et la surface-enveloppe sera un tore engendré par la révolution de l' autour de l'axe. Dans cette transformation, les plans des lignes de courbures circulaires se transformeront en sphères ; mais, comme les angles se conservent dans l'inversion, ces sphères couperont le tore suivant un angle constant le long d'une circonférence transformée, et cette circonférence sera encore une ligne de courbure du tore. Il était d'ailleurs évident que les lignes de courbure du tore étaient, d'une part, les parallèles, d'autre part les circonférences méridiennes. *Les cyclides de Dupin sont donc les inverses du tore* (Mannheim).

506. Il est à remarquer que, dans le tore, les sphères qui ont pour caractéristiques les circonférences méridiennes sont toutes égales. Le tore est donc une *surface-canal :* on appelle ainsi l'enveloppe d'une sphère de rayon constant dont le centre décrit une courbe quelconque. Il est évident que, dans ce cas, la caractéristique de la sphère enveloppée est un grand cercle normal au lieu des centres.

Représentation sphérique de Gauss

507. Nous allons maintenant étudier l'important mode de correspondance des surfaces dû à Gauss et connu sous le nom de représentation sphérique.

Fixons sur la normale en M à la surface (S) un sens, et par le centre O d'une sphère de rayon égal à l'unité, menons une parallèle à cette normale dans le sens fixé. Cette parallèle perce la sphère en un point m qu'on appelle *l'image sphérique* ou la *représentation sphérique* du point M.

Si le point M parcourt une ligne sur (S), son image m parcourt sur la sphère une ligne, image de la première. Les plans tangents aux points correspondants étant évidemment parallèles, les tangentes conjuguées des tangentes à une ligne et à son image sont parallèles ; en d'autres termes, l'image (l) d'une ligne (L) fait avec (L) un angle complémentaire de celui que (L) fait avec sa conjuguée.

Par exemple à la tangente d'une *ligne asymptotique* (ligne tangente à une asymptote d'une indicatrice) correspond une droite perpendiculaire. Nous utiliserons plus loin cette propriété.

A une tangente principale correspond sur la sphère une tangente parallèle. Les formules d'O. Rodrigues ne font qu'exprimer cette propriété : en effet les coordonnées du point m sont évidemment les cosinus directeurs de la normale en M. Exprimons que les déplacements de M et de m sont parallèles ; nous obtenons les conditions

$$\frac{dx}{dA} = \frac{dy}{dB} = \frac{dz}{dC}.$$

qui ne sont autres que les équations (47), dont on a éliminé R.

508. *La représentation sphérique d'une ligne de courbure plane* L *est une circonférence* ; car les normales à la surface le long de L font un angle constant avec le plan de L (n° 502), et les parallèles à ces normales menées par le centre de la sphère sont les génératrices d'un cône de révolution qui coupe la sphère suivant une circonférence.

Réciproquement, si la représentation sphérique d'une ligne de courbure L est une circonférence, la ligne de courbure est plane ; en effet les tangentes de L, étant parallèles à celles de la représentation sphérique, sont parallèles à un plan, et L est une courbe plane.

Lignes asymptotiques

509. On appelle *lignes asymptotiques* d'une surface celles qui ont en chaque point pour tangente une des asymptotes de l'indicatrice. Le paragraphe précédent permet d'obtenir immédiatement leur équation différentielle ; en effet, exprimons qu'elles sont, en chaque point, perpendiculaires à leur image. Nous obtenons l'équation cherchée

$$dx\,dA + dy\,dB + dz\,dC = 0, \tag{48}$$

dans laquelle il n'y a plus qu'à remplacer dx par

$$\frac{\partial x}{\partial u} du + \frac{\partial x}{\partial v} dv,$$

dy par

$$\frac{\partial y}{\partial u} du + \frac{\partial y}{\partial v} dv, \text{ etc.}$$

Dans le cas particulier où les variables indépendantes sont $u = x$ et $v = y$, l'équation précédente devient

$$dp\,dx + dq\,dy = 0, \tag{49}$$

ou

$$r\,dx^2 + 2s\,dx\,dy + t\,dy^2 = 0. \tag{50}$$

510. Une remarque importante s'impose ici : l'équation (48) subsiste même si A, B, C désignent non plus les cosinus directeurs de la normale, mais simplement des **quantités proportionnelles**. En effet il faut, dans cette hypothèse, écrire au lieu de dA

$$d\frac{A}{\sqrt{A^2 + B^2 + C^2}} \quad \text{ou} \quad \frac{dA}{\sqrt{A^2 + B^2 + C^2}} + A d.\frac{1}{\sqrt{A^2 + B^2 + C^2}};$$

mais les termes, qui se trouvent ainsi ajoutés dans l'équation (48), disparaissent, parce que l'on a évidemment

$$A\,dx + B\,dy + C\,dz = 0.$$

511. Théorème. — *Le plan osculateur d'une ligne asymptotique en un point est tangent à la surface en ce point.*

Le plan tangent à la surface a pour équation

$$A(X - x) + B(Y - y) + C(Z - z) = 0.$$

Nous devons exprimer qu'il contient, outre le point x, y, z, les points $x + dx$, $y + dy$, $z + dz$, et $x + dx + \frac{1}{2} d^2x$, $y + dy + \frac{1}{2} d^2y$, $z + dz + \frac{1}{2} d^2z$, ce qui donne les conditions

$$A\,dx + B\,dy + C\,dz = 0 \tag{51}$$

et

$$A d^2x + B d^2y + C d^2z = 0. \qquad (52)$$

L'équation (51) est identiquement vérifiée; elle exprime que la normale est perpendiculaire à la tangente. En la différentiant et en retranchant (48) du résultat, on trouve l'équation (52). Le théorème est donc vérifié.

On voit, de plus, que l'équation (52) est équivalente à l'équation (48); elle peut donc, au même titre que cette dernière, être prise pour équation des lignes asymptotiques. Elle peut encore s'écrire

$$\begin{vmatrix} d^2x & d^2y & d^2z \\ \dfrac{\partial x}{\partial u} & \dfrac{\partial y}{\partial u} & \dfrac{\partial z}{\partial u} \\ \dfrac{\partial x}{\partial v} & \dfrac{\partial y}{\partial v} & \dfrac{\partial z}{\partial v} \end{vmatrix} = 0,$$

ou en remplaçant les différentielles secondes par leurs valeurs

$$\begin{vmatrix} \dfrac{\partial^2 x}{\partial u^2} & \dfrac{\partial^2 y}{\partial u^2} & \dfrac{\partial^2 z}{\partial u^2} \\ \dfrac{\partial x}{\partial u} & \dfrac{\partial y}{\partial u} & \dfrac{\partial z}{\partial u} \\ \dfrac{\partial x}{\partial v} & \dfrac{\partial y}{\partial v} & \dfrac{\partial z}{\partial v} \end{vmatrix} du^2 + 2 \begin{vmatrix} \dfrac{\partial^2 x}{\partial u \partial v} & \dfrac{\partial^2 y}{\partial u \partial v} & \dfrac{\partial^2 z}{\partial u \partial v} \\ \dfrac{\partial x}{\partial u} & \dfrac{\partial y}{\partial u} & \dfrac{\partial z}{\partial u} \\ \dfrac{\partial x}{\partial v} & \dfrac{\partial y}{\partial v} & \dfrac{\partial z}{\partial v} \end{vmatrix} du\,dv$$

$$+ \begin{vmatrix} \dfrac{\partial^2 x}{\partial v^2} & \dfrac{\partial^2 y}{\partial v^2} & \dfrac{\partial^2 z}{\partial v^2} \\ \dfrac{\partial x}{\partial u} & \dfrac{\partial y}{\partial u} & \dfrac{\partial z}{\partial u} \\ \dfrac{\partial x}{\partial v} & \dfrac{\partial y}{\partial v} & \dfrac{\partial z}{\partial v} \end{vmatrix} dv^2 = 0. \qquad (53)$$

512. Il est intéressant de remarquer que cette équation prend la forme simple

$$M\,du^2 + P\,dv^2 = 0,$$

lorsque le réseau (u, v) est conjugué (9). Ce résultat s'explique aisément dans le cas particulier où l'on a pris pour axes des x

et des y les tangentes à deux courbes du réseau conjugué. L'équation s'écrit alors

$$r\,dx^2 + t\,dy^2 = 0,$$

et elle exprime que les tangentes asymptotiques coïncident avec les diagonales du parallélogramme construit sur deux diamètres conjugués de l'indicatrice.

513. Dans le cas des lignes asymptotiques, le théorème de Meusnier se trouve en défaut. En effet, l'équation (15), qui donne le rayon de courbure d'une courbe dont le plan osculateur fait avec la normale l'angle γ, est

$$\rho = \rho_0 \cos\gamma.$$

Mais ici $\gamma = \dfrac{\pi}{2}$, $\cos\gamma = 0$ et $\rho_0 = \infty$, puisque la section normale a pour trace, sur le plan tangent, une asymptote de l'indicatrice. Le lecteur pourra voir dans le tome II des *Leçons sur la Géométrie des surfaces*, de M. Darboux, page 397, comment il faut procéder dans ce cas.

514. Pour la section de (S) par son plan tangent, comme pour la ligne asymptotique, la formule de Meusnier devient illusoire; mais il existe entre les rayons de courbure de ces deux courbes une curieuse relation due à M. Beltrami, et que nous nous bornerons à faire connaître sans démonstration : *le rayon de courbure de la section plane est égal à trois fois la moitié du rayon de courbure de la ligne asymptotique.*

Nous donnerons enfin un dernier résultat relatif aux lignes asymptotiques; si l'on appelle τ_0 la torsion de la ligne, R et R′ les deux rayons de courbures principaux de (S), on a

$$\tau_0 = \sqrt{-RR'}\ \text{[1]}. \tag{34}$$

---

[1] Darboux. *Leçons*. etc., *loco citato*.

515. Comme application, nous chercherons les lignes asymptotiques des surfaces réglées. Soient

$$
\begin{aligned}
x &= au + b \\
y &= a_1 u + b_1 \\
z &= a_2 u + b_2
\end{aligned}
\quad , \qquad (55)
$$

les équations de la génératrice dans lesquelles a, b, a_1, ..., sont des fonctions de la variable v.

$$
\begin{aligned}
dx &= a\,du + (a'u + b')\,dv, \\
dy &= a_1\,du + (a_1'u + b_1')\,dv, \\
dz &= a_2\,du + (a_2'u + b_2')\,dv.
\end{aligned}
$$

Les différentielles secondes d^2x, d^2y, d^2z, ne renfermeront pas de termes en du^2; donc, dans l'équation (52), dv sera en facteur, et un système de lignes asymptotiques aura pour équation $v = \text{C}^{\text{te}}$. Ce sont donc les génératrices rectilignes de la surface.

Pour le second système, on aura à intégrer une équation de la forme

$$
\frac{du}{dv} = \alpha u^2 + \beta u + \gamma, \qquad (56)
$$

α, β, γ étant des fonctions connues de v; cette équation ne peut pas s'intégrer en général. Nous aurons à en reparler dans le second volume (équation de Riccati); mais, pour ne pas avoir à revenir sur les lignes asymptotiques, nous donnerons immédiatement, sans démonstration, la forme générale de la solution de cette équation

$$
u = \frac{l\text{C} + m}{n\text{C} + h}; \qquad (57)
$$

dans cette formule, l, m, n, h, sont des fonctions de v à déterminer et ne dépendant que de α, β, γ; c est une constante susceptible de recevoir des valeurs arbitraires. Si l'on remplace u par sa valeur dans les équations (55), on a, en fonction de v, les équations des asymptotiques du second système. Donnons à C quatre valeurs, C_1, C_2, C_3, C_4, il en résultera quatre lignes asymptotiques; pour une valeur déterminée de r, les formules (55) donneront le point de rencontre de la génératrice correspondante avec ces asymptotiques. On aura par exemple

$$x_1 = a \frac{l C_1 + m}{n C_1 + h} + b,$$

et deux autres formules analogues pour y_1 et z_1; de même x_2, y_2, z_2, x_3, ... Or, on voit facilement que

$$\frac{x_1 - x_3}{x_2 - x_3} : \frac{x_1 - x_4}{x_2 - x_4} = \frac{C_1 - C_3}{C_2 - C_3} : \frac{C_1 - C_4}{C_2 - C_4},$$

et, comme r a disparu dans le second membre, il en résulte que les quatres asymptotiques considérées coupent une génératrice rectiligne en quatre points, dont le rapport anharmonique reste constant, lorsque la génératrice décrit la surface réglée.

Courbure géodésique : lignes géodésiques

516. Il nous reste à définir une dernière catégorie de courbes tracées sur les surfaces : *ce sont les lignes géodésiques*. Quelques considérations préliminaires sont utiles. Nous avons vu que, pour toutes les courbes Γ de la surface qui touchent, au même point M, une même droite MT, l'axe de courbure coupe la normale en un même point O; nous appellerons ce point le *centre de courbure normale* de la courbe Γ, et nous appellerons *centre de courbure géodésique* ou *centre de courbure tangentielle* le point O_1, où l'axe de courbure de cette courbe rencontre le plan tangent en M. Ce point O_1 coïncide avec le centre de courbure de la projection de la courbe sur le plan tangent, en vertu du théorème de Meusnier; car cette projection est la section normale du cylindre projetant.

Le *rayon de courbure géodésique* a pour valeur absolue MO_1, et son inverse est la *courbure géodésique*.

517. Nous ne préciserons pas davantage le signe de ce rayon de courbure, parce que nous nous bornerons au cas où ce rayon est infini, et nous appellerons *lignes géodésiques* celles dont le rayon de courbure géodésique est infini, ou, ce qui revient au même, à cause de la définition du centre de courbure géodésique, celles dont le plan osculateur est normal à la surface. Ces courbes doivent leur importance en géométrie à ce que, sauf des restrictions analogues à celles qu'on rencontre dans tous les problèmes de minimum, elles sont *les plus courts chemins entre deux quelconques de leurs points*. C'est ainsi que, sur la sphère, les grands cercles, dont le plan est effectivement normal à la sphère, sont les plus courts chemins entre les deux quelconques de leurs points, pourvu que le chemin soit compté sur le plus petit des deux arcs de grand cercle limités par ces points.

Soit AB la ligne la plus courte parmi celles que l'on peut tracer sur une surface entre les points A et B, et $M\alpha M'$ un arc infiniment petit pris à volonté sur AB. Désignons, en outre, par MT la tangente en M à la ligne AB, par MZ la normale à la surface au point M, et enfin par $M\beta M'$ l'arc appartenant à la section faite dans la surface par le plan ZMM'. Par hypothèse, on a l'inégalité

$$M\alpha M' - M\beta M' < 0,$$

qu'on peut écrire, en appelant c la corde MM',

$$\frac{M\alpha M' - c}{c^3} - \frac{M\beta M' - c}{c^3} < 0.$$

La limite du premier membre, lorsque, M restant fixe, M' tend vers M, sera donc négative ou nulle, de sorte qu'on aura à la limite

$$\frac{1}{24\rho^2} - \frac{1}{24\rho_1^2} \leqslant 0,$$

ρ et ρ_1 étant les rayons de courbure, en M, de la ligne AB et de la section par le plan normal ZMT. D'ailleurs, si θ est l'angle du plan osculateur à la ligne AB, au point M, et du plan ZMT, on a, d'après le théorème de Meusnier, $\rho = \rho_1 \cos \theta$. L'inégalité précédente devient alors

$$\frac{1}{\cos^2 \theta} - 1 > 0,$$

et comme le premier membre ne saurait être négatif, on aura $\theta = 0$. Ainsi la ligne minima AB a, en chacun de ses points, son plan osculateur normal à la surface; c'est donc une ligne géodésique.

On rencontre aussi ces courbes en mécanique; ce sont les trajectoires d'un point assujetti à se mouvoir sur une surface sans être soumis à aucune force extérieure. En effet, dans ce cas, le plan osculateur de la surface, qui contient toujours la résultante des forces, contient la seule force appliquée au point, savoir la réaction normale de la surface.

518. Cherchons, par exemple, les lignes géodésiques du cylindre de révolution. Soient

$$\begin{cases} x = R \cos t, \\ y = R \sin t, \\ z = R\varphi(t), \end{cases}$$

les coordonnées d'un point M de la courbe rapportées à trois axes rectangulaires, dont oz coïncidant avec l'axe du cylindre. Le plan osculateur en un point

$$\begin{vmatrix} X - R \cos t & Y - R \sin t & Z - R\varphi(t) \\ - R \sin t & R \cos t & R\varphi'(t) \\ - R \cos t & - R \sin t & R\varphi''(t) \end{vmatrix} = 0,$$

doit avoir sa trace sur xoy parallèle au rayon qui va de l'origine à la projection de M; on a ainsi la condition

$$\varphi''(t) = 0;$$

d'où

$$\varphi(t) = ht + \beta,$$

ou plus simplement, en prenant un nouveau plan convenable des xy parallèle à l'ancien.

$$\varphi(t) = ht.$$

Les équations de la géodésique sont donc

$$\left\{ \begin{array}{l} x = \mathrm{R}\cos t, \\ y = \mathrm{R}\sin t, \\ z = \mathrm{R}ht. \end{array} \right.$$

On reconnaît les équations d'une hélice tracée sur le cylindre, et l'on sait en effet que les hélices, provenant de l'enroulement de droites sur le cylindre, sont bien les plus courts chemins tracés sur le cylindre entre deux quelconques de leurs points. Il est facile ici de préciser les restrictions dont nous avons parlé dans la définition (n° 517) ; il faut que l'arc d'hélice soit inférieur à une spire ; s'il était égal à une spire, le plus court chemin d'une de ses extrémités à l'autre serait évidemment la génératrice du cylindre qui joint ces deux points ; s'il était supérieur à une spire, il y aurait une autre hélice passant par ses extrémités et qui serait le chemin minimum.

519. On vérifierait, de même, que les hélices tracées sur des cylindres quelconques sont les géodésiques de ces cylindres.

520. L'exemple des cylindres nous permet encore de faire connaître une particularité qui achèvera de donner à ces courbes intéressantes leur véritable physionomie. Entre deux points du cylindre, quelque voisins qu'ils soient, il y a toujours une infinité de géodésiques, dont une seule, bien entendu, en général, est plus court chemin entre les deux points. En effet, si ξ et η sont l'ordonnée et l'abscisse curviligne du premier point M, celles du second, M', seront, à volonté, ξ' et η', ou $\xi' + 2k\pi\mathrm{R}$ et η', k étant un nombre entier quelconque, positif ou négatif. Si on déroule le cylindre sur un plan, au point M correspondra un point m, et les diverses valeurs de k feront correspondre à M' une infinité de points m', m'_1, m'_2, ... Les droites mm', mm'_1, mm'_2, ..., donneront toutes les hélices passant par M et par M', lorsqu'on enroulera, de nouveau, le plan sur le cylindre.

521. *L'équation des géodésiques* s'écrit immédiatement en exprimant que la normale principale à la courbe, dont nous avons donné les cosinus directeurs (n° 418), coïncide avec la normale à la surface, dont les équations ont été écrites au n° 474. On trouve ainsi

$$\frac{\frac{d^2x}{ds^2}}{A} \quad \frac{\frac{d^2y}{ds^2}}{B} = \frac{\frac{d^2z}{ds^2}}{C}, \qquad (G)$$

ce qu'on peut écrire, en appelant ρ la valeur commune de ces rapports,

$$\frac{d^2x}{ds^2} \quad A\rho, \qquad \frac{d^2y}{ds^2} \quad B\rho, \qquad \frac{d^2z}{ds^2} \quad C\rho.$$

Multiplions les deux membres de ces équations respectivement par $\frac{dx}{ds}$, $\frac{dy}{ds}$, $\frac{dz}{ds}$, et ajoutons membre à membre; il vient

$$\frac{dx}{ds}\frac{d^2x}{ds^2} + \frac{dy}{ds}\frac{d^2y}{ds^2} + \frac{dz}{ds}\frac{d^2z}{ds^2} \quad \rho(A\,dx + B\,dy + C\,dz).$$

Le second membre est nul en vertu de l'équation de la surface, comme nous l'avons souvent observé (51), et le premier parce qu'il est la demi-dérivée de $\left(\frac{dx}{ds}\right)^2 + \left(\frac{dy}{ds}\right)^2 + \left(\frac{dz}{ds}\right)^2$, qui a pour valeur l'unité. Les équations (G) se réduisent donc à une seule, si l'on tient compte de l'équation de la surface, ce qui était à prévoir.

Il faut remarquer que les numérateurs des équations (G) sont écrits en supposant que l'arc de la ligne géodésique est pris pour variable indépendante. On s'affranchira de cette restriction en écrivant de préférence

$$\frac{d \cdot \frac{dx}{ds}}{A} = \frac{d \cdot \frac{dy}{ds}}{B} = \frac{d \cdot \frac{dz}{ds}}{C}, \qquad \text{H}$$

et maintenant la variable indépendante peut être prise arbitrairement.

Nous retrouverons bientôt l'équation des géodésiques sous une forme très symétrique et très condensée, comme application d'une méthode extrêmement féconde, qu'il nous reste à faire connaître.

522. La méthode que nous allons indiquer est due à Gauss, qui l'a fait connaître dans son célèbre Mémoire : *Disquisitiones generales circa superficies curvas;* elle a été illustrée par les travaux de nombreux géomètres, parmi lesquels il nous suffira de citer Bonnet, Bour, Codazzi, Laguerre, Ribaucour et M. Darboux. Avec les indications qui suivent, le lecteur reconstituera aisément tous les calculs.

Soient OZ, la normale à la surface, OX et OY les tangentes aux courbes $v = C^{te}$ et $u = C^{te}$. Nous appellerons x, y, z, les coordonnées d'un point M, par rapport à ce trièdre T, mobile. Si l'on donne aux variables indépendantes u et v des accroissements infiniment petits, le trièdre T devient un trièdre analogue T', d'origine O'; M devient M, et nous appellerons les coordonnées de ce nouveau point, par rapport au trièdre T', $x + dx$, $y + dy$, $z + dz$, et par rapport au trièdre T, $x + dX$, $y + dY$, $z + dZ$. Les axes sont supposés rectangulaires, et, par suite (n° 477, form. 11 et 12), l'élément d'arc a pour expression

$$ds^2 = A^2 du^2 + C^2 dv^2,$$

ou

$$ds^2 = E\,du^2 + G\,dv^2.$$

Cela posé, le théorème des projections permet d'écrire

$$\text{projection } OM' = \text{projection } OO' + \text{projection } O'M',$$

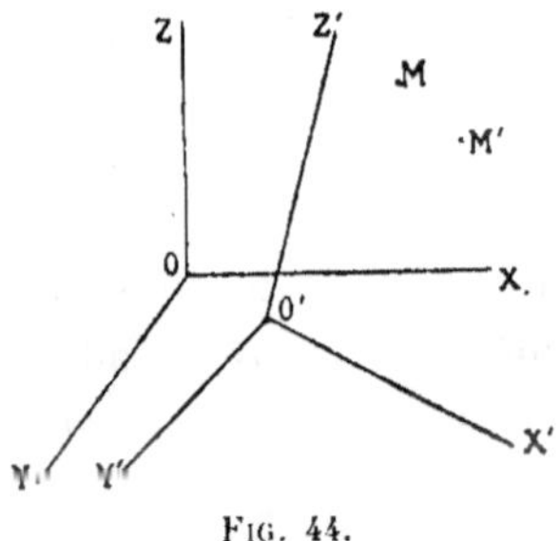

Fig. 44.

et, si l'on remarque que la projection de O'M' peut être remplacée par la somme des projections de ses projections sur O'X', O'Y' et O'Z', on établira, sans peine, les formules, qui ne sont vraies qu'au second ordre près,

$$\left.\begin{aligned}
d\mathrm{X} &= \mathrm{A}\,du + dx + \beta z - \gamma y \\
d\mathrm{Y} &= \mathrm{C}\,dv + dy + \gamma x - \alpha z \\
d\mathrm{Z} &= \phantom{\mathrm{C}\,dv +} dz + \alpha y - \beta x
\end{aligned}\right\} \qquad (58)$$

α, β, γ, désignent les cosinus infiniment petits définis par le tableau suivant

	O'X'	O'Y'	O'Z'
OX	1	$-\gamma$	β
OY	γ	1	$-\alpha$
OZ	$-\beta$	α	1

Ces cosinus infiniment petits sont de la forme

$$\left.\begin{array}{l}\alpha = p\,du + p_1\,dv \\ \beta = q\,du + q_1\,dv \\ \gamma = r\,du + r_1\,dv\end{array}\right\}. \qquad (59)$$

En portant ces valeurs dans les formules (58), et remarquant que

$$dx = \frac{\partial x}{\partial u}\,du + \frac{\partial x}{\partial v}\,dv, \qquad dy = \ldots,$$

on aura finalement des équations telles que

$$\begin{array}{l}dX = M\,du + N\,dv, \\ dY = M'\,du + N'\,dv, \\ dZ = M''\,du + N''\,dv.\end{array}$$

Si le point M est fixe, les six coefficients de du et de dv doivent être nuls, ce qui donne des équations de la forme

$$\left.\begin{array}{ll}\dfrac{\partial x}{\partial u} = ry - qz - A, & \dfrac{\partial x}{\partial v} = r_1 y - q_1 z \\[2mm] \dfrac{\partial y}{\partial u} = pz - rx, & \dfrac{\partial y}{\partial v} = -C + p_1 z - r_1 x \\[2mm] \dfrac{\partial z}{\partial u} = qx - py, & \dfrac{\partial z}{\partial v} = q_1 x - p_1 y\end{array}\right\}. \quad (60)$$

En exprimant que les deux valeurs de $\dfrac{d^2 x}{du\,dv}$ tirées de ces équations sont égales entre elles, ainsi que celles de $\dfrac{d^2 y}{du\,dv}$ et de $\dfrac{d^2 z}{du\,dv}$, et en observant que les conditions obtenues doivent avoir lieu, quel que soit le point fixe M, on obtient enfin les équations de Codazzi, qui sont fondamentales dans cette théorie

$$
\left.
\begin{aligned}
& r = -\frac{1}{C}\frac{\partial A}{\partial v}, \qquad r_1 = \frac{1}{A}\frac{\partial C}{\partial u} \\
& A q_1 + C p = 0 \\
& p q_1 - q p_1 + \frac{\partial r_1}{\partial u} - \frac{\partial r}{\partial v} = 0 \\
& q r_1 - r q_1 + \frac{\partial p_1}{\partial u} - \frac{\partial p}{\partial v} = 0 \\
& r p_1 - p r_1 + \frac{\partial q_1}{\partial u} - \frac{\partial q}{\partial v} = 0
\end{aligned}
\right\}. \qquad (61)
$$

M. Darboux, auquel on doit les notations symétriques dont nous venons de nous servir, a observé que les quantités p, q, r, sont les composantes de la rotation que subit le trièdre T, lorsqu'on fait varier u seulement, que p_1, q_1, r_1, sont les rotations correspondant à la variation de v, et il a tiré de ce point de vue cinématique les plus heureuses conséquences, qui sont développées dans son traité déjà si souvent cité. Nous nous bornerons à deux exemples, pour faire comprendre la fécondité de la méthode.

523. S'il existe sur oz un point $x = 0$, $y = 0$ et $z = \rho$, qui se déplace tangentiellement à oz, on aura pour ce point

$$
dX = 0, \qquad dY = 0,
$$

ou

$$
\begin{aligned}
& A\,du + \rho\,(q\,du + q_1\,dv) = 0, \\
& C\,dv - \rho\,(p\,du + p_1\,dv) = 0.
\end{aligned}
$$

L'élimination de ρ conduira à l'équation différentielle des lignes de courbure

$$
A p\,du^2 + C q_1\,dv^2 + (C q + A p_1)\,du\,dv = 0,
$$

et celle de $\dfrac{du}{dv}$ à l'équation aux rayons de courbure principaux

$$
\rho^2 \left(\frac{\partial r_1}{\partial v} - \frac{\partial r}{\partial u} \right) - \rho\,(A p_1 - C q) + AC = 0. \qquad (62)
$$

524. Prenons maintenant un point M. dans le plan $XOY (z = o)$; exprimons que son déplacement a lieu dans ce plan $(dz = o)$. Le lieu des points qui jouissent de cette propriété, c'est-à-dire la caractéristique du plan tangent XOY, sera la tangente conjuguée de OO'; en exprimant que sa direction coïncide avec OO, on aura l'équation des lignes asymptotiques. On trouve ainsi pour la caractéristique

$$(p\,du + p_1\,dv)\,y - (q\,du + q_1\,dv)\,x = o,$$

et pour l'équation des asymptotiques

$$\frac{q\,du + q_1\,dv}{p\,du + p_1\,dv} = \frac{C\,dv}{A\,du}.$$

525. Revenons aux lignes géodésiques. Pour cela, appelons ω l'angle que la tangente à la courbe OO' fait avec OX, et utilisons les formules de Frenet, ainsi que la représentation sphérique (n° 417). Le point représentatif de la tangente aura pour coordonnées, si l'on prend des axes parallèles à OX, OY, OZ, menés par le centre de la sphère

$$\cos\omega, \qquad \sin\omega, \qquad 0,$$

et son déplacement, auquel on peut appliquer les formules (58), dans lesquelles on n'a qu'à supprimer les termes $A\,du$ et $C\,dv$, qui proviennent du déplacement de l'origine, sera parallèle à la normale principale de la courbe; si la courbe est géodésique, on aura pour ce point

$$dX = o \quad . \quad \text{et} \quad dY = o,$$

c'est-à-dire

$$-\sin\omega\,d\omega - (r\,du + r_1\,dv)\sin\omega = o,$$
$$\cos\omega\,d\omega + (r\,du + r_1\,dv)\cos\omega = o,$$

en tenant compte des équations (59); ces deux équations se réduisent à l'équation unique

$$d\omega + r\,du + r_1\,dv = o, \tag{63}$$

qui est l'équation différentielle des lignes géodésiques. Il n'y a plus qu'à y remplacer $\cos \omega$ par $\dfrac{A\,du}{ds}$, $\sin \omega$ par $\dfrac{C\,dv}{ds}$,

et d'après les formules de Codazzi (61), r par $-\dfrac{1}{C}\dfrac{dA}{dv}$, r_1 par $\dfrac{1}{A}\dfrac{dC}{du}$, pour avoir une équation où n'entrent plus que les coefficients de ds^2.

On obtient ainsi l'équation, que nous écrirons avec les notations de Gauss (form. 10, n° 477),

$$2(EG - F^2)(du\,d^2v - dv\,d^2u) = \left(E\frac{\partial E}{\partial v} + F\frac{\partial E}{\partial u} - 2E\frac{\partial F}{\partial v}\right) du^3$$

$$+ \left(3F\frac{\partial E}{\partial v} + G\frac{\partial E}{\partial u} - 2F\frac{\partial F}{\partial u} - 2E\frac{\partial G}{\partial u}\right) du^2\,dv$$

$$- \left(3F\frac{\partial G}{\partial u} + E\frac{\partial G}{\partial v} - 2F\frac{\partial F}{\partial v} - 2G\frac{\partial E}{\partial v}\right) du\,dv^2$$

$$- \left(G\frac{\partial G}{\partial u} + F\frac{\partial G}{\partial v} - 2G\frac{\partial F}{\partial v}\right) dv^3. \tag{63'}$$

On peut signaler, par exemple, les *lignes de longueur nulle* ($ds^2 = 0$), comme vérifiant l'équation (63); mais ces lignes imaginaires n'ont pas d'intérêt ici.

Comme deuxième application, supposons que u soit l'arc de géodésique qui fait en M, avec une droite donnée, l'angle v; les deux coordonnées d'un point quelconque de la surface seront l'arc u et l'angle v, analogues à des coordonnées polaires, et l'on aura

$$ds^2 = du^2 + 2F\,du\,dv + G\,dv^2.$$

Mais, puisque $v = C^{te}$ est une géodésique, et que $E = 1$, l'équation (63') se réduit à

$$\frac{\partial F}{\partial u} = 0.$$

F ne dépend que de v, et comme ce coefficient est évidemment nul pour $u = 0$, on a

$$F = 0.$$

On obtient donc la forme très remarquable qui suit

$$ds^2 = du^2 + G\,dv^2.$$

Surfaces applicables

526. Nous avons vu (n° 477) que l'élément d'arc d'une surface, sur laquelle est tracé un réseau (u, v), est donné par la formule

$$ds^2 = E\,du^2 + 2F\,du\,dv + G\,dv^2. \qquad (64)$$

Si les coordonnées des points M et m de deux surfaces peuvent s'exprimer en fonction des mêmes paramètres u et v, de manière que les ds^2 des deux surfaces soient donnés par la formule unique (64), les deux surfaces seront dites *applicables* l'une sur l'autre. Pour justifier cette définition, prenons sur la première surface trois points infiniment voisins M, M′, M″, et sur la deuxième surface les trois points m, m', m'', qui correspondent respectivement aux mêmes valeurs de u et de v ; les deux triangles MM′M″ et $mm'm''$ pourront être amenés à coïncidence, puisque, en vertu de l'égalité des ds^2, ils ont les trois côtés égaux chacun à chacun.

527. Donnons immédiatement un exemple. La surface de vis à filet carré, dont l'axe est oz, a pour équations

$$\begin{aligned}
x &= u\cos v, \\
y &= u\sin v, \\
z &= av,
\end{aligned}$$

a étant une constante. Son ds^2 sera donc

$$ds^2 = dx^2 + dy^2 + dz^2 = du^2 + (a^2 + u^2)\,dv^2.$$

Considérons maintenant l'*alysséide* ou *caténoïde*, c'est-à-dire la surface engendrée par la révolution d'une chaînette autour de sa base. Nous prendrons cette base pour axe des z, et l'axe de la chaînette pour axe des x; si r désigne la distance d'un point de la méridienne à oz, l'équation de la méridienne sera dans son plan

$$r = \frac{a}{2}\left(e^{\frac{z}{a}} + e^{-\frac{z}{a}}\right).$$

Pour avoir les coordonnées d'un point de la surface, en fonction de deux paramètres r et v, il suffit d'adjoindre à l'équation précédente les équations

$$x = r\cos v,$$
$$y = r\sin v.$$

On en tire

$$ds^2 = r^2 dv^2 + \frac{r^2}{r^2 - a^2}\, dr^2,$$

et il suffit de poser

$$r^2 = a^2 + u^2$$

pour que l'élément linéaire prenne la forme

$$ds^2 = (a^2 + u^2)\, dv^2 + du^2;$$

c'est-à-dire la même forme que dans la surface de vis à filet carré. Donc *la surface de vis à filet carré est applicable sur la caténoïde*. Les courbes $r = C^{te}$ sont sur la première les génératrices rectilignes, sur la seconde les méridiens qui sont des chaînettes; de même, les hélices de la première correspondent aux parallèles de la seconde.

Le théorème précédent est un cas particulier d'un théorème plus général, dû à Bour (*Journal de l'École Polytechnique*, XXXIXe Cahier. p. 82) : *Les hélicoïdes sont applicables sur des surfaces de révolution.*

528. Signalons, en passant, une importante propriété de la caténoïde. On a vu (n° 491) que les rayons de courbure principaux d'une surface de révolution sont celui de la méridienne et la longueur de la normale limitée à l'axe. Or il est facile de voir que, dans la chaînette, la normale, ainsi définie, est égale et de sens contraire au rayon de courbure, et nous démontrerons, dans le second volume, cette propriété caractéristique. Donc, dans la caténoïde, les deux rayons de courbure principaux sont, en chaque point, égaux et de signes contraires. On appelle *surfaces minima*, celles pour lesquelles les rayons de courbure principaux sont, en chaque point, égaux et de signes contraires. *La caténoïde est donc la seule surface minima de révolution.*

529. Plusieurs remarques se présentent à propos de l'exemple qui vient d'être traité. On voit d'abord que le ds^2 de la caténoïde ne s'est pas présenté immédiatement sous la même forme que celui de l'hélicoïde, et qu'il a fallu effectuer un changement de variables; ici le changement a été très simple. Mais il peut y avoir des cas où le changement à effectuer est plus compliqué et, malgré les nombreux travaux des géomètres sur l'application des surfaces, le problème général, qui est désigné sous le nom de déformation des surfaces, est loin d'être résolu. Nous donnerons plus loin (n° 531) une condition nécessaire pour qu'une surface puisse être appliquée sur une autre, et nous traiterons en particulier le cas des surfaces applicables sur un plan, qui sont les surfaces développables. Nous devons faire observer que le problème de la déformation est soumis à toutes sortes de restrictions : le lecteur, que ces questions intéressent, consultera avec fruit les *Leçons sur la Théorie des surfaces*, de M. Darboux (livre I, chap. viii et *passim*).

530. Quoi qu'il en soit, et quelques variées, en apparence, que soient les surfaces qui ont un même ds^2, il est bon de se rendre compte que ces surfaces sont au fond bien déterminées par le ds^2. En effet, si l'on donne

$$ds^2 = E\,du^2 + 2F\,du\,dv + G\,dv^2,$$

les trois équations

$$\left(\frac{\partial x}{\partial u}\right)^2 + \left(\frac{\partial y}{\partial u}\right)^2 + \left(\frac{\partial z}{\partial u}\right)^2 = E,$$

$$\frac{\partial x}{\partial u}\frac{\partial x}{\partial v} + \frac{\partial y}{\partial u}\frac{\partial y}{\partial v} + \frac{\partial z}{\partial u}\frac{\partial z}{\partial v} = F,$$

$$\left(\frac{\partial x}{\partial v}\right)^2 + \left(\frac{\partial y}{\partial v}\right)^2 + \left(\frac{\partial z}{\partial v}\right)^2 = G,$$

définiront, à des fonctions arbitraires près, introduites par l'intégration, les trois inconnues x, y, z, en fonction de u et de v.

531. Démontrons maintenant le théorème fondamental de Gauss : *Toutes les surfaces applicables sur une même surface ont même courbure totale.* On appelle *courbure totale* d'une surface, en un point, le produit des inverses des deux rayons de courbure principaux.

En effet l'équation (62) donne pour la courbure totale (Notations de M. Darboux) :

$$\frac{1}{RR'} = \frac{\frac{\partial r_1}{\partial v} - \frac{\partial r}{\partial u}}{AC}. \tag{65}$$

Or les formules de Codazzi (61) montrent que r et r_1 dépendent seulement des coefficients de l'élément linéaire. Donc toutes les surfaces, qui ont même ds^2, ont bien même courbure totale.

Avec les notations de Gauss, si l'on pose

$$M_1 = \frac{1}{2}\frac{G\frac{\partial E}{\partial v} - F\frac{\partial G}{\partial u}}{G\sqrt{EG - F^2}}, \qquad N_1 = \frac{1}{2}\frac{E\frac{\partial G}{\partial u} - F\frac{\partial E}{\partial v}}{E\sqrt{EG - F^2}},$$

la courbure totale est donnée par l'équation

$$\frac{1}{RR'}\sqrt{EG - F^2} + \frac{\partial M_1}{\partial u} + \frac{\partial N_1}{\partial v} + \frac{\partial^2 \alpha}{\partial u\,\partial v} = 0, \tag{66}$$

l'angle α étant défini par l'équation (12).

Pour $F = o$, on retrouve, aux notations près, l'équation (65).

On peut encore signaler la forme remarquablement simple que prend l'équation (65), si l'on adopte pour coordonnées une famille de géodésiques et leurs trajectoires orthogonales (n° 525 *in fine*) : on a, en effet, dans ce cas, en écrivant C^2 au lieu de C dans le ds^2

$$\frac{1}{RR'} = - \frac{1}{C} \frac{\partial^2 C}{\partial u^2}. \tag{67}$$

Enfin, si les variables indépendantes sont les coordonnées x et y, et si l'on adopte les notations du n° 485, on obtient la courbure totale sous la forme d'un déterminant fonctionnel

$$\frac{1}{RR'} = \frac{\partial(L\,M)}{\partial(x,y)} = \frac{rt - s^2}{(1 + p^2 + q^2)^2}. \tag{68}$$

Soit

$$f(x, y, z) = o$$

l'équation de la surface; un calcul facile montre qu'on peut encore écrire

$$\frac{1}{RR'} = - \frac{1}{\left(\frac{\partial f}{\partial x}\right)^2 + \left(\frac{\partial f}{\partial y}\right)^2 + \left(\frac{\partial f}{\partial z}\right)^2} \begin{vmatrix} 0 & \frac{\partial f}{\partial x} & \frac{\partial f}{\partial y} & \frac{\partial f}{\partial z} \\ \frac{\partial f}{\partial x} & \frac{\partial^2 f}{\partial x^2} & \frac{\partial^2 f}{\partial x\,\partial y} & \frac{\partial^2 f}{\partial x\,\partial z} \\ \frac{\partial f}{\partial y} & \frac{\partial^2 f}{\partial y\,\partial x} & \frac{\partial^2 f}{\partial y^2} & \frac{\partial^2 f}{\partial y\,\partial z} \\ \frac{\partial f}{\partial z} & \frac{\partial^2 f}{\partial z\,\partial x} & \frac{\partial^2 f}{\partial z\,\partial y} & \frac{\partial^2 f}{\partial z^2} \end{vmatrix}. \tag{69}$$

Le déterminant qui figure dans le second membre est un hessien (n° 364); il s'annule si la courbure totale est nulle, c'est-à-dire aux points paraboliques. Ces points sont donc, sur les surfaces, et, à ce point de vue, les analogues des points d'inflexion dans les courbes planes.

Nous verrons d'ailleurs, dans le deuxième volume, que l'analogie est plus complète et qu'à certains égards on peut considérer la courbure totale comme l'analogue de la courbure d'une courbe plane.

532. Cherchons le ds^2 de quelques surfaces simples.

Surfaces de révolution. — Nous prendrons l'axe de la surface comme axe des z, et nous poserons

$$r^2 = x^2 + y^2.$$

L'équation de la surface sera

$$z = f(r),$$

et si l'on pose

$$x = r \cos v, \qquad y = r \sin v,$$

l'élément d'arc aura pour expression

$$ds^2 = dr^2 (1 + f'^2) + r^2 dv^2,$$

ou, en introduisant une variable u telle que

$$u = \int dr \sqrt{1 + f'^2},$$
$$ds^2 = du^2 + \varphi(u)\, dv^2 ; \qquad\qquad (70)$$

u est l'arc de méridien compté à partir d'un certain parallèle; car, pour $v = C^{te}$, on a $ds = du$; $\varphi(u)$ est le carré du rayon r du parallèle qui passe au point de coordonnées u, v.

On peut encore donner au ds^2 précédent une forme différente en posant

$$u_1 = \int \frac{du}{\sqrt{\varphi(u)}} ;$$

on trouve ainsi, parce que $\varphi(u)$ devient une fonction $F(u_1)$ de u_1,

$$ds^2 = F(u_1)(du^2 + dv^2).$$

C'est un cas particulier d'une classe de surfaces, dites *iso-thermes* ou *isométriques*, pour lesquelles on a

$$ds^2 = \psi(u, v)(du^2 + dv^2).$$

533. On reconnaît dans la formule (70) une forme de ds^2 signalée au n° 525, et cela devait être, puisque les méridiens sont évidemment des lignes géodésiques et que nous avons choisi les mêmes coordonnées sur la surface qu'au n° 525.

L'équation (63') des lignes géodésiques peut d'ailleurs être complètement intégrée dans le cas des surfaces de révolution. Prenons, en effet, la forme (70), c'est-à-dire faisons dans l'équation (63')

$$E = 1, \qquad F = o, \qquad G = \varphi(u) = r^2\,;$$

prenons de plus u comme variable indépendante, et écrivons suivant la coutume v' et v'' au lieu de $\dfrac{dv}{du}$, $\dfrac{dv^2}{du^2}$. Il vient

$$rv'' + 2r'v' + r^2r'v'^3 = o. \tag{71}$$

Cette équation, ainsi qu'on le démontrera dans le second volume, a pour intégrale (en désignant par a et b deux constantes arbitraires)

$$v = \int \frac{a\,du}{r\sqrt{r^2 - a^2}} + b. \tag{72}$$

Cela posé, considérons sur la géodésique, qui correspond à des valeurs données a et b, des constantes arbitraires, un arc infiniment petit MN faisant avec le méridien du point M l'angle ω. On a évidemment

$$\tan g\,\omega = \frac{r\,dv}{du},$$

et l'on en déduit immédiatement, en tenant compte de l'expression de r (72),

$$r \sin \omega = a.$$

Cette forme de l'équation des géodésiques des surfaces de révolution est due à Clairaut; elle est des plus utiles pour leur discussion. On en conclut, par exemple, qu'une géodésique correspondant à la valeur a peut arriver à toucher le parallèle de rayon a, mais ne peut pas rencontrer un parallèle de rayon moindre.

534. *Surfaces réglées.* — Elles sont définies par les équations

$$\left\{ \begin{aligned} x &= a_1 u + b_1, \\ y &= a_2 u + b_2, \\ z &= a_3 u + b_3, \end{aligned} \right.$$

a_i et b_i étant des fonctions d'un paramètre v.

On en déduit un ds^2 de la forme

$$ds^2 = (a_1^2 + a_2^2 + a_3^2)\, du^2 + D\, du\, dv + (Au^2 + 2Bu + C)\, dv^2.$$

Nous poserons

$$a_1^2 + a_2^2 + a_3^2 = 1,$$

et $D = 0$, ce qui revient à dire que u sera la longueur de génératrice comptée à partir d'une trajectoire orthogonale, tout le réseau (u, v) étant d'ailleurs orthogonal. On obtiendra ainsi, comme forme réduite du ds^2, des surfaces réglées

$$ds^2 = du^2 + (Au^2 + 2Bu + C)\, dv^2.$$

Surfaces développables

535. Dans le cas des surfaces développables, nous avons vu qu'on a de plus

$$\frac{a_1'}{b_1'} = \frac{a_2'}{b_2'} = \frac{a_3'}{b_3'}.$$

donc le coefficient de dv^2 est un carré parfait, et l'on aura, dans le cas des surfaces développables, en remplaçant v par une fonction de v, choisie de manière à réduire à l'unité le coefficient de u^2,

$$ds^2 = du^2 + (u - \alpha)^2\, dv^2,$$

au lieu de

$$ds^2 = du^2 + [(u - \alpha)^2 + \beta^2]\, dv^2,$$

qui correspond aux surfaces réglées non développables; α et β sont des fonctions de v.

Nous allons montrer que *les surfaces développables sont applicables sur un plan*. Elles satisfont bien à la condition qui résulte du théorème de Gauss (n° 531) d'avoir leur courbure totale nulle; mais cette condition n'est pas suffisante.

Écrivons

$$\begin{aligned} ds^2 &= [du + i (u - \alpha)\, dv]\,[du - i (u - \alpha)\, dv], \\ &= e^{iv} [du + i (u - \alpha)\, dv] \times e^{-iv} [du - i (u - \alpha)\, dv]. \end{aligned}$$

Les deux facteurs sont maintenant des différentielles exactes, et l'on pourra poser, en appelant $d(x + iy)$ et $d(x - iy)$ ces différentielles,

$$\left\{ \begin{aligned} x + iy &= u e^{iv} - i \int \alpha e^{iv} dv, \\ x - iy &= u e^{-iv} + i \int \alpha e^{-iv} dv; \end{aligned} \right.$$

nous avons ainsi réussi à exprimer, en fonctions de u et de v, les deux coordonnées d'un point du plan, et ces coordonnées vérifient bien la condition

$$ds^2 = dx^2 + dy^2,$$

ce qui démontre le théorème. Au reste les formules précédentes peuvent s'écrire

$$x = u \cos v + \int \alpha \sin v\, dv,$$

$$y = u \sin v - \int \alpha \cos v\, dv;$$

et l'on voit que les courbes $v = C^{te}$ seront des droites dans le plan, comme sur la surface développable.

536. La réciproque de ce théorème a été établie par O. Bonnet (*Annali di Matematica*, 2ᵉ série, t. VII, p. 61) : *Toute surface applicable sur un plan est l'enveloppe d'un plan mobile.*

Soit, en effet, une surface applicable sur un plan, c'est-à-dire telle que

$$dx^2 + dy^2 + dz^2 = ds^2 = du^2 + dv^2,$$

en désignant par x, y, z les coordonnées d'un point de la surface, et par u, v celles d'un point du plan prises pour variables indépendantes. On a alors

$$\left(\frac{\partial x}{\partial u}\right)^2 + \left(\frac{\partial y}{\partial u}\right)^2 + \left(\frac{\partial z}{\partial u}\right)^2 = \sum \left(\frac{\partial x}{\partial u}\right)^2 = 1,$$

$$\frac{\partial x}{\partial u}\frac{\partial x}{\partial v} + \frac{\partial y}{\partial u}\frac{\partial y}{\partial v} + \frac{\partial z}{\partial u}\frac{\partial z}{\partial v} = \sum \frac{\partial x}{\partial u}\frac{\partial x}{\partial v} = 0,$$

$$\left(\frac{\partial x}{\partial v}\right)^2 + \left(\frac{\partial y}{\partial v}\right)^2 + \left(\frac{\partial z}{\partial v}\right)^2 = \sum \left(\frac{\partial x}{\partial v}\right)^2 = 1.$$

En différentiant ces trois équations successivement, par rapport à u et à v, on trouve, après quelques simplifications faciles,

$$\sum \frac{\partial^2 x}{\partial u \partial v}\frac{\partial x}{\partial u} = 0, \qquad \sum \frac{\partial^2 x}{\partial u^2}\frac{\partial x}{\partial u} = 0, \qquad \sum \frac{\partial^2 x}{\partial v^2}\frac{\partial x}{\partial u} = 0,$$

$$\sum \frac{\partial^2 x}{\partial u \partial v}\frac{\partial x}{\partial v} = 0, \qquad \sum \frac{\partial^2 x}{\partial v^2}\frac{\partial x}{\partial v} = 0, \qquad \sum \frac{\partial^2 x}{\partial u^2}\frac{\partial x}{\partial v} = 0.$$

Il en résulte

$$\frac{\dfrac{\partial^2 x}{\partial u^2}}{\dfrac{\partial^2 x}{\partial u \partial v}} = \frac{\dfrac{\partial^2 y}{\partial u^2}}{\dfrac{\partial^2 y}{\partial u \partial v}} = \frac{\dfrac{\partial^2 z}{\partial u^2}}{\dfrac{\partial^2 z}{\partial u \partial v}} :$$

le jacobien des deux fonctions $\dfrac{\partial x}{\partial u}$, $\dfrac{\partial y}{\partial u}$, est donc nul, ainsi que

celui des fonctions $\dfrac{\partial y}{\partial u}$ et $\dfrac{\partial z}{\partial u}$, et ces trois fonctions sont fonc-

tions d'une d'entre elles ; de même $\dfrac{\partial x}{\partial v}$, $\dfrac{\partial y}{\partial v}$, $\dfrac{\partial z}{\partial v}$, dépendent de

l'une d'elles, et comme ces six fonctions sont reliées par la
relation

$$\sum \frac{\partial x}{\partial u}\frac{\partial x}{\partial v} = 0,$$

elles ne dépendent que d'une d'entre elles. Enfin les identités

$$\frac{\partial z}{\partial u} = p\,\frac{\partial x}{\partial u} + q\,\frac{\partial y}{\partial u},$$

$$\frac{\partial z}{\partial v} = p\,\frac{\partial x}{\partial v} + q\,\frac{\partial y}{\partial v},$$

permettent d'exprimer p et q en fonction de la même quantité, c'est-à-dire de les considérer comme dépendant l'une
de l'autre. La surface est donc développable (n° 441).

Cartes géographiques

537. Le problème, qui consiste à représenter une surface
sur une autre, et en particulier sur le plan, a été l'objet
d'importants travaux de la part de Lambert, Euler, Lagrange,
Gauss. Une carte géographique est une représentation sur
un plan. Voici quels seraient les termes du problème.

Supposons les coordonnées x, y, z, d'un point M, d'une
surface (S), exprimées en fonction de deux paramètres u
et v, de telle sorte qu'on ait

$$ds^2 = E\,du^2 + 2F\,du\,dv + G\,dv^2,$$

et soit M′ un point infiniment voisin de M sur la surface ;

soit de même $m(X, Y)$ un point du plan, m' un point infiniment voisin. Il s'agirait d'exprimer X, Y en fonction de u et de v, c'est-à-dire de faire correspondre les points de manière qu'on eût constamment

$$MM' = mm'$$

ou

$$ds^2 = dX^2 + dY^2.$$

Cette condition ne pouvant être réalisée que si la surface (S) est développable (n° 536). Lambert l'a remplacée par la suivante

$$MM' = \lambda \cdot mm'$$

ou

$$ds^2 = \lambda^2 (dX^2 + dY^2),$$

λ étant en fonction de u et de v, qui assure la similitude des triangles infiniment petits, ou, ce qui revient au même, la conservation des angles.

Nous ne parlerons pas des autres modes, par exemple du système de Babinet, qui réalise la conservation des aires infiniment petites, et nous nous bornerons à deux systèmes de cartes; nous supposerons, de plus, que la surface à représenter est sphérique.

538. CARTES DE MERCATOR. — Si l'on prend, pour représenter un point de la sphère, des coordonnées polaires (ψ longitude, θ colatitude)

$$x = R \sin \theta \cos \psi,$$
$$y = R \sin \theta \sin \psi,$$
$$z = R \cos \theta,$$

le ds^2 sera

$$ds^2 = R^2 (\sin^2 \theta \, d\psi^2 + d\theta^2).$$

On peut l'écrire

$$ds^2 = R^2 \sin^2 \theta \left[d\psi^2 + \left(\frac{d\theta}{\sin \theta} \right)^2 \right].$$

Il suffira donc de poser

$$X = \psi,$$
$$Y = L \, \mathrm{tang}\frac{\theta}{2},$$

pour le ramener à la forme

$$ds^2 = R^2 \sin^2 \theta \, (dX^2 + dY^2).$$

On obtient ainsi le système de Mercator, dans lequel les droites équidistantes parallèles à Oy représentent des méridiens faisant entre eux des angles égaux, tandis que les parallèles de la sphère, qui correspondent à des variations égales en latitude, sont représentées par des droites parallèles à Ox, dont la distance à Ox croît à l'infini, lorsque la latitude tend vers 90°.

539. Projections stéréographiques. — Soit (E) le plan de l'équateur. Z le pôle nord. V le pôle sud que nous prendrons pour point de vue, M un point de la sphère, m sa projection stéréographique, c'est-à-dire la trace sur (E) du rayon visuel VM. Nous rapporterons la sphère au même système de coordonnées polaires que dans le numéro précédent : soit donc

$$ZOM = \theta,$$
$$mOX = \psi,$$

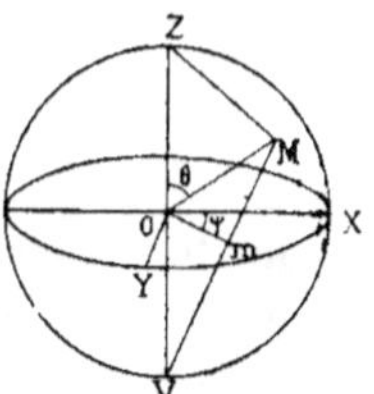

Fig. 45.

nous prendrons comme axes de coordonnées dans le plan de l'équateur deux axes rectangulaires. Cela posé, on voit que $\widehat{OVm} = \dfrac{\theta}{2}$ et que, dans le triangle rectangle VOm,

$$Om = R \tang \frac{\theta}{2}.$$

Donc les coordonnées de m dans le plan XOY seront

$$X = R \tang \frac{\theta}{2} \cos \psi$$

$$Y = R \tang \frac{\theta}{2} \sin \psi,$$

On tire de là pour le ds^2 dans le plan

$$ds^2 = \frac{R^2}{\cos^4 \frac{\theta}{2}} (\sin^2 \theta \, d\psi^2 + d\theta^2),$$

et il suffit de le comparer à celui de la sphère donné au commencement du paragraphe précédent pour voir que ces deux ds^2 sont bien proportionnels. Les angles sont donc conservés par la projection stéréographique, ce qui est connu.

Le rapport de deux éléments correspondants

$$\frac{1}{2 \cos^2 \frac{\theta}{2}}$$

est égal à $\dfrac{1}{2}$ si la colatitude est nulle, c'est-à-dire pour les parties de la carte voisine du pôle. Il est égal à *un*, pour $\theta = \dfrac{\pi}{2}$, dans le voisinage de l'équateur.

540. Nous observerons en terminant que la carte d'une surface sur un plan avec conservation des angles est toujours possible, tandis que l'application qui conserve les angles et les proportions dans toute la carte n'est possible, comme on l'a vu (n° 535), que pour les surfaces développables. Ce théorème sera démontré dans le second volume.

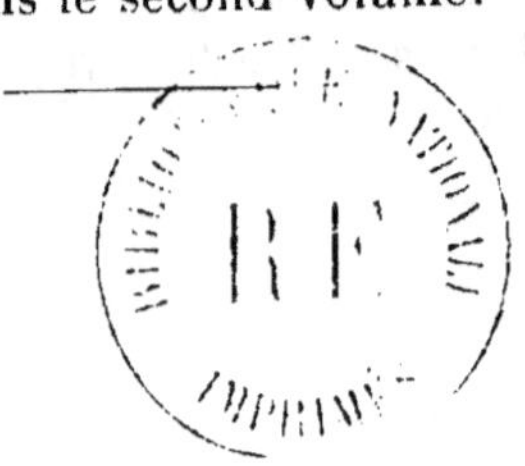

TABLE DES MATIÈRES

CHAPITRE IV

Les règles de dérivation

CHAPITRE V

La différentielle

CHAPITRE VI

Dérivées et différentielles d'ordre supérieur au premier

CHAPITRE VII

Les fonctions implicites

CHAPITRE VIII

Changement de variables

CHAPITRE IX

Les séries numériques

CHAPITRE X

Formules de Taylor et de Maclaurin

CHAPITRE XI

Formules de Taylor et de Maclaurin pour les fonctions de plusieurs variables

CHAPITRE XII

Formes indéterminées

CHAPITRE XIII

Maxima et minima

CHAPITRE XIV

Séries de fonctions. — Séries entières

CHAPITRE XV

Fonctions d'une variable imaginaire

CHAPITRE XVI

Courbes planes

CHAPITRE XVII

Courbes planes (*suite*). — Contact et enveloppes. — Osculation et courbure

CHAPITRE XVIII

Courbes gauches. — Surfaces. — Congruences. — Complexes de droites

CHAPITRE XIX

Lignes tracées sur les surfaces

TOURS

IMPRIMERIE DESLIS FRÈRES

6, rue Gambetta, 6